专利申请文件撰写指导丛书

机械领域专利申请文件的撰写与审查

（第4版）

张荣彦／著

知识产权出版社

全国百佳图书出版单位

图书在版编目（CIP）数据

机械领域专利申请文件的撰写与审查/张荣彦著 . —4 版 . —北京：知识产权出版社，2019.1（2020.7 重印）

（专利申请文件撰写指导丛书）

ISBN 978 - 7 - 5130 - 3973 - 4

Ⅰ.①机… Ⅱ.①张… Ⅲ.①机械—专利申请—中国 Ⅳ.①G306.3

中国版本图书馆 CIP 数据核字（2018）第 250091 号

内容提要

本书结合作者 30 多年的专利审查及研究工作经验，详细地介绍了专利申请文件撰写的基础知识，并对专利审查过程中遇到的问题进行了深入分析。此外，本书还有大量与专利申请文件撰写和专利审查有关的案例介绍，以期达到理论和实践的完美结合，使读者深刻领会本书的要义。

读者对象：全国专利代理人资格考试应试者、专利代理人及专利申请人。

| 责任编辑：王瑞璞 | 责任校对：潘凤越 |
| 封面设计：棋 锋 | 责任印制：刘译文 |

专利申请文件撰写指导丛书

机械领域专利申请文件的撰写与审查（第 4 版）

张荣彦 著

出版发行：知识产权出版社 有限责任公司	网　址：http：//www.ipph.cn
社　址：北京市海淀区气象路 50 号院	邮　编：100081
责编电话：010 - 82000860 转 8116	责编邮箱：wangruipu@ cnipr.com
发行电话：010 - 82000860 转 8101/8102	发行传真：010 - 82000893/82005070/82000270
印　刷：三河市国英印务有限公司	经　销：各大网上书店、新华书店及相关专业书店
开　本：720mm×1000mm　1/16	印　张：30
版　次：2019 年 1 月第 4 版	印　次：2020 年 7 月第 2 次印刷
字　数：550 千字	定　价：119.00 元

ISBN 978-7-5130-3973-4

作者简历

1946 年生于山东青岛。

1965～1970 年就读于华东纺织工学院（现东华大学）化学纤维专业。

1970～1983 年在北京维尼纶厂研究所从事维尼纶改性研究，任该项目负责人。

1983 年经招聘考试进入（原）中国专利局工作。

1983～1988 年在（原）中国专利局审查一部从事 IPC 专利分类工作。

1988～1998 年在（原）中国专利局机械审查部从事实质审查工作，任审查八处处长。

1998 年调入国家知识产权局专利复审委员会工作，从事专利复审、无效的审查工作，自 2004 年起在专利复审委员会研究处工作。

自 1983 年来，撰写与专利有关的学术论文 60 余篇，除《机械领域专利申请文件的撰写与审查》一书（第 1、第 2、第 3 版）外，还参与了《发明与实用新型专利申请文件撰写案例剖析》《专利复审委员会案例诠释创造性》《行政执法和司法人员知识产权读本》等撰写工作。

1997 年被破格评为一级审查员（专利审查研究员）。

2005 年被评为正部（司）级专利审查研究员。

2006 年从专利复审委员会退休。

2006～2014 年在北京信慧永光知识产权代理有限责任公司任专利代理人。

主要培训及业务经历

1991～2002 年 多次在国外接受知识产权业务培训或参加国际业务研讨会，其中包括：（1）世界知识产权组织（WIPO）组织的在日内瓦的培训；（2）在瑞典专利局的审查员培训（3 个月），后被评为优秀学员（共计 2 名）；（3）由国家知识产权局与欧洲专利局共同组织、在欧洲专利局进行的审查业务研讨会

（先后共计 4 次，其中 1 次担任中英文翻译）。

1998~2006 年 多次参加全国专利代理人资格考前培训班授课。

2005 年 赴香港讲授专利申请文件撰写的课程。

2007~2016 年 先后担任国内 6 家重点企业的知识产权顾问。

2007~2014 年 多次在国内知识产权培训班授课（全国及省、部委或企业）；处理国内外重要专利无效请求案件数十起、专利侵权诉讼案件 10 余起；为国内、外客户作专利侵权分析、提供参考意见 20 余起。

2012 年 11 月 受邀参加日本早稻田大学国际学术研讨会并发表演讲。

2006 年至今，先后在华科知识产权司法鉴定中心、北京国威知识产权司法鉴定中心任司法鉴定人员，承担专利侵权鉴定案件、侵犯商业秘密鉴定案件若干起。

第4版前言

承蒙读者的关注和出版社的信任，本书得以第4次全面修订出版。

笔者1983年进入（原）中国专利局工作，2006年从国家知识产权局专利复审委员会退休，在国家知识产权局工作了23年。其间，先后从事过IPC专利分类、发明专利申请初步审查、机械领域发明专利申请实质审查、专利复审以及无效宣告请求案件的审理工作。

笔者在（原）中国专利局机械审查部工作的十年中，审理了数百件发明专利申请。面对形形色色的案件，一方面有机会了解申请人在撰写专利申请文件时经常出现的问题，另一方面还遇到了若干与法律适用相关的问题，笔者不得不对《专利法》的一些重要概念作进一步探究。这段工作经历为本书的撰写积累了一部分素材。

自1998年进入复审委员会工作以后，工作性质和内容都发生了改变。面对双方当事人，笔者思考问题的角度也有所不同。案件的复杂化扩大了视野，不得不对若干新的概念和法律问题作进一步思考。本书第三章、第四章多与笔者在专利复审委员会的工作内容有关，是本书的重点。

2006年退休之后，笔者又在专利代理公司从事了8年的专利代理工作。其间，主要负责代理该公司的专利无效请求案件以及专利侵权诉讼案件，同时承担了公司新老代理人的培训及业务提高工作。

2015年，迫于政策限制，笔者不得不脱离专利代理人的队伍。人虽然离队了，但心却依旧，始终还在关注着专利界的一些热点问题。本书第三章第五部分第（二十三）至第（二十五）节就是近一二年内完成的。

《机械领域专利申请文件的撰写与审查》一书的初版在1996年。1994年，（原）专利文献出版社拟组织机械审查部、电子审查部、化学审查部及物理审查部四个实审部以各审查部的名义撰写一套《专利申请文件的撰写与审查》系列丛书。机械审查部相应组织了一个写作组，负责《机械领域专利申请文件的撰写与审查》一书的编写工作，笔者当时是该写作组的一员。由于各方面的原因，各审查部的撰写工作进展都不顺利。后（原）专利文献出版社决定以作者个人的名义出版该丛书，文责自负。

在此背景下，笔者承担了《机械领域专利申请文件的撰写与审查》一书的撰写工作。

由于《机械领域专利申请文件的撰写与审查》一书是以个人的名义撰写的，书中的内容仅代表笔者个人的观点。"文责自负"便于笔者畅所欲言，把自己的观点和盘托出。而一己之见又难免存在观点片面甚至谬误之处。基于此，本书的内容，尤其是第三章的"问题讨论"部分，仅供参考，谬误之处还望读者指正。

本书分为四章，第一章、第二章涉及专利申请文件的撰写、修改及审查过程中对审查意见通知书的答复。除依据对《专利法》和《专利审查指南2010》的有关规定作出正面解释之外，还着重介绍了申请人在撰写专利申请文件时经常出现的问题。这些问题都是笔者过往十年专利审查工作中所遇到的，这正是本书的一个特色。笔者相信，通过正反两方面的分析将有助于读者对相关问题的理解。

第三章、第四章涉及专利审查过程中有关问题的讨论以及案例分析。该部分内容纯属个人观点表述。内容涉及面较广，既有对个别案件的分析，也有对若干案件所反映法律问题的探讨。对于某些法律问题的探讨，笔者心怀忐忑，只当作抛砖引玉。至少发现问题、提出问题，引起相关人士的关注和思索也不失为一件好事。既然是探讨，就难免发表一些与现行法律、法规、部门规章以及人民法院判决意见相左的观点。笔者相信在法律平等、学术自由的氛围下，不同的观点是可以被包容的。

本书第1、第2、第3版的修订时间均间隔了数年。随着工作经验的积累，笔者不断有一些新的感悟，故在本书的第2、第3版中对其第三章、第四章的内容先后作过一些补充；其间，《专利法》《专利法实施细则》以及审查指南曾作过若干修改。据此，本书第一章、第二章的内容也作了适应性修改。在第4版中，除了个别文字上的修改之外，对第三章的内容又进行了补充，将笔者近年来的一些文章和观点纳入其中。

值得欣慰的是，笔者书中所陈述的一些观点已经获得有关方面认可。例如对"本领域技术人员"定义所提出的修正意见早已为人民法院的司法解释及专利局的审查指南所采纳，就"新颖性"定义所提出的疑问及修改意见也在2008年《专利法》修改时得到体现。第三章的内容大多曾以论文的形式在期刊上发表，其中有两篇❶曾先后获得全国知识产权论文竞赛的一等奖，其观点得到业界的认可。例如"'多余指定'与'禁止反悔'"一文的发表，对人民法院采用"禁止反悔"原则就产生了影响。第四章的案例剖析部分曾先后在《中国知识产权报》上刊登。本书将这些文章汇总在一起可以系统地阐明笔者的观点，供读者参考。

本书第 4 版新增加的内容包括：

插入第二章之三的"（六）案例评析——审查意见通知书的答复及权利要求书的修改"。

插入第三章之五的"（二十二）一封律师函引发的思考""（二十三）关于独立权利要求的引用问题""（二十四）'功能性限定'的使用与解释"以及"（二十五）《欧洲专利局审查指南》中的'功能性特征'及其对我们的启示"。

插入第四章之二的 2 件专利申请案剖析以及该章之三的 6 个有关"创造性"的案例评析（即（十）至（十五））。

权利要求中"功能性限定"的使用及解释是笔者多年来一直在关注的问题。2012～2014 年曾先后在《中国专利与商标》杂志上发表 3 篇有关文章，上述"（二十四）'功能性限定'的使用与解释"对这 3 篇文章的内容进行了概括。"（二十五）《欧洲专利局审查指南》中的'功能性特征'及其对我们的启示"则是近来刚完成的一篇文章，对如何从根本上解决"功能性限定"使用中所存在的问题提出了个人的见解。

在此，非常感谢中国专利与商标杂志社多年来为笔者提供了一个发表意见的平台。笔者 1993～2018 年在《中国专利与商标》共发表了 31 篇文章，现将其目录附在文后，供感兴趣的读者查对。

本书与其说是"书"，不如说是笔者的一份"工作总结"。人无完人，本书也难免存在瑕疵甚至错误，水平所限，敬请读者谅解。本书谨将个人的一己之见呈献给各位，敬请指正。

2018 年 8 月

---

❶ 该两篇论文标题为《"所属技术领域的技术人员"及其在专利审查中的作用》以及《从一案例看专利申请文件的撰写、审批及其对后续程序的影响》。

第3版前言

本书自第 2 版到现在已过去 5 年多，其间情况又发生了很多变化。一是《专利法》于 2008 年进行了第三次修改，这次修改较前两次涉及的内容更多；二是笔者于 2006 年从专利复审委员会退休，到北京信慧永光知识产权代理有限责任公司从事专利代理人工作。

为适应《专利法》及《专利法实施细则》的修改，笔者根据修改后的《专利法》及《专利法实施细则》对本书个别内容又作了适应性修改，并使之与所引用的《专利审查指南 2010》内容相协调。

自 2007 年起至今，笔者此事专利代理人的工作已经 4 年多了。这几年主要参与一些专利权无效宣告请求案件和专利侵权诉讼案的代理工作。除此之外，还在北京信慧永光知识产权代理有限责任公司参与一些专利申请案件的分析和指导工作，承担了该公司内部人员的业务培训工作以及对准备参加全国专利代理人资格考试人员的授课工作。

这些年的专利代理工作使我从另一个角度对专利申请文件的撰写、审查又有了若干新的认识，通过处理一些具体案件，对《专利法》的理解也有所加深。在本书第 3 版的修改中，笔者力图将这些新的认识体现出来。为此，除了对本书的全部内容作了审阅和修订之外，还增加了一些新的内容。例如，将笔者在这 5 年当中发表的一部分论文编入本书第三章第五部分。其中包括：谈权利要求书中的"撰写失误"——兼评专利复审委员会的"第 121816 号无效审查决定"、专利复审程序中的"举证原则"、对一件美国发明专利无效请求案的剖析——兼谈"权利要求中技术特征的认定"、从一件美国专利纠纷看权利要求中的"功能性限定"以及关于"现有技术抗辩"等。

除此之外，为了适应 2008 年《专利法》的修改，笔者对本书第三章第五部分中关于"新颖性"及"二次授权"问题的讨论作了进一步修改。这两个部分内容都与 2008 年《专利法》的修改动因有密切的相关性，涉及《专利法》修改的背景。与 2008 年修改的《专利法》相比，所讨论的内容虽然已经过时，但读者阅读其内容或许对《专利法》修改的起因有所了解，从而加深对《专利法》相关条款的理解。

本书自出版以后，即被列为全国专利代理人资格考试的重要备考参考书。笔者曾不断收到来自各方面人士的电话和信件，对本书的特点给予肯定，这使笔者备感欣慰。

2009 年，笔者以该书为基本教材，对北京信慧永光知识产权代理有限公司人员进行了为期半年的培训。其中 10 人参加了 2009 年全国专利代理人资格考试，有 4 人通过考试，取得专利代理人资格，另有 2 人"专利代理实务"科目的考试分数过线。这对笔者一方面是一种激励，另一方面也促使笔者更认真地对本书作进一步修改。

笔者虽已退休，但对专利工作仍心怀热情，愿继续为我国的专利事业献出微薄的力量。借本书的第三次修改出版之机，与同行们作进一步的交流。同时也诚心希望得到广大读者的批评和指正。

2011 年 7 月

第 2 版前言

本书自出版至今已经有 10 年了。10 年来，笔者不断得到读者反馈的信息，其中既包括专利申请人和一般读者，也包括专利代理人和专利审查员。读者对本书的内容及其特色予以肯定，这使笔者感到十分欣慰，并对该书的再版充满信心。为了回报读者，笔者在再版前对本书又作了认真、全面的修改，力图将对读者的感激之心体现于对本书的修改再版之中。

这些年来，情况发生了很多变化。一是《专利法》于 2000 年进行了第二次修改，第二次修改后的《专利法实施细则》对申请文件的撰写作了新的规定，例如说明书由原来的八部分改为五部分等。为此，笔者根据第二次修改后的《专利法》及《专利法实施细则》的新规定对专利申请文件的撰写部分作了适应性修改。二是笔者自 1998 年即从国家知识产权局专利局机械发明审查部调入国家知识产权局专利复审委员会工作，这些年来参与了大量专利无效案件和专利复审案件的审查。通过对专利无效和专利复审案件的审查，笔者对如何撰写专利申请文件、如何进行初步审查和实质审查以及如何理解《专利法》的有关规定有了许多新的认识。

10 年中，笔者结合专利审查工作又撰写了 20 余篇学术论文，分别发表在《中国专利与商标》《中国知识产权报》《中国专利代理》以及国家知识产权局内部的《审查业务通讯》等报刊上。这些论文除了引起国内专利界同行的兴趣和重视之外，还受到了日本专利界同行的关注。借此书修改再版之际，笔者从中选取了 10 篇，经修改后作为与"专利审查"相关的内容编入本书的第三章。如同本书第 1 版前言所述，本书的第三章是对专利审查中某些问题的讨论，仅代表笔者本人的学术观点，希望以此与感兴趣的读者进行沟通和交流。笔者相信，这种讨论将有助于各类读者对专利法有关问题的理解。

本书自出版以后，许多准备参加全国专利代理人资格考试的备考人员将本书作为参考书，2006 年又被列为全国专利代理人资格考试备考用书的六本参考书之一。为了对这部分读者提供更多的帮助，本书除了保留 1996 年全国专利代理人资格考试的试题分析外，在其他部分也尽可能增加了与专利代理人考试有关的内容，例如对历年考试中某些试题的分析以及考试中应当注意的问题等。

对专利申请的复审及对专利权的无效审查，往往更能反映出专利申请文件撰写及专利审查中所存在的一些问题。出于此种考虑，在本书的第四章增加了"复审及无效案例评析"部分，精选了专利复审及无效程序中 6 个比较具有典型性的案例进行介绍和评析，在这些案例中，有的案件在专利复审委员会作出决定之后又经历了人民法院的一审和二审程序，走完了行政审查和司法审查的全过程，其中不乏各种观点的冲突。不同观点的对比分析，将有助于对相关问题的理解。这部分内容的引入，使本书"审查"的概念较第 1 版扩大了，即除了专利的初审、实审之外，还包含了专利的复审和无效。

还需要说明的一点是，本书虽然定名为"机械领域"，但如第 1 版前言所述，本书对其他技术领域的读者也是适用的。据此，借再版的机会在本书"复审及无效案例评析"部分选取了一个化学领域的复审案例。之所以增加该案例是出于以下两点考虑：一是按照目前《专利法》所设定的程序，对于专利复审委员会作出的复审决定，原审查部门的审查员是没有任何争辩或上诉机会的，只能服从专利复审委员会的决定。这样，对双方有争议的问题难以通过法定程序来得到确认和解决。作者希望通过程序外讨论的形式对有关问题发表一些看法，以取得对一些重要问题的共识；二是该案恰与笔者大学所学的专业相关，毕业后笔者曾从事聚乙烯醇纤维改性的研究工作多年，对该案的有关技术尚有一点了解，有一点发言权。该案例的引入就使本书的实际内容进一步突破"机械领域"的限定了。

为了使本书继续保持"快餐"的特色，在增加上述内容的同时，也删除了原书中的一部分内容，其原则是在不影响本书主要内容的前提下尽量为读者节省一点阅读时间。

笔者即将退休，在退休之前能够看到该书的再版感到十分欣慰。笔者十分珍惜这次再版的机会，借此机会，尽可能将自己在国家知识产权局专利局工作26 年以来的经验和体会汇集于此书中，但其中难免有欠缺甚至错误之处，望得到广大读者的批评指正。退休之后，笔者将与广大专利工作者一起，继续为我国的专利事业努力工作。

2006 年 3 月

第 1 版前言

自 1985 年《专利法》在我国开始实施，至今已有 11 个年头了。截止到 1995 年底，中国专利局已经受理了 522 574 件专利申请，其中发明和实用新型专利申请为 456 924 件。从这个数字我们可以看出，在这短短的 10 年中，"中国专利"这张白纸已经被画上了丰富多彩的图画。通过这 522 574 件专利申请，无论是发明人、代理人还是审查员，都从中吸取了自己的经验，增长了才干。人类不断地从中总结经验，这将有利于今后的发展。正是基于这一点，笔者动手撰写了此书。

笔者是一名从事专利审查工作的审查员，在整个专利制度中，专利审查只是其中的一个环节，作为一名审查员，又只是该环节中的一分子，从这个意义上讲，书中的一些观点势必会带有一些局限性或片面性，不妥之处，诚望有识之士给予指正。

本书定名为《机械领域专利申请文件的撰写与审查》，对此作以下三点说明：

（1）所谓的"机械领域"宜作广义的理解。它是相对于化学和电子领域而言的，后者在申请文件的撰写及审查中都存在一些与其技术领域有关的特殊性，本书将避开这些特殊性，所述的"机械领域"是针对这些特殊性而言的，并不局限于《国际专利分类表》中有关"机械"的类别。

（2）所谓的"专利申请文件"应包括发明专利申请和实用新型专利申请两大类。在《专利法》和《专利法实施细则》中，有关专利申请及审查的条款，除了个别条款作了区别性的规定（例如《专利法》第二十二条第三款有关创造性的规定，《专利法实施细则》第三十九条有关实用新型必须提交附图的规定等）之外，绝大多数条款都是二者皆适用的。因此，本书有关申请文件撰写的内容，应既适用于发明专利申请，又适用于实用新型专利申请，而涉及"审查"的内容，则既有二者共同的部分，又有相区别的部分。

（3）对专利申请文件的审查包括对其形式缺陷的审查和实质性缺陷的审查

两个方面，前者的审查原则与专利申请文件撰写的原则是一致的，只是视角不同而已，属于一个问题的两个方面。因此，在讨论专利审查的问题时，对形式方面的缺陷就不再赘述了。至于对实质性缺陷（如新颖性、创造性、实用性、单一性等）的审查，其审查原则在中国专利局制定的《审查指南》中已作了全面详尽的规定，本书也不打算对此作系统、全面的论述。本书的第三章取名为"专利审查中有关问题的讨论"，其中既包括笔者在审查实践中的一些心得体会，也包括一些对国外审查原则的介绍，将它们以"讨论"的形式写出来，以期与同行们沟通和交流。在专利审查过程中，只有《专利法》及《专利法实施细则》以及中国专利局制定的《审查指南》才能作为审查的依据。因此，无论是国外的审查经验还是个人的心得体会，仅供大家参考，这些观点在审查过程中不具任何约束力。

有关专利申请文件的撰写及审查的书已出版了许多。本书的特点：一是侧重于机械领域，具有一定的专业性；二是避免面面俱到，仅抓住"撰写"和"审查"中的一些重点问题进行说明和讨论，将这本小册子以"快餐"的形式奉献给对这类问题感兴趣的读者。

本书共分四章。第一章为专利申请文件的撰写，主要讨论了说明书和权利要求书的撰写问题。第二章为对审查意见通知书的答复及对申请文件的修改，该章根据审查员的审查实践对申请人或代理人在实质审查过程中的答复和修改提出一些建议。这两章可能更适合申请人或代理人阅读。第三章为对专利审查中某些问题的讨论。如上所述，该章只能代表笔者个人的观点，对于申请人及代理人来说，提供作为参考；而对于审查员来说，则是把问题提出来以便进一步讨论，笔者愿起到抛砖引玉的作用。第四章为与撰写及审查有关的案例及分析，其中包括实用新型申请文件撰写的示例以及发明专利申请案案例剖析。此外还收录了 1996 年专利代理人资格考试中有关机械领域专利申请文件撰写部分的试题，并结合试题对有关问题作重点分析，该部分可供申请人和欲取得专利代理人资格者参考。

1996 年 10 月

目　录

第一章

专利申请文件的撰写

　　申请人如果想让自己的一项发明创造在中国获得专利权，首先需向国家知识产权局专利局提出专利申请。申请时申请人除了提交请求书之外，还需提交说明书、权利要求书及说明书摘要等文件，实用新型专利申请还必须提交附图。

　　在上述申请文件中，说明书和权利要求书是两份最为重要的文件。说明书应当清楚、完整地记载该发明的内容，使本领域技术人员凭借说明书所公开的内容即可实施该发明。它既是一份供社会公众阅读的技术资料，同时又是专利权利要求书撰写的依据和基础，是专利审查的主要内容之一。权利要求书则是一份重要的法律文件。它以技术特征的形式对发明创造进行了概括，划定了申请人所寻求的专利保护范围，是专利审查的重点。

　　说明书所公开的内容及权利要求书的撰写方式将直接影响该专利申请能否被授予专利权，以及专利授权之后能否应对专利无效宣告程序的考验。

　　本章将重点围绕说明书和权利要求书的撰写问题进行讨论。其中，除了对《专利法》《专利法实施细则》及《专利审查指南2010》中的相关规定作必要的介绍和解释之外，将重点结合笔者多年在专利审查中所遇到的一些具体案例，对说明书和权利要求书撰写过程中经常出现的问题进行分析和归纳，以反面教材的形式提供给读者，以期从正反两个方面将《专利法》有关"说明书及权利要求书撰写"的基本要求讲述清楚。

　　读者在阅读本章内容的基础上，再参考本书第四章之一的"专利申请文件撰写示例"，就可以对如何撰写说明书及权利要求书有一个大致的了解。

在我国，发明与实用新型虽属两种不同类型的专利，但就其申请文件的撰写而言，对两者的要求基本是相同的。《专利法》及《专利法实施细则》中涉及申请文件撰写的条款，绝大多数既适用于发明专利申请，也适用于实用新型专利申请，除非个别之处另有说明。本章内容既适用于发明专利申请，也适用于实用新型专利申请。

但是，由于实用新型专利从申请到审批直至授权，在程序及实体方面与发明专利相比又存在若干区别，加之在机械领域中，实用新型专利申请所占的比例又相当大，故在本章之三专门对实用新型与发明专利申请之间的区别进行了说明，供申请人选择专利保护类型时参考。

一、说明书的撰写

在《专利法》及《专利法实施细则》中，与说明书撰写有关的主要条款是《专利法》第二十六条第三款和《专利法实施细则》第十七条。

《专利法》第二十六条第三款规定："说明书应当对发明或者实用新型作出清楚、完整的说明，以所属技术领域的技术人员能够实现为准；必要的时候，应当有附图。"

简言之，一份撰写合格的专利说明书所公开的技术内容应当满足"清楚""完整""能够实现"这三个基本条件。这也是《专利法》对专利说明书撰写提出的一个最基本的要求。如果不符合这三点基本要求，将不会被授予专利权，即使被授予专利权（例如，在某些实用新型专利中，由于实用新型专利授权之前只进行初步审查，难免存在或隐含此类缺陷），日后也面临该专利权被宣告无效的危险。

《专利法实施细则》第十七条，对说明书的撰写方式和顺序作了具体规定。一般情况下，说明书应当按照该条款所规定的顺序和方式，分成五个主要部分依次进行撰写。

下面将以"清楚、完整、能够实现"这三点要求为标准，分别对发明或者实用新型的名称以及说明书的五个主要部分的撰写进行解释和说明。

（一）发明或者实用新型的名称

根据《专利审查指南2010》的规定，发明或者实用新型的名称应当清楚简明地反映出其主题和类型，应采用所属技术领域通用的技术术语。在实际申请案中，经常出现如下问题。

1. 发明名称中的技术主题与权利要求所保护的主题不相适应

例如，权利要求书中包含了"产品"和"制造该产品的方法"两项独立权利要求，即该发明涉及"产品"和"方法"两个技术主题，而发明名称中仅写入其中的一个主题，两者不相适应。此时应将"产品"和"方法"均写入发明名称中。

2. 名称中使用人名、地名、商标及其商业性宣传用语

在发明名称中不得使用人名、地名、商标、型号或商品名称，或者使用了商业性宣传用语。在一件发明专利申请案中（详见本书第三章之五的"（三）权利要求书中否定式用语的使用问题"中案例3，读者可参照阅读），申请人公开了一种内燃机活塞用的活塞环。为了提高活塞环的密封性能，申请人将活塞环的端面接口设计成多阶多列复式搭口。申请人将发明名称写为"一种具有胡氏搭口的高效密封环"，其中的"胡氏搭口"是以申请人的姓氏命名的，这种"胡氏搭口"的定义并未得到该技术领域的普遍认可。所谓的"高效"，也属于一种宣传性用语，缺乏具体、明确的技术含义。因此，"胡氏搭口"和"高效"都应从发明名称中删除。

3. 对技术主题的概括不适度

仍以上述"活塞环"的专利申请为例，就其发明名称所概括的程度而言，有以下几种方式可供选择：

（1）一种密封装置；

（2）一种供活塞装置使用的活塞环；

（3）一种具有多阶多列复式搭口的活塞环。

若选用（1）作为发明名称，显然概括得过于上位。"密封装置"仅仅道出了该装置的功能，既未说明该"密封装置"用于何处，也未指明该"密封装置"的类型，限定不够具体。

名称（3）在指明该发明所涉及产品（活塞环）的同时，还包含了该发明对现有技术作出贡献的技术特征——"多阶多列复式搭口"，包含了发明本身的技术内容，这种概括方式过于具体，有可能导致其他矛盾的出现。

例如，根据《专利审查指南2010》的规定，"独立权利要求的前序部分应写明发明或者实用新型要求保护的主题名称"。故一般情况下，独立权利要求的第一句话应与发明名称相适应。如果以（3）作为发明名称，其独立权利要求的第一句话中势必包含有"多阶多列复式搭口"这一区别技术特征。即"一种具有多阶多列复式搭口的活塞环……其特征在于该活塞环具有多阶多列复式搭口"，从而造成"前序部分"与"特征部分"的混淆。

将上述3种概括方式进行比较，选择其中的（2）作为其发明名称比较合适。它既包含了该发明所涉及产品的种类（活塞环），又指明了该产品的应用领域（供活塞装置使用），使读者通过发明名称即可对该发明有一个适当的定位。由于其中并未写入该发明的有关技术特征，故将其用于独立权利要求的第一句话也不会产生上述矛盾。

（二）发明或者实用新型所属技术领域

《专利审查指南2010》中指出：专利说明书中的"技术领域"应当是发明或者实用新型直接所属或者直接应用的具体技术领域，它既不应当是其上位的或者相邻的技术领域，也不应当是发明或者实用新型本身。（见《专利审查指南2010》第二部分第二章第2.2节。）

"技术领域"概括的原则与"发明名称"概括的原则相似。

同样以上述的"活塞环"专利申请为例，该发明所涉及的技术领域可以是：

（1）内燃机技术领域；

（2）内燃机的汽缸；

（3）内燃机汽缸的活塞环；

（4）带有多阶多列复式搭口的活塞环。

根据《专利审查指南2010》的上述规定以及对该发明内容的具体分析，将其所属技术领域定为（3），即"内燃机汽缸的活塞环"比较合适，它既不是"其上位的或者相邻的技术领域"，也不是"发明或者实用新型本身"。

（三）发明或者实用新型的背景技术

说明书中所引用的背景技术既可以来自专利文件，也可以来自非专利文件；既可以是申请日以前已经公开的"现有技术"，也可以是申请日尚未公开的技术。例如，记载在该申请人在先提出的专利申请中、但尚未被公开的技术，或者是其他尚处于保密状态的技术。

在我国1985年制定的《专利法实施细则》中，其第十八条第二款第（三）项内容为："……写明对发明或者实用新型的理解、检索、审查有参考作用的现有技术……"而在1992年修改的《专利法实施细则》中，将其中的"现有技术"修改为"有用的背景技术"。很显然，"背景技术"的范围要大于"现有技术"的范围，这种修改就意味着除了已经被公知公用的现有技术之外，申请人还可以将与其发明相关、但尚未公开的技术内容写作说明书的背景技术。

为了进一步理解"背景技术"与"现有技术"之间的区别，不妨借用一个实际案例。

一件发明专利说明书中的背景技术部分记载了如下内容："目前，有人为了开发一种营养丰富的肉脂渣食品，选用猪的肌肉，用沸腾的食油炸熟，再加压榨出熟肉中的油脂……"

一请求人以该专利不具备创造性为由对其提出无效宣告请求。在专利复审委员会作出的无效宣告审查决定中，合议组在缺少具体证据支持的情况下，直接将该专利说明书所记载的上述内容视为专利权人自认的现有技术，并将该技术内容与另一篇对比文件所公开的技术内容相结合，得出该专利不具备创造性的审查结论。

该案合议组作出上述认定的理由是："专利权人在撰写说明书时已经确认其上记载的背景技术属于申请日之前的现有技术，专利申请文件属于正式的法律文件，专利权人不能随意反悔。"

专利权人对复审委员会的上述决定不服，遂向人民法院提起行政诉讼。人民法院经审理，撤销了专利复审委员会的无效审查决定。

人民法院认为："相关法律法规并未规定背景技术应记载的必须是申请日以前已经公开的现有技术。故在背景技术没有给出引证文件的情况下，不能确认背景技术部分记载的技术方案已经进入能够为公众获得的状态，也不能仅仅因为专利权人将该技术记载在说明书背景技术部分即认定该技术为现有技术。专利复审委员会将没有引证文件也没有其他证据证明本专利说明书背景技术部分记载的技术方案在申请日前已为公众所知的情况下，将该背景技术认定为现有技术没有事实和法律依据，其基于此对本专利进行的创造性审查亦是错误的。"

实践中，上述错误的认定方式在专利局的实质审查过程中也时有发生，应当引以为戒。

背景技术作为一项发明创造的基础，其中往往包含有若干与该发明创造有关的技术内容。申请人在撰写说明书时，由于各种原因有可能未将这些与发明有关的内容明确写入说明书中，从而使本领域技术人员仅凭说明书所公开的内容尚无法实现该发明。

举例来说，一件专利申请 A 是对现有技术 B 的改进，在专利申请 A 的说明书中，申请人并未将其技术方案充分公开，其中所缺少的技术内容却被明确记载在现有技术 B 中。此时，只要现有技术 B 属于已公开的技术，而且申请人在背景技术部分对 B 的出处给予了明确的指明，本领域的技术人员以专利申请 A 的说明书为基础，借助于所指明的文件 B 所公开的内容即可实现该发明，这时，仍可认为申请人对其发明作了充分公开。在后续的审查过程中，申请人也可以将文件 B 中的某些相关内容补入说明书中，不视为超出原始公开的范围。

反之，如果申请人在背景技术部分并未对现有技术 B 的出处给予指明，或者 B 属于一种申请日前未被公众所知的技术，则仅凭申请人在说明书中所公开的技术内容，本领域的普通技术人员很可能无法实施该发明，从而将导致公开不充分的严重后果。由此可见，申请人在介绍背景技术的同时，还应当同时具体指明该背景技术的出处，这不仅能方便社会公众的查阅，也有利于申请人自己。在现有的专利申请中，不少申请人忽略了对相关技术的引证或对其出处的指明。

在《专利审查指南 2010》第二部分第二章第 2.2.3 节对背景技术中的引证文件提出了以下要求：

"（1）引证文件应当是公开出版物，除纸件形式外，还包括电子出版物等形式。

（2）所引证的非专利文件和外国专利文件的公开日应当在本申请的申请日之前；所引证的中国专利文件的公开日不能晚于本申请的公开日。

（3）引证外国专利或非专利文件的，应当以所引证文件公布或发表时的原文所使用的文字写明引证文件的出处以及相关信息，必要时给出中文译文，并将译文放置在括号内。

如果引证文件满足上述要求，则认为该申请说明书中记载了所引证文件中的内容。"

在此，有两点提请特别注意：

（1）上述第（2）项规定——如果所引用的文件属于中国专利文件，该文件的公开日必须在新申请的公开日之前；如果所引用的文件属于非专利文件或外国专利文件，该文件的公开日必须在新申请的申请日之前。

（2）《专利审查指南 2010》第二部分第二章第 2.2.6 节同时作了如下规定："应当注意的是，为了方便专利审查，也为了帮助公众更直接地理解发明或者实用新型，对于那些就满足专利法第二十六条第三款的要求而言必不可少的内容，不能采用引证其他文件的方式撰写，而应当将其具体内容写入说明书。"

"背景技术"的撰写经常出现下列问题。

1. 出现贬低他人的语言

申请人在描述背景技术时，难免会涉及某项技术或某种产品所存在的缺陷，但这种分析和评述应当客观、公正、实事求是，从技术角度进行评价，不得有贬低他人之嫌。

例如，一件发明专利申请涉及一种"纸浆浓度自动控制仪"，在其说明书的背景技术部分，申请人以国内某厂所生产的一种同类产品作为现有技术。在对该产品的结构方进行分析之后，申请人写道："该产品在使用中调整时间长，可靠性差，精密度低，故障率极高。"这种缺少具体技术数据支持的评价，实际上构成了对该产品的诋毁，难免导致一些不必要的法律纠纷。

2. 对背景技术的了解和描述不准确、不客观

如果申请人在递交专利申请之前，未对其申请专利的技术方案进行系统全面的检索，而仅仅凭借自己主观的认识来评价背景技术，则很容易使所撰写的背景技术与客观实际不符。对于发明专利申请来说，尽管在实质审查过程中，申请人可以根据审查员所检索到的最相关的对比文件对该部分进行修改，但是以原背景技术为基础对发明内容所作的公开却不能作相应修改了。

如果对背景技术的认定不够客观，在撰写专利申请文件时，有可能导致两种不良后果：

一是将现有技术的水平认定得过高。为了确保获得专利权，将过多的技术特征写入独立权利要求中，从而使保护范围变小。

二是将现有技术的水平认定得过低。在说明书中未对某些必要的技术特征进行公开，而是作为技术秘密隐藏了起来，使已公开的技术方案不具备创造性。

仍以上述"活塞环"的申请为例，在进行专利申请之前，申请人并未对专利文献作全面检索，仅仅以《内燃机的理论与设计》一书所记载的内容为依据，认为现有技术中活塞环的接口方式仅有直角接口、斜接口以及轴向阶梯接口等几种形式，从而认定采用多阶多列复式搭口便是其对现有技术的贡献，便以此为依据撰写了权利要求书。在实质审查过程中，审查员检索到了若干篇具有多阶多列复式搭口的对比文件，因此，使其独立权利要求丧失了新颖性。如若在进行专利申请之前，申请人进行一次全面的检索，尽可能准确地掌握现有技术的状况，则会掌握更多的主动权，或者在说明书中公开更多的区别技术特征，加大与现有技术的差别，增加被授权的可能性。或者索性放弃该专利申请，避免造成不必要的浪费（该案申请的是 PCT 国际申请，申请费远远多于国内费用）。

在专利制度历史比较长的国家，例如在瑞典（专利制度已建立 100 余年），95%的申请人在递交专利申请之前，都进行过全面检索，这也许是人们在经历了一些曲折之后所积累的一种经验。

（四）发明或者实用新型的发明内容

该部分实际上是由 1992 年修改的《专利法实施细则》第十八条中的第（四）项、第（五）项、第（六）项三项合并而成的。修改后可以使《专利法实施细则》第十七条的规定与 PCT 条约的有关规定相一致。

说明书"发明内容"部分包括三项内容，其第一项内容是"写明发明或者实用新型所要解决的技术问题"。

该内容与1992年修改的《专利法实施细则》第十八条第一款第（四）项"发明或者实用新型的目的"相对应，只不过将"发明或者实用新型的目的"改成了"发明或者实用新型所要解决的技术问题"。《专利审查指南2010》第二部分第二章第2.2.4节明确规定："发明或者实用新型的所要解决的技术问题，是指发明或者实用新型要解决的现有技术中存在的技术问题。发明或者实用新型专利申请公开的技术方案应当能够解决这些技术问题。"所以，在说明书中无论是写作"发明目的"还是写作"要解决的技术问题"，其内容是一样的，只不过是把"目的"落实到"技术问题"上。

撰写该部分时经常出现的问题有：

1. 对要解决的技术问题或发明目的未作正面、直接的描述

在叙述完背景技术之后，许多申请人往往用"本发明（实用新型）的目的在于克服上述现有技术中所存在的缺点"作为其发明目的。

《专利审查指南2010》第二部分第二章第2.2.4节规定：申请人应当"用正面的、尽可能简洁的语言客观而有根据地反映发明或者实用新型要解决的技术问题"。如果对"现有技术中所存在的缺点"未作出具体的、技术性的评价，仅以上述方式来描述其发明目的将不符合要求，因为它既不是一种正面描述方式，也未落实到具体的技术问题上。

2. 与权利要求书中所要求保护的技术主题不相适应

如同对发明名称的概括一样，当权利要求书中涉及两个或更多的技术主题时（例如，"产品"和"制造该产品的方法"），"要解决的技术问题"应涉及所有要求保护的技术主题，而不能仅仅涉及其中的一个（例如，"产品"或"制造该产品的方法"）。

这种情况在原始递交的说明书中有可能出现，但更多的是在实质审查过程中，在对权利要求书的内容进行了修改之后，说明书"要解决的技术问题"部分却未作相应修改。

3. 用结构特征代替"要解决的技术问题"

一件发明涉及对某产品结构的改进，申请人将这种结构的变化作为发明"要解决的技术问题"来描述。例如"本发明的目的在于提供一种带有多阶多列复式搭口的活塞环"。

这种描述方式是对结构的描述，不属于对要解决技术问题的描述。

4. 对多个"要解决的技术问题"归纳不恰当

《专利法》第三十一条规定："属于一个总的发明构思的两项以上的发明或

者实用新型，可以作为一件申请提出。"这样，在一件专利申请中就有可能包含着多项发明。

举一个简单的例子。如果现有技术中的水杯都是不带盖而且不带把手的。一发明人为了提高水杯的保温性能，设计出一种带盖的杯子；为了便于手持，防止烫手，又在该杯子的杯体上加了一个把手。这种既带盖又带把手的杯子实际上包含了两项发明内容，一项发明的目的在于保温，另一项发明的目的在于方便手持。当把这两项发明作为一件专利申请提出时，其"要解决的技术问题"有两种撰写方式：

一种方式是将要解决的技术问题写作："本发明所要解决的技术问题是提高水杯的保温性能，同时使杯子便于手持，防止烫手"。很显然，要解决该技术问题，其独立权利要求中必须同时包括杯盖和把手这两个技术特征，将独立权利要求写作："一种水杯，它包括一个杯体，其特征在于它还带有一个杯盖和一个把手"。

此时，其保护范围仅限于既带杯盖又带把手的杯子。

另一种方式是将要解决的技术问题写作："本发明的主要目的在于提高水杯的保温性能。本发明的另一个目的在于使该杯子便于手持，防止烫手。"即将两个发明目的单独进行说明，而且第二个目的从属于第一个目的。这时，其独立权利要求可以写作："一种水杯，它包括一个杯体，其特征在于它还带有一个杯盖。"以该权利要求为基础，还可以写出另一项从属权利要求："如权利要求1所述的水杯，其特征在于它还带有一个把手。"

这时，权利要求1的保护范围为"带杯盖的水杯"，其保护范围显然要大于前者。而权利要求2虽然包含了另一项发明，但由于它是权利要求1的从属权利要求，二者之间不存在"单一性"（见本书第三章之四）的问题。而且只要权利要求1具有创造性，权利要求2也具有创造性。

但是应当清楚，无论采用上述哪一种撰写方式，"带把的杯子"这一项发明都是以"带盖的杯子"为基础的，即"带把的杯子"不能单独受到保护。上述写法的好处是可以将二者作为一件专利申请提出，节省一些费用；不利之处则是保护范围受到限制。

如果想获得最大的保护范围，则应当将其作为两件专利申请提出：一件申请保护"带盖的杯子"，另一件申请保护"带把的杯子"。

以上的例子是为了便于说明问题而杜撰出来的，但类似的情况在实际申请案中确实是经常出现的。如果一件专利申请包含了多项发明，解决了多个技术问题，在撰写发明目的时要根据现有技术的状况及所要保护的范围对发明目的进行区分，分清主次，切忌混作一谈。根据《专利法实施细则》第二十条的规定，独立权利要求应当记载解决技术问题的必要技术特征。所以，"要解决的技术问题"越多，独立权利要求中所包含的必要技术特征也将越多，其保护范围必然变小。

在美国的专利申请文件中，申请人往往在其发明目的部分罗列出若干个甚至十几个发明目的，这些发明目的又分别对应于说明书中的具体实施例以及权利要求书中的各项权利要求。笔者认为，对于一项技术内容比较丰富而所有的内容又都是围绕同一发明点展开的发明来说，这种撰写方式似乎还是值得借鉴的，因为它不仅有助于人们对说明书中所公开的诸多技术方案的理解，同时又使权利要求书中的各权利要求与其各自的发明目的相互对应。

当然，如果在原始的申请文件中申请人未将某个发明目的明确提出，而该发明目的已经又客观隐含在其所公开的技术方案中，则在日后修改说明书时，申请人还可以将这类发明目的补入说明书中，以一个实际申请案为例。

在一件名为"造纸白水分离新工艺和设备"的发明专利申请案中，申请人提出的发明目的是"提供一种分离效果好、回收纸浆新鲜、回收清水清洁、操作简易的造纸白水分离的新工艺和设备"。

其独立权利要求1为："一种从造纸工业白水中回收纤维、填料和清水的工艺，其特征是：包括化学絮聚剂的溶解和定量配给，脉冲流量的产生，均匀配水，凝聚沉降，回收浆和清水的输送。"

经检索，发现采用化学絮聚剂对造纸白水进行凝聚沉降并配以搅拌的处理工艺已属现有技术，所述的发明目的——保持回收浆的新鲜及回收水的清洁也已由该现有技术的方案实现。

但从说明书所公开的技术内容看，该发明与现有技术的一个重要区别在于它采用了一种脉冲式供水的技术方案，即"将白水和化学絮聚剂配量后通进脉冲室产生脉冲流量，再从配水管中均匀而又有规律地间歇喷下"。

现有技术中，为使白水均匀分布在整个分离器截面上，喷水管的孔眼不能开得太大，但孔眼太小又容易被堵塞。如果白水以脉冲的形式流出，这将有利于保持孔眼的通畅。这种技术方案与技术效果之间的关系是合乎逻辑的，能够为本领域的技术人员所接受。因此，采用脉冲式供水的技术便构成了该专利申请与现有技术间的主要区别。与该技术方案相对应的发明目的或技术效果便是"防止喷水管的堵塞"。该发明目的或技术效果虽然在原始说明书中未明确写明，但它确实隐含在该技术方案中，而且很容易被本领域的普通技术人员所理解。所以，申请人可以用该发明目的取代原来的发明目的，从而构成一个区别于现有技术的技术方案。

当然，如果申请人在原始申请时就将该发明目的明确写入说明书中就更好了。

说明书"发明内容"部分的第二项内容是"解决其技术问题采取的技术方案"。

一件发明或者实用新型专利申请的核心内容是在其说明书中所公开的技术方案，而该项内容又是对该技术方案的概括。

一般情况下，该技术方案部分的用语应当与独立权利要求的用语相适应，即以发明或者实用新型的必要技术特征总和的形式对发明或实用新型进行概述，必要时，可以对其附加技术特征进行说明。

应当注意的是，如果一件专利申请中包含有几项发明或者几项实用新型，则应当对每项发明或者实用新型的技术方案分别予以说明。

撰写该部分时，首先要做到与权利要求书中各独立权利要求的内容"相适应"。其次要考虑与从属权利要求"相适应"。

在实际申请中经常出现的问题包括：

（1）不是直接描述构成发明或实用新型的必要技术特征，而是采用"本发明（实用新型）的技术方案如同权利要求1所描述的那样"一类的语句，从而违反了《专利法实施细则》第十七条的规定（……发明或者实用新型说明书中不得使用"如权利要求……所述的……"一类引用语）。

（2）与权利要求书中的内容不相适应。当权利要求书中包含了多个独立权利要求时，这就意味着该专利申请包含着多项发明，无论这些发明是同类的（例如都涉及某种"产品"）还是不同类的（例如分别涉及"产品"和"制造该产品的方法"），在"技术方案"部分都应对各项发明分别进行概括。仅对其中的一项发明或实用新型进行概括将不符合要求。

实践中，为了避免与权利要求不相适应的问题，一种比较稳妥的方式便是将权利要求书的内容全部复制到该部分。但复制时需要进行一下改写，例如，将"其特征在于""如××权利要求所述的"之类权利要求书中的用语删除掉，改为说明书所使用的语言。

（3）所公开的技术方案缺少实现其发明目的的必要技术特征。以一件发明专利申请案为例，该专利申请涉及一种供热压加工用的垫板纸的制造方法，申请人在说明书中写道："制造出合格的热压垫板纸，应控制好以下5点：①针叶木浆的打浆度和湿重；②针叶木浆与麦草浆的配比；③适宜的化学助剂；④压榨压力和适宜的压榨辊中高；⑤纸板的均匀性。"而在技术方案部分，申请人仅对其中的①和②进行了公开，即仅限定了针叶木浆的打浆度为 10°SR ~ 30°SR，湿重为 3 ~ 10g，以及浆料配比为针叶木浆 50% ~ 90%、未漂麦草浆 10% ~ 50%，而对其余的 3 个技术特征却未作任何具体说明，以至于本领域普通技术人员无法实施该发明，也无法实现其发明目的。由于在说明书的其他部分申请人也都未曾对其余的 3 个技术特征作详细说明，故该发明只能被视为一项未完成的发明，其主要缺陷是公开不充分。

说明书"发明内容"部分的第三项内容是"发明或者实用新型的有益效果"。

有益的效果是由构成发明或者实用新型的技术特征必然产生的。而有益的效果又是判断发明是否具有"突出的实质性特点和显著的进步"、实用新型是否具有"实质性特点和进步"的重要依据。申请人应充分重视对该部分内容的撰写。

有些技术效果是明显隐含在技术方案中的，即由技术特征必然产生的。例如前面所举的有关"脉冲液流"的例子，采用脉冲式液流，必然会产生对喷淋孔的脉动式冲击，而这种冲击将有利于孔眼的疏通，这对本领域普通技术人员来说是不言而喻的。

有些情况则不然。例如，一件有关某产品制造方法的发明，该方法采用了若干有别于现有技术的工艺参数。如果申请人不对该方法所取得的技术效果进行阐明，作为本技术领域的普通技术人员往往很难依据这些工艺参数将其效果直接推断出来，尤其是当该工艺参数取得了意想不到的技术效果时，更是如此。

有关"产品"的发明也一样。例如，采用多阶多列复式搭口的活塞环，从其结构形式上可以理解其密封性能将优于斜接口的活塞环，但其密封效果究竟提高多少，还需通过其他一些数据，例如汽缸的节油率才能反映出来。如果申请人将有关的测试数据写明，将有利于社会公众或审查员对该发明的全面理解和评价。

不少申请人在原始申请文件中忽略了对其技术效果的描述，在实质审查过程中，直到审查员对其技术效果提出质疑时，申请人才将有关数据提供出来，并希望对原说明书进行补充、修改。由于技术效果是发明的一个重要组成部分，对于那些不能通过技术方案直接推断出的效果，一般是不允许在申请日之后再补入说明书中的，而只能提供给审查员作为参考，其结果往往会导致申请人的损失。

有关案例请参看本书第二章之三"（二）发明目的的修改"之案例 4。

（五）有附图的应当有图面说明

凡是有附图的，在说明书中都应当对附图的名称、图示的内容作简要说明。

附图不止一幅的，应当对所有附图作出图面说明。

例如，一件发明名称为"纸浆过滤装置"的专利申请，其说明书包括四幅附图，其图面说明可以按照如下方式撰写：

图1是本发明纸浆过滤装置的主视图；

图2是图1所示的过滤装置的侧视图；

图3是图2中的A向视图；

图4是图1中B－B剖视图。

（图省略）

为了便于对照和阅读，该部分还可以对附图中具体零部件标号与名称之间的对应关系加以说明。这样做也有利于克服说明书与附图标号不一一对应的缺陷。

根据《专利法实施细则》第十七条的规定，附图说明部分属于说明书一个独立的组成部分，应当自成一段。有的申请人虽然也在说明书中对各幅附图作了说明，但它们分散于说明书的不同部分，缺少集中说明，这种形式上的缺陷应予以避免。

（六）实现发明或者实用新型的具体实施方式

这部分内容是说明书的重要组成部分，简称"实施例"。它对于说明书的"充分公开"以及对权利要求的"支持"和"解释"都具有重要作用。

说明书中的"发明内容"部分是对权利要求内容的概括，而该部分则应对权利要求书中所述的技术方案予以具体说明，以满足《专利法》第二十六条第三、第四款的要求——对发明或者实用新型作出清楚、完整的说明，使本领域技术人员能够实现，同时为权利要求书的保护范围提供依据和作出解释。

当一个实施例足以支持权利要求所概括的技术方案时，该部分可只给出一个实施例；当权利要求覆盖的保护范围较宽，例如采用了一个"上位概念"或"功能性特征"对某技术内容进行概括时，则应当给出多个实施例，以支持要求保护的范围。

如果发明或实用新型的技术方案比较简单，在"技术方案"部分已经对该发明或实用新型作出了清楚、完整的说明，该部分也可以省略。

如果发明或实用新型涉及一种产品，则应当（结合附图）对该产品的构成以及各部分之间的配合关系作具体说明。

如果发明涉及一种方法，则应写明其具体的步骤、参数等与实施该方法有关的内容。

对于现有技术中已知的，而且为本领域普通技术人员所公知的技术内容，可以不作详细的描述，但对于该发明或实用新型区别于现有技术的内容，则应当作详细的描述，以所属技术领域的普通技术人员能够实现该技术方案为准。

以上也是《专利审查指南2010》对实施例部分的撰写所提出的一些基本要求。在实际申请案中经常出现的形式错误有：

1. 对附图中标号所示明的零部件的描述不完全

根据《专利法实施细则》第十八条第二款的规定，发明或者实用新型说明书文字部分中未提及的附图标记不得在附图中出现，附图中未出现的附图标记不得在说明书文字部分中提及。也就是说，说明书中与附图有关的文字部分应当与附图有一一对应的关系。

在实际申请案中，经常出现二者不对应的情况。例如说明书中出现的标号在附图中找不到或者附图中存在的标号在说明书中未作说明，两者都会影响阅读者对其技术内容的理解。

根据笔者的审查经验，避免这种错误出现的一种最简单、有效的方法就是在完成说明书的撰写和附图的绘制之后，将说明书中写有附图标号的部分与附图对照一遍。例如，在阅读说明书时，文字部分每出现一个部件标号，便在附图中用笔将该标号圈起，最后，如果文字部分的所有标号都在附图中可以找到，同时附图中所有的标号都被用笔圈起，即说明二者之间实现了一一对应。采用这种方式很容易发现问题之所在。

2. 说明书中出现的附图标记或符号加有括号

与权利要求书不同，说明书中的附图标记或符号不应加括号。

以上按照《专利法实施细则》第十七条所列的顺序，对说明书的五个组成部分应如何撰写，以及在撰写中经常出现的问题分别作了简要的说明。申请人如果对以上各点予以充分注意，再参照本书后半部分所提供的撰写样页，就可以撰写出一份形式上基本合乎《专利法》及《专利法实施细则》有关要求的发明或者实用新型的专利说明书。

当然，撰写出一份基本上符合要求的专利说明书是一回事，而撰写出一份高质量的专利说明书又是另一回事。要想写出一份高质量的专利说明书，撰写人员不仅需要了解《专利法》《专利法实施细则》的有关规定，而且需要对发明的技术内容有透彻的理解，并在理解的基础上，启发、引导申请人对发明内容作进一步扩展，以扩大专利的保护范围，或为防备他人的侵权设置一些障碍。

撰写人员最好对申请人提供的实施例具有适度扩展的能力。这样才可能在发明人所提供的技术方案基础上进一步丰富发明创造的内容，为申请人争取更大、更合理的保护范围。

（七）说明书附图

对于发明专利申请，视具体的技术内容，申请人可以提交附图，也可以不提交附图。但对于实用新型专利申请，依照《专利法实施细则》第三十九条以及《专利审查指南 2010》第五部分第三章第 2.1 节有关"受理条件"的规定，申请人在递交专利申请文件时，必须提交附图。

《专利法实施细则》第十八条对所提交的发明或实用新型的附图作了一些具体规定，其中包括：应当按照"图1、图2……"顺序编号排列等。此外还应注意附图标记与说明书文字部分的对应关系以及附图中除必需的词语外，不应当含有其他注释等具体事项。

附图作为一种工程技术语言，对于机械领域的专利申请，其作用尤为重要。但专利申请文件中的说明书附图又不同于常规的机械制图，它是一种示意图，可以是结构图或流程图或逻辑框图等，附图的作用在于配合说明书的文字部分，更清楚地展示产品或设备的构成及其相互之间的配合关系。所谓的示意图并不意味着它可以是一种草图，该附图必须用制图工具和黑色墨水按制图规范绘制，周围不得使用框线，图形线条和引出线应均匀清晰，不得使用铅笔、圆珠笔、色笔绘制，图上不得着色，而且结构框图、逻辑框图、工艺流程图应当在其框内给出必要的文字和符号，框内的文字必须打字或用仿宋体、楷体书写工整、清晰（详见《专利审查指南 2010》第一部分第二章第 7.3 节）。

在申请人所递交的说明书附图中，经常出现下列问题：

（1）在同一个附图序号下绘有两幅或两幅以上的附图，例如将一个产品的三向视图或两个独立部件的示意图编排在同一附图序号下；

（2）在不同的附图中，同一标号代表不同的部件，或者同一部件用不同的标号表示；

（3）与说明书文字部分所述的附图标记缺少一一对应关系；

（4）附图中存在不必要的文字说明。

在结束说明书的撰写要求之前，再对说明书摘要的撰写作简要说明。

在申请发明或实用新型专利时应当提交的 4 份专利申请文件中，说明书摘要属于一种情报性的文件。它对于专利保护的内容不构成影响。说明书摘要记载的内容不属于该申请原始公开的内容，即日后不能以说明书摘要作为权利要求书或说明书修改的依据。根据《专利法》第三十三条的规定，只有原始说明书和权利要求书才可以作为修改的依据，其中并不包括说明书摘要。但是，说明书摘要对于技术文献的收藏、交流以及公众的阅读和查找有着十分重要的作用。国家知识产权局定期向许多国家或组织提供的有关中国专利申请的英文信息，仅限于对说明书摘要的译文，从这个意义上讲，撰写好说明书摘要又是一件十分重要的事情。

根据《专利法实施细则》第二十三条的规定：摘要应当写明发明或者实用新型专利申请所公开内容的概要，即写明发明或者实用新型的名称和所属技术领域，并清楚地反映所要解决的技术问题、解决技术问题的技术方案的要点以及主要用途。有附图的专利申请，还应当提供一幅最能说明该发明或者实用新型技术特征的附图。摘要文字部分不得超过 300 个字。摘要中不得使用商业性宣传用语。也就是说，申请人应当在 300 个字的范围内，将其发明或者实用新型的技术领域、发明目的、主要技术特征和用途这 4 个主要内容进行概括，只有这样，才能向社会公众提供一件有用的技术情报。在我国的专利申请案中，为数不少的专利申请对说明书摘要的撰写不符合《专利法实施细则》的上述规定，有的文字部分超长，有的缺少必要的组成部分。要想充分发挥摘要的信息作用，提高我国专利文献在国际上的地位，应当重视对说明书摘要的撰写。

二、权利要求书的撰写

在《专利法》中，与权利要求书有关的条款主要是第二十六条第四款和第五十九条第一款。前者旨在说明权利要求书的作用及功能，即"权利要求书应当以说明书为依据，限定要求专利保护的范围"；而后者则阐明了发明或者实用新型的保护范围与权利要求书、说明书及附图之间的关系，即"发明或者实用新型专利权的保护范围以其权利要求的内容为准，说明书及附图可以用于解释权利要求"。

权利要求书是专利申请文件中一份最重要的文件，它界定了专利权人的专利保护范围。为了使该文件的撰写格式趋于规范和统一，在《专利法实施细则》中对权利要求书的撰写作出了若干具体规定。其中，最为相关的是《专利法实施细则》第十九条至第二十二条。根据《专利法实施细则》的这 4 条规定，发明或者实用新型的权利要求书应当以技术特征的形式，清楚并简要地表述请求保护的范围。

一般情况下，独立权利要求应当划分为前序部分和特征部分。独立权利要求应当记载为实现发明或者实用新型目的的全部必要技术特征。而从属权利要求则包括引用部分和限定部分，借助于限定部分对所引用的独立权利要求作进一步限定。

值得说明的是，《专利法实施细则》第十九条至第二十二条的有关规定，虽然其中有些内容属于对权利要求撰写形式方面提出的要求，但根据《专利法》及《专利法实施细则》的有关规定，如果实用新型专利申请文件的撰写不符合《专利法实施细则》第十九条至第二十二条的规定，在初步审查过程中将被驳回。

对于发明专利申请来说，如果其权利要求书撰写得不清楚或独立权利要求中缺少必要技术特征，该发明专利申请在实质审查过程中也将被驳回。

而且根据《专利法实施细则》第六十五条的规定，如果独立权利要求"缺少解决技术问题的必要技术特征"，即使已经被授予了专利权，在无效宣告请求程序中也可以被宣告无效。

所以，无论是发明专利申请还是实用新型专利申请，确保权利要求书的撰写符合《专利法实施细则》第十九条至第二十二条的有关规定就显得尤为重要，申请人和代理人对此应予以充分重视。

以下将结合《专利法》及《专利法实施细则》的有关规定，以及《专利审查指南2010》所作的解释，对撰写权利要求书时应注意的问题以及实际申请案中经常出现的问题作具体说明。

（一）撰写权利要求书应注意的几个问题

1. 正确理解权利要求书与说明书之间的关系

权利要求书与专利说明书分属于两份独立的申请文件，二者间的关系既是彼此独立的，又是相互联系的。

就申请文件的撰写而言，说明书旨在对发明或者实用新型的技术方案作充分公井，为权利要求书的撰写提供一个基础；而权利要求书则是以说明书为依据，以技术特征的形式简明地描述出要求专利保护的范围。

在处理专利侵权纠纷的案件时，发明或者实用新型专利权的保护范围以其权利要求的内容为准，但说明书及附图只可以用来解释权利要求。对于申请人和专利代理人来说，正确理解说明书与权利要求书二者之间这种相辅相成的关系十分重要。

2. 权利要求书应当以说明书为依据

由于权利要求是以技术特征的形式来对要求保护的技术方案进行限定的，为了使其保护范围不超出说明书所公开的范围，即以说明书为依据，或者说得到说明书的支持，至少应当满足以下两个方面的要求。

一是确保在权利要求中出现的所有技术特征，均在说明书中予以明确记载，或者本领域普通技术人员能将其从说明书中直接导出。否则将视为权利要求书未以说明书为依据。

二是确保权利要求中所记载的每一个技术特征概括的范围与说明书公开的程度相一致。

为了使权利要求书更为简明，其中所记载的技术特征有时会采用一种上位化的概念。例如，在权利要求中可以用"定位连接"这一技术特征对说明书实施例中所公开的螺接、焊接、铆接等连接方式进行概括。但这种上位化的概括应当适度。概括的范围太小固然会导致其保护范围的缩小，但如果概括的范围过大，例如说明书中仅公开了"螺接"这一种连接方式，而在权利要求书中却将该技术特征上位化，写作"定位连接"（既包括活动连接又包括固定连接），或者用一种功能性的语言替代说明书中所公开的仅一种具体配合关系，有可能都将导致说明书"不支持"权利要求书的后果。

值得注意的是，对于权利要求书应当以说明书为依据，《专利审查指南2010》第二部分第二章第3.2.1节还作了如下规定：

"但是权利要求的技术方案在说明书中存在一致性的表述，并不意味着权利要求必然得到说明书的支持。只有当所属技术领域的技术人员能够从说明书充分公开的内容中得到或概括得出该项权利要求所要求保护的技术方案时，记载该技术方案的权利要求才被认为得到了说明书的支持。"

这就要求权利要求中所述的技术方案必须在说明书中充分公开，否则也视为权利要求得不到说明书的支持，不符合《专利法》第二十六条第四款的规定。

3. 正确处理独立权利要求与从属权利要求间的关系

如前面所述，在撰写专利申请文件时，如果未经过系统、全面检索，申请人对现有技术的认识往往带有很强的主观性，以这种认识为基础来确定权利要求的保护范围，难免将保护范围书写得过宽或者过窄。

对于实用新型专利来说，在国家知识产权局专利局授权之前的初步审查过程中，并不对其进行现有技术的检索及实质性审查。如果申请人在权利要求书中将保护范围划定不当，即使被授予了专利权，在后续的无效程序以及侵权纠纷中，都可能给权利人带来麻烦。对于发明专利来说，虽然在授权前的实质审查过程中审查员对现有技术的状态进行了全面检索，但无论就其深度还是广度而言，其检索结果一般也具有一定的局限性。所以，即使对于经过实质审查而授予专利权的发明专利，在日后仍将面临社会公众的进一步审查。

根据《专利法实施细则》第五十一条的规定，在发明专利申请进入实质审查程序之后，申请人对权利要求书的主动修改是有时间和次数限制的。在申请人收到审查员的"第一次审查意见通知书"而得知审查员的检索结果时，申请人已经失去了对其权利要求书进行主动修改的机会。这就意味着对于原先保护范围过小的权利要求，申请人也不能作扩大性修改了。

为了使撰写出的权利要求书既具有最大的保护范围，同时又在该最大保护范围遭到威胁或破坏时有退守的余地，在充分了解现有技术的基础上，首先在独立权利要求中划定一个最大的保护范围，然后用从属权利要求对其作进一步限定，由此形成一种保护范围上宽下窄"倒置宝塔"式的权利要求书。

作为独立权利要求来说，它应当**在能实现其发明目的以及与现有技术相比具有实质性区别（创造性）的前提下**包含有尽可能少的技术特征，以便获得最大的保护范围；而作为从属权利要求来说，则应当通过添加附加技术特征或者对所引用的权利要求的某些技术特征作进一步限定的方式，加人其限定的技术方案与现有技术之间的区别，在面临无效宣告的挑战时，可起到多道防线的作用。

不少申请人未能正确发挥独立权利要求与从属权利要求的作用。如果在独立权利要求中写入了与实现发明目的不相关的技术特征，必然导致其保护范围的缩小，也未能发挥其从属权利要求的作用；如果独立权利要求包含的技术特征太少，虽然其保护范围变宽了，但有可能使该技术方案不能实现其发明目的，或者使该技术方案失去新颖性或创造性。

比较好的撰写方式是在独立权利要求中仅写入那些与实现其发明目的有关的必要技术特征，而在其从属权利要求中再作进一步限定。为了便于在无效程序中对权利要求书进行修改，建议将说明书所公开的技术方案中有价值的技术特征尽可能依次写入从属权利要求中，从而使一个从属权利要求能够包含其最佳实施例的全部主要技术特征。

在此，笔者还想结合《专利审查指南 2010》的有关规定对从属权利要求书的重要性作些说明。

虽然《专利法实施细则》第六十九条明确规定，在无效程序中专利权人可以修改其权利要求书，其原则是不得扩大原专利的保护范围。但在国家知识产权局制定的《专利审查指南 2010》中，又对权利人的修改权限作了进一步限定，凡是未记载在原权利要求书中的内容，即使在原始说明书中有所记载，也不需作为作为权利要求修改的依据（见《专利审查指南 2010》第四部分第三章第 4.6.1 节）。这就使专利权人在无效宣告程序中对权利要求书的修改大受限制。

在当初撰写权利要求书时，如果申请人未将一些在说明书中所记载的有价值的技术特征写入权利要求书内，按照《专利审查指南2010》的上述规定，在无效宣告程序中，一旦原独立权利要求面临被宣告无效的危险，申请人只能在原权利要求书所包含的内容范围内以删除或合并的方式进行修改，而无法将说明书记载的技术内容补入权利要求书中，这对专利权人来说是极为不利的。就此而言，申请人应当倍加重视从属权利要求的撰写。

基于以上的分析可以看出，作为一份质量较高的权利要求书，其独立权利要求应当在确保该技术方案具有专利性的基础上，写入尽可能少的技术特征，在能得到说明书支持的情况下，可以采用上位概念对具体的技术特征进行概括，以便获得最大的保护范围；而其从属权利要求则应采用增加技术特征或对某些技术特征进一步限定的方式，将说明书中所记载的有价值的技术方案（技术特征）均写入权利要求书内。这样，既可为自己提供一个最大的保护范围，又可为自己提供一个足够的退守余地，这在日后的无效宣告程序中是十分有益的。

关于权利要求书的撰写要点，概括起来就是要抓好权利要求书的两头：

一头是独立权利要求，要确保独立权利要求的保护范围尽可能大。具体说就是在确保实现发明目的、与现有技术相比具有创造性的前提下，独立权利要求中所记载的技术特征应当尽可能少。

另一头是确保其某一从属权利要求中，将说明书中所记载的优选实施例或最佳实施例包含在内。可以不将其作为一个完整的技术方案完整地记载在一项从属权利要求当中，但至少也应当将其相关的技术特征分别记载在权利要求书中，确保该技术方案能够通过技术特征合并的方式从诸从属权利要求中得出。

举例来说，如果说明书中的实施例包含A、B、C、D四个技术特征，除了将该四个技术特征写入一项权利要求中之外，还可以将A、B、C、D分别写入不同从属权利要求中，为日后权利要求的合并打下基础。

在无效宣告程序中，专利权人可以将两项或者两项以上相互无从属关系、但从属于同一独立权利要求的权利要求进行合并。在此情况下，所合并的从属权利要求的技术特征组合在一起形成新的权利要求。

4. 正确地划分独立权利要求的前序部分和特征部分

根据《专利法实施细则》第二十一条的规定，发明或者实用新型的独立权利要求应当包括前序部分和特征部分。其前序部分应写入该发明或者实用新型与最接近现有技术共有的必要技术特征；特征部分则应写入发明或者实用新型区别于最接近现有技术的技术特征。这也就是所谓的"以一篇对比文件为依据对独立权利要求进行划界"。

"划界"所依据的对比文件应当是一篇，而且是一篇与该发明或者实用新型在技术上最接近的对比文件。所谓"最接近"是指二者应属于相同的技术领域，而且具有最多的共同技术特征。值得注意的是，有的对比文件虽然包含很多与该申请相同的技术特征，但二者之间不属于同一个技术领域，这种对比文件不能作为"划界"的依据。

在"划界"之前，通常首先要将实现该发明或者实用新型目的的全部必要技术特征写入独立权利要求中，然后将它们与一篇最接近的对比文件进行对比，看哪些技术特征已被包含在该对比文件之中，将被包含在该对比文件中的技术特征写入前序部分，其余特征写入特征部分（即"其特征在于"之后）。在一般情况下这种划分是比较容易完成的，因为对于绝大多数的技术特征来说，一部分属于被对比文件覆盖的，另一部分属于未被该对比文件覆盖的，比较容易区分。但对于少数技术特征，如果其涉及一个范围，而这个范围仅有一部分被该对比文件覆盖时，如何正确地划分前序部分和特征部分就显得有些困难。我们不妨以1996年全国代理人资格考试中机械专业试题为例（可参阅本书第四章之四），加以具体分析，并谈谈笔者的具体建议。

该试题的案例涉及一种磁化防垢除污器，用于对管道中的水进行磁化处理。该磁化防垢除污器的技术特征之一是"在管道周围放置至少两对永磁磁块"。

所谓"至少两对"就意味着包括两对或两对以上这两种情况。而在一篇最接近的对比文件中，同样也采用了永磁磁块，但其数量仅为两对。这时，就出现了磁块数量这个技术特征局部被现有技术覆盖的问题，此时，应如何对永磁磁块的数量这一技术特征进行划界呢？

第一种做法是将"至少两对永磁磁块"这一技术特征完整地写入权利要求1的前序部分，其理由是"两对永磁磁块"这一特征已被对比文件公开。

第二种做法是将"至少两对永磁磁块"这一技术特征完整地写入权利要求1的特征部分，其理由是"至少两对永磁磁块"与"两对永磁磁块"的范围不同，应属于不同的技术特征。

第三种做法是在权利要求1中不写入该技术特征，将其写入在后的从属权利要求中，因为不论将其写入前序部分还是写入特征部分都不是很妥当。

"划界"的目的在于区分与现有技术相同和不相同的技术特征，既然"至少两对永磁磁块"中既含有与现有技术相同的部分，又含有与现有技术不相同的部分，所以无论将其完整地放置在前序部分还是特征部分都不合适，第一、第二种做法都欠妥。至于第三种做法，实际上是回避了上述矛盾的存在。由于

"至少两对永磁磁块"是该发明的一个必要技术特征，不写入独立权利要求显然不符合《专利法实施细则》第二十条的有关规定。

由于"至少两对"包含着"两对"和"两对以上"这两部分内容，我们不妨将"至少两对永磁磁块"拆作两部分，一部分是被对此文件所公开的"两对永磁磁块"，另一部分是在两对永磁磁块之外再附加的永磁磁块。这样，其权利要求书就可以采用如下三种方式来描述该技术特征：

方式一：

将被对比文件覆盖的"两对永磁磁块"写入权利要求1的前序部分，而将"两对以上的永磁磁块"写入从属权利要求中，即：

1. 一种磁化防垢除污器，它包括一根管道和设置在管道外表面相对两侧的两对永磁磁块……，其特征在于：还包括……

2. 如权利要求1所述的磁化防垢除污器，其特征在于：所述的永磁磁块的数量为两对以上……

这样，权利要求1包含了"两对永磁磁块"的技术方案，而权利要求2包含了"两对以上的永磁磁块"的技术方案。

方式二：

将独立权利要求1写作：

1. 一种磁化防垢除污器，它包括一根管道和设置在管道外表面相对两侧的两对永磁磁块……，其特征在于：除所述的两对永磁磁块之外，还可以设置一对或多对永磁磁块……

由于"还可以"是一种供选择的方式，所以这种描述方式既包含了两对永磁磁块的情形，又包含了两对以上永磁磁块的情形，与"至少两对永磁磁块"是等范围的，同时又体现了与现有技术之间的区别，正确地实现了"划界"。

如果永磁磁块的数量并非该磁化防垢除污器的一个必要技术特征，也可以在独立权利要求1中仅写入"永磁磁块"，而不对其数量进行限定。

方式三：

1. 一种磁化防垢除污器，它包括一根管道和设置在管道外表面相对两侧的永磁磁块……，其特征在于：还包括……

2. 如权利要求1所述的磁化防垢除污器，其特征在于：所述的永磁磁块的数量为两对或两对以上……

当然，一项独立权利要求的保护范围是由其全部技术特征进行限定的，某一技术特征出现在前序部分还是特征部分并不会给保护范围造成影响。正确的

"划界"只不过是便于区分该发明或实用新型对现有技术所作的贡献。

5. 正确运用功能性限定（可参照本书第三章之五中有关"功能性限定"的讨论）

对于一项"产品发明"，其权利要求中一般应当采用该产品的结构特征进行限定。但是也不排除采用结构特征以外的方式对该产品进行限定。

对于一个机械装置来说，其中某一部件的一种运动方式往往可以借助于多种技术手段来实现。在有些情况下，用功能性限定可能比采用结构限定的方式更为简明、清楚，这时功能性限定不仅是允许的，而且是十分必要的。

例如：要想让一部件 A 在水平面内作往复运动，至少可以采用如下 3 种方式来实现。

（1）将部件 A 放置在一支架上，再将该支架放置在一水平设置的齿条上，借助于支架下方的齿轮使其在齿条上运动，从而实现部件 A 的水平运动。

（2）将部件 A 放置在一支架上，再将该支架放置在一水平设置的燕尾槽上，借助于支架下方的燕尾块使其在燕尾槽内运动，从而实现部件 A 的水平运动。

（3）将部件 A 与一活塞杆相连接，通过活塞杆的往复运动直接带动部件 A 的运动。

如果上述 3 种运动方式是一件专利申请中的 3 个实施例，要想对这 3 种技术方案均予以保护，在撰写权利要求书时可以采用如下的撰写方式：

（1）将上述 3 个实施例的具体结构分别写入权利要求书中。采用这种撰写方式可能要写出 3 个不同的独立权利要求，此时所面临的问题是：①3 项独立权利要求之间由于缺少"相同或者相应的特定技术特征"而不具备"单一性"。②保护范围受到限制——其范围仅限于这 3 种具体技术方案。

（2）采用功能性限定的方式撰写，在权利要求中用"使部件 A 在水平面内作往复运动"这种功能性语言对上述 3 个实施例进行概括。由于这种概括是以说明书中的 3 个实施例为基础的，所以这种概况能够得到说明书的支持；此外，在现有技术中除了上述 3 种实施方式之外可能还存在其他公知的实施方式，采用这种撰写方式的保护范围显然要大于第一种撰写方式。

在 2004 年全国专利代理人资格考试中，有一道权利要求书撰写的考题。该考题涉及一种防止幼童使用的打火机。该发明提供了两个打火机的实施例，面对这两个实施例，如何撰写出一份合乎要求的权利要求书，使之既能够将全部发明内存包含在内，又不违反"单一性"的规定，具体说就是应该如何撰写独立权利要求，不少考生感到束手无策。

实际上考生只要掌握以下三点，就很容易完成其独立权利要求的撰写。

（1）正确理解发明所涉及的两种打火机及对比文件中的打火机的结构及原理。

（2）找出发明中的两种打火机之间的共同点及其与对比文件中打火机的区别点。

（3）懂得产品的权利要求除了可以用结构特征进行限定之外，还可以采用其他方式进行限定，例如功能性限定或方法限定。

下面首先对该发明的两个实施例及对比文件中的打火机作简单介绍。

对比文件中的打火机（如图1-1所示），在操作时需要向外侧轮（20）施加一个斜向的外力（F1）（与水平转轴（33）成斜角），在该斜向力的作用下，外侧轮在作旋转运动的同时还沿着水平转轴向内作水平滑动，以便使外侧轮的内侧面与内侧轮（30）的外侧面相接触，当作用力（F1）足够大时，便可使摩擦轮（10）随外侧轮（20）一起旋转而产生打火。

该发明的第一个实施例（如图1-2和图1-3所示），在操作时向按压轮（10）施加的是一垂直径向力（与转轴垂直），受该力的作用，按压轮（10）在旋转的同时还沿着按压轮的径向朝火花轮（7）移动，当按压作用力足够大时，按压轮的内侧面便可与火花轮的圆周表面N贴紧，借助于两者之间的摩擦力使火花轮随按压轮一起旋转，从而产生打火。

图1-1　　　　　　　　　　　　　　图1-2

该发明的第二个实施例（如图1-4所示），在操作时向按压轮（10）施加的也是一垂直径向力，但由于斜面（10e）的存在，按压轮（10）在径向力的作用下，除了作旋转运动之外还将沿着斜面（10e）作轴向移动，即按压轮（10）在旋转的同时还可以逐渐将火花轮的两个纵向侧面（7a）夹紧，当对按压轮施加的径向作用力足够大时，便可以使火花轮随按压轮一起旋转，从而产生打火。

图 1-3   图 1-4

上述 3 种打火机都属于防止儿童使用的安全性打火机。这 3 种打火机实现安全性的原理是相同的：打火机的按压轮与火花轮平时是相互分离的，按压轮可以自由转动。转动按压轮时，如果作用力不够大，即使拨动了按压轮，也无法带动火花轮旋转而产生火花，从而避免产生火花；只有当作用在按压轮上的力足够大时，才能借助于摩擦力将按压轮的转动传递给火花轮，实现打火。

上述 3 种打火机的具体结构及作用方式却存在如下差别。

（1）对比文件中的打火机，为了使外侧轮与内侧轮贴紧，必须对外侧轮（20）施加一个斜向力（F1）；借助于弹簧的作用，外侧轮（20）与内侧轮（30）平时保持分离状态，当斜向力（F1）足够大时，可以将外侧轮的转动传递给内侧轮（30），进而带动摩擦轮（10）转动；其摩擦面是内侧轮（30）的外侧面（31）与外侧轮（20）的内侧面（21）。

（2）第一个实施例中的打火机，其施力方向是径向的；摩擦面是火花轮（7）的圆周表面，施力时按压轮（10）的内侧面与火花轮（7）的外侧面相接触。

（3）实施例第二个中的打火机，其施力方向也是径向的；虽然其摩擦面是火花轮（7）的两个纵向侧面（7a），但促使按压轮作水平移动的方式却不同于对比文件，它借助于斜面（10e）使按压轮（10）作轴向移动，从而使按压轮（10）的内侧面与火花轮（7）的外侧面相接触。

在撰写权利要求时，要想把该发明所公开的两个实施例的技术方案均写入权利要求书中予以保护，存在两种可供选择的方式：

（1）以打火机的结构特征为基础撰写两个独立权利要求，即将两个实施例的具体结构分别写入各自的独立权利要求中。由于两个实施例的具体结构不同，故采用这种方式很难找出两者之间"相同或者相应的特定技术特征"，使两个独立权利要求之间满足"单一性"的要求。

（2）将两个实施例写入同一项权利要求中，这时就需要满足以下两个条件：①两个实施例之间存在的共同技术特征；②与对比文件相比，该共同技术特征的存在可以为该技术方案带来创造性的贡献。

通过以上的比较可以看出，要想从结构特征入手找出一个或一些区别技术特征，使之同时满足上述两个条件是比较困难的。这时就应当考虑是否还可以通过其他撰写方式来同时满足上述两个条件。因为我们知道，在撰写"产品发明"的权利要求时，除了可以采用结构特征直接限定的方式之外，还可以选择上位概念概括的方式、功能性限定的方式以及方法限定的方式。

通过以上对两个实施例的分析不难看出，相对于对比文件而言，两个实施例之间存在一个很重要的共同之处：在对打火机进行操作时，对按压轮所施加的都是一个径向力。这与对比文件中的斜向力相比，不仅可以构成明显的区别，而且该区别可以带来新的技术效果（例如操作方便、结构简单等）。

分析到此，应当说上面所列出的撰写独立权利要求应当具备的 3 个条件基本上都能够满足了，其独立权利要求的撰写应当是水到渠成了——只要将"当对按压轮施加一个径向力时，便可带动火花轮转动"作为区别技术特征写入权利要求 1 中，即可满足该试题的基本要求。

（二）实际申请案中经常出现的问题

1. 独立权利要求中缺少必要的技术特征

《专利法实施细则》第二十条第二款规定：独立权利要求应当从整体上反映发明或者实用新型的技术方案，记载解决技术问题的必要技术特征。

根据该规定，独立权利要求应当涉及一项完整的技术方案，即应当包含实现该技术方案的全部必要技术特征。由于一项发明创造往往包含若干与现有技术相同的技术特征，所以在撰写独立权利要求时，在独立权利要求的前序部分仅需要写明那些与所解决的技术问题密切相关的已知技术特征。例如，一项涉及照相机的发明，其改进仅在于照相机的布帘式快门，其权利要求的前序部分只要写出"一种照相机，包括布帘式快门……"就可以了，而其他已知特征，如镜头、取景窗等可以不写入前序部分。

但是，这种省略并不意味着这些技术特征在独立权利要求所涉及的技术方案中不存在。应当注意，如果申请人将这些省略的技术特征写入该独立权利要求的从属权利要求中则是不允许的。

例如，将上述照相机的从属权利要求写作："2. 如权利要求1所述的照相机，其特征在于它还包括一个镜头。"如果所述的镜头就是现有技术中的普通镜头，而且该镜头是组成一架照相机的必要部件，则将镜头写入从属权利要求中就意味着其独立权利要求中的照相机可以不包括镜头，这种不包括镜头的照相机显然是无法操作的，不能构成一个完整的技术方案。这时，申请人应当将"镜头"写入独立权利要求中去，或者将该从属权利要求删除。

在一般情况下，"缺少必要的技术特征"主要是针对发明目的而言的。有时，独立权利要求中所记载的技术特征，虽然能构成一个完整的技术方案，但该技术方案却不能实现或完全实现申请人在说明书中所提出的发明目的。

有一件关于造纸机用刮刀的发明专利申请，在说明书的发明目的部分，申请人写道："本发明的目的是提出一种关于刮刀基本结构的新设计，解决现有技术中存在的问题。做到既可提高辊面刮净率又能保护辊面；刮刀片线压力可调并能稳定保持，一套刮刀机构能适应各种材质刀片和辊面的要求；在刮刀运行工作时，既有刮净作用，又有预防被刮物附着辊面的作用，提高刮净率。"

在随后的发明技术方案部分又明确提出，"本发明是通过三部分技术措施实现的，即装配多个刮刀片，采用液体浸润辊面以及附加加压抬刀装置"。

而在权利要求1中，申请人仅写入了"多个刮刀片"这一技术特征，其余两个技术特征分别写入两个从属权利要求2和3中。此时，虽然权利要求1也能构成一个完整的技术方案，但由于不能全部实现所述的发明目的，仍被视为缺少必要的技术特征，申请人必须将权利要求2和3的有关技术特征并入权利要求1中，才能使之与其主观确立的发明目的相适应。也许有人会说申请人可以重新修改其发明目的及说明书的相应部分，使之与权利要求1相适应。这种做法固然是可行的，但基于专利审查中的"请求原则"，审查员一般不会主动作此建议。

2. 写入了与发明目的无关的技术特征

与上述情况相反，有的申请人在其独立权利要求中写入了若干与其发明目的无关的技术特征，形成了所谓的"多余限定"或"多余指定"，从而导致保护范围的缩小。

例如，一件发明专利申请涉及一种保温砖，其砖体由发泡材料构成。该发明的目的在于提高保温砖的保温性能，所采用的技术方案是沿砖体的一个方向开设若干按一定形式排列的孔眼。在其说明书中，申请人还同时指明，为了防止保温砖擦伤手以及加大砖缝的结合力，应将该保温砖的边缘制成圆弧形。

在撰写权利要求书时，申请人将"圆弧形边缘"这一技术特征也写入了独立权利要求中。这种独立权利要求实际上意味着，申请人要求保护的保温砖除了具有特殊排列的孔眼之外，还必须具有圆弧形的边缘。而该发明的主要发明点在于通过采用特殊排列方式的孔眼提高保温砖的保温性能，实际上只要采用了这种特殊的排列方式，不管砖体边缘的形状如何，都可实现其发明目的。将"圆弧形边缘"写入独立权利要求中，便为他人无偿使用申请人的技术成果提供了机会，因为根据侵权判定中的"全面覆盖"原则，他人只要不将砖体的边缘制成圆弧形，就可避免侵权，这对申请人来说显然是一种损失。

如果申请人将"圆弧形边缘"这一技术特征不写入独立权利要求中，而将其放在该独立权利要求下的一个从属权利要求中，便可避免上述缺陷，既可使独立权利要求有最大的保护范围，又可通过从属权利要求对带圆弧形边缘的保温砖进行保护。

3. 要求保护的技术主题选择不当

一件发明专利申请，在说明书中申请人公开了一种具有特殊过渡曲线的阶梯轴。在现有技术中用于大型旋转系统的阶梯轴，其过渡曲线多为圆弧线或双曲率圆弧线，具有这种过渡曲线的阶梯轴运行时容易产生应力集中而导致轴的破坏的问题。

申请人为了解决应力集中问题，设计出了一种具有新型过渡曲线的阶梯轴，该曲线为流线形，可以用一组数学式予以表达。这本是一项很好的发明，但申请人却将发明的技术主题定为"阶梯轴过渡曲线的设计方法"，并将权利要求写作：

阶梯轴过渡曲线的设计方法，其特征是过渡曲线采用流线形，其方程为：

$$\begin{cases} x = 2a\pi + a\ (V - \tanh V) \\ r = \sqrt[a]{\dfrac{2}{\pi + 2}}\Big(\operatorname{sech} V + \dfrac{\pi}{2}\Big)^{\frac{1}{2}} \quad 0 \leqslant V < \infty \end{cases}$$

其中：a——切点坐标；

V——计算参数（流速）；

x、*r*——轴的轴向、径向坐标。

如此撰写的权利要求，保护的是一种设计方法。而设计方法不同于加工方法或操作方法，它本身属于一种智力活动的过程，将该发明的技术主题定为"设计方法"，一是有可能因涉及"智力活动的规则和方法"而被排除在专利保护范围之外；二是即使不将其视为智力活动的方法，对这种"设计方法"的保护也是很困难的。试想，如果他人模拟申请人的产品生产出一种相同的阶梯轴，究竟算侵权还是不算侵权？所以，这种权利要求即使被批准，在日后只能带来一系列争议和麻烦，给申请人带来不必要的损失。

其实，只要将该发明的技术主题定为"一种阶梯轴"或"一种阶梯轴的制造方法"，上述问题就都不复存在了。由于该案说明书中已对这种阶梯轴的基本结构予以公开，申请人完全可以将权利要求 1 改写为：

一种具有过渡曲线的阶梯轴，其特征在于该过渡曲线为流线形，该曲线的数学方程式为：

$$\begin{cases} x = \dfrac{2a}{\pi + u}\ (V - \tanh V) \\ r = \sqrt[a]{\dfrac{2}{\pi + 2}}\left(\operatorname{sech} V + \dfrac{\pi}{2}\right) \quad 0 < V < \infty \end{cases}。$$

之所以会出现上述问题，究其原因，恐怕主要与发明人所从事的职业有关。作为一名机械设计人员，往往将其成果视为一种新的设计方法；而作为一名机械加工人员，又往往容易将之视为一种新的加工方法，这些观念与专利保护的概念是格格不入的。正是出于这个原因，才需要专利代理人在发明人与专利审查员之间架起一座桥梁。作为专利代理人，一方面应尽可能全面、清楚地理解发明人的发明内容；另一方面应根据专利法的规定为申请人选择一种最恰当的保护方案，最大限度地保护发明人的利益。

受职业或工作性质的影响，发明人一旦完成了一项发明，在申请专利时很容易将要求保护的对象仅局限于其最终产品上，而忽视了对整个发明构思的保护。

举例来说，某发明人针对现有技术中某些水泵壳体组装困难的问题设计出了一种整体式泵壳。由于该厂的最终产品是水泵而不是泵壳，在申请专利时，申请人便将保护的技术主题确定为"一种具有整体式泵壳的水泵"。在其独立权利要求中，除了写入了该整体式泵壳的结构特征之外，还记载了泵轴、叶轮、端面密封件等必要的技术特征，而且这些技术特征都仅仅局限于某种特殊水泵的具体结构形式。这样，申请人受到保护的将仅仅是这种特定的水泵。

实际上，发明人对现有技术所作的贡献应当是整体式泵壳，该特定的水泵只不过是其应用之一。除此之外，这种整体式泵壳显然还适用于其他种类的流体泵，例如泥浆泵。由于申请人未对该泵壳本身进行保护，故如果有人将这种整体式泵壳用于其他泵，将不会构成专利侵权。这便为他人无偿使用发明人的智力成果提供了方便，对发明人来说也是一种损失。

如果申请人将保护的主题选定为"整体式泵壳"，即将第一项独立权利要求写成"一种整体式泵壳"，再用另一项独立权利要求对采用这种整体式泵壳的水泵进行保护，便可以全面有效地对其发明构思实现保护。

虽说"发明创造"与"专利"二者之间有着密不可分的联系，但二者之间又存在着重大的区别，后者除了包含前者的技术内容之外，还具有法律方面的特点。对此发明人应务必有一个清楚的认识。

国外一些大公司在申请专利时，对要求保护的技术主题往往考虑得很周全。例如美国一家大的造纸机械公司发明了一种新式的造纸机用的纸浆筛，该纸浆筛由若干可更换的筛选单元组成，而每个筛选单元又包括一种新式筛板，发明人所作的主要贡献在于改进了筛板的结构。在撰写权利要求书时，申请人将筛板、筛选单元和纸浆筛分别写为3个不同的独立权利要求，从而在一项专利申请中同时保护了3项具有相同发明构思的发明，使其发明构思受到最大范围的保护。

当然，这种扩展也不是无限的，具有相同发明构思的一组发明可以作为一件专利申请提出，但这一组发明是否都具有专利性还有待于审查员的判断，有关内容可参照第三章的有关论述。

重要的问题在于，申请人首先应当有这种全面保护的意识，同时知道如何撰写权利要求书来实现对各项发明的保护。

4. 对技术特征的描述方式不当

"产品"和"方法"属于专利保护的两类不同性质的技术主题。应当用结构特征对"产品"进行限定，而用工艺步骤及工艺条件对"方法"进行限定，这是申请人在撰写权利要求书时应当遵循的一个基本原则。

在一般情况下，"产品"与"方法"或者"结构特征"与"工艺特征"是比较容易区分的。但在有些情况下，由于描述的方式不同，很可能其技术方案性质的转移，给申请人带来不利的后果。

例如，一种叠层产品，涉及一层金属板与一塑料涂层的复合，如果写作"表面上具有塑料涂层的金属板"，其涉及的是一种产品；而如果写作"在金属板上涂复一层塑料涂层"，则涉及的是一种工艺方法。

在一些专利申请案中，申请人往往忽略了这两类描述方式的细微差别，导致了技术主题或者技术特征性质上的变化，进而影响了该技术主题的可保护性（例如将一件实用新型的权利要求写成了"方法"的权利要求），而这种问题实际上是可以避免的。

5. 从属权利要求的引用关系不当

从属权利要求在引用关系上出现的问题一般反映为以下两个方面：

（1）不符合《专利法实施细则》第二十二条第二款的规定。按照该规定，引用两项以上权利要求的多项从属权利要求，不得作为另一项多项从属权利要求的基础。在此应着重说明的是，除了注意避免明显的"多项从属引用问题"之外，还应注意避免一种隐含的"多项从属引用问题"。

例如：权利要求3是对权利要求1或2的引用，权利要求4是对权利要求3的引用，由于权利要求3是一项多项引用的从属权利要求，虽然权利要求4仅引用了权利要求3，但实际上也隐含了对权利要求1或2的引用，故称之为"一种隐含的多项从属权利要求"，此时，权利要求4也不能作为另一项多项从属权利要求的基础，如果权利要求5引用权利要求1或4，也视为违反了《专利法实施细则》第二十二条第二款的规定。

（2）造成技术内容方面的矛盾。例如，有一件关于滑动轴瓦生产方法的专利申请，该生产方法涉及一个压力加工的步骤。其说明书中公开了卧式摆动碾压和立式摆动碾压两种压力加工方式。在权利要求书中，申请人将卧式摆动碾压这一技术特征写入了权利要求2中，将立式摆动碾压这一技术特征写入了权利要求3中，而在其后的又一个从属权利要求中，对权利要求2和3同时进行了引用。写作："如权利要求2或3所述的滑动轴瓦的生产方法，其特征在于所述的碾压方式可以采用摆碾头向下施压的方式，也可以采用油缸上举式推压的方式。"

该从属权利要求的附加技术特征仅涉及摆头垂直方向的运动，显然只能用于立式摆动碾压，而不能用于卧式摆动辗压，所以该权利要求对权利要求2的引用造成了技术内容方面的矛盾。

这种由于引用不当而造成的矛盾现象，有时比较容易发现，有时则需要将相关的技术特征进行叠加才能发现。

在一件有关钢丝绳生产方法的国外专利申请案中，申请人提供了一种新的生产方法，其中包括使每次编入到钢丝绳绞合点的每股钢丝都带有一附加长度，而附加长度的大小与该钢丝所在的层次相对应。为了提高钢丝绳的质量，在每股钢丝被编入绞合点之前，需对上述附加长度的钢丝进行预成型处理，即将其预先弯制成一定的弧形。根据说明书所提供的方案，这种预成型可以借助一些狭孔、梭芯或梭边将其拉弯，也可以采用扭曲的方式使其变弯。针对这一技术方案，申请人提出了如下的几个权利要求：

（权利要求1和2从略）

3. 按照权利要求1或2所述的方法，其特征在于：每次输入到其绞合点的钢丝均具有一附加长度，它与各钢丝所处的层次相对应。

4. 按照权利要求3所述的方法，其特征在于：附加长度的输送都是通过把与附加长度相对应的一股钢丝预先成型来进行的。

5. 按照权利要求4所述的方法，其特征在于：钢丝的预先成型是通过在狭孔、梭芯或梭边上加以弯曲来进行的。

6. 按照权利要求4或5所述的方法，其特征是钢丝的预成型是通过扭力方法来进行的。

其中，权利要求5涉及一种拉弯变形，权利要求6则涉及一种扭曲弯形，两种方法是并列关系。二者之间可以相互取代，或者相叠加，但不能相互限定，否则将导致技术上的矛盾。权利要求6对权利要求5的引用可能出现两种结果：一种是作进一步限定，这显然是不可能的。另一种是相互叠加，即在拉弯之后再作扭曲弯形。而这种技术方案在说明书中却未予公开，因此，权利要求6对权利要求5的引用也是不适当的。

所以，无论在撰写权利要求书时还是在审查权利要求书时，除了对"多项从属"的引用问题予以注意之外，还应注意将引用与被引用的权利要求之间进行技术方案的叠加，看其是否合乎逻辑，只要这样做了，上述的问题完全可以发现和避免。

6. 对技术特征进行多重限定使保护范围不确定

在审查权利要求书时，经常发现某些申请人在一些权利要求中使用"最好""优选"一类词语，对该权利要求中某一技术特征作进一步限定，从而使同一权利要求中出现了多个保护范围，造成保护范围不清楚。例如，在一项有关造纸机压辊的权利要求中，申请人写道：

如权利要求1所述的压辊，其特征在于辊子基体区内各组分所占的比例为：钨70%～88%，最好是80%；钴7%～13%，最好是10%；铬4%～10%，最好是4%～5%；碳4%～8%，最好是5%。

这种撰写方式将使每种组分都具有两个不同的选择范围，从而使保护范围变得不清楚。

《专利审查指南2010》已明确规定：权利要求中不得出现"例如""最好是""尤其是""必要时"等类似用词。申请人如果想对某技术特征作进一步限定，应将其写入另一个从属权利要求中。

7. 不适当地使用功能性语言或上位概念（可参照本书第三章之五"（二十四）'功能性限定'的使用与解释"）

在权利要求书中，并非不可以使用功能性语言，但它们的使用必须恰当。根据《专利审查指南2010》第二部分第二章第3.2.1节的规定，只有当某一技术特征无法用结构特征来限定，或者技术特征用结构特征限定不如用功能或效果特征来限定更为清楚，而且该功能或者效果能通过说明书中充分规定的实验或者操作直接和肯定的验证时，使用功能或者效果特征来限定发明才是允许的。

为了便于对上述规定的理解，我们不妨首先分析以下3个具体例子：

【例1】

一件实用新型专利申请涉及一种香烟盒的结构，该香烟盒包括一个可放置20支香烟的腔室，由于市场上香烟的长短和粗细都具有不同的规格，该腔室的设计尺寸就会根据香烟的规格有所不同。在说明书中，申请人分别针对几种不同规格的香烟设计了不同尺寸和构形的腔室，在权利要求书中，申请人对香烟的腔室进行了如下限定："该腔室的尺寸可以容纳20支香烟"，用其"效果"代替了对具体尺寸的描述。这种"效果特征"的限定符合《专利审查指南2010》的上述规定，应当是允许的。

【例2】

一件发明专利申请涉及一种造纸机压辊，其权利要求1和2分别写作：

1. 一种可控偏转辊，它包括：一个管形辊，一根从管壳中通过的固定轴，在轴和辊壳之间，有安装在轴上的密封件，其特征在于上述密封件具有特定的形状，可把辊壳内表面上承载的流体通过密封件引入压力腔加压。

2. 如权利要求1所述的可控偏转辊，其特征在于所述的密封件在压力腔的前沿侧有一块突唇，它与辊壳的内表面成滑动接触。

从说明书中可以得知，权利要求2所述的技术方案是实现对压力腔加压的唯一实施例。也就是说，权利要求1中所述的"有特定的形状，可把辊壳内表面上承载的流体通过密封件引入压力腔加压"这一功能性的技术特征，实际上就是权利要求2中所述的"有一块突唇，它与辊壳的内表面成滑动接触"这种具体结构形式所产生的一种功能，此时，在权利要求1中使用这种功能性限定的目的显然是扩大其保护范围，这是不允许的。

【例3】

一件发明专利申请涉及一种对黏土进行稳定化的方法。在权利要求书中有如下两个权利要求：

1. 一种稳定黏土的方法，该方法包括：通过所说的井孔，向地下砂岩层中注入水溶液，该水溶液由水、硅酸钾和一种或多种钾盐组成，溶于水溶液中的硅酸钾的量足以有效地使所说的细颗粒长期对由不同离子组成的水溶液具有相对不敏感性，从而防止砂岩层的渗透率的降低。

6. 根据权利要求1所述的方法，其中溶于所述的水溶液中的硅酸钾的浓度为 0.1% ~ 30%。

根据说明书所公开的技术内容，将硅酸钾的浓度定为 0.1% ~ 30% 是唯一的选择方案。如果硅酸钾的浓度可根据不同的地质条件而有所变化，申请人在说明书中至少应对此予以说明，并根据不同的地质条件给出几种不同的实施例。这时，采用权利要求1中"溶于水溶液中的硅酸钾的量足以有效地使所说的颗粒长期对不同离子组成的水溶液具有相对不敏感性"这一功能性的限定才能得到说明书的支持，以此为前提，采用权利要求1的这种功能性限定方式才是妥当的，能够被接受。

在权利要求书中使用上位概念的原则也是如此，如果所使用的上位概念能够得到说明书中所公开的若干个实施例的支持，则这种使用可以被允许，否则就不能被允许。例如，为了对一个装置中某部件的移动区间进行限制，申请人在说明书中公开了若干个实施例，其中包括采用机械式限位开关、光电探测装置等，这些装置结构不同，原理不同，但功能是相同的，它们之间的相互替代对本领域普通技术人员来说是显而易见的。这时，在权利要求书中，用"限位装置"这一上位概念来对各种具体的实施方式进行概括，应当是允许的。

但是，如果根据该设备的特殊结构或用途，只能采用光电探测装置进行限位，本领域技术人员想不到还可以用其他方式来替代，这时，所谓的"限位装置"就是指"光电探测装置"，权利要求书中只能采用"光电探测装置"而不能采用其上位概念——"限位装置"。

为了对"功能性语言"及"上位概念"的使用问题有更进一步的理解，不妨再分析如下一个具体案例。

在一件纸页断裂检测装置的发明专利申请案中，申请人为了提高造纸生产过程中纸页断裂检测装置的可靠性，设计出了一种新型的纸页断裂检测装置。它能自动鉴别由于人工正常操作所引起的烘缸真空度的变化与由于机械故障而导致的真空度变化，从而保证正确无误地进行探测和事故处理。该申请的几个有关权利要求如下：

1. 一种检测造纸机烘干部纸页断裂的装置，该装置包括：一个用于检测烘干部真空滚筒内真空度的真空传感器，该传感器只检测该真空滚筒内由纸页断裂而引起的真空度的突然变化，而不检测由于操作者的操作所引起的真空度相当缓慢地变化；以及一个与该传感器相连接的部件，该部件在该传感器测出所述真空度的突然变化时响应该传感器而使该断裂的纸页改道到该传感器下游的废纸槽内，该部件的设置是为了防止断裂纸页继续缠绕在烘干部的一个烘缸上。

......

5. 如权利要求1所述的纸页断裂检测装置，其特征在于对该传感器的调整应使在烘干部的正常操作期间当不断裂的纸页连续通过烘干部时，所述传感器的输出为零；而当一个纸页发生断裂时，则产生另一个正比于该真空滚筒内由纸页断裂引起的真空度变化的信号。

6. 如权利要求5所述的纸页断裂检测装置，其特征在于当纸页断裂后出现一个新的稳态条件时，所述另一个输出信号衰减到零；该另一个输出信号只产生于真空度变化的时间常数相当小的情况下。

7. 如权利要求6所述的纸页断裂检测装置，其特征在于该时间常数是在1毫秒至3秒范围内。

8. 如权利要求1所述的纸页断裂检测装置，其特征在于所述与传感器相连的部件包括：

一个横向切断纸幅的切断器；

一个位于该切断器下方用于收集切断纸幅的废纸槽。

在上述权利要求1中，所述的"突然变化"与"相当缓慢地变化"都属于一种不清楚的限定，凭借这类不清楚的技术特征无法界定一个准确的保护范围。权利要求1中所述的"部件"则属于一种上位概念，它的功能就是防止切断的纸幅继续缠绕在烘缸上。在现有技术中，具有这种功能的部件是多种多样的。

根据说明书及权利要求5~8的描述，不难看出，所谓的"相当缓慢地变化"与"突然变化"是有一个明确的区分点的，这就是"1毫秒至3秒"的变化范围。而所谓的"与传感器相连的部件"实际上就是一个切断器和一个废纸槽，这些都是说明书中所公开的唯一的技术方案。申请人之所以采用功能性语言和上位概念对其进行描述，其目的不外乎想扩大其保护范围。然而，这种扩展并不能得到说明书的支持，因此不能被允许。

最后要说明的一点是，对于已经写入权利要求书中的功能性技术特征，应当如何确定其所涵盖的保护范围，目前尚存在不同的观点。

《专利审查指南2010》第二部分第二章第3.2.1节的规定是："对于权利要求中所包含的功能性限定的技术特征，应当理解为覆盖了所有能够实现所述功能的实施方式。"

而 2009 年 12 月 28 日颁布的《最高人民法院关于审理侵犯专利权纠纷案件应用法律若干问题的解释》（法释〔2009〕21 号）以下简称《法释 2009》）第四条规定："对于权利要求中以功能或者效果表述的技术特征，人民法院应当结合说明书和附图描述的该功能或者效果的具体实施方式及其等同的实施方式，确定该技术特征的内容。"

于是就产生了如下的结果：在国家知识产权局审批专利的过程中，功能性限定的技术特征被认作"覆盖了所有能够实现所述功能的实施方式"；而在人民法院审理专利侵权案件时，同样的功能性限定的技术特征则被认作仅包括"说明书和附图描述的该功能的具体实施方式及其等同的实施方式"。

这种差异对于专利权人来说显然是不公平的。

8. 使用不确定的词语致使保护范围不清楚

在权利要求中使用某些含义不确定的词语，导致保护范围的不清楚。

《专利审查指南 2010》中明确规定：权利要求中不得使用含义不确定的词语，如"厚""薄""强""弱""高温""高压""很宽范围"等，除非这种用词在特定领域中具有公认的确切含义。

由于一个权利要求的保护范围是由诸技术特征来限定的，如果某技术特征的含义不清楚，势必造成整个保护范围的不清楚。

以"长纤维"和"短纤维"这两个概念为例，从一般意义上来理解，这两个概念只具有相对的含义。但在化纤行业中，长纤维一般指连续卷绕的长丝，而短纤维则指经切断的具有一定长度规格的纤维（如长度为 35 ~ 75 毫米）。在造纸行业中，"长纤维"与"短纤维"又以另一种概念被使用，它们以纤维的某一长度为界，大于该长度的称为长纤维，小于该长度的称为短纤维。如果一件专利申请涉及化学纤维制造工艺，其权利要求书中采用了"长纤维"的概念，这一概念的含义对从事化纤制造的人员来说是很清楚的，具有公认的标准，可以使用。反之，如果某专利申请既不涉及造纸，也不涉及化纤，在其相关的技术领域中对"长纤维""短纤维"不存在一种公认的具体标准，则在权利要求书中采用"长纤维"就会造成保护范围的不清楚。

又如，在一项有关"玻璃熔融方法"的权利要求中含有如下技术特征：

采用浓相气力输送的方法将高热值、低灰分、低灰熔点、低硫、低钒的含碳固体燃料的粉料直接喷入玻璃熔窑内燃烧熔制玻璃。

其中的"浓相气力输送""高热值、低灰分、低灰熔点、低硫、低钒"均属于不确定用语。"浓相气力输送"是相对于"稀相气力输送"而言的，虽然该用语在冶金、炉窑技术领域中经常被使用，但两者之间缺乏明确的界限；"高热值、低灰分、低灰熔点、低硫、低钒"中的"高"和"低"之间也缺乏明确标准。这类用语在日常生活中、甚至某些技术文件中都可以使用，但权利要求书作为一份法律文件，这类用语绝对不能够使用。这类界限不清楚的限定出现于权利要求中，势必造成保护范围的不清楚，给日后专利侵权的判定带来困难。

9. 在权利要求书中使用否定式用语

在一般情况下，对权利要求中的某些技术特征进行描述时，都应采用正面描述的方式，尽量避免采用反面的否定式描述方式。

在机械领域中，很多专利申请都是对现有技术中某种产品结构的改进，有的是增加某个部件或减少某个部件，有的则是用一种结构代替另一种结构。沿用发明人的思路，很容易将其发明的发明点落实在与现有技术的区别上。例如，现有技术在某种装置中采用了某一元件，申请人采用了另一种结构形式而取代了该元件的使用，则将该发明定义为"不带××元件的××结构"，并将其写入权利要求之中。在日常生活中，采用这种排除式或否定式的描述方式对一项发明进行定义，以便与现有技术明显区别开来，一般是可以接受的。但权利要求书作为一份具有确定含义的法律文件，如果采用这类否定式用语进行限定，也会导致保护范围的不清楚，甚至可能导致对申请人自己不利的后果。

本书第三章之五将结合专利审查对该问题作具体分析，在此不再作详细讨论。

10. 独立权利要求中仅写明了结构部件而缺少各部件间的配合关系

按照性质划分，权利要求有两种基本类型，即"物"的权利要求和"活动"的权利要求。前者包括产品和设备，后者包括方法和用途。对于物的权利要求，除了应写明构成该物的结构部件之外，还应写明其间的配合关系，否则就不能构成一件产品或设备，而形成了零部件的堆积。

例如，一项有关造纸机筛板加工装置的专利申请，其独立权利要求被写作：

一种筛选纸浆用的筛板加工装置，其特征在于：由床身、工作台、龙门架、刀架、刀杆、装有多电极的刀头、油池和电源组成。

该权利要求仅仅限定了该加工装置的主要组成部件，从中看不出任何两个部件之间的位置及动作关系，无法构成一种加工装置，因此不是一种完整的技术方案。这种权利要求所保护的范围，只能视为具有上述这些组成部件的一种堆积体，既不具备任何具体的结构形式，也不具备任何技术功能，因此是毫无意义的。只有将各部件之间的连接关系及其动作方式作必要限定，才能构成一台可动作的设备，即一个完整的技术方案。

11. 技术特征与所限定的技术主题不符

如上所述，权利要求包括"产品"的权利要求和"方法"的权利要求两大类。就技术特征而言，也可以分为结构特征和工艺特征两大类。作为产品的权利要求，一般应当用产品的结构特征进行描述；作为方法的权利要求，则一般应当用工艺过程、操作条件、步骤或流程等技术特征加以描述。

在实际申请案中，经常出现上述两类技术特征与技术主题之间的混淆，或用方法的工艺特征来限定产品，或用产品的结构特征来限定方法。例如：

一件发明专利申请涉及一种用吹模法制造聚酯（PET）塑料瓶的装置和方法，采用该方法和装置，可以使塑料瓶的底部在吹制过程中经历纵、横两个方向的拉伸作用，从而改变瓶子底部的微晶结构，减小各向异性，提高瓶体的强度。在权利要求书中，申请人除了要求保护该方法和装置之外，同时还要求对该产品——PET 塑料瓶本身进行保护，并撰写了下述一个有关产品的独立权利要求：

一种用吹模法制成的瓶子，用于容纳含二氧化碳的饮料，它是由聚对苯二甲酸乙二酯（PET）材料制成的，它具有一瓶颈、一个管状体和一曲面的耐压部，其特征在于：一个整体的、双轴向拉伸的、单一厚度的环状裙部在瓶子的底部沿垂直方向形成，所述的裙部位于管状体外径的径向范围以内，并沿管状体的中心轴线延伸。

与现有技术中的普通 PET 塑料瓶相比，上述权利要求中唯一未被覆盖的技术特征就是"双轴向拉伸"。而"双轴向拉伸"又是一个工艺特征，可以用该工艺特征来限定该塑料瓶的制造方法，但不能直接用来对瓶子进行限定。

就整个发明而言，"双轴向拉伸"是其发明的核心所在。正是由于采用了"双轴向拉伸"的方法，制瓶装置才能得到相应改进，也正是由于采用了"双轴向拉伸"的方法，才使塑料瓶的内在性能有了提高。无论对实施该方法的"装置"，还是对该方法所生产的"瓶子"，"双轴向拉伸"无疑是导致它们发生变化的诱因，但不能将之视为它们本身的技术特征。

采用"双轴向拉伸"的方法，势必造成瓶子底部微观结构的变化，进而引起其力学性能及相关参数的变化。一般情况下，对于产品的权利要求，通常应当用产品的结构特征来描述。特殊情况下，当产品中的某个技术特征无法用结构特征予以清楚的表征时，允许借助物理或化学参数表征。只有当无法用结构特征并且也不能用参数特征予以清楚的表征时，才允许借助于方法特征表征。

根据《专利法》第十一条的规定，对一种可以延及由该方法直接获得的产品。也就是说，申请人即使不对该瓶子本身进行保护，而仅仅保护瓶子的生产方法，则采用上述方法制得的瓶子也在其专利保护范围之内。对"方法"的保护实际上已经将"双轴向拉伸"这一发明点包含在内了，只不过"方法"的保护范围与"产品"的保护范围有所不同。

以上重点讨论了用"方法"限定"产品"的情况，反过来，在权利要求书中用"产品"（或设备）限定"方法"的情况也是屡有发生的。

在一件"苎麻芳纶环形无接头带生产新工艺"的发明专利申请中，申请人提出了如下的权利要求：

1. 苎麻芳纶环形无接头带生产新工艺，其特征在于该工艺方法包括：

（1）捻成纱线的芳纶丝与苎麻纱并捻，经络筒、整经、化学处理程序制成经纱；

（2）芳纶丝经捻纱、捻线程序制成纬纱；

（3）经纱和纬纱一起经机织、缝口程序制成无接头带（卷烟带）；

（4）无接头带（卷烟带）经化学处理、定型整理程序制成卷烟带成品。

2. 如权利要求1所述的苎麻芳纶环形无接头带生产新工艺，其特征在于：机织是在剑杆与锁边相结合的西德万机柏纺织机械公司生产的 BWE852 型织带机上完成的，定型整理是在该公司生产的 72100 型定型机上完成的。

3. 根据权利要求2所述的苎麻芳纶环形无接头带生产新工艺，其特征在于：卷烟带定型温度为 140℃，定型时间为 3 分钟。

在权利要求2中，申请人用"设备"对"工艺方法"进行了限定，这显然不符合《专利审查指南2010》的有关规定。如果该设备的某些结构特征导致了某特定的工艺条件，而该工艺条件正是该方法所需要的，譬如说 72100 型定型机可以提供一种较高的压力，则应当将该设备所产生的该工艺条件，例如所产生的压力参数作为技术特征来对"定型整理"作进一步限定，而不能用设备直接进行限定。

12. 从属权利要求引用的技术主题有误

从属权利要求是对所引用的独立权利要求或从属权利要求进一步的限定。根据《专利法实施细则》第二十二条的规定，在其引用部分应"写明引用的权利要求的编号及其主题名称"。所述的"主题名称"一般就是所引用的权利要求第一句话中所涉及的技术主题。

当从属权利要求进一步限定的部分是该技术主题的某一部分时，申请人有时会将该相关部分视为该从属权利要求的限定对象。

例如，权利要求1涉及一种自行车，权利要求2是权利要求1的从属权利要求，其中只是对该自行车中的车轮作了进一步限定。

此时，权利要求2应写作"如权利要求1所述的自行车，其特征在于：其车轮为……"而不应写作"如权利要求1所述的自行车轮，其特征在于该车轮为……"否则权利要求 1 和权利要求 2 的保护客体就发生了变化，违反了《专利法实施细则》的上述规定。

13. 从属权利要求"限定部分"的技术特征与所引用的权利要求不符

为了便于理解，仍以自行车为例，其权利要求书如下：

1. 一种自行车，它包括车架和车轮，其特征在于它的车轮是由橡胶制成的。

2. 如权利要求 1 所述的自行车，其特征在于其橡胶轮胎中衬有帘子线。

3. 如权利要求 1 或 2 所述的自行车，其特征在于所述的帘子线为黏胶长丝。

此时，权利要求 3 对权利要求 1 进行引用就不适当。

因为在权利要求 1 中并不包含"帘子线"这一技术特征，"帘子线"这一技术特征仅出现于权利要求 2 中。"黏胶长丝"是对"帘子线"的进一步限定，显然，权利要求 3 不可以限定权利要求 1。

14. 方法的独立权利要求引用多个涉及产品的权利要求（可参照本书第三章之五的"（二十三）关于独立权利要求的引用问题"）

当一项发明专利申请包含两项或两项以上的发明时，其权利要求书中往往也包含两项或两项以上的独立权利要求。为了体现各项发明之间在技术上的关联性，在后的独立权利要求往往要对在先的独立权利要求进行引用。例如：

权利要求 1 是一项关于某种产品的独立权利要求。

权利要求 2 是权利要求 1 的从属权利要求。

权利要求 3 是有关该产品的制造方法的独立权利要求。

在撰写权利要求 3 时，为了体现该方法与该产品在技术上的关联性，其第一句话往往要对该产品进行引用，例如写作"如权利要求 1 所述的产品的制造方法……"这种引用关系是允许的。但是如果写作"如权利要求 1 或 2 所述的产品的制造方法……"则是不允许的，因为，采用这种引用关系往往使后面的技术特征很难处理。

仍以上述的"自行车"为例，其权利要求 1 ~ 3 涉及一种自行车的结构。如果再附加一个权利要求 4，涉及该自行车的制造方法，构成第二个独立权利要求。若将权利要求 4 写作："如权利要求 1 或 2 或 3 所述的自行车的制造方法……"则在其技术特征部分，是否应当写入"在橡胶中衬入帘子线"这一技术特征呢？如果写入，会与权利要求 1 不相对应，因为在权利要求 1 中并不涉及帘子线这一结构特征；如果不写，则又与权利要求 2 和 3 不相对应，使权利要求 4 对权利要求 2 和 3 的引用毫无意义。

正确的做法应是仅对一项有关产品的独立权利要求进行引用。例如，将权利要求 4 写作"如权利要求 1 所述的自行车的制造方法……"而在其后续的从属权利要求中再结合其他权利要求的结构特征分别对其相应的方法特征作进一步限定。

15. 忽略了对可以保护的技术主题的保护

同一个发明构思往往可以导致几项发明的产生。

以上述"双轴向拉伸"的塑料瓶为例，从"双轴向拉伸"这一发明构思出发，不仅涉及塑料瓶的"加工方法"，还可能涉及实现该方法的"装置"以及由该方法所生产的"产品"，申请人应尽可能对有可能保护的所有主题进行保护。

当发明人完成了一项有关生产某产品的方法的发明时，还应当考虑一下由该方法所生产出的产品是否有可能获得保护。在有些情况下，实现对产品的保护比实现对方法的保护更为重要。当用一种新的工艺方法来生产一种已知的产品时，这种新生产出的产品除了具有原来已知产品的一些固有特征之外，受新加工方法的影响，往往带有一些与原已知产品不同的特征。作为申请人要善于辨认这些区别特征的存在，并用这些特征对产品作进一步的限定，从而实现对该产品的保护。

一件发明专利申请，发明人发明了一种以锯末为原料制造双面光纤维板的方法。所制得的纤维板在结构、组成以及力学性能上与现有技术中的同类纤维板基本一样，但由于所采用的方法及装置有别于现有技术，所以其纤维板的两面均呈光滑面，而现有技术中的纤维板则仅有一面光滑。起初，申请人忽略了"双面光"这一重要的技术特征，认为无法对产品进行保护，而仅仅要求保护其制造方法。实际上只要抓住"双面光"这一重要的技术特征，便可对该纤维板的结构进行限定，从而撰写出一个有关纤维板产品的独立权利要求。

对此，还可以参阅本书第四章之二。

如果一项发明创造涉及一个机械装置的零部件或一个操作单元，此时，除了考虑对该零部件或操作单元进行保护之外，还要考虑对其所应用的装置进行保护，并且举一反三，尽量扩大其保护面。

16. 权利要求中标点符号的使用错误

根据《专利审查指南 2010》的规定，"每一项权利要求只允许在其结尾使用句号"；"权利要求中的技术特征可以引用说明书附图中相应的标记，以帮助理解权利要求所记载的技术方案。但是，这些标记应当用括号括起来"；以及"除附图标记或者其他必要情形必须使用括号外，权利要求中应当尽量避免使用括号"（见《专利审查指南 2010》第二部分第二章第 3.2.2 节及第 3.3 节）。

这都是一些很具体很明确的规定，但在实际申请案中，不符合上述规定的情况却屡屡发生。作为专利申请案来讲，申请人的上述错误可以在审查员指明之后予以改正，其后果只是拖延了审查程序而已，但对于参加专利代理人资格考试来说，如果忽略了这些明确的规定而发生错误，可能就没有改正的机会了。

三、递交专利申请前后应当注意的几个问题

以上对发明或者实用新型说明书及权利要求书的撰写方式以及在撰写过程中经常出现的问题进行了分析，在本章的最后，还想就申请人在递交专利申请前后应当注意的几个问题谈几点看法，以供申请人参考。

（一）正确选择专利申请的种类

当发明人完成了一项发明，准备向国家知识产权局专利局提出专利申请时，往往会面临着一种选择：申请哪种专利？发明还是实用新型？正确的选择来自于正确的判断，而正确的判断则有赖于对客观实际的全面、正确了解。为此，以下内容将就发明专利申请与实用新型专利申请在提交专利申请的过程中，国家知识产权局专利局所进行的专利审查以及后续的法律程序中所存在的若干差别进行分析对比，以利于申请人全面考虑，合理取舍，正确选定对自己所完成的发明的保护方式。

1. 保护范围的差异

就专利的保护客体而言，发明专利保护的范围最宽，原则上说，凡不违反《专利法》第五条及第二十五条规定的，都可以申请发明专利。实用新型专利的保护范围则比较窄，根据《专利法》第二条第三款的规定，实用新型只包括对产品的形状、构造或其结合所提出的适于实用的新的技术方案。具体说，实用新型所保护的对象是产品的形状及构造。

据此，一切有关"方法"的发明、产品的"用途"的发明都不能申请实用新型专利，只能申请发明专利。

何谓"产品的结构"？《专利审查指南2010》第一部分第二章第6.2.2节对此作了如下规定：

"产品的构造可以是机械构造，也可以是线路构造。机械构造是指构成产品的零部件的相对位置关系、连接关系和必要的机械配合关系等，线路构造是指构成产品的元器件之间的确定的连接关系。

复合层可以认为是产品的构造，产品的渗碳层、氧化层等属于复合层结构。

物质的分子结构、组分、金相结构等不属于实用新型专利给予保护的产

品的构造。例如，仅改变焊条药皮成分的电焊条不属于实用新型专利保护的客体。

应当注意的是：

（1）权利要求中可以包含已知材料的名称，即可以将现有技术中的已知材料应用于具有形状、构造的产品上，例如复合木地板、塑料杯、记忆合金制成的心脏导管支架等，不属于对材料本身提出的改进。

（2）如果权利要求中既包含形状、构造特征，又包含对材料本身提出的改进，则不属于实用新型专利保护的客体。例如，一种菱形药片，其特征在于，该药片是由20%的A组分、40%的B组分及40%的C组分构成的。由于该权利要求包含了对材料本身提出的改进，因而不属于实用新型专利保护的客体。"

2. 保护期限不同

根据《专利法》第四十二条的规定，发明专利权的期限为20年，实用新型专利的期限为10年，均自申请日起计算。

也就是说，实用新型专利的保护期限仅为发明专利保护期限的一半。

此外，二者开始受到专利保护时间的早晚也有所不同。我们知道，一项专利申请只有在被授予专利权之后才能正式受到专利保护。在我国，一项符合要求的实用新型专利申请自申请日后大约1年就可被授予专利权。而一项发明专利申请，自申请日起18个月被公开之后仅仅能够享受"临时保护"。即《专利法》第十三条所规定的："发明专利申请公布后，申请人可以要求实施其发明的单位或者个人支付适当的费用。"发明专利申请的授权一般要等2~3年的时间。

3. 申请文件的差别

根据《专利法实施细则》第三十九条的规定，发明专利申请的受理条件是必须向国家知识产权局提交请求书、说明书、权利要求书；而实用新型专利申请除此之外还必须提交附图。

4. 审查程序方面的差异

虽然从申请文件的撰写要求上看，实用新型与发明专利申请之间不存在任何差别，在授予专利权实质性要求方面（例如"三性"），两者的要求也基本相同（仅"创造性"的要求存在差异）。但由于实用新型专利申请在国家知识产权局专利局授予其专利权之前只对其进行初步审查，而该初步审查既不包括对相关现有技术的检索，也不涉及若干实质性条款的全面审查，所以实用新型专利申请比发明专利申请更容易获得授权。

为了提高实用新型专利的授权质量，在2010年修改的《专利法实施细则》

中，对实用新型专利申请初步审查的范围进行了调整，即对实用新型专利申请的初步审查还包含了"明显不符合《专利法》第二条第三款、第二十二条第二款、第四款、第二十六条第三款、第四款、第三十一条第一款、第三十三条"的内容。这些条款虽然涉及一些实质性内容，但其中"明显"一词的限定，使实用新型专利申请的初步审查与发明专利申请的实质性审查之间还是形成了若干差别。具体说，在对实用新型的说明书进行审查时，强调对实用新型的目的、方案和效果、所属技术领域、现有技术状态以及实施例的审查，并且重点放在其目的、方案和效果的一致性方面，也就是《专利审查指南2010》所规定的说明书的审查内容应能够最低限度地保证实用新型技术方案的清楚完整性。

在对实用新型权利要求书的审查中，着重审查权利要求是否写明实用新型的技术特征，权利要求的内容是否与说明书相对应，以及撰写格式方面是否符合一些基本要求，例如独立权利要求、从属权利要求应包括两个组成部分，它们之间的引用关系是否正确等。至于权利要求的保护范围概括得是否恰当、独立权利要求是否记载了实现该实用新型的全部必要技术特征、独立权利要求的划界是否正确，是否具有新颖性、实用性等实质性要求，实用新型专利仅涉及对"明显"缺陷的审查，而不作全面审查。

由于实用新型申请在初步审查过程中并不对现有技术进行检索，也不对其权利要求作全面的"三性"判断，所以即使实用新型被授予了专利权，其基础仍是不稳定的。要想使实用新型专利权能够经得起日后各法律程序的考验，就更需要申请人（代理人）在申请之前进行必要的检索，并将权利要求书撰写得尽量完善一些，留有充分的修改余地。

发明专利申请在国家知识产权局专利局经历的程序比较复杂。在国家知识产权局专利局受理了发明专利申请之后，先要经过一次初步审查，初步审查合格之后，一般在自申请日（或优先权日）算起18个月予以公开（除非有提前公开请求）。申请人如果想获得专利权，还必须向国家知识产权局专利局递交实质审查请求并缴纳实质审查费，根据申请人的实质审查请求，在发明专利申请被公开之后，国家知识产权局专利局才能启动实质审查程序，经实质审查没有发现驳回理由的，方能被授予专利权。

对发明专利申请的实质审查包括对其形式方面缺陷的审查及实质性缺陷的全面审查。无论是审查的广度还是深度，都要高于对实用新型专利申请的审查。在对发明专利申请进行实质审查的过程中，审查员要对相关的现有技术作全面检索，并以此为基础对各项权利要求的新颖性和创造性进行判断。一项发明专利申请自申请至授权一般需要两年或更长的时间。所以，一件发明专利的技术含量一般要高于实用新型，其授权之后的法律稳定性也远远高于实用新型专利。根据有关统计，前些年在无效宣告程序中，实用新型专利被无效（或部分无效）的比例约为发明专利的 2 倍。

5. 创造性标准不同

实用新型多涉及一些小发明，在我国虽然也称为专利，但如上所述，由于其授权之前未经过实质审查，故可靠性比较差。在授权之后的无效程序中，即使需要依法对其进行实质审查，实用新型创造性的标准也低于发明专利。《专利法》第二十二条第三款规定："创造性，是指与现有技术相比，该发明具有突出的实质性特点和显著的进步，该实用新型有实质性特点和进步。"所以，发明专利与实用新型专利相比，其根本区别在于二者的创造性标准不同，前者要具有"突出的实质性特点和显著的进步"，而后者只需具有"实质性特点和进步"。

6. 可合案申请的范围不同

《专利法》第三十一条第一款规定："一件发明或者实用新型专利申请应当限于一项发明或者实用新型。属于一个总的发明构思的两项以上的发明或者实用新型，可以作为一件申请提出。"这就是说，一件发明专利申请或实用新型专利申请通常只能包括一项发明或实用新型，但属于同一发明构思的多项发明或实用新型，可以在一件申请中合案提出。

由于发明与实用新型的保护范围不同，所以它们进行合案申请的范围也就有所区别。对于一项发明专利申请来说，属于同一发明构思的产品，制造该产品的方法及其设备三项内容都可以进行合案申请，而实用新型的合案范围仅限于"不能包括在一项权利要求内的两项以上的产品独立权利要求"，因为"方法"不受实用新型专利的保护。

7. 申请日之后主动修改的机会不同

申请人在向国家知识产权局专利局提出专利申请之后，很可能需要对原提交的专利申请文件进行主动修改。根据《专利法实施细则》第五十一条的规定，发明专利申请人有两次主动修改的机会：一次是在提出实质审查请求时，另一次是在收到国家知识产权局专利局发出的发明专利申请进入实质审查阶段通知书之日起的 3 个月内；而实用新型专利申请人却只有一次主动修改的机会，即在申请日起 2 个月内。

8. 专利申请的费用不同

表 1－1 是发明专利及实用新型专利在申请、审批及授权后所需费用的对照表，可以作为申请人选择申请类种时的一个参考因素。

表1-1　发明和实用新型各种费用的对照

序号	费用名称	发明专利（元）	实用新型专利（元）
1	申请费	950	500
2	维持费	300/年	—
3	审查费	2500	—
4	复审费	1000	300
5	无效宣告请求费	3000	1500
6	强制许可请求费	300	200
7	专利登记费	255	205
8	年费（部分） 1~3年 4~6年 4~5年	 900/年 1200/年 —	 600/年 — 900/年

注：该费用不断在变化，以实际发生时实施的标准为准。

9. 奖励不同

根据《专利法实施细则》第七十七条的规定，专利权被授予后，专利权的持有单位应当对发明人或者设计人发给奖金。一项发明专利的奖金最低不少于3000元；一项实用新型专利的奖金最低不少于1000元。

10. 在侵权纠纷中的地位不同

最高人民法院在《关于开展专利审判工作的几个问题的通知》中规定，在专利侵权的诉讼过程中，遇有被告反诉专利权无效时，受理专利侵权的人民法院应当告知被告可按照《专利法》的有关规定请求专利复审委员会宣告该专利权无效。在此期间，受理专利侵权诉讼的法院，可根据《民事诉讼法》第一百五十条的规定中止诉讼，待专利权有效或无效的问题解决后，再恢复专利侵权诉讼。

为了防止被告以请求宣告专利权无效来拖延诉讼时间，该通知又规定对于实用新型的专利侵权案，在向被告送达起诉状副本时应通知被告欲请求宣告该项专利权无效须在答辩期内向专利复审委员会提出，被告请求宣告专利权无效的，应中止侵权诉讼的审理工作，这是因为实用新型专利未经过实质审查，其法律状态不够稳定，请求宣告无效成功的比例较高。

又根据《专利法》第六十一条的规定，在处理专利侵权纠纷时，涉及实用新型专利的，人民法院或专利管理机关可以要求专利权人出具由国家知识产权局专利局作出的检索报告，并根据检索报告的内容决定是否中止对侵权纠纷的处理。

而对于发明专利的侵权案件则不然，人民法院受理的发明专利侵权案件，被告请求宣告该项专利权无效的，除了被告提出请求宣告专利权无效的事实和理由很可能使该项专利权被宣告无效的情况以外，人民法院一般不中止诉讼。这是因为发明专利经过了实质审查，被宣告无效的可能性比较小，人民法院不中止侵权诉讼可以加快专利侵权案件的审理速度，有利于尽快依法保护专利权人的合法权益免遭侵权损害。

以上从 10 个方面分别对申请实用新型专利与发明专利的区别，或者说其利弊关系进行了分析对比。概括起来，对于机械领域的发明创造，实用新型专利为其提供了一种很好的保护途径。申请实用新型专利具有费用低、审批周期短、容易获得专利权等优点。但其缺点是保护期短，保护范围有限，法律状态不稳定，由于其授权标准低于发明专利，又未经过实质审查，故技术可靠性较差，在技术转让的过程中，显然不能与发明专利同日而语。

考虑到申请实用新型与发明专利的利弊关系，有的申请人采取了两种专利同时申请的方式，以便充分利用双方有利的一面，避开不利的一面，这当然也不失为一种策略。

《专利法实施细则》第四十一条第二款和第三款规定："同一申请人在同日（指申请日）对同样的发明创造既申请实用新型专利又申请发明专利的，应当在申请日分别说明对同样的发明创造已申请了另一专利；未作说明的，依照专利法第九条第一款关于同样的发明创造只能授予一项专利权的规定处理。国务院专利行政部门公告授予实用新型专利权，应当公告申请人已依照本条第二款的规定同时申请了发明专利的说明。"

《专利审查指南2010》第二部分第三章第 6.2.2 节对其操作方式作了进一步规定："对于同一申请人同日（仅指申请日）对同样的发明创造既申请实用新型又申请发明专利的，在先获得的实用新型专利权尚未终止，并且申请人在申请时分别作出说明的，除通过修改发明专利申请外，还可以通过放弃实用新型专利权避免重复授权。因此，在对上述发明专利申请进行审查的过程中，如果该发明专利申请符合授予专利权的其他条件，应当通知申请人进行选择或者修改，申请人选择放弃已经授予的实用新型专利权的，应当在答复审查意见通知书时附交放弃实用新型专利权的书面声明。此时，对那件符合授权条件、尚未授权的发明专利申请，应当发出授权通知书，并将放弃上述实用新型专利权的书面声明转至有关审查部门，由专利局予以登记和公告，公告上注明上述实用新型专利权自公告授予发明专利权之日起终止。"

也就是说，如果申请人就同一发明提交的两份专利申请中的一件已被授权，则在尚未授权的申请符合授予专利权的其他条件时，审查员应通知申请人进行修改或者选择。此时，申请人可以通过修改权利要求书的方式使两者的保护范围有所区别，既属于不同的发明，也可以放弃其已经获得的专利权或撤回其尚未被授权的申请，以避免重复授权。

据此，申请人可以就同一项发明创造在同一日分别申请实用新型专利与发明专利，实用新型可能很快就被授权，申请人可尽早行使其专利权。当发明专利申请有可能被批准时，申请人可以作择一的选择，根据具体情况放弃其中的一项，这样申请人便具有很大的主动性。即使其发明专利申请不能被批准，例如不符合发明创造性的要求，仍不影响其实用新型专利权的存在。

特别应当注意的是，就同样的发明创造既申请实用新型专利又申请发明专利的，其申请日必须是"同日"。否则，其在先申请就可能影响其在后申请的新颖性。这是因为在2008年修改的《专利法》第二十二条中，"他人"一词已经从"抵触申请"中被删除了。这就意味着申请人本人的在先申请也可以影响其在后申请的新颖性。

这一点是此次《专利法》修改的重要内容之一，切勿忽视。

有关"一案两请"的问题，请参考本书第三章之五的"（十一）'一案两请'有关问题的讨论"。

（二）保密与检索

1. 递交专利申请前后的保密

递交专利申请之前，申请人应当对其发明创造的内容注意保密。

在经历了若干年的专利实践之后，无论对申请人还是代理人来说，已初步具有这一意识。由于我国采用的是先申请制，"两个以上的申请人分别就同样的发明创造申请专利的，专利权授予最先申请的人"（《专利法》第九条），所以，如果不注意保密工作，在申请日之前即将有关技术内容泄露出去，其后果轻则使该专利申请丧失新颖性，重则可能使他人（例如竞争对手）抢先申请专利。这样，不仅自己的技术不能获得合法的保护，而且一旦他人的专利申请获得专利权，甚至可能沦为专利侵权的被告。这种情况在实践中屡见不鲜。其原因就是申请人缺乏这方面的常识。

笔者在此想对相关人士进一言：如果你开发了一项有价值的技术，而该技术又难以保密，最好的选择是尽快将其申请专利。如果该技术能够获得专利权，则可以获得合法的保护；即使不能获得专利权，也可以借助于专利公开的方式避免他人对该技术形成垄断，日后不致沦为专利侵权的被告。

对于申请日至公开日（公告日）之间这段时间的保密问题，有些申请人也缺乏足够的认识。

申请日的获得并不意味着专利权的获得，因此也不意味着具有排他权。虽然，根据《专利法》第九条的规定，在先获得了申请日，可以将他人就同样发明获得专利的可能性排除在外。但根据《专利法》第二十二条第二款的规定，倘若他人在你的申请日与公开（公告）日之间就类似的发明申请了专利，则你的专利申请只能用来评判他人申请的新颖性，而不能用来评判他人申请的创造性。也就是说，假若有人在你的专利申请公开（公告）之前，得知了你的专利申请的内容，并对之稍加改动，使之与你的专利申请相比具有新颖性，然后向国家知识产权局专利局递交该申请，尽管他的申请日在你之后，而且与你的专利申请内容差别不大（仅为"新颖性"层面的差别），但他仍然有可能获得专利权，从而共同分享你的专利成果。

针对你的专利申请作出具有创造性的改进是比较困难的，因为对于发明专利来说，这种改进需要具有"突出的实质性特点和显著进步"，即使对于实用新型专利来说，也需具有"实质性特点和进步"。而新颖性的获得，无论对于发明专利申请还是对于实用新型专利申请来说都是比较容易做到的。基于这一点，申请人在自己的专利申请公开（公告）之前，仍要注意对其技术内容的保密。也正是基于这一点，国家知识产权局的工作人员对申请人公开之前的专利申请承担着保密责任。

《专利法》第二十四条对申请日之前 6 个月内公开而不丧失新颖性的情形作了具体规定。其中包括在中国政府主办或者承认的国际展览会（指《国际展览会公约》规定的在国际展览局注册或者由其认可的国际展览会）上的展出，在规定的学术会议或者技术会议上的首次发表，以及他人未经申请人同意而泄露其内容的。这些情况仅仅能使该申请免于新颖性的破坏，但仍然难以避免他人仅靠新颖性就可分享专利成果的情况。对于这些在先公开，申请人也必须有清醒的认识。

2. 产品试制、试销阶段的保密协议问题

在国家知识产权局专利复审委员会受理的无效宣告请求案中，为数不少的案件涉及其专利产品在申请日之前制造、销售或使用的问题，尤其在《专利法》实施的初期。

一件产品的开发和研制过程中，往往要经历一个试制、试销（用）的阶段。如果一个发明构思已经成熟，剩余的仅是一些技术细节问题，不妨在适当的时机优先申请专利。如果在申请专利之前必须进行试制或试用，则应注意该过程的保密问题，承担试制或试用的人员必须承担保密义务，最好立下具有法律效力的字据，作为凭证。《专利审查指南 2010》第二部分第三章第 2.1 节明确规定，处于保密状态的技术内容由于公众不能得知，因此不属于现有技术，所谓保密状态，不仅包括受保密协议约束的情形，还包括社会观念或者商业习惯上被认为应当承担保密义务的情形，即默契的保密情形。

至今，已有不少专利权人由于在这些环节上发生了疏漏，而导致了专利权的丧失，这种教训应为后人所记取。

3. 专利申请之前的检索

在说明书的撰写部分，已经概括说明了检索对撰写专利申请文件以及最终获得专利权的重要影响。在此，有必要对检索问题的重要性再作进一步分析。

有些发明创造，在其课题选定及技术路线选择前已经进行了必要的检索，对现有技术的状态已经有了大致的了解，其技术方案有可能就是针对某项最新现有技术所作的改进。即使如此，在该发明基本完成之后、在申请专利之前，现有技术的状态仍有可能又发生了新的变化。根据具体情况，再作一些必要的补充检索仍是十分必要的。因为专利审查时所检索的范围，将包括申请日之前的全部现有技术。对于大多数发明创造或者专利申请，发明人往往是根据自己片面接触到的现有技术提出一项新的技术方案，而这种主观片面认定的现有技术往往与客观存在的现有技术之间存在一定的差距，只有通过全面检索才能对自己的技术方案与现有技术之间的差别有一个客观的认识。以这种客观、正确的认识为基础，才能将所公开的技术内容把握一个恰到好处的程度，将保护范围划定得最为合理。

有些申请人在将自己的发明创造向社会公开的同时，还希望将一些技术诀窍（know－how）适当地保留起来。这时，事先作全面检索就显得尤为重要。这些试图保留起来的技术诀窍，往往涉及实现该发明的一种最佳技术方案，缺少这部分技术特征，发明也能够被实现，增加这部分技术特征，该发明的技术效果会更好。将这种技术诀窍保留起来的前提应是：即使不公开这种技术诀窍，其发明目的也能实现，而且与现有技术相比，仍具有创造性。而作出这种正确判断的基础自然是对现有技术的状况有一个客观、真实的了解，这只有通过全面检索才能实现。

由于错误地评价了现有技术，将某些应当公开的技术内容隐藏起来未予公开，以致使其专利申请不具备创造性的实际案例也是时有发生的。由于在递交专利申请之后，申请人对申请文件的修改不能超出原始说明书和权利要求书所公开的范围，日后申请人已不可能将这些未公开的技术诀窍补入说明书和权利要求书中，其结果只能是后悔和遗憾。

随着信息时代的到来，检索的手段已越来越多元化，越来越方便。在专利申请之前，充分利用一切可能的手段，对现有技术作一次全面的检索，不仅对申请人有益，对提高我国专利申请的整体水平和申请质量，以至提高科研工作的起点都将有重大的影响。

（三）充分利用"国内优先权"

按照 1984 年制定的《专利法》，"优先权"仅适用于国外申请，也就是说，任何一个《保护工业产权巴黎公约》（以下简称《巴黎公约》）缔约国的申请人在一个缔约国第一次提出专利申请之后，在 12 个月之内又向国家知识产权局专利局就相同主题提出专利申请时，他将享有一种申请日优先的权利，即把在第一个缔约国提出申请之日看作在中国的申请日。国外申请人如果在向中国提出的专利申请中对原专利申请进行了补充修改，则可享受部分优先权，即未修改的部分享有优先权，修改的部分按实际申请日考虑，这种"优先权"的规定无疑是十分有利于申请人的。然而，由于这种优先权仅适用于国外申请案，势必造成我国国民与外国公民的不平等。于是，在 1992 年修改《专利法》时，加入了"国内优先权"的内容，即"申请人自发明或者实用新型在中国第一次提出专利申请之日起 12 个月内，又向国家知识产权局专利局就相同主题提出专利申请的，可以享受优先权"。

任何一项发明创造，总要经历一个从构思到实现，然后再加以完善的过程。考虑到"申请日"在整个专利申请、审查过程中的重要作用，申请人总是希望尽快将自己的发明创造申请专利，以获得一个尽早的申请日。这样就很可能在初次提交的专利申请文件中存在若干缺陷，或者在申请日之后发明人又对该发明创造作出了进一步的完善，从而需要对原专利申请的内容作进一步修改、补充，"国内优先权"恰好适应了申请人的这种需要。

根据《专利法实施细则》第三十二条的有关规定，享受国内优先权时必须注意以下几个问题：

（1）已经要求过外国或本国优先权，或者已经被批准授予专利权，或者按规定进行过分案处理的在先申请，不能作为要求本国优先权的基础。

（2）本国优先权的规定仅适用于发明和实用新型，不适用于外观设计。就是说，就相同的主题而言，外观设计专利申请不能作为发明或者实用新型在后申请要求本国优先权的基础，也不能以在先的发明或者实用新型作为外观设计专利申请要求本国优先权的基础。

（3）申请人要求本国优先权的，其在先申请自后一申请提出之日即被视为撤回。

（4）优先权是针对一个完整的技术方案或一项完整的权利要求而言的，并非对某个或某些技术特征而言。换句话说，一项权利要求如果想享受在先申请的优先权，那么该权利要求中的全部技术特征必须均在在先申请（即优先权文本）中公开。如果一项权利要求中包含了优先权文本中未记载的技术特征，而且该技术特征又不是本领域普通技术人员可以从该优先权文本中直接地、毫无疑义地得出的话，该权利要求就不能享受优先权。这一点对于要求优先权的专利申请来说极为重要，它往往容易被忽视或误解。为了加深对此问题的理解，下面列举一个实际案例。

一件有关香烟盒的发明专利，其权利要求1为：

1. 翻盖式包装盒，由卡纸板一类的可折材料制成，基本为长方体，主要用来收存由内层包装材料（锡箔）包装的成组卷烟，具有盒体和翻盖（3），后者与前者的后壁为折叶式连接，而且在关闭时包盖住与盒体连接的领口（22）；其特征在于盒体（10）、翻盖（11）和领口（22）的（垂直）纵向棱边（26，27；28，29；30）皆制成圆弧状，且弯曲部位的半径与一支卷烟的半径大体一致。（参见图1-5）

一请求人对该专利提出无效请求，所依据的主要证据是一份美国外观设计（证据1），该外观设计的公开日为1985年7月2日，早于该专利的申请日1986年4月29日，其形状如图1-6所示。

图1-5　　　　　　　图1-6

对比图1-5和图1-6可以看出，两者的形状和结构基本相同。但对于证据1是否可以用作宣告该专利无效的合法证据，双方当事人表示了不同的观点，专利权人认为：虽然该专利的申请日晚于证据1的公开日，但由于该专利享受

优先权，且其优先权日（1985 年 4 月 29 日）早于证据 1 的公开日，故证据 1
不能用来评价该专利的新颖性和创造性；请求人则认为享受优先权的权利要求
中的每一个技术特征必须"明确"地被原始申请所公开，由于该专利权利要求
1 中的"领口（22）"未被明确记载在优先权文本中（该优先权文本涉及一种
香烟盒的制备方法，其说明书中未记载香烟盒的结构，但其附图中公开了该香
烟盒的展开图形，如图 1 – 7 所示），故该专利权利要求 1 不能享受优先权。

图 1 – 7

就该专利的权利要求 1 可以享受优先权的理由，专利权人在其"意见陈述
书"中表示了以下意见：

"从在先的优先权文本中可以显而易见地得出在后的权利要求 1 的技术方
案""领口不是新的技术特征，而是公知的"，本领域普通技术人员在阅读了优
先权文本之后，"无须进一步创造性劳动，即可得出在后申请的权利要求 1 的技
术方案"，因此，该专利的权利要求 1 可以享受优先权。

专利复审委员会该案合议组的意见是：

根据《保护工业产权巴黎公约》（以下简称《巴黎公约》）第 4 条 H 款的
规定，要求优先权的权利要求中的技术特征应当明确地被在先申请所公开（Pri-
ority may not be refused on the ground that certain elements of the invention for which
priority is claimed do not appear among the claims formulated in the application in the
country of origin, provided that the application documents as a whole specifically dis-
close such elements. ）；我国《专利法》第二十九条第一款也规定，要求优先权
的申请与在先申请必须具有"相同主题"。

《专利审查指南 2010》第二部分第三章第 4.1.2 节对"相同主体"作了如
下解释："相同主题的发明或者实用新型，是指技术领域、所要解决的技术问题
和技术方案实质上相同，预期的效果相同的发明或者实用新型。"《专利审查指

南2010》第二部分第八章第4.6.2节又规定："如果在先申请对上述技术方案中某一或者某些技术特征只作了笼统或者含糊的阐述，甚至仅仅只有暗示，而要求优先权的申请增加了对这一或者这些技术特征的详细叙述，以至于所属技术领域的技术人员认为该技术特征不能从在先申请中直接和毫无疑义地得出，则该在先申请不能作为在后申请要求优先权的基础。"

　　将上述《专利审查指南2010》对"相同主体"的解释与《专利审查指南2010》对"新颖性"的解释（同样的发明或者实用新型，是指技术领域、所要解决的技术问题和技术方案实质上相同，预期的效果相同的发明或者实用新型。判断新颖性时，应当以此作为判断相同的发明或者实用新型的标准）相比较可以看出，"相同主体"与新颖性审查中所称的"同样的发明或者实用新型"属于同一个概念。所以，根据《专利法》的规定，确定是否可以享受优先权的标准应当采用新颖性的标准，而并非创造性的标准。

　　专利权人以评价创造性的标准作为确定是否享受优先权的标准，显然与《专利法》的上述规定不符。

　　由于该专利的权利要求1中"领口"这一技术特征在优先权文本中未被明确记载，而且该技术特征是所属技术领域的技术人员不能从在先申请中直接和毫无疑义地得出的，其原因是：该香烟包装盒所包装的是"由内层包装材料（锡箔）包装的成组卷烟"，即使不采用"领口"，借助于内层包装材料该包装盒也可以实现包装香烟的功能，故采用"领口"对于香烟包装盒而言并非唯一的选择。根据《巴黎公约》及我国《专利法》的上述规定，该专利的权利要求1不能享受优先权。证据1的公开日在该专利的申请日之前，可以作为该专利的现有技术。

　　专利权人不服专利复审委员会作出的无效审查决定，遂向北京市第一中级人民法院起诉。经人民法院两次传唤专利权人均未到庭，专利复审委员会的上述审查决定生效。

　　申请人或专利代理人应当从上述案例中吸取一个重要教训：享受优先权的权利要求，其整体技术方案一定要在优先权文本中有所体现，否则该"优先权要求"无效。

第二章

对审查意见通知书的答复及申请文件的修改

　　无论是实用新型专利申请还是发明专利申请，专利审查中一般都存在审查员与申请人相互交流的机会，除非该专利申请一次审查通过。一般情况下，只要审查员认为该专利申请存在缺陷（形式方面或实质方面），在最后作出审查决定之前，都将审查意见以通知书的形式书面通知申请人。

　　依照"听证原则"，申请人至少有一次修改或陈述意见的机会。审查员与申请人之间的这种意见交流对于该专利申请能否被批准会有至关重要的影响，申请人对此应予以高度重视。本章将就与该过程有关的一些问题谈谈个人看法，以供申请人和专利代理人参考。

一、对实用新型专利申请审查意见通知书的答复

　　在实用新型专利申请进入初步审查程序之后，申请人可能收到来自国家知识产权局的各种通知书或决定，其中包括：

　　（1）授予实用新型专利权通知书；

　　（2）驳回决定；

　　（3）视为撤回通知书；

　　（4）审查意见通知书；

　　（5）补正通知书；

（6）第×次补正通知书；

（7）审查通知书；

（8）会晤通知书；

（9）会晤记录；

（10）通知书附页；

（11）优先权请求审查通知书。

当申请人收到"授予实用新型专利权通知书"时，说明所申请的实用新型专利经初步审查合格，即将被授予专利权。此时，申请人应根据国家知识产权局所附的通知依法办理登记手续。

如果申请人收到一份"驳回决定"，说明其实用新型专利申请已被国家知识产权局专利局驳回。此时应当注意两点：

（1）仔细阅读"驳回理由"部分的内容，看看所述的理由是否合乎《专利法》及《专利法实施细则》的有关规定，并特别注意审查员所列出的驳回理由是否在作出此驳回决定之前已通知过申请人，并给申请人至少一次陈述意见的机会。

根据《专利法实施细则》第四十四条第二款的规定，国务院专利行政部门应当将审查意见通知申请人，要求其在指定期限内陈述意见或者补正；申请人期满未答复的，其申请被视为撤回。申请人陈述意见或者补正后，国务院专利行政部门仍然认为不符合前款所列各项规定的，应当予以驳回。如果在收到"驳回决定"之前，申请人未曾接到国家知识产权局专利局的任何通知，也没有任何机会针对驳回理由陈述意见，则这种"驳回决定"与《专利法实施细则》的上述规定不符，存在程序方面的缺陷。

（2）申请人如果对驳回决定不服，仍有请求再次审理的机会，即可以在收到驳回决定之日起3个月内，向国家知识产权局专利复审委员会请求复审。如果对专利复审委员会作出的决定不服，还可以向人民法院起诉。

如果申请人收到的是其他类通知书，则应详细阅读通知书的各项有关内容，按照审查员的意见在指定期限内对申请文件进行修改，或者针对审查员的审查意见陈述意见。

在这些通知书中，最常见到的通知书是补正通知书和审查意见通知书。

在补正通知书中，审查员依据《专利法实施细则》第四十四条的规定，要求申请人对申请文件进行补正。审查员一般通过在"补正通知书"中画"√"的形式指出申请文件中所存在的缺陷。申请人应依照通知书内容进行补正，申请人期满未答复的，其申请被视为撤回。

在申请人陈述意见或补正后，国家知识产权局专利局仍然认为不符合规定的，该申请将被驳回。

如果不同意审查员的审查意见，申请人应在指定期限内用"意见陈述书"的形式陈述自己的看法。

如果申请人收到审查员的一份审查意见通知书，这就意味着该专利申请存在被驳回的可能。如果申请人不同意审查员的意见，也应采用"意见陈述书"的形式陈述其意见，逾期不陈述意见者，专利申请将被视为撤回。如果所陈述的意见不成立，专利申请将被驳回。

申请人在对申请文件进行修改时应当注意，所作的修改不得超出原始说明书及权利要求书所公开的范围，而且这些修改应仅限于审查员要求修改的部分。如前所述，根据《专利法实施细则》第五十一条的规定，实用新型专利申请人的主动修改机会只有一次，即自申请日起 2 个月之内。当实用新型专利申请进入初步审查程序之时，该期限一般都已超过，也就是说，在实用新型专利申请的初审过程中，申请人已经失去了主动修改申请文件的机会。

总而言之，在实用新型专利申请的整个初步审查过程中，只要审查员认为该实用新型专利申请中存在不合乎《专利法》及《专利法实施细则》的规定之处，申请人至少有一次修改或陈述意见的机会。申请人如果不同意审查员的审查意见，可以陈述其理由，在陈述理由的过程中应当以《专利法》《专利法实施细则》和《专利审查指南 2010》的有关条款和规定为依据，通过摆事实、讲道理的方式据理力争。陈述意见是申请人在专利审批过程中的权利，切不可轻易放弃。

二、对发明专利申请审查意见通知书的答复

在发明专利申请人收到国家知识产权局专利局的授予发明专利权通知书或驳回决定之前，还可能收到如下的一些通知书：

（1）"第一次审查意见通知书"；

（2）提交资料通知书；

（3）第×次审查意见通知书；

（4）会晤通知书。

发明专利申请人在接到上述通知书后，除了如对待实用新型通知书那样，认真阅读、分析审查员的意见，进行必要的修改或陈述意见之外，还需要注意以下几点。

（1）如果在申请日之后曾经向国家知识产权局专利局递交过修改文件，应

查看一下该修改文件是否被审查员认定合法，审查所依据的文件是否采用了合法的修改文件。

（2）查看所引用对比文件的公开日（或抵触申请的申请日）是否在该专利申请日之前，即这些对比文件的使用是否符合《专利法》第二十二条的规定。

（3）通过审查员对"第一次审查意见通知书"中第7栏有关内容的选择以及正文部分的审查意见，申请人基本上可以了解到审查员对该专利申请前景所持的态度。如果有授权前景，则应按照审查员在通知书正文中所陈述的审查意见对申请文件逐一进行修改或答复；如果针对某一条审查意见既不进行修改，也不陈述意见，轻者将延长审查周期，重者有可能导致驳回。

例如，审查员在审查意见通知书中指明权利要求书的撰写不符合《专利法实施细则》第二十条第二款的规定，即权利要求书缺少实现发明目的的必要技术特征，要求申请人作相应修改，而申请人拒不修改，也不陈述意见，审查员则可以驳回该申请。

（4）对发明专利申请的审查属于实质性审查，其中涉及对专利"三性"问题的判断。"三性"中创造性的判断标准属于一个比较模糊的问题，对同一个案情，不同的审查员有可能得出不同的结论。审查员在具体评判某一技术方案的创造性时，往往要综合其发明目的、技术构成和技术效果三个方面进行考虑。由于考虑的因素多，再加上"见仁见智"等主观因素的影响，审查员的观点发生变化的可能性也就增大了。

当申请人得知审查员欲以不具备创造性为由驳回其专利申请时，切不可灰心丧气，应当仔细分析审查员所提供的对比文件和审查员的审查意见，依据该专利申请与对比文件之间在目的、构成及效果三方面的差异，据理力争。当被审查的权利要求书被否定之后，申请人还可以考虑是否有可能将说明书中记载的某些技术内容补入权利要求书中，对其作进一步限定，使之具有创造性。

在审查实践中，不少申请案正是在申请人陈述意见之后审查员改变观点的。一般情况下，当审查员对该发明的创造性持怀疑态度时，有时会先以否定的态度向申请人发出审查意见通知，迫使申请人对某些问题作进一步解释和说明，其目的是想进一步听取申请人的意见。在此情况下，如果放弃了陈述意见的机会，自然是很不明智的。

（5）充分利用会晤和实际考察的机会。由于审查员分管的技术领域比较宽，对某些申请案的具体技术并非十分熟悉，如果申请人能利用会晤或邀请审查员实地考察的机会，使审查员对其发明有更深入、客观的了解，则有可能使审查员的判断更为客观、正确。尤其对一些技术内容比较复杂而撰写质量又不高的专利申请，会晤或考察会使审查员对该发明有更全面、准确的了解。

（6）申请人在陈述意见时，应考虑到所陈述的意见在以后可能产生的各种后果。在专利审查阶段，为了证明其发明具有创造性，申请人往往要竭尽全力，千方百计地强调其发明与现有技术之间的差别，强调各个技术特征所带来的显著技术效果。而在侵权诉讼阶段，专利权人，为了扩大自己的保护范围，往往将某些技术方案说成是自己发明的等同物，甚至将独立权利要求中的某些技术特征解释为"非必要技术特征"。可以理解这种趋利避害的倾向，但应当注意的是，在专利审查过程中，申请人的一切书面意见都将被记录在案，并将对以后的法律程序产生影响。也就是说，在从申请到授权以至专利权终止的整个法律程序中，申请人对某个问题的认定是不可以随意改变的，应符合"禁止反悔"原则。

例如，在专利审查过程中，为了证明某技术方案的创造性，申请人特别强调了某技术特征的重要性，强调了它所带来的技术效果。而在侵权诉讼中，面对涉嫌侵权人未采用该技术特征的事实，专利权人（原申请人）又宣称该技术特征属于该发明的非必要技术特征，不应构成对该发明的限定；或者将专利审查阶段已经放弃的技术方案在专利侵权诉讼中又重新捡起。这些做法显然不符合"禁止反悔"原则。因此，申请人的任何意见陈述都应实事求是，保持始终如一的态度。此问题在本书第三章之五的"（四）'多余限定与禁止反悔'"将结合具体案例作进一步论述。

三、在审查过程中对申请文件的修改

如前所述，国家知识产权局专利局对实用新型专利申请所进行的审查是一种初步审查，是依据《专利法实施细则》第四十四条第一款第（二）项规定进行的。由于初步审查并不涉及检索和全面的"三性"判断，所以在审查过程中的修改多涉及形式方面的缺陷。一般情况下，申请人只要正确理解审查员的意图，适时、适当地对申请文件作出修改即可。

而发明专利申请，在获得专利权之前要经历初步审查和实质审查两个阶段。即一项发明专利申请，只有在国家知识产权局专利局依照《专利法实施细则》第四十四条第一款第（一）项规定初步审查合格之后才能被公布，而且只有在经实质审查之后，符合《专利法》及《专利法实施细则》的有关规定时，才有可能被授予专利权。在发明专利申请的实质审查过程中，审查员要进行全面检索，并对申请文件的形式缺陷及实质缺陷进行全面审查，所涉及的内容较多，审查的周期也比较长。一般情况下，往往要经过1~2次审查意见通知之后才能结案。下面将针对申请人在发明专利申请实质审查过程中修改申请文件时应注意的几个问题谈几点看法。

（一）背景技术的修改

在实质审查过程中，申请人对背景技术的修改一般是根据审查员的要求进行修改的，例如，将审查员检索到的与该发明专利申请最为接近的现在技术写入背景技术。

对于原始说明书中所引用的背景技术是已被公开的和未被公开的这两种不同情况，申请人的修改权限应有所不同。对于前者，申请人的修改余地要大些；而对于后者，此后的修改只能在原公开的范围内进行。由于背景技术对发明目的的提出以及构成发明技术方案的一些细节都有重要的影响，而且说明书又对权利要求书起到解释作用，因此，"背景技术"的描述对发明专利申请的实际保护范围也会产生影响。如前所述，对于申请日之前未公开且未写入原始申请文件中的背景技术内容，申请人不得补入说明书中。举例来说，某申请所引用的背景技术包括 A、B、C 三个技术特征，在该申请的说明书中，申请人仅引用了其中的技术特征 A，如果该背景技术属于一种未公开的技术，则申请人日后不得将技术特征 B 和 C 补入说明书中，否则将构成超范围的修改；反之，如果该背景技术是一种已公开的技术，而且申请人在说明书中已对该技术的出处给予了明确指示，申请人则可以根据该技术对说明书作适度的补充修改。

（二）发明目的的修改

一件发明或实用新型专利说明书的发明目的可以来自两个方面：

一是来源于说明书的第二部分，即对背景技术中所存在的技术问题的分析，由背景技术中所存在的缺陷导出该发明或者实用新型的发明目的。这是基于申请人对现有技术的主观认定而得出的。

二是来源于该发明或实用新型所采用的技术方案本身。这种发明目的隐含在技术方案之中。所谓的"发明目的"与"解决的技术问题"实质上是一样的，只是称谓不同而已。发明目的与技术方案中的某个技术特征或某些技术特征的组合是密切相关的，针对不同的对比文件可以归纳出不同的区别技术特征，从而归纳出不同的发明目的，这种发明目的是客观存在的。在采用"问题—方案"法判断发明或实用新型的创造性时，一般采用这种归纳方式。关于这一问题，本书第三章将有专门论述。

如果对发明目的的修改是依据背景技术中所存在的问题而进行的，则应考虑该"问题"是否属于申请日之前的公知范畴。换句话说，如果所依据的背景技术是一种未公开的技术，而且在原始说明书中又未对该"问题"作任何披露，则这种"问题"不能作为修改发明目的的依据。如果对发明目的的修改是依据该发明或实用新型的技术方案进行的，或者说根据技术方案中的某个技术特征归纳出来的，则应考虑这种发明目的的认定能否为本领域的普通技术人员所理解和接受。下文将通过案例的形式对该问题作进一步说明。

【案例1】

一件发明名称为"造纸白水分离新工艺和设备"的专利申请，其具体技术内容在本书第一章之一的"（四）发明或实用新型的发明内容"中已作介绍，在此不再重复。由于在本领域的普通技术人员看来，"脉冲式供水"与"防止喷水管堵塞"之间存在必然的因果关系，因此，在修改申请文件的过程中，申请人将"防止喷水管堵塞"作为一个新的发明目的提出是允许的。

【案例2】

一件发明名称为"多层纸形成装置"的国外申请案，在说明书中申请人将发明目的写作"本发明就是为了解决上述先有技术所存在的问题而提出来的"，至于要解决什么问题、达到什么目的，未作任何正面说明。

在权利要求书中申请人提出了3项权利要求，经检索，其权利要求1和2均不具备新颖性，其权利要求3被写作：

3. 根据权利要求1所述的多层纸形成装置，其特征在于：设置一成形辊和一伏辊，使它们以可脱离的方式支撑着环形毛毯，并且设置毛毯辊，使之在上述短网间可沿上、下方向变更位置进行支撑，并通过将所述的环形毛毯托起而使之与上游部的短网单元解除结合。

根据检索的结果，权利要求3所述的技术方案具有新颖性。但该技术方案究竟要解决什么问题，带来了什么技术效果，申请人必须给出明确的说明，否则会影响审查员对其创造性的判断。

就权利要求3所公开的技术方案看，由于设置了可上下移动的毛毯辊，客观上具有一种可以使环形毛毯与短网单元相脱离的作用，这种结构与效果之间的关联性对于造纸行业的普通技术人员来讲是很容易理解的。而且，在说明书背景技术部分，申请人在分析现有技术中所存在的问题时曾经提到"由于毛毯直接卷挂在短网部上，所以短网更换很困难"。在此情况下，申请人将"便于更换短网"作为该发明专利申请的发明目的不仅是可以被允许的，而且是必要的。

【案例3】

在一件有关长颈瓶盖子的外国专利申请中，申请人针对现有技术中长颈瓶盖子密封性不良的问题设计出一种新式盖子。该盖子被永久性地装在容器上，只要简单地转动盖子的外部，就可将容器打开或关闭。该瓶盖的基本构造如图2－1所示。

其权利要求1如下：

1. 一种用于长颈瓶、管状容器和类似容器的具有环形外壳的盖子，其特征在于，外壳（5）可转动地安装在容器（1）上，有用来防止所述外壳轴向滑动的装置（4），并且所说的外壳通过滑动装置与钟形帽（11）相连，所说的钟形帽（11）本身通过螺旋装置（10）与容器（1）的护套（8）或颈（2）相连，所说的钟形帽（11）有一颈部，该颈部的壁构成一个开口，该开口用来接收与容器相连的帽塞。

经检索，审查员发现了一篇与该发明专利申请密切相关的对比文件。该对比文件中的瓶盖与该发明的瓶盖属于相同的技术领域，其结构及功能也基本相同，对比文件中的瓶如图2－2所示。

图2－1   图2－2

将图2－1和图2－2进行对比可以看出，该发明专利申请权利要求1所述的主要技术特征都已被对比文件所覆盖，对比文件中的瓶盖也具有可转动地安装在容器上的外壳（9）、一防止外壳轴向滑动的装置（13），其阀帽（1）在构造和功能方面都相当于该发明专利申请的钟形帽（11），而且也是通过一滑动装置（8、10）与外壳相连，当外壳旋转时，借助于外壳（9）上的槽（16）及阀帽上的凸台（2）使阀帽上下运动，实现对开口部分（11）的启闭。尽管该发明专利申请的瓶盖在结构上与对比文件存在若干差别，但无论着眼于说明书所公开的技术内容还是该结构可能产生的实际效果，均无法客观地推导出新的发明目的。即使申请人以对比文件为基础对权利要求 1 作进一步限定，突出二者在结构方面的差异，由于缺乏明显的技术效果，或者说没解决具体的技术问题，该技术方案不具备创造性。该案的申请人在接到审查员的审查意见通知书后，未作进一步答复，该申请被视为撤回。

【案例 4】

一件发明专利申请涉及一种鞋垫。该鞋垫由合成泡沫塑料制成，其中含有物质 X 和 Y，物质 X 是一种已知的着色剂，物质 Y 是一种除臭剂。在原始说明书中，申请人未明确提出该发明专利申请的发明目的。

在审查过程中，申请人对说明书中的发明目的作如下修改：

本发明的目的在于生产一种鞋垫。该鞋垫是柔软且富有弹性的，而且具有悦人的外观及气味。

由于"柔软且富有弹性"是合成泡沫塑料的一种属性，着色剂 X 的使用必然使之具有悦人的外观，而除臭剂 Y 的使用必然使之具有悦人的气味。因此，上述发明目的实际上是隐含在其技术方案之中的，这种修改应当被允许。

但是，如果申请人将发明目的写作：

本发明的目的在于生产一种鞋垫，该鞋垫可以防治脚气。

这种修改不能被允许。因为根据一般常识，无论泡沫塑料，还是作为着色剂的物质 X 或作为除臭剂的物质 Y，都不具有防治脚气的功能。这种技术效果或发明目的不是直接可以从原始申请中推出的。

如果某人发现上述物质中的一种物质确实具有防治脚气的作用，则这种发现本身就可以构成一件应用发明，其发明目的本身就具有创造性。因此，这种修改应被视作超出了原始说明书公开的范围。

（三）对技术方案的修改

说明书中的技术方案部分作为发明专利申请的核心内容，在一般情况下是不允许进行修改补充的。但是，这也不是绝对的。在不违反《专利法》第三十三条的前提下，申请人有时仍可能对该部分进行修改或补允，但这些修改和补充的前提应是"不得超出原说明书和权利要求书记载的范围"。而"原说明书和权利要求书记载的范围"应当理解为既包括原说明书和权利要求书文字记载的内容，还包括根据该文字记载的内容以及说明书附图可以直接、毫无疑义地确定的内容。（可查看本章之三的"（六）案例评析——审查意见通知书的答复

及权利要求书的修改"的案例评析）

如何判断修改是否超出原始说明书和权利要求书记载的范围，其中一条很重要的原则就是应以本领域普通技术人员为判断主体，对相关的技术事实作全面客观的分析。

不妨借助于以下两个实例来予以说明。

【实例1】

一件专利申请涉及一种锤子，其改进之处在于采用了一种特殊结构的锤头。在原始说明书中，申请人仅对该锤头部分的结构特征进行了描述，而未提及锤柄部分。该发明专利申请的主题是一种锤子，为了更清楚地限定该发明，申请人对说明书进行了修改，补入了锤柄部分。只要所补入的锤柄是现有技术中普通的锤柄，锤柄与锤头之间的结合也是采用通用的方式，这种修改补充应当被允许。因为对于普通技术人员来说，一个锤子必须有锤柄才能使用，这一点很明显，不带锤柄的锤子才是不同寻常的，所以这种修改补充是在情理之中的。它的补入可以使该发明的技术方案更为清楚，并不会导致保护范围的扩大。

【实例2】

图2-3

一件专利申请涉及一种保温砖，如图2-3所示，该保温砖具有以下3个技术特征：

（1）侧面设有多排孔眼。

（2）相邻的两行孔位置交错排列。

（3）孔中填有发泡聚乙烯塑料。

申请人在修改说明书时，加入了如下的技术特征：

（4）孔的底部是封闭的。

如果从原始说明书及权利要求书中找不到可以支持该技术特征的记载，则这种修改补充是不允许的。

如果从原始说明书或权利要求书中能够找到对该技术特征的支持依据，例如，从说明书的某一附图中能够看出该保温砖的底部是封闭的，即使说明书中未作专门的文字性说明，这种补充也是允许的。但是，这并不意味着在说明书附图中所公开的任何技术特征都可以作为修改的依据。例如，某些技术特征仅仅是通过对附图的测量而得到的，比如孔眼的长宽之比，这类技术特征不能作为修改补充的依据。

如果在其说明书中，申请人引用了若干篇对比文件，但未具体指明该申请与对比文件之间的联系，此时，即使所引用的对比文件中的某一篇文件A包含其保温砖的底部是封闭的这种结构形式，也并不意味着绝对可以将该技术特征（4）补入说明书中去。如果申请人在原始说明书中提到"孔的形式如对比文件 A 所述"，而且依照对比文件 A 所公开的内容，其所有的孔眼都是封闭的，这时则允许技术特征（4）的补入。因为在这种情况下，"孔的底部是封闭的"是"孔的形式如对比文件 A 所述"这句话的唯一解释。

（四）对权利要求书的修改

在一件发明专利申请的实质审查过程中，申请人可能需要对原始提交的权利要求书进行一次或多次修改。在这些修改中，一类是应审查员的要求进行的，例如根据审查员所检索到的相关对比文件，对权利要求进行删除、合并、划界，以及对某个技术特征修改、补充等。这类修改往往是在具有授权前景的情况下进行的，申请人一般应按照审查员的具体要求进行修改。

另一类是根据审查员所提供的对比文件申请人不得不进行的。这种修改往往是在接到审查员的"第一次审查意见通知书"之后，发现原有的权利要求将被驳回或者发现原权利要求书撰写得不够完善，申请人需对保护范围作进一步限定或改动时进行的。这时，申请人应特别注意"修改不得超出原说明书和权利要求书记载的范围"的问题。以下仅从两个方面对权利要求书的修改是否超范围的问题作些简单分析。

1. 关于增加新的技术主题

在一件发明专利申请的权利要求书中，申请人仅仅要求保护一种产品的制造方法，而未对产品本身请求保护，但在说明书中，申请人在对制造方法进行说明的同时已将该产品的主要结构交代清楚，例如前面所提到的阶梯轴的过渡曲线结构、无接口聚四氟乙烯环形带的带芯结构，以及双曲光纤维板的表面形态等，这些主要结构特征足以对该产品作出清楚完整的限定。这时，如果存在主动修改的机会，将产品作为新的保护主题补入权利要求书中应当是允许的。

反之亦然，如果原权利要求书的保护对象仅涉及一种产品，而有关该产品的制造方法已在说明书中公开或者隐含在产品的结构特征内，申请人利用主动修改的时机，将该方法写入权利要求书中进行保护，只要不违反"单一性"的有关规定，这种修改也应被允许。

2. 关于技术特征的重新组合

一项权利要求实际上就是一个技术方案的概括。根据《专利法》第二十六条第四款关于"权利要求书应当以说明书为依据，清楚、简要地限定要求专利保护的范围"的规定，每项权利要求所记载的技术方案都应得到说明书的支持。

所谓"支持"，不仅仅局限于字句的一致性上，更重要的是应体现在技术方案的一致性上。

例如，在修改权利要求书时，有时需要对某些技术特征进行重新组合。对于重新组合后的权利要求是否能得到说明书的支持、这种修改是否在原始说明书公开的范围之内等问题，要依据具体情况作具体分析。

在一件专利申请的说明书中，申请人给出了若干个实施例，但并未指明这些实施例之间的相互关系，在一般情况下是不允许将一个实施例的某些技术特征与其他实施例进行组合的。因为这种组合往往导致一种新的技术方案的产生。尽管这种新的技术方案中的每个技术特征在说明书中都已被公开，但它们之间的组合方式也可能构成一项新发明的重要内容，只要说明书中未对这种组合方式予以说明，这种修改就不能被允许。

在有些情况下，申请人还希望将某些技术特征从某一技术方案中单独分离出来，加入到另一权利要求中去。这在一般情况下也不能被允许，除非这种分离和组合已被记载在原始说明书中，或者这种分离及组合对于本领域的普通技术人员来说是很自然的，很容易理解的。以下述的两项权利要求为例。

1. 一种装置，它被支撑在高度可调的几个支撑腿上。

2. 如权利要求1所述的装置，其特征在于：

（a）所述的腿是由套管组成的；

（b）套管可由固定螺丝进行固定。

如果权利要求1不能被授予专利权，申请人对权利要求1进行了修改，将权利要求2中的技术特征（a）加入到权利要求1中，从而使权利要求2中的技术特征（a）和（b）相分离。按照欧洲专利局的观点，即使这种分离与组合在说明书中未予记载，但只要这种变化在本技术领域的普通技术人员看来是可行的，这种修改也是允许的。因为根据常识，套管的固定方式是多种多样的。反之，如果技术特征（a）与（b）总是组合在一起使用的，该普通技术人员，对二者的分离表示惊异，则上述的修改就不能被允许。

以上的修改是指在实质审查程序中对发明专利申请文件的修改。专利申请一旦被驳回，进入复审程序之后，专利申请文件的修改余地就受到限制。

《专利审查指南2010》第四部分第二章第4.2节作出如下规定：

"根据专利法实施细则第六十一条第一款的规定，复审请求人对申请文件的修改应当仅限于消除驳回决定或者合议组指出的缺陷。下列情形通常不符合上述规定：

（1）修改后的权利要求相对于驳回决定针对的权利要求扩大了保护范围。

（2）将与驳回决定针对的权利要求所限定的技术方案缺乏单一性的技术方案作为修改后的权利要求。

（3）改变权利要求的类型或者增加权利要求。

（4）针对驳回决定指出的缺陷未涉及的权利要求或者说明书进行修改。但修改明显文字错误，或者修改与驳回决定所指出缺陷性质相同的缺陷的情形除外。"

根据上述规定，在复审程序中，改变权利要求的类型（例如由"方法"改为"产品"）或者增加权利要求的数量都是不允许的。

（五）修改时应注意的其他问题

《专利法实施细则》第五十二条规定："发明或者实用新型专利申请的说明书或者权利要求书的修改部分，除个别文字修改或者增删外，应当按规定格式提交替换页。"为了便于审查员辨认修改的内容，申请人在递交替换页的同时，最好同时递交一份修改部分的对照表，或者递交一份在原申请文件上进行修改的复印件，这将有利于审查工作的进行。

发明的技术效果部分一般不允许补充修改。为了便于审查员对该技术作全面客观的了解和评价，申请人可以借助"意见陈述书"的形式对某些技术性能进行补充介绍，例如该产品的有关测试数据、使用性能等，这些信息可供审查员在判断创造性时作为参考。在实质审查过程中这些材料能否被使用，或者在多大程度上被使用，由审查员根据案情进行取舍。但作为申请人来说，如果在当初撰写申请文件时，将这部分内容遗漏了，这仍不失为一次弥补的机会。

（六）案例评析——审查意见通知书的答复及权利要求书的修改

在专利申请文件的审查过程中，申请人一般会收到国家知识产权局专利局审查员的一次或多次审查意见通知书（Official Action，OA）。如何答复审查员的审查意见通知书以及对申请文件作出恰当的修改，对于该专利申请最终能否获得专利权至关重要。

经审查，如果审查员认为该专利申请具有授权前景，但尚存在某些形式方面的缺陷，审查员会在通知书中指明该缺陷，并要求申请人在指定的期限内予以修改。此时如果申请人按照审查员的要求对申请文件进行修改，使之符合专利法的有关规定，则该申请将会被授予专利权。

经审查，如果审查员认为该专利申请存在实质性缺陷，例如要求保护的技术方案在说明书中未得到充分公开，致使本领域技术人员无法实施该技术方案，或者要求保护的技术方案与审查员所检索到的现有技术相比不具有新颖性或创造性，则审查员会告知申请人该专利申请将会被驳回并说明理由，要求申请人在规定的时间内对该审查意见作出意见陈述或者对申请文件作出进一步修改。收到这种审查意见通知书，申请人务必针对审查员欲驳回的理由详细陈述意见，需要时对申请文件作出相应的修改。如果申请人逾期不答复或答复意见及其修改仍然满足不了要求，则该专利申请将会被驳回。

在陈述意见之前，申请人首先要认真阅读和理解审查意见通知书以及所引用的对比文件的内容，分析审查员对该申请及对比文件的理解是否正确，其驳回的理由是否符合《专利法》的有关规定。由于《专利审查指南2010》是《专利法》的细化，属于部门规章，所以审查员驳回的理由除引用《专利法》的相关条款之外，通常还会引用《专利审查指南2010》的有关规定。

受若干客观因素及主观因素的影响，审查员对申请文件或对比文件的理解有可能存在错误，法律适用也不一定得当。有些时候审查员的驳回意见甚至可能是一种审查策略，通过类似"火力侦察"的方式知晓申请人的观点。这都需要申请人针对审查员的意见作出澄清和解释。陈述意见时应当引用《专利审查指南2010》中的相关规定，通过说理、争辩来改变审查员的观点。与审查员的意见交流是一个听证的过程，申请人的意见陈述是否到位将直接影响该申请的走向和结果，申请人一定要把握好该机会。

在答复审查意见通知书的过程中有时会遇到与审查员无法沟通的情况，即使申请人把问题分析透了也无法改变审查员的观点，这实属无奈。"谋事在人，成事在天"，把事实讲清楚、把道理说透，至于结局如何只能顺其自然了。一旦申请被驳回，申请人还可以借助其后的复审程序及行政诉讼程序寻求救济。当然都不希望走到这一步，最好在审查程序中将问题解决。

以下以两个发明专利申请案为例，围绕对审查意见通知书的答复以及权利要求书的修改问题作进一步讨论。

为了便于对比，选取了两个案情比较相似的案例，它们都涉及对说明书附图的解读，但两个案例的结局却并不相同。

【实例1】　多级旋风吸尘器

一件发明专利申请，涉及一种家用吸尘器。

在家用吸尘器中，采用旋风分离的原理对地面的颗粒物进行抽吸和分离已经属于现有技术，将多级旋风分离技术用于家用吸尘器在该申请人的在先专利申请中也已经被公开。该申请只是对现有技术中多级旋风吸尘器的整体结构作了改进，其目的是使吸尘器的结构更加紧凑。

为便于阅读和理解，现将其专利说明书、说明书附图以及权利要求书引述如下。

说 明 书

多级旋风吸尘器

技术领域

本发明涉及一种多级旋风吸尘器，特别是卧式多级旋风吸尘器。

背景技术

现有技术中的卧式多级旋风吸尘器包括构成外观造型面的机体外壳、集尘分离尘桶、具有吸尘口的外接吸尘器管，集尘分离尘桶包括进气口和出气口，进气口与外接吸尘器管相连通形成进气通道，外接吸尘器管环绕在机体外壳的外部，此种结构的旋风吸尘器需要较大的空间。同时，由于管接头设置在底座的外面，导致产品的外观面造型不雅观，且由于进气通道设置在底座的外部，导致结构不紧密，用户容易弄破管接头从而影响旋风吸尘器的进风效果。

发明内容

本发明目的就是克服现有技术的不足而提供一种外形美观且结构紧密的多级旋风吸尘器。

为了达到上述发明目的，本发明的技术方案为：一种多级旋风吸尘器，包括构成外观造型面的机体外壳、多级旋风分离机构构成的集尘分离尘桶、设置于所述的机体外壳内的真空源、具有吸尘口与出尘口的外接吸尘器管，所述的集尘分离尘桶包括至少一个进气口和至少一个出气口，所述的进气口与所述的外接吸尘器管相连通形成进气通道，所述的真空源用于产生进入所述的进气通道的工作气流，所述的进气通道至少部分设置在所述的机体外壳内部。

所述的集尘分离尘桶包括上游旋风分离装置和复数个下游旋风分离装置。

在所述的外接吸尘器管与所述的进气口之间连通有进气管，所述的进气管至少部分设置在所述的机体外壳内部。

所述的进气通道由所述的外接吸尘器管和所述的进气管组成。

所述的机体外壳包括所述的集尘分离尘桶和用于容纳所述的真空源的底座，所述的进气通道设置在所述的底座内部。

所述的进气通道是所述的出尘口与所述的集尘分离尘桶的进气口之间的一

段通道。

由于上述技术方案的运用，本发明与现有技术相比具有下列优点：由于将进气通道至少部分设置在所述的机体外壳内部，因此产品的外形雅观而且使得整个旋风吸尘器结构紧凑。

附图说明

附图1为本发明旋风吸尘器的结构分解图；

附图2为本发明旋风吸尘器的俯视图；

附图3为附图2中A－A方向剖视图；

其中：1. 集尘分离尘桶；2. 进气口；3. 出气口；4. 机体外壳；5. 外接吸尘器管；6. 吸尘口；7. 进气通道；8. 底座；9. 底座上盖；10. 底座下盖；11. 真空源；12. 进气管；13. 滚轮；14. 上游旋风分离装置；15. 下游旋风分离装置；16. 出尘口。

具体实施方式

下面将结合附图对本发明优选实施方案进行详细说明。

附图1至附图3所示的多级旋风吸尘器，包括构成外观造型面的机体外壳4，所述的机体外壳4包括多级旋风分离机构构成的集尘分离尘桶1和底座8。

所述的集尘分离尘桶1包括上游旋风分离装置14和复数个下游旋风分离装置15，且所述的集尘分离尘桶1包括一个进气口2和一个出气口3。

所述的底座8由底座上盖9和底座下盖10扣合而成，在所述的底座8内部设有真空源11。

具有吸尘口6与出尘口16的外接吸尘器管5部分设置在所述的底座下盖10上，在所述的外接吸尘器管5与所述的进气口2之间连通有进气管12，所述的进气管12设置在所述的底座8的内部，所述的外接吸尘器管5和所述的进气管12与所述的进气口2相连通形成进气通道7，故所述的进气通道7设置在所述的底座8的内部。

所述的真空源11用于产生进入所述的进气通道7的工作气流。

所述的底座下盖10上设有滚轮13，使得整个旋风吸尘器能在待清洁表面移动。

下面结合附图3说明本发明的工作原理。

当多级旋风吸尘器处在工作状态下，所述的滚轮13在待清洁表面移动，所述的真空源11为所述的进气通道7提供工作气流，夹在灰尘的气流从所述的外接吸尘器管 5 的吸尘口 6 进入所述的进气通道 7，气流经过所述的进气管 12 到达所述的集尘分离尘桶 1 的进气口 2 从而进入所述的集尘分离尘桶 1 进行灰尘分离，上游旋风分离装置 14 对较大颗粒的灰尘进行分离，夹杂细小颗粒灰尘的气流进入所述的下游旋风分离装置 15 进一步分离，最后干净的空气从所述的出气口 3 排放出去。

由于所述的进气通道 7 由所述的外接吸尘器管 5 和进气管 12 组成，当需要倒掉所述的集尘分离尘桶 1 的灰尘时，只需取下所述的集尘分离尘桶 1 就可将灰尘倒掉。

权利要求书

1. 一种多级旋风吸尘器，包括构成外观造型面的机体外壳（4）、多级旋风分离机构构成的集尘分离尘桶（1）、设置于所述的机体外壳（4）内的真空源（11）、具有吸尘口（6）和出尘口（16）的外接吸尘器管（5），所述的集尘分离尘桶（1）包括至少一个进气口（2）和至少一个出气口（3），所述的进气口（2）与所述的外接吸尘器管（5）相连通形成进气通道（7），所述的真空源（11）用于产生进入所述的进气通道（7）的工作气流，其特征在于：所述的进气通道（7）至少部分设置在所述的机体外壳（4）内部。

2. 根据权利要求 1 所述的多级旋风吸尘器，其特征在于：所述的集尘分离尘桶（1）包括上游旋风分离装置（14）和复数个下游旋风分离装置（15）。

3. 根据权利要求 1 所述的多级旋风吸尘器，其特征在于：在所述的外接吸尘器管（5）与所述的进气口（2）之间连通有进气管（12），所述的进气管（12）至少部分设置在所述的机体外壳（4）内部。

4. 根据权利要求 3 所述的多级旋风吸尘器，其特征在于：所述的进气通道（7）由所述的外接吸尘器管（5）和所述的进气管（12）组成。

5. 根据权利要求 1 所述的多级旋风吸尘器，其特征在于：所述的机体外壳（4）包括所述的集尘分离尘桶（1）和用于容纳所述的真空源（11）的底座（8），所述的进气通道（7）设置在所述的底座（8）内部。

6. 根据权利要求 1 所述的多级旋风吸尘器，其特征在于：所述的进气通道（7）是所述的出尘口（16）与所述的集尘分离尘桶（1）的进气口（2）之间的一段通道。

说明书附图

图 1

图 2

图 3

从该申请的权利要求 1 可以看出：该申请涉及一种多级旋风吸尘器，其与现有技术的主要区别是：所述的进气通道（7）至少部分设置在所述的机体外壳（4）内部。

在实审阶段，审查员在"第一次审查意见通知书"中针对上述权利要求书引用了两篇对比文件。对比文件 1 涉及一种单级的旋风吸尘器（如图 2－4），其吸尘管的一部分位于其壳体的内部；对比文件 2 是该申请人的一件在先专利申请，在该申请中采用了两级旋风分离的技术（如图 2－5）。

图 2－4　对比文件 1

图 2－5　对比文件 2

审查员认为：上述权利要求 1 与对比文件 1 相比，除了"多级旋风分离"这一技术特征未被公开之外，其全部技术特征均已经被公开；而"多级旋风分离"这一技术特征在对比文件 2 中已经被公开。将对比文件 2 的技术直接用于对比文件 1，即可与得出权利要求 1 所述的技术方案，故权利要求 1 不具备创造性。权利要求 2～6 的附加技术特征也已经被对比文件 1 和 2 公开，该申请拟予以驳回。

对照上述权利要求书，审查员的上述审查意见无疑是正确的，原权利要求 1～6 相对于对比文件 1 和 2 不具备创造性。

此时，申请人需要以原始公开的内容（原说明书及其附图）为依据，找出该申请与对比文件之间的区别技术特征，并分析该技术特征所带来的技术效果。如果与对比文件相比，该区别技术特征的确带来了一定的技术效果，则应当将该区别技术特征写入权利要求 1 中，对权利要求书作出修改。同时，在"意见陈述书"中阐明修改后的权利要求与对比文件相比具有创造性的理由。

通过该申请的说明书可以得知，其发明目的是"克服现有技术的不足而提供一种外形美观且结构紧密的多级旋风吸尘器"，但权利要求 1 中的"所述的进气通道（7）至少部分设置在所述的机体外壳（4）内部"并非实现该发明目的关键。

由于该申请说明书的文字部分撰写过于简单，未对该多级旋风吸尘器的某些重要技术特征加以具体描述，也未明确说明其技术效果与其技术方案之间的关系，故仅凭说明书文字记载的内容，尚找不出有别于该两份对比文件的区别技术特征。

但是，说明书附图作为说明书的一部分，却明确公开了若干说明书文字部分未记载的技术内容。

申请人认为该申请的主要改进在于"将旋风分离器以倾斜的方式放置在机体中"。这一点虽然未明确记载在说明书的文字部分中，但充分体现在说明书附图中。故在答复审查意见通知书的"意见陈述书"中以说明书附图为依据向审查员陈述了如下意见：

（1）从说明书附图 3 中可以明显看出所述的旋风分离器以倾斜的方式被放置在机体外壳（4）的上表面，而且其轴心线与机体外壳（4）水平底面的夹角大致为 45 度；

（2）结合对比文件 2 的附图可以看出，作为一种多级旋风分离装置，由于每一级分离器都需要占用一段轴向尺寸，所以多级旋风分离器的轴向尺寸一般要大于单级旋风分离器。如果将多级旋风分离器垂直放置在机体外壳上，势必带来整体高度过高的问题；

（3）将旋风分离器以倾斜的方式放置在机体外壳（4）的上表面，使其轴心线与机体外壳（4）水平底面的夹角大致为 45 度，可以有效地降低多级旋风分离装置的高度，使吸尘器的结构更加紧凑、合理。这种倾斜放置的方式是申请人的一种创新，克服了旋风分离器必须垂直放置的偏见。事实证明在气流高速旋转的情况下，倾斜放置并不影响该吸尘器的分离效果。

申请人同时对权利要求进行了修改，将"所述的旋风分离器以倾斜的方式被放置在机体外壳（4）的上表面，其轴心线与机体外壳（4）水平底面的夹角大致为 45 度"的技术特征写入权利要求 1 中。

对此，审查员在"二通"中表示了如下审查意见：

权利要求 1 中所补入的"所述的旋风分离器以倾斜的方式被放置在机体外壳（4）的上表面，其轴心线与机体外壳（4）水平底面的夹角大致为 45 度"这一技术特征在说明书中未予记载，故该修改超出原始说明书所记载的范围，不能被接受。

针对审查员的该审查意见，申请人在"第二次意见陈述书"中进一步陈述了如下意见：

对于权利要求 1 中所补入的内容，虽然说明书的文字部分缺少明确的记载，但说明书附图是说明书的一部分，属于原说明书记载的范围。根据《专利审查指南 2010》的有关规定，本领域技术人员通过阅读说明书附图可以直接、毫无疑义地确定的技术内容也属于原始公开的内容，并引用了《专利审查指南2010》的有关规定作为依据。

《专利审查指南2010》第二部分第八章第5.2.1.1节（修改的内容与范围）明确规定："原说明书和权利要求书记载的范围包括原说明书和权利要求书文字记载的内容和根据原说明书和权利要求书文字记载的内容以及说明书附图能直接地、毫无疑义地确定的内容。"

"所述的旋风分离器以倾斜的方式被放置在机体外壳（4）的上表面"这一技术特征属于本领域技术人员通过附图3一目了然、可以直接、毫无疑义地确定的内容，故应当属于原始公开的内容，可以作为修改权利要求的依据。

《专利审查指南2010》还明确规定，"通过测量附图得出的尺寸参数技术特征"不能作为修改依据。由于"其轴心线与机体外壳（4）水平底面的夹角大致为45度"这一技术特征涉及了具体角度，属于目测或通过"测量附图得出的尺寸参数"，不能作为修改依据，故申请人将其从所补入的技术特征中去除。

借助会晤程序，申请人依据《专利审查指南2010》的规定，进一步向审查员详细陈述了修改后权利要求书能够得到说明书及其附图支持的理由。通过充分交流，审查员最终接受了申请人的修改意见——将"该集尘分离尘桶（1）倾斜放置在机体外壳（4）的上表面"写入权利要求1，并要求依据附图对集尘分离尘桶的放置位置作进一步限定。

授权文本的权利要求1如下：

一种多级旋风吸尘器，包括机体外壳（4）、集尘分离尘桶（1）、进气管（12）和真空源（11），所述真空源（11）和进气管（12）均设置于机体外壳（4）的内部，进气管（12）的两端分别为吸尘口和出尘口，所述的集尘分离尘桶（1）设置在机体外壳（4）的外部，它包括一个进气口（2）和一个出气口（3），该集尘分离尘桶（1）的进气口（2）与进气管（12）的出尘口相连接，该集尘分离尘桶（1）的出气口（3）与真空源（11）相连通，其特征在于：所述的集尘分离尘桶（1）为多级旋风分离器，该集尘分离尘桶（1）倾斜放置在机体外壳（4）的上表面并位于真空源（11）的前部，集尘分离尘桶（1）的上端朝向靠近机体外壳（4）内的真空源（11）的方向，集尘分离尘桶（1）的下端远离所述的真空源（11），使所述的进气管（12）位于集尘分离尘桶（1）的下方，所述进气口（2）位于集尘分离尘桶（1）靠近机体外壳（4）的侧壁上，所述出气口（3）位于集尘分离尘桶（1）所述进气口（2）的上方。

在上述权利要求1中：①申请人按照审查员的要求以对比文件1作为最接近的现有技术进行了划界；②除了加入"该集尘分离尘桶（1）倾斜放置在机体

外壳（4）的上表面"这一重要技术特征之外，还对该集尘分离尘桶（1）在吸尘器中的具体位置以及连接方式进行了限定；③虽然新加入的某些技术特征在原始说明书的文字部分未明确记载，但均属于通过说明书附图能直接地、毫无疑义地确定的内容，故可以作为权利要求书修改的依据；④"该集尘分离尘桶（1）倾斜放置在机体外壳（4）的上表面"这一技术特征与"使得整个旋风吸尘器结构紧凑"之间具有必然的因果关系，后者属于前者隐含的技术效果，这对于本领域技术人员来说是很容易理解的。该技术特征是实现其发明目的的必要技术特征，还是区别于对比文件1和2的技术特征。对于本领域技术人员来说，在对比文件1和2未给出相关教导及启示的情况下，权利要求1所作的改进具有"非显而易见"性，故权利要求1具有创造性。

【实例2】　一种多晶硅生产中使用的硅芯

该案例涉及一种多晶硅生产过程中使用的硅芯。

在该申请的说明书中公开了以下内容：

硅芯是生产多晶硅装置中的一个重要部件，硅芯组件一般由两根砷芯搭接组合而成。现有技术在搭接硅芯组件时，通常使用的硅芯为直径8mm左右的实心圆硅芯或用硅锭经线切割形成的10×10mm的方硅芯作为硅芯。在多晶硅的还原反应过程中，生成的硅不断沉积在每根硅芯的表面，随着硅芯表面积的不断加大，反应气体分子对沉积面（硅芯表面）的碰撞机会和数量也会随之增加。因此在搭接硅芯组件时，所使用硅芯的直径越大，多晶硅的生长效率也越高。

大直径的实心硅芯固然可以提高还原过程的生产率，但其拉制却存在生产效率低的问题。硅芯的直径越大，其拉制也越加困难。此外，采用大直径的实心硅芯还存在不便运输、搭接后击穿难度大等问题。

针对上述现有技术中硅芯所存在的不足，本发明提供了一种新型硅芯。

该硅芯属于一种组合式硅芯，即每根硅芯都是由若干相互并列、在硅芯的横截面内均匀分布的硅条组合而成。各硅条之间留有间隙，以便还原炉中的反应气体从硅条之间穿过。由于该硅芯是由多根硅条组合而成，故组合后的硅芯其横截面形状既不同于传统的实心结构的实心硅芯，也不同于该申请人在先专利申请中所公开的空心结构的空心硅芯，其横截面既非实心，也非空心。附图显示了该申请每根硅芯横截面的形状，在说明书及权利要求书中称之为"半空心"结构的硅芯。

如图1所示，该硅芯（3）是由若干硅条（2、5、6）组合而成的，组成硅芯的硅条可以是平板硅条，也可以是具有异形横截面的硅条，例如"L"硅条或圆弧形硅条（5），还可以是圆柱形硅条（6）。

由多根竖硅条组合而成的柱形硅芯其横截面可以为圆形或多边形（如图1所示）。

对于横截面积一定的硅芯而言，采用本发明这种组合式半空心硅芯可以获得更大的表面积。在还原炉中硅芯与反应气体的接触机会就加大，反应气体分子对沉积面（硅芯表面）的碰撞机会和数量也会随之增加。硅芯的表面积愈大则沉积的多晶硅量也愈多，多晶硅的生长效率也随之提高。

以下附图表示了该申请单根柱形硅芯（3）的横截面状态，硅条（2、5、6）被固定在硅条固定座上，组合后构成了单根硅芯（3）。

图1

图2-6表示了现有技术中实心硅芯及空心硅芯的横截面。

图2-6 现有技术中实心硅芯及空心硅芯的横截面

该申请的权利要求1~5为：

1. 一种多晶硅生产中使用的硅芯，其特征在于：该硅芯由多根竖硅条拼合而成，各竖硅条相互并列并留有间隙，拼合后的硅芯为半空心的柱形硅芯。

2. 如权利要求1所述的硅芯，其特征在于：所述竖硅条为平板硅条（2）。

3. 如权利要求1所述的硅芯，其特征在于：所述竖硅条的横截面为"L"形硅条（4）。

4. 如权利要求1所述的硅芯，其特征在于：所述竖硅条的横截面为圆弧形硅条（5）。

5. 如权利要求1所述的硅芯，其特征在于：所述竖硅条为圆柱形硅条（6）。

审查员在实审过程中提供了如下对比文件，参见图2-7。

（54）发明名称

一种增加多晶硅还原炉里硅芯根数的方法及装置

（57）摘要

本发明公开了一种增加多晶硅还原炉里硅芯根数的方法及装置。多晶硅生产是利用三氯氢硅与氢气在还原炉内的硅芯表面上发生化学反应后生成的，因此生产量与硅芯的表面积有关，硅芯表面积大的，参加反应的面积就大，生产速度就快。现有还原炉里的每个石墨电极上只有1根硅芯，而本发明是每个石墨电极上可以有2~8根硅芯，因此，表面积就大，从而可以改变多晶硅生产慢的不利局面。

图2-7 对比文件

图2-8所示的是该对比文件中由2~8根硅芯（3）组合而成的硅芯组件（2）的横截面状态，标号3为硅芯，其中心部分的虚线圆环是用于安装电极的锥形体（6）的投影。

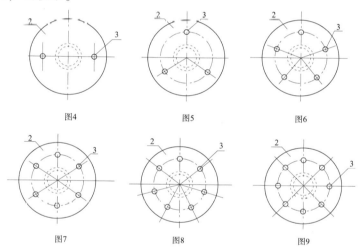

图4   图5   图6

图7   图8   图9

图2-8 对比文件中多种硅芯组件的横截面

审查员在"一通"中认为：

对比文件公开了一种多晶硅生产中使用的硅芯，在石墨电极（2）中心孔周围有2~8个锥形小孔（7），每个小孔里装一根硅芯（3），该硅芯即相当于权利要求1的竖硅条；硅芯（3）相互并列且留有间隙，拼合后的硅芯为半空心的柱形结构。由此可见，对比文件1已经公开了该权利要求1的全部技术特征，故权利要求1不具有新颖性。

针对审查员的"一通"，申请人以"意见陈述书"的形式向审查员陈述了权利要求1与该对比文件之间的区别。

申请人认为：

本申请的权利要求1与审查员提供的对比文件1相比存在实质性区别。该对比文件中的硅芯虽然也是组合式硅芯，但组合后的硅芯属于空心结构，而并非"半空心"结构。故权利要求1中的"拼合后的硅芯为半空心的柱形硅芯"这一技术特征并未被对比文件1所公开，审查员的认定与事实不符。

（1）对于"半空心"这一概念，在该申请的说明书已经作出了说明："本发明的硅芯由若干相互并列排置的竖硅条组合而成，各竖硅条之间留有间隙，便于还原炉中的反应气体从硅条之间穿过。组合后的硅芯横截面既不同于传统的实心结构的硅芯，也不同于美国GT太阳能公司的200780015406.5号专利以及本申请人于2016年1月6日提交的申请号为201610002833.0的专利申请所公开的空心结构硅芯，在此称为'半空心结构'的柱形硅芯。"

（2）所谓"半空心"，顾名思义即"半空半实"，或者说其"心"部既有硅条，但又未被硅条填充满，硅条之间存在空隙。以实心硅芯和空心硅芯作为对比，本领域技术人员很容易理解其技术含义。

（3）除此之外，该申请的说明书附图也对"半空心"的结构特征作出了明确的解释，通过附图可以清楚地看出，不仅柱形硅芯的外周设置有硅条，柱形硅芯的中间部分也设有竖硅条，内外竖硅条相互并列并留有间隙。这是本领域技术人员阅读附图后可以明确无误地理解的内容。

（4）为了进一步向审查员说明"半空心"的含义，申请人还援引了辞海中对"半""空"以及"心"所作的解释。

《辞海》的解释如下：

半　不完全。如半旧；半开半掩。

空　中无所有。如：空手；空心。

心　中央；内部。如：掌心；江心；空心；实心。

综合辞海的上述解释，"半空心"应当理解为"内部不是全空的，既非实心，也非空心"。

据此，申请人认为：

借助于说明书、说明书附图以及辞海的有关解释，本领域技术人员完全可以清楚地理解"半空心"的技术含义，即硅芯的内部也填充有硅条，但并未完全被填充满。

为了进一步体现"半空心"的结构特点，与对比文件划清界限，申请人在修改权利要求书时，将"硅芯的内部也设有竖硅条"这一技术特征加入了权利要求 1 中。该内容虽然没有明确记载在说明书文字部分中，但属于从说明书附图中可以直接地、毫无意义地看出的内容，依据《专利审查指南 2010》的规定，该修改并未超出原始公开的范围。

修改后的权利要求 1 为：

1. 一种多晶硅生产中使用的柱形硅芯，该柱形硅芯由多根竖硅条拼合而成，该柱形硅芯横截面的形状为圆形或多边形，其特征在于：硅芯的内部也设有竖硅条，各竖硅条相互并列并留有间隙，拼合后的硅芯为"半空心"的柱形硅芯。

在"意见陈述书"中申请人还以说明书为依据进一步说明了这种"半空心"硅芯所产生的技术效果。

现有技术中的空心硅芯，在还原炉中其沉积面仅限于硅芯的外表面。对比文件中组合式空心硅芯的沉积面仅限于位于横截面外周的硅条的外表面，由于硅芯的心部是空的，未设置硅条，所以硅晶体无法在硅芯的内部沉积。采用本申请"半空心"结构的柱形硅芯，在还原反应过程中，由于硅芯的整个横截面都设有硅条，而且硅条之间存在间隙，故硅晶体会在每根硅条的外表面进行沉积，从而使硅条之间的间隙逐渐被填充，最终会形成实心或近似实心的结构。其多晶硅的生成率要远大于现有技术中的实心硅芯及空心硅芯（包括对比文件的硅芯）。

针对申请人的意见陈述及修改后的权利要求 1，审查员在"二通"中认为：

（1）修改后的权利要求 1 中增加了"硅芯内部也设有竖硅条"。该技术特征未记载在原申请文件中，其不能从原申请文件中直接地、毫无意义地确定。因此，修改超出了原说明书和权利要求书记载的范围，不符合《专利法》第三十三条的规定。

（2）如果将柱形硅芯边缘具有连续结构，而内部中空理解为"空心"结构，其边缘具有不连续结构就可以理解为"半空心"结构，如对比文件 1 附图 5 - 9 所示，多个竖硅条围成圆形，硅条之间具有空隙，由此导致整个柱形硅芯边缘不连续，属于半空心的范畴。因此该特征已经被对比文件 1 公开。

申请人不认同审查员的上述观点，申请人认为：

（1）"硅芯内部也设有竖硅条"这一技术特征，虽然未明确记载在说明书的文字部分，但从其说明书附图中任何人都可以直接地、毫无意义地看出该技术特征的存在。审查员所作的认定（"其不能从原申请文件中直接地、毫无意义地确定"）忽略了附图所提供的信息，不符合《专利审查指南 2010》的有关规定，即原说明书和权利要求书记载的范围包括原说明书和权利要求书文字记载的内容和根据原说明书和权利要求书文字记载的内容以及说明书附图能直接地、毫无疑义地确定的内容。

（2）对于柱形硅芯而言，"边缘"与"心部"涉及硅芯的两个不同部位。"空心"与"半空心"都是针对心部而言的。硅芯的边缘"连续"与否与其心部的"空"与"半空"没有必然的联系——连续的边缘既可以是空心的，也可以是半空心的；不连续的边缘既可以是空心的，也可以是半空心的。权利要求1所限定的是硅芯的心部而并非边缘，因此不同意审查员将对比文件中的硅芯视为"半空心"的观点。权利要求1中的"半空心"结构并未被对比文件公开。

尽管审查员对申请人引用申请文件附图所公开的内容提出反对意见，但审查员在引用对比文件时，却将从附图中看到而说明书文字部分未记载的内容与该申请进行了对比："一通"中的一个重要意见——"硅芯（3）相互并列且留有间隙，拼合后的硅芯为半空心的柱形结构。由此可见，对比文件1已经公开了该权利要求1的全部技术特征"——就是从对比文件附图中解读出的内容，而在其说明书的文字部分没有记载。只不过审查员在引用时没弄清"空心"与"半空心"概念的区别。

虽然申请人多次引用《专利审查指南2010》的有关规定与审查员进行沟通，但均不能说服审查员。审查员坚持认为：①申请人对权利要求1的上述修改超范围；②对比文件已经公开了"半空心"的结构。

分析和对比上述两个案例，笔者有如下感想。

两个案例都涉及专利审查过程中对权利要求书的修改是否超范围的问题，而且都与说明书附图所公开的内容有关。

根据《专利法》的有关规定，申请人对权利要求书的修改不得超出原始公开的范围。由于说明书附图也属于原始公开内容的一部分，故可以作为权利要求修改的依据。根据《专利审查指南2010》的规定，凡本领域技术人员通过附图可以直接地、毫无疑义地得知的内容都属于原始公开的内容，可以作为专利文件修改的依据。正因为如此，在上述两个案例中，审查员在解读对比文件时都引用了从对比文件的附图中所读取的内容，而这些内容在说明书的文字部分并没有明确记载。

附图是一种工程语言，在机械领域附图的作用尤为重要。我国《专利法》明确规定实用新型专利申请必须提交附图；美国专利文件中始终将附图放在说明书文字部分的前面，以便于读者对专利文件的理解和检索。20世纪末在建立电子数据库之前，我国审查员在进行专利检索时，主要依靠各国专利文献的纸件进行检索，面对数百份国外文献，审查员一般首先会查看专利文件的附图，根据附图所公开的信息作大致判断，然后对照说明书文字作进一步理解。可见，附图的作用贯穿专利审查的诸多环节。

在审查过程中，审查员在判断修改是否超范围时，如果只认可说明书文字部分所记载的内容，而拒不接受附图毫无异义公开的内容，显然有悖于《专利法》及《专利审查指南2010》的规定。换句话说，如果对说明书附图所公开的内容采取一味拒绝的态度，那么《专利审查指南2010》的上述规定就是多余的了。对于审查员来说，这种做法固然可以避免其犯"修改超范围"的错误，但却是以损害专利申请人的利益为代价的。

对于审查员与申请人之间的关系，欧洲专利局的一位老审查员曾经说过：在专利审查过程中审查员要做申请人的朋友，而不是做申请人的敌人；审查员的任务是帮助申请人获得专利权，而不是阻止申请人获得专利权。这种说法体现了一种社会公平的理念和普世价值的存在，值得我们审查员深思和借鉴。

根据《专利法》的规定，对于审查阶段被驳回的专利申请，申请人如果不服，还可以提出复审请求。复审程序以及后续的行政诉讼程序对于申请人来说是一种救济。对于审查员来说，该程序无疑是对其滥用职权的一种制约。

第三章
专利审查中有关问题的讨论

一、检　索

检索是实质审查过程中的一个重要环节，其目的在于从现有技术中找出与专利申请的技术方案在技术上相关联的对比文件，并以此作为评判该专利申请的权利要求是否具备新颖性及创造性的依据。

《专利法》第二十二条规定：现有技术是指申请日以前在国内外为公众所知的技术。一般来说，现有技术主要包括公开出版物和公开使用两大部分。在专利审查过程中，审查员的检索工作一般仅仅局限于公开出版物，对于后者则多借助于专利无效宣告程序，由社会公众提供相关证据。

专利文献是人类知识的一个宝库，据世界知识产权组织（WIPO）统计，在人类所开发的新技术中，95%左右都在专利文献中有所记载，而专利文献中所记载的技术只有58%左右在非专利文献中有所介绍，从这两个对比数字可以看出，专利文献在公开出版物中占据了极为重要的位置，也成为审查员了解现有技术状况的一个最重要的信息源。

（一）检索与国际专利分类

专利文献的检索与专利文献的分类虽然属两项不同的工作，但其本质却相同。分类是按照一定的规则将专利文献分入适当的位置；专利检索则是遵循同样的规则，在最适当的位置上寻找所需要的文献。国际专利分类体系是目前大多数国家均采用的一种专利文献分类体系。国际专利分类号检索是专利文献检索中的一个最为重要的手段，因此无论对于专利审查员还是对于进行专利文献检索的技术人员来说，尽可能多地了解一些有关国际专利分类原则方面的知识，对于提高其专利文献检索的质量和效率都将是十分有益的。

下面将以《国际专利分类表使用指南》为依据，结合《国际专利分类表》（以下简称"IPC"）的结构特点对专利文献的检索工作谈几点看法。

1. 根据需要检索的技术主题，从不同角度确立相关的小类位置

按照《国际专利分类表使用指南》的规定，IPC 的大类名称对下属组的内容不起限定作用，而从 IPC 的小类类目开始，即对下属组具有限定作用。因此，作为检索工作的第一步，首先要选定适合的小类。

由于 IPC 是一种"功能分类"与"应用分类"的混合体系，因此，在确立相关小类时，应兼顾所检索的技术主题的"功能"和"应用"两个方面。

例如：要检索的技术主题属于"化学纤维制备过程中纺丝液的过滤装置"。D01D 小类是"制造人造长丝、线、纤维、鬃或带子的机械方法和设备"，属于与该技术主题相关的应用小类。

由于该技术主题还涉及"过滤"问题，B01D 小类是一个有关"过滤"的功能性小类，在这个小类中，对过滤器的结构、过滤方法、过滤材料都有详细的展开，在检索时，该小类也应当予以注意。

反之，如果检索的主题是一种新型结构的过滤器，可用于多种场合，则除了重点检索 B01D 的过滤器之外，A01J 11/06 牛奶过滤器、A47J 31/06 咖啡或茶的过滤器，以及 D01D 1/10 纺丝溶液或熔体的过滤和脱泡也应视具体情况予以考虑。

正如《国际专利分类表使用指南》中所告诫的，当检索一个功能性发明时，也能从一个或几个应用分类位置上找到这个主题。

再如：检索主题是"汽车冷凝器的防冻液"，这一主题可能涉及三个相关领域：

（1）汽车（B60K）；

（2）热交换器（F28D）；

（3）防冻液。

经查找 B60K 和 F28D 下设的大组和小组，找不到与该主题相关的设置，进而应考虑"防冻液"本身。防冻液属于一种化学物质，所以应从 C 部考虑。

但由于其组成是未知的，无法从组分的角度查找，只能考虑其性能和应用。

C09K 的类目是"不包含在其他类目的各种应用材料"，其中 C09K 3/00 包括防冻材料的内容，C09K 5/00 组涉及热交换器的用液，因此，C09K 3/00 和 C09K 5/00 应是主要的检索位置。

随着科学技术的发展，不同领域的技术交叉和渗透越来越普遍，对专业技术人员而言，需要有更为广博的知识；而对 IPC 的使用者而言，则要求对整个分类体系及 IPC 的排布有一个全面深入的了解。这样，在检索时才不至漏检相关的分类号。

2. 重视"附注""参见"的作用，正确理解"组"的内容

在小类选定之后，不能立即忙于寻找相关的小组，因为每个小组的实际含义除了受各小组条目中所列出的字面内容的限定之外，还受许多特殊规定的制约，如相关的"附注""参见"等。

例如：D06B 的小类附注中指出，"织物"一词包括纱层在内，因此，在 D06B 中，凡出现"织物"一词之处均包含纱层，换句话说，对纱线层（未经织造）的有关检索也应从该类中查找。

再如：如果检索的主题是"用塑料薄膜筒状原料制造塑料包装袋的设备"。该主题与塑料加工、包装容器两个技术领域均有关系，但从 B29（塑料加工）及 B65（包装）都查不到相关的组，如果查找 IPC 关键词索引，在 PLASTICS 的主题词下面就会发现一个相关的条目：WORKING SHEET OF PLASTICS，其相应位置是 B31，从字面上看，该大类涉及的是纸品的制作及加工，似乎与塑料袋无关，但细看 B31 下的附注，附注（3）规定："在本类中，'纸'包括以类似纸的方式加工的材料，例如塑料薄膜材料，层压材料或金属箔。"

再进一步查找 B31B 小类，其中 B21B 21/00 小组为："以用纸张或半成品，如用压扁的纸管，制作扁平状，即没有为内装物的厚度设置底的，矩形信封或纸袋为特点的机械。"这正是与本检索主题相关的组。一个是信封，一个是塑料袋，二者截然不同，若不借助附注的规定，很难想到它们竟会存在于同一分类位置。因此我们决不能忽视附注的作用。

还有一类附注的作用是对该类目的内容作进一步限定和明确，有助于我们更确切地选定检索领域。例如："一种塑料薄膜制造的菲涅尔透镜"，在分类表 G02B 和 B29D 中都有相关的位置。

G02B 3/08 具有不连续面的非球面透镜，如菲涅尔透镜

B29D 11/00 生产光学元件，如透镜

B29 的附注（3）指出，分入 B29D 的物品仅限于其制造方法方面有特征的。也就是说 B29D 所涉及的技术是塑料加工，其物品都是与其塑料加工的方

法或设备有关的。而 G02B 则是有关光学元件本身的结构特征。

当然，G02B 3/00 作为菲涅尔透镜本身的位置，按照 IPC 的有关规定，除了包括透镜的光学结构特征外，还可能包括 B29D 及其他类没有单独列出的特殊制造方法。

所谓"参见"，是指分类表中在一个大类、小类或组的题目之后，用括号括起的那部分内容，它对正确理解该类目的内容或寻找更合适的位置都是至关重要的。例如：

"F27 炉、窑、烘烤炉、蒸馏炉（……面包烘烤炉入 A21B 玻璃熔化炉入 C03B……）"借助括号中的参见我们可以知道，F27 是一个有关普通炉子的功能性大类，它将一些特殊用途的炉都划入相应的小类中去了。

相反，有些出现于应用位置上的参见，则对相应的功能位置进行了指引。例如：

F16C 29/10 锁定轴承用的装置（一般防止机械零件之间相对运动的入 F16B、F16B 1/00）。

"参见"相当于分类表的"经络"，它沟通分类表的有关类目，使之成为一个有机整体，对我们的检索工作起到了引路的作用。

还有一类参见是为专利文献的分类和检索作的一些特殊规定，例如"优先"指示。根据这种指示，在检索时我们可以把力量集中在最相关的位置上，提高效率。例如：

A01K 31/07　移动式的禽笼（31/08 优先）

A01K 31/08　折叠式的禽笼

如果检索的主题既包括"移动"特征，又包括"折叠"的特征，则根据上述优先指示，在检索时应优先检索 A01K 31/08 小组。

在 IPC 分类表的小类中，常常将若干个组用印成黑体字的"导引标题"归纳在一起。在一般情况下，导引标题只是情报性的，对各组的技术内容不起限制作用，但也有例外的情况。

例如，F04B 9/14 和 F04B 33/00 都是"用体力驱动的往复式泵"，它们的区别只能借助于导引标题来辨认，前者所属的导引标题是"液体泵或液体和弹性流体泵"，后者所属的导引标题则是"特别适用于弹性流体的泵"，此时导引标题就具有限定作用了。如果要检索给轮胎充气用的打气筒，应查找 F04B 33/00，而人力抽水机则应查找 F04B 9/14。

由此可见，在理解和判断一个组的内容时，不能只看该小组的字面含义，而应当结合有关的小类标题、附注、参见、导引标题一起进行理解，正如《国际专利分类表使用指南》所规定的：

"国际专利分类的意图是通过各小类的类名，并结合任何一项有关的参见或附注尽可能精确地定义该小类所包括的主题范围。大组和小组的类名，凡是有参见的也应结合有关的参见和附注尽可能精确地定义该组所包括的主题。"

3. 几种不同技术主题的检索

检索的主题可能是一种设备、一种产品或一种方法。如果分类表中专门为该主题设置了相应的位置，自然应首先考虑这些位置，但在许多情况下，并非如此。根据《国际专利分类表使用指南》所定的原则，如果不存在专门为该技术主题设置的组，则应寻找与该主题最接近的位置，其顺序为：设备（方法）→方法（设备）→产品。

例如：检索"对涤纶织物用分散染料进行染色的设备"。有关印染的小类是 D06P，但该小类不是从设备的角度展开的，而是按照染料的种类和被染材料的种类进行分类的，小组 D06P 3/54 是用分散染料对聚酯材料进行染色，属于一个染色方法的位置。当在分类表中找不到有关设备的具体分类位置时，该方法的位置便是最接近的位置了。如果分类表中既不存在有关设备的位置，又不存在相应方法的位置，则应从该设备或方法所生产的产品的位置上进行查找。

如果检索的对象是一个产品，在绝大多数情况下，与某一产品有关的位置除了包括该产品本身的结构，还可能包括该产品的制造方法。但有些时候分类表也对某些产品的结构和制造方法分别给出具体位置。例如：

F16J 1/00　　活塞（该小组涉及活塞的结构特征）

B23P 15/10　　活塞（该小组涉及活塞的加工方法）

B65D 27/00　　信封（该小组涉及信封的结构特征）

B31B 49/04　　信封的制作（该小组涉及信封的加工方法）

所以说，对于以小类号划分审查领域的审查员来说，除了熟悉所辖领域的分类情况之外，对其他一些相关领域的分类情况也应尽可能多地去了解，这对提高检索质量是十分有益的。

（二）检索范围与主题

关于专利审查时应当如何确定检索的范围和主题，在《专利审查指南2010》中已作了明确规定。以下所谈及的几个问题，引自欧洲专利局的一些具体规定或惯用做法，可供审查员工作时参考。

（1）一件发明往往涉及一个很具体的技术领域，在进行检索时，如果在该相关的技术领域未找到有价值的对比文件，往往需要扩大检索范围，实行跨领域检索。但是这种扩大检索应保持一个原则，即在该扩大检索的范围内找出的对比文件应当有可能作为将来判断新颖性或创造性的依据。换句话说，如果所扩大的检索范围是本领域普通技术人员不易涉及的，或者所处的年代是很久很久以前的，即使查到密切相关的文件，也无法作为驳回的基础使用的，则不必予以考虑。

（2）为避免多次重复检索，应对权利要求书中直接限定的主题和隐含在说明书中的日后有可能写入权利要求书中的主题都进行检索。对于权利要求书中所采用的一些用语，应理解得恰如其分，与说明书所支持的概念相一致。当权利要求中出现的用语的字面含义大于或小于说明书中所包含的实际意义时，应把握住其实际含义，不要受权利要求中表面字义的束缚。

（3）检索的技术主题应包括其等同物在内。例如，权利要求中描述的是一种电缆夹，检索时，除了检索用于电缆的夹子之外，还应检索用于管道及其他类似物的夹子，因为就夹子的使用而言，管路相当于电缆的等同物。同样，如果权利要求涉及一种由多部分组成的物件，且其结合方式为焊接。在检索时应将其他等效的连接方式也包括在内，例如黏接、铆接等，除非可以明显看出，采用焊接的方式对实现该发明具有特殊的优点。

（4）一般说来，在需要及可能的条件下，检索的技术主题除了权利要求中写明的之外，还应包括那些在说明书中已公开，日后有可能写入权利要求书中的主题。

例如：一件申请案的权利要求书仅涉及一种滑动接触的轴承，而在其说明书中还公开了一种对轴承进行自动调整的结构，检索时应同时对自动调整这一技术主题进行检索。但是这种扩展应是适度的，假若权利要求指明的范围相当宽，而说明书中的实施例又很多，而且无法预料哪个实施例有可能放入修改后的权利要求书中去，此时可以仅仅先就原权利要求限定的范围进行检索。

反之，虽然权利要求写明的范围相当宽，却得不到说明书的支持，则应针对说明书公开的范围进行检索。例如：一件申请的说明书部分仅公开了造纸机湿部压辊的结构改进，而权利要求中所要保护的主题却是整个湿压榨部的结构，则检索工作不必涉及湿压榨部，除非依照审查员的经验，扩大检索有可能找到一篇对其新颖性或创造性构成破坏的对比文件。

（5）当一项独立权利要求不能被允许时，还必须对其从属权利要求进行审查。这时，可能要进一步检索其他一些相应的分类位置，除非从属权利要求中所附加的技术特征的确是无关紧要的，或者属于本领域技术人员都普遍了解的技术时，也可以不作专门检索。

但是，如果可以很方便地找到一本手册或其他类型文件来证明这些特征属于众所周知的，则还是应当加以引用。

二、新颖性

欧洲专利局一位资深审查员曾经说过：在专利审查过程中，最简单的问题是新颖性问题，最复杂的问题也是新颖性问题。

所谓简单，是指新颖性的定义或者说判断标准比较明确，按照《专利法》的规定，只有在与对比技术属于"同样的技术方案"时，才能构成新颖性的破坏。在2008年修改的《专利法》第二十二条中，对"新颖性"的定义进行了调整，使之更加合理，具体请参见本书本章之五的"（七）'新颖性'问题的讨论"。但是其中仍残存着"同样的发明或者实用新型"的影子。

之所以复杂，是因为新颖性问题除了涉及出版物公开之外，还涉及口头公开、公开使用等一类特殊的公开方式，这就为其判断带来一定的困难。

以下将结合笔者的审查实践并参考国外对新颖性问题所作的一些特殊规定，对该问题作具体讨论。

（1）与创造性不同，申请人不必向国家知识产权局专利局提供其专利申请具备新颖性的证据，也不必提供其具有新颖性的理由。因为新颖性的存在是无法用证据证明的。

在审查过程中，通常采用的是反证的方法，即只要没有找到相反的证据，就应当承认其新颖性的存在。如果所获得的证据不能完全否定其新颖性，而只能构成对新颖性的怀疑时，在审查过程中最好不要就新颖性问题进行纠缠，不妨将该问题暂时先搁置起来，首先考虑创造性问题。

（2）对于公知、公用，强调的是状态，而不是结果。

例如：一件技术文件从某日开始已在图书馆公开上架，即使没有任何人光顾图书馆去查看该文件，上架日仍被视为公众所知的日期。

"使用"是一个广义的概念，它包括对产品的生产、提供、销售及其他方式的开发，以及对方法或用途的提供或使用等。"交换"也是销售的一种形式，但是"公开使用"与申请文件中申请人对发明的"完全公开"所涉及的公开程度是不同的。

例如，发明人将一种新产品在市场上销售了，但未指明其组分及制造方法，公众可以通过该产品了解它的结构，甚至借助某种手段分析出该产品的成分，但无法确定其制备方法。如果在后的申请涉及该产品本身，则该产品不具备新颖性，但如果涉及其制备方法，则该产品的销售不影响其制备方法的新颖性。

（3）《专利法》第二十二条第五款所称的"为公众所知的技术"除了公开出版物所公开的技术以及公开使用的技术之外，还包括在专门培训班或电视节目中对其产品或方法的演示。随着科学技术的发展，这些公开方式还包括从存储媒体中获取的情报，例如，存储在磁带、磁盘、光盘或各种各样的数据库中并以图像的形式在屏幕上显示的情报，以及从网络上下载的信息等。

（4）在实质审查过程中，新颖性的评判对象是权利要求中所限定的技术方案，而不是说明书所公开的某一具体技术方案。在权利要求书中，用词一般是精心选择过的，其限定的保护范围有可能不同于说明书具体实施例所公开的范围。这就要求首先应借助于说明书及附图所公开的内容，对这些用词的含义有恰如其分的了解，有时甚至要借助于教科书、工具书或其他出版物。

例如：有一件名称为"生产包括托架在内的承载部件的工艺"的国外发明专利申请，其技术主题是利用对模座上流化纤维原材料浆的抽吸作用，使流化纤维沉积在模座上形成一承载部件。

记载在权利要求书中的一个重要的区别技术特征是："在纤维原料中至少使用了部分长纤维初始材料。"在"第一次审查意见通知书"中，审查员向申请人指明：权利要求中所使用的"长纤维"一词缺乏明确的技术含义，长、短本身是相对而言的，属于一种不确定的用语，而且在审查员检索到的一篇对比文件中已明确写明"纤维的长度要大于抽吸孔的直径"，这一描述本身就暗示了纤维的长度要足够长，致使"长纤维"这一不明确的技术特征被现有技术覆盖，该技术方案缺乏新颖性。

在对"第一次审查意见通知书"进行答复时，申请人向审查员提供了"长纤维"一词的出处并附上有关条目的复印件。此概念来自该国出版的一本《纸浆与纸品手册》，在该手册中按纤维的长度将其划分为几个不同的类别，其中"长纤维"的长度范围是明确的。

鉴于《纸浆与纸品手册》与该申请属于同一技术领域，在技术上是密切相关的，申请人的意见陈述可以被接受，也就是说，此时所采用的"长纤维"一词已不是一种常规笼统的概念了，而是具有特定的含义，即上述手册中所定义的那种具有特定长度的纤维。以此为基础，"长纤维"这一技术特征与对比文件中的描述——纤维的长度要大于抽吸孔的直径——就构成了差异。

该申请是一件外国申请案，据申请人声称，该案在英国审查时，英国审查员也向申请人就该问题提出过反对意见。这反映出不同国家审批专利过程中的共性。讲述这个案例的目的，并不是提倡这种做法，这只是一种万不得已的补救办法，其实申请人完全可以避免这类问题的发生，即在权利要求书中避免使用这类有可能产生误解的词语，对其准确含义在说明书中作出具体说明。

（5）在理解现有技术文件时，应当注意的一点是，应站在本领域普通技术人员的立场，依据该文件被公开时的技术状态进行判断。

例如：一篇文件公开于1935年，其描述了一个电信号的处理过程。它包含一个电路的方框图，其中包括探测器、放大器等，该文件指明：可以采用任何对电信号起放大作用的处理方式。如果现今有一件申请采用了相同的电路，但放大处理是采用了晶体管进行的，则前述文件不应涉及采用晶体管的技术方案，因为晶体管在1940年以后才出现。虽然用现在的眼光看，在上述电路中使用晶体管是很明显的，但在1935年作为该领域的普通技术人员读到上述文件时，所谓"任何对电信号起放大作用的方式"中，是绝不会包含晶体管的概念的。

（6）在判断发明或实用新型的新颖性时，如果遇到申请案的技术特征与现有技术是相同的，而所归属的技术领域不相同，或者两者的用途存在差异时，审查员应要尤其谨慎，应对两者作仔细的分析比较，不能只看技术特征。

例如：现有技术中公开了一台设备以及该设备的一种功能，某申请人利用这种设备实现了另一项功能，并要求对该设备及其功能进行保护。由于其设备本身已被现有技术公开，所以该设备本身不具备新颖性。但是，如果所述的新功能对于本技术领域的普通技术人员来说，不是可以从现有技术中直接推出的，作为应用发明，该设备的新功能可以予以保护。

（7）如果某一技术特征虽然未在一篇对比文件中被直接指明，但是被隐含在该文件中，即可以被本领域的普通技术人员直接领悟到时，则该技术特征可以视为已经被该对比文件公开。

例如：某一对比文件中公开了将一橡胶材料用于某环境中，如果此时很明显是利用了橡胶的弹性性能，即使文件中未明确指明"使用一弹性材料"，但由于"弹性性能"是明显内含在橡胶材料之中的，故橡胶材料属于弹性材料中的一种，用"弹性材料"取代"橡胶材料"的申请不具备新颖性。

另外，在分析对比文件时，不仅要看其权利要求书，而且要参照说明书的有关描述。有时，从权利要求书中出现的字句分析，不会影响申请的新颖性，但认真分析说明书之后，结论却相反。

例如：一件专利申请涉及一种流体反应器，其特征在于其中的一个流体喷嘴的方向是向上的，而对比文件的权利要求中所记载的相应特征是流体的喷嘴向下，二者相比，上述申请与该对比文件在结构上存在差异，似乎具备新颖性。

但是，在对比文件的说明书中记载了这样一句话："流体喷嘴的方向并不重要"，这实际上暗示了喷嘴的方向既可以是向下的，也可以是向上的，以此为基础，上述申请自然就失去了新颖性。

反之亦然，例如：在对比文件的权利要求书中，限定了磁带的厚度≤3μ，但其说明书中指明：磁带的厚度至少为0.1μ，一件申请案其磁带厚度为0.05～0.08μ，则该申请是具备新颖性的，对比文件中磁带厚度的下限虽未出现在权利要求书中，但在说明书中是明确的。

（8）新颖性的判断依据只能是"一篇"对比文件。

评判新颖性时，必须首先引用对比文件，仅凭审查员个人的知识，在缺乏引用证据的情况下，不能直接作出缺乏新颖性的结论。

虽然在处理一些简单的申请案时，审查员有时会在通知书中笼统告知申请人某技术特征是公知的，但是，在缺乏具体对比文件的情况下，审查员不应以此作为缺乏新颖性的理由。所谓"一篇"也不是绝对的。

例如：有时对比文件中使用的词语是一种一般化的概念或商品名称，如尼龙、敌敌畏等，须借助工具书、其他文献甚至另一篇专利文献才能了解其实质内容，这时，其他文件的使用并不影响新颖性的判断。

反之，如果某一技术方案的几个技术特征A、B、C分别被一本教科书的不同章节所公开，或者被一篇专利文献中的几个不同实施例所公开；但是，这些不同的章节或不同的实施例之间缺少必然的联系。作为本领域的普通技术人员，在阅读了这些不同部分之后，不能理解到该教科书或该专利文献给出了一种将A、B、C三个技术特征组合在一起的技术方案，这时，尽管该技术方案的全部技术特征A、B、C均被一份对比文件所公开，但也应视之具备新颖性。

将"被一篇对比文件所覆盖"理解为"被现有技术中的一个技术方案所覆盖"可能更为准确，关于这一点，请参见本章之五的"（七）'新颖性'问题的讨论"。

（9）在有些情况下，某些技术特征虽然未在权利要求中直接写明，但却以其他方式被隐含在其中。

例如："一种用于吊车的钩子"和"用于钓鱼的钩子"。虽然这两种钩子的形状可能相同或相似，但"用于吊车"和"用于钓鱼"这些特殊限定实际上隐含了其他一些结构特征，例如强度、尺寸等，所以即使这两种钩子的外形相同，也不能互相破坏对方的新颖性。所以在判断新颖性时，还应结合考虑隐含的技术特征。

同样，"推动潜水艇的电动马达"与"手表用电动马达""自行车轮"与"火车轮"也都缺乏可比性。

但这也并不意味着名称的不同就一定具有新颖性，例如，"毛毯"和"毛巾"属于两个不同的商品名称，但它们之间也存在着共性，大毛巾有时也可以当毛毯使用，尤其对于小孩来说。因此，如果在权利要求中未写明其他区别技术特征，"毛毯"可以破坏"毛巾"的新颖性。同样，"一种用于拖车的轮子"与"用于卧车的轮子"相比，只要二者可以互换使用，就可以互相破坏新颖性。

（10）对于"包括""含有""由……组成"之类的用语应根据上下文区别其确切含义。有些情况下它们所包含的内容是唯一的，有些情况下则是多种选择之一。

例如："一辆推车，它包括三个轮子"与"一辆推车，它带有三个轮子"的含义就有所不同。前者属于一种开放式（open ended）限定，除了三个轮子之外，它还可能包括第四个轮子或更多的轮子。这样，"具有四个或更多轮子的推车"可以破坏前者的新颖性，而不能破坏后者的新颖性。

（11）一般说来，下位概念可以破坏上位概念的新颖性，而上位概念则不破坏下位概念的新颖性。

其理由很简单，用一个简单的例子就可以充分说明这种关系。例如：我们说"现代的飞机是用金属制造的"，其中的金属是一个一般性的上位概念，这句话本身没错，但它也绝不意味着所有的金属都可以制造飞机，如铅、金或钠等。因此，权利要求书中上位概念（包括功能性限定）的使用，大对数情况下并非界定出了一个与其字面含义相同的范围，它不是对其"所有"下位概念的概括，只不过是对其"若干个"下位概念（或实施例）的概括而已（请参见本书第一章之二的"（一）撰写权利要求书应注意的问题"以及第三章之五有关"功能性限定"的内容）。

（12）如果对比文件中公开的技术特征涉及一个连续变化的范围，例如一个温度范围，则该范围的两个端点具有实施例的效果。

例如：权利要求保护的范围是 10℃～100℃，尽管说明书中的实施例仅涉及 20℃、40℃、60℃，但此时 10℃及 100℃两个端点也相当于在其保护范围内。假若有一项发明要求对 5℃～15℃这一温度范围进行保护，尽管该范围未包含上述实施例的各点，但由于其中包含了上述权利要求保护范围的端点 10℃，这种温度范围也不具备新颖性。

（13）选择性发明较多地出现在化学领域中，但在机械领域的审查工作中，有时也会遇到类似的问题。最常见的就是"方法"发明中对温度范围的选择。由于所作的"选择"是在已有技术范围内的选择，从形式上看，它属于已有技术的范围，似乎不具备新颖性。但是，在判断新颖性时，除了看其技术构成之外，还要考虑其功能和效果。

例如：对于一项具体的工艺条件，现有技术中公开的范围是 10℃ ~ 100℃，一项选择性发明认为在 68℃ ~ 72℃ 时可以获得特殊效果，要求对 68℃ ~ 72℃ 这一温度范围进行保护。尽管现有技术对 68℃ ~ 72℃ 这一温度范围的"可行性"进行了公开，但却未对该温度范围的特殊效果进行公开，也就是说，"在 68℃ ~ 72℃ 条件下进行处理可以获得最佳效果"这一事实并未被现有技术所公开，从这个意义上讲，这种"选择"是有新颖性的。

在判断一个技术方案是否具备新颖性以及是否具备创造性时，都要考虑该技术方案所产生的效果，但二者之间有本质的不同。在判断新颖性时所考虑的"效果"，仅仅涉及效果是否是新的，而不考虑效果的大小及其技术方案产生的难易程度，也就是说，仅仅对其技术效果作"定性"的判断，而不涉及"定量"的判断。定量的判断，留待判断创造性时解决。

具体说，在上述的例子中，"68℃ ~ 72℃"这种选择与现有技术的"10℃ ~ 100℃"相比，如果有新的效果，则这种选择具有新颖性；如果这种选择未带来任何新的效果，则不具备新颖性；如果这种选择不仅具有新的效果，而且"具有（突出的）实质性特点和（显著）进步"，例如该温度范围的选定是本领域普通技术人员不容易想到的、具有"非显而易见性"，则该技术方案与现有技术相比还应当具备创造性。否则就可能对一项"选择性发明"得出"不具备新颖性"但"具备创造性"的荒唐结论。

当然，即使后者获得专利保护，也并不意味着该技术方案可以自由实施。由于"68℃ ~ 72℃"这一温度范围落入"10℃ ~ 100℃"的温度范围内，后者属于改进发明，其实施还必须获得前者的许可。该问题涉及专利侵权的判断，在此就不作详述。

归纳起来，可以从以下四个方面来说明上述选择性发明具备新颖性的原因：

①在现有技术中并未特别对所选择的范围作出特别限定；

②现有技术中并未对所选择范围内的任何点予以特别说明；

③"68℃ ~ 72℃"的范围与在先公开的范围相比是窄小的，而且不靠近任何在先公开的温度数值；

④"68℃ ~ 72℃"具有新的效果，构成了一个新的发明目的。

（14）当审查的主题涉及一个连续变化的范围时，还需特别予以注意的一点是：假如指明一个特殊的处理工艺是在 55℃ 进行的，则对 55℃ 的含义应站在本领域普通技术人员的立场上去理解，它允许有一定范围的变化，包括提高或降低，并不意味着绝对的 55℃ 这一个点，也就是说，对某一文件中所提供的情报应站在相应领域普通技术人员的角度去理解，而不应将其看成一个纯数学值。

（15）《专利法》第二十二条第二款规定新颖性还包括"没有任何单位或者个人就同样的发明或者实用新型在申请日以前向国务院行政部门提出过申请，并且记载在申请日以后公布的专利申请文件或者公告的专利文件中"，即所谓的"抵触申请"。根据《专利审查指南2010》的解释，所谓"同样的发明"应包括那些无实质性变化的"直接等同物"在内。

例如，某一申请案中所涉及的紧固方式为铆接，而在一份抵触申请中采用的是螺栓固定，由于螺栓与铆接就其紧固的功能而言是直接等同物，所以前者不具备新颖性。（见《专利审查指南2010》第二部分第三章第3.2.3节。）

在这里附带说一点，按照《专利审查指南2010》的规定，等同物是可以破坏新颖性的。但按照欧洲专利局的规定，等同物并不构成对新颖性的破坏，只能在判断创造性时予以考虑。

欧洲专利局对新颖性限定得比较严格，其原则是：对于一些处于新颖性与创造性二者之间的模糊不清的问题，尽可能放在创造性中予以解决。按照欧洲专利局的观点，"同样的发明或者实用新型"应当将"等同物"排除在外。

（16）美国专利法对新颖性也有许多特殊的规定，与包括我国在内的世界许多其他国家构成明显的差异。在我国发明专利的申请案中，来自美国的申请量又占相当大的比例，约占总申请量的1/6，这就要求我们对美国专利法的这些特殊规定有一定的了解。

美国专利法第102条（b）款规定：一项发明在本国或外国已取得专利权或在印刷出版物上已有所叙述，或者在美国国内已经公开使用或出售，一年之内该发明人仍可就该发明向美国专利局提出专利申请，而不被视为丧失新颖性。也就是说，对于上述在先公开，申请人享受一年的宽限期，但申请人在美国所享有的这种宽限期我国并不予以承认，这就可能导致同一申请案在中美两国的审查结果截然不同。

例如，笔者曾审理过一件美国申请案，系申请人对其在先的一项专利申请的改进。

经检索，笔者发现该在先的申请案曾向欧洲专利局提出过申请，并已被公开，其公开日处于后续申请的申请日之前，但尚未超过一年的宽限期，按照美国专利法的上述规定，其在先申请的公开并不影响在后申请的新颖性，因此，在美国专利商标局提供的检索和审查资料中，并不含有上述欧洲专利局的公开文件。

但依照中国《专利法》，欧洲专利局对其在先申请的公开明显属于现有技术的范畴，相比之下，后续申请的大部分权利要求的技术内容已被公开，失去了新颖性。其结果是，该申请案在美国被批准了 40 个权利要求，在中国仅对其中的 2 个未在先公开的权利要求进行了保护。

此外，美国实行的是先发明原则，即内容相同的两项专利申请，应授权于首先完成该发明的一方，而不取决于申请日的先后。美国专利法第 102 条（a）款规定：丧失新颖性的条件是专利申请人完成发明以前，该项发明在本国已为他人所知或使用的，或者在本国或外国已经获得专利权或在印刷出版物上已有叙述的。由于其划分现有技术的日期不是申请日而是完成发明日，势必造成一部分文献，即公开日处于完成发明日与申请日之间的文献，对检索结果及审查的结论会产生不同的影响。

不难看出，各国专利法的不同势必对专利审查的结果带来直接影响。因此，在审查过程中，对来自国外的检索报告及审查结果，我们既不可不信，也不可全信，除了参考国外的检索报告之外，还要作独立、系统的检索和判断。

三、创造性

《专利法》第二十二条第三款规定："创造性，是指与现有技术相比，该发明有突出的实质性特点和显著的进步，该实用新型有实质性特点和进步。"

在国外，许多国家将创造性规定为"非显而易见性"，即发明的技术方案与现有技术相比，对于本领域的普通技术人员来说应是非显而易见的。

从定义的方式上看，二者之间存在明显的差别：

其一，前者采用的是正面定义的方式，即规定了发明"应当"具有突出的实质性特点和显著的进步；而后者采用的却是反面定义的方式，即发明"不应当"是显而易见的。

其二，前者的判断着眼于发明所达到的"效果"；而后者则更强调完成发明的"过程"。

尽管二者的视角有所不同，但实质上，两种定义的内涵是一致的。即发明的技术方案与现有技术相比，应达到"发明创造"的高度，所谓"发明创造"的高度就是指该高度的实现需要本领域的普通技术人员付出创造性的劳动。这种技术方案既不是现有技术明确教导的，也不是本领域技术人员在现有技术的基础上通过一般的逻辑分析、推理和试验可直接获得的。

在具体的判断过程中，无论哪种定义方式，都要兼顾完成发明的难易程度及所达到的技术效果这两个方面。实际上在《专利审查指南 2010》第二部分第四章第 2.2 节也是用"非显而易见"来解释"突出的实质性特点"的。

因此，尽管我国对"创造性"的定义方式与外国不同，但两者的判断基准基本上是一致的，国外的一些判断思路方法仍然可供我们借鉴。

在以下的内容中，除了对欧洲专利局及北欧一些国家在判断创造性时所采用的一些思路和观点进行介绍之外，还将对我国实用新型的创造性问题发表个人的一些看法。外国的思路和观点不一定完全合乎我国国情，但毕竟不乏具有对我们有益的成分；笔者个人的观点也不一定正确，仅以讨论的方式提出，供有关人士参考。

（一）欧洲专利局在判断创造性方面的一些观点

（1）如果一项权利要求中的全部技术特征分别被两篇或两篇以上的对比文件所覆盖，该权利要求的技术方案是否具备创造性，主要取决于所属技术领域的普通技术人员将上述两篇或两篇以上的对比文件的有关部分结合在一起的可能性。在确定这种"结合"是否"显而易见"时，可以参考以下几点：

①根据对比文件所公开的内容，作为一个所属技术领域的普通技术人员，从发明的任务出发，将这些文件组合在一起是否可能。如果将有关的几篇对比文件作为一个整体来看，由于其内在的矛盾性将发明中所述的这些技术特征组合在一起是不可能的，例如发明中包括 A＋B 两个技术特征，这两个技术特征分别被两篇对比文件公开，但是包含特征 A 的对比文件中对特征 B 或含有特征 B 的对比文件表示了明显的排斥态度，在这种情况下将它们组合在一起便具备创造性。

②这些对比文件是来自类似的邻近的技术领域还是其技术领域相隔甚远。发明与对比文件技术相关性越小，创造性成分越大。

但是，如果在一份技术领域相隔甚远的对比文件中，明确公开了一技术特征与其技术效果之间的关系，而且这种对应关系是与专利申请相一致的，则该对比文件仍可能对专利申请的创造性构成影响。

③需要组合的对比文件的相互关联性。一般说来，如果将同一篇对比文件中的不同部分相结合；或将一篇对比文件与一广为人知的教科书或技术手册相结合；或将一篇对比文件与所属领域公知的知识相结合；或在两篇相关的对比文件中，其中一篇对另一篇的引用作了明确的指示，这些结合都缺乏创造性。

当然，上述情况只属于特殊情况。大多数情况下，需要针对具体情况作具体分析。

（2）在《欧洲专利局审查指南》中，对"非显而易见性"的使用原则以举例的方式进行了具体解释，现将部分内容引述如下，虽然其中个别例子涉及化学领域，但其判断原则仍可供机械领域参考。

①以明显的方式对已知手段进行应用的发明缺乏创造性。

a. 现有技术对某一技术方案公开得不完全，发明仅仅是对其欠缺部分的填补，而这种填补对所属技术领域的普通技术人员来说是很自然的或很容易实现的。

例如：一项发明用铝来制造建筑构件，而现有技术中公开了与之相同的建筑构件，并指明可以采用轻质材料来制造，但没明确指明使用铝。

b. 发明与现有技术的区别仅在于使用了众所周知的等同物（机械的、电的或化学的）。

例如：发明涉及一台泵，它与现有技术的区别仅在于其驱动力用液压马达替代了电动机。

c. 发明仅涉及一种已知材料的新用途，而且利用了该材料的已知性质。

例如：一种洗涤组合物，以一种已知的化合物作为洗涤剂，该化合物具有降低水的表面张力的性质是已知的，而且所属技术领域的技术人员都知道该性质是洗涤剂的一个基本性质。

d. 将一种新开发出的材料在一种已知装置中作为替代物使用，该材料的性质使其明显适合于作这种使用（类似物的替代）。

例如：一种电缆，是用一种黏合剂将聚乙烯套管黏接到一层金属屏蔽层上制成的，其发明点在于采用了一种新开发出的黏合剂，而该黏合剂可用于聚合物与金属之间的黏接是公知的。

e. 发明是将一种已知的技术用于类似的场合（类似应用）。

例如：发明点在于将一脉冲控制技术用于工业卡车辅助机构的驱动电机，而该技术用于控制卡车的推动电机是已知的技术。

②发明是以一种非显而易见的方式对已知手段进行应用，因而具备创造性。

a. 将一种已知的加工方法或手段用于不同的目的，并导致了一种新的意想不到的效果。

例如：已知高频电流可用于感应对焊，很明显，高频电流还可用于电阻对焊。在下述情况下，创造性是存在的：一般认为为了避免电焊触点与工件之间的燃弧，必须除去工件表面的锈层，但一发明不进行除锈即采用高频电流对成卷的带材进行连续电阻对焊，结果产生了意想不到的效果，发现将锈皮除去是完全不必要的，因为在高频状态下电流主要以电容的方式经由锈皮层进行供电，其中的锈皮层形成了一层绝缘层，有助于焊接的进行。

b. 一种公知设备或材料的新应用，而这种应用克服了常规技术解决不了的技术困难。

例如：发明涉及一个用于支撑及控制储气罐升降的装置，用之代替以前使用的外部导架。已知一种类似的装置已在浮动船坞或浮桥的支撑中使用，但将其用于储气罐时需克服许多困难，这些困难在已知应用中是未曾考虑过的。

③特征的组合是显而易见的，因而缺乏创造性。

发明仅仅将几种已知的装置或方法组合或联系在一起，其原功能未发生任何变化，也不存在任何非显而易见的内在的组合关系。

例如：一种生产香肠的机器，将一台已知的绞肉机和已知的灌装机连接在一起。

④特征的组合非显而易见，具有创造性。

组合在一起的特征相互配合，其结果是产生了新的效果，该效果对于任何一个单独的特征来说，都是不相干的。

例如：一种混合药物由一种去痛剂和一种镇静剂组成，结果发现，通过添加镇静剂使去痛剂的去痛效果加强了，作为镇静剂本身来说不存在任何去痛效果，而混合后的去痛效果就原有效成分而言是意想不到的。

⑤从若干已知可能性中所作的选择是明显的，不具备创造性。

a. 发明仅在于从若干相同的替代物中进行了选择。例如：发明涉及一种已知的制造工艺，在该工艺中已知的方法是对反应混合物进行电加热，而对于加热来说，现有技术中有多种替换方式可供选择，该发明采用了其中的一种方式来替代电加热。

b. 发明点在于在一定范围内对一特殊尺寸、温度范围或其他参数进行了选择，而这种选择是很明显可以借助于常规实验或采用常规设计程序实现的。

例如：发明涉及一种进行已知反应的方法，其特征在于选定了一个特定的惰性气体流量，该流量在普通技术人员看来是必须达到的。

c. 从现有技术出发，仅经过简单的外推即可实现的发明。

例如：发明的特点在于制备物质 Y 的过程中对所使用的物质 X 的最低限量作了特殊限定，以便改进其热稳定性能，而这种特性从现有技术所提供的 Y 物质的热稳定性与物质 X 含量的关系曲线中直接外推即可获得。

⑥从已知的多种可能性中所作的选择是非显而易见的，具备创造性。

发明在一个已知范围内对某一操作条件（例如温度或压力）作了特殊选择，这种选择给工艺操作或产品的性质带来了意想不到的效果。

例如：在一种工艺中物质 A 与 B 在高温下转化成物质 C，已知在 50℃ ~ 130℃ 的范围内，随着温度的升高，C 的产率增加，但是发现在 63℃ ~ 65℃ 时，

C 的产率比预想的要高，而且这一特定范围在先前并未被揭示。

⑦克服了技术偏见，具备创造性。

一般说来，如果现有技术对所属技术领域普通技术人员的教导与发明所建议的方法是相悖的，则发明具备创造性。这一点对于下述情况尤为适用，即所属技术领域的普通技术人员甚至连想都没想过进行一些这方面的试验，以确定它们是否可以用来替代现有的方式去解决一些技术难题。

例如：含有二氧化碳的饮料在经过消毒之后，应趁热灌入消毒后的瓶中。常规的观点认为，一旦瓶子离开灌装机，应立即使灌装完的饮料与外界空气隔绝。有一种方法在完成上述操作之后，未采取任何措施使饮料与外部空气立即隔绝，但封装的效果不受影响，该方法具备创造性。

（二）布莱恩表与创造性的判断

瑞典专利局在培训新审查员的过程中都将一个布莱恩（Bryn）表（见表3－1）介绍给审查员。该表从一个侧面对发明的创造性进行了较为直观的判断。虽然该表不足万能的，不可能解决一切有关创造性判断的问题，但它至少为审查员提供了一条考虑问题的思路，并对一些比较典型的情况作了明确规定。

表3－1 布莱恩（Bryn）表

问题 方案　　　创造性	技术难题的提出		
	不为人知	短时间公知	长时间公知
技术解决方案　不为人知	有创造性	有创造性	有创造性
技术解决方案　短时间公知	有创造性	不具备创造性	不具备创造性
技术解决方案　长时间公知	有创造性	不具备创造性	有创造性

布莱恩是挪威专利局的一名审查员，该表在斯堪的那维亚半岛的国家（包括瑞典、挪威、丹麦）被普遍接受，在欧洲专利局也有一定影响。下面对该表作简单介绍，供同行们在实践中参考和借鉴。

表3－1告诉我们：

（1）采用一种不为人知的技术方案解决了现有技术中的难题（不论时间长短），都具有创造性；

（2）提出一个现有技术中不为人知的技术问题，无论采用未知的或公知的技术方案加以解决，都具备创造性；

（3）针对长时间未解决的问题，采用一种早已为人知的技术方案加以解决，具备创造性；

（4）采用短时间被公知的技术方案解决已被公知（不论时间长短）的难题，不具备创造性；

（5）采用长时间被公知的技术方案，解决短时间被提出的技术难题不具备创造性。

应当说明的是：该表只不过给我们提供了一个直观的模式，至于其中的道理，各人所见可能不同，仁者见仁，智者见智。

另外，其中所说的时间长短本身也是一个相对概念，不能严格划定以20年还是30年为界。该时间的长短与所属的技术领域有关，对于技术进步速度快的行业，其时间的长短与技术进步速度慢的行业就有所不同。对此，熟知本技术领域的人会有一个比较客观的认识。

针对布莱恩表中右下角这种典型情况（用长时间公知的技术方案解决一个长时间公知的技术难题），瑞典专利局介绍了一个案例。

该案例大概内容是：一件申请案采用一种导光装置对牙科的手术器械进行改造，即将光线由外部引入器械的前端部，以便解决牙科检查及手术中的照明问题。经检索，所采用的导光装置已在30年前被公开，该装置被记载于一气焊装置中，即通过该装置将光线导入焊枪的前端。由于上述技术难题已是长期存在的，而且所述的技术方案公开已久，故该申请具备创造性。

如果表3-1的基本思想是正确的，能为大多数审查员所接受的话，那么对致力于发明创造的广大申请人来说，无疑也提供了一个判断自己发明创造高度的依据，换句话说，指明了一个努力的方向，即如何才能使自己的发明创造具有足够的发明高度。

他山之石，可以攻玉。西方的这一模式也许对启迪我们的思路能起到一点作用。

（三）判断发明的创造性的两种思路

在专利审查过程中，对发明及实用新型专利申请是否具备"创造性"的判断始终是一个比较复杂的问题。"创造性"问题不同于"新颖性"的判断，一般认为，它缺乏一个具体的标准，在一定程度上受审查人员主观认识的影响。

为了使其判断标准更为统一，更具客观性，各国专利局都在不断作出努力。就判断思路而言，目前主要存在两种判断方法，一种是以构成为中心的"构成判断法"，另一种是以效果为中心的"问题—方案判断法"（problem - solution approach）。

前者是一种比较早期的判断方法，对我国影响较大。在《专利法》实施的初期，很多老审查员都采用这种判断方法。

后者则是一种新发展起来的方法，相比之下它似乎更具客观性，更有说服力。自20世纪90年代起，这种方法在欧洲专利局被广泛接受，并于1994年被正式写入《欧洲专利局审查指南》。我国的《专利审查指南2010》也采用了欧洲专利局的这种判断方法，即所谓的"三步法"。

以下将对这两种不同的思路作简要介绍，并通过具体案例对两者进行分析比较。

所谓"构成判断法"，主要着眼于发明的构成，即着眼于权利要求中所罗列的全部技术特征。是否具备"创造性"，主要取决于属于现有技术的对比文件能否将这些技术特征全部覆盖，同时也考虑相关对比文件的出处及其数量的多少。按照这种思路，如果实现该发明需组合多篇对比文件，即使它们之间仅仅是一种简单的组合（例如，将若干种已知药物混合成一个药丸），也表现出一种"非显而易见性"，而且这种组合越奇特，就越具备"创造性"。

"问题—方案判断法"则认为，如果各组合部分仅仅提供了自己固有的效果而没有任何附加的组合效果存在，则这种从各自独立存在的问题出发，对这些独立的方案所进行的组合，是所属领域的普通技术人员很容易实现的，不需付出任何创造性的劳动。按照这一判断思路，是否具备创造性，将不受组合文献数量的影响，用一种形象的数学语言表示，即：零乘以任何数还是得零。

以下通过案例来对比一下上述两种思路的差异。

【案例1】

一项发明涉及一种用电刺激的方法对人体进行治疗的医疗器械，其特征在于采用了一种特定的电路来控制该仪器的电流强度。现有技术的一篇对比文件中所公开的一种电路与该电路相似，但该对比文件属于航海控制的技术领域。

按照典型的"构成判断法"进行判断时，由于发明的主要技术特征已被现有技术公开，而且其构成是相同的，其结论很可能是该发明缺乏"创造性"。

但按照"问题—方案判断法"进行判断，首先要着眼于发明所针对的"问题"，看它带来了何种"效果"。尽管上述对比文件提供了一种类似的结构，但并未提供发明所寻求的技术效果——对电流强度进行特殊控制，达到治疗的目的。因此该对比文件并不能对发明的"创造性"构成破坏。

归纳起来，"问题—方案判断法"主要包括以下四个步骤：

（1）选择一篇最接近的对比文件，该对比文件应与该发明属于相同的技术领域，与之有相同或相似的发明目的（技术问题），并且包含了该发明最多的技术特征。即二者相比目的相同而区别技术特征又最少。

（2）将权利要求的技术方案与所述的对比文件进行比较，找出其区别技术特征。

（3）对区别技术特征进行分析，看它们与哪些新的"问题"相关，进一步找出与之相应的"发明目的"。以这种方式确定的"问题"具有客观性，既非申请人主观认为的，也非审查员主观确定的。

（4）从"问题"出发，对该技术方案是否具备"创造性"进行判断。这时，一是要考虑"问题"的提出本身是否显而易见；二是要考虑现有技术是否建议了解决该"问题"的技术方案；三是要考虑所述的"问题"与"方案"之间的关系对于所属技术领域的普通技术人员来说是否显而易见，例如对比文件所属的领域技术人员是否有可能得知，并且通过阅读该文件，普通技术人员是否可以预见其技术效果等。

下面结合另一个实例，对"问题—方案判断法"作进一步说明。

【案例2】

本发明要解决的问题是阻止离子射线对一集成电路的影响（见图3-1）。

图3-1

其权利要求为：

1. 将一集成电路密封在环氧树脂之中，其特征在于：所述的树脂中含有氧化铅的粉末。

2. 如权利要求1所述的集成电路，其特征在于：密封层的厚度大于2毫米。

对比文件A：为了改善集成电路热量的向外传导，在密封集成电路的环氧树脂中使用了铝粉或"任何其他具有良好导热性能的惰性粉末"，所述的密封层的厚度小于2毫米。

对比文件B：使用一个铅盒对含有集成电路的电路板进行屏蔽，以防离子射线的影响，所述的铅盒也可以用含有氧化铅的涂层代替。

对比文件C（公知常识）：说明了氧化铅是惰性的，而且具有良好的热传导性能。

按照"问题—方案判断法"对上述案例进行分析评判：

（1）虽然从结构上看，对比文件A更接近该发明，但其发明目的与该发明不同，该发明所要解决的主要问题是集成电路的防离子辐射问题，所以最接近的对比文件应当是 B，它不仅涉及对集成电路进行屏蔽，以防离子辐射的问题，而且覆盖了发明的重要技术特征——以氧化铅为屏蔽剂。

（2）虽然该发明与对比文件 B 所面临的"问题"是相同的，但它们分别采用了不同的技术方案，对比文件 B 是将集成电路放入一个带有氧化铅粉末涂层的盒子中，而该发明则是将氧化铅粉末掺入环氧树脂中，用密封层代替了盒子，这是该发明与对比文件 B 之间的区别技术特征。

（3）对上述区别技术特征进行分析不难看出，需要解决的第二个客观"问题"是如何以一种更为密集的方法来放置氧化铅粉末。

（4）上述"问题"的提出本身并不具备"创造性"，因为采用更密集的方法进行装配是一种普遍的愿望，对集成电路来说更是如此，各部件装配得越紧密越好。

对于该案来说，将集成电路放置在盒子中，再将氧化铅粉末涂在盒子表面显然是一种笨重的方法，有改进的必要。针对这一客观问题，作为本领域的普通技术人员就会设法从相应的技术领域中寻求解决方案，由于"问题"的性质已发生变化，这一领域可能并不局限于"防辐射"的领域，范围会更宽些，假若从"密集封装"的角度进行检索，就有可能从现有技术中查找到对比文件 A。

对比文件 A 也涉及集成电路的保护问题，只不过它要解决的主要问题不是防离子辐射，而是散热问题；采用的金属粉末是铝粉，也未明确公开铅粉的使用。尽管二者之间存在上述区别，但对比文件 A 毕竟提供了一种将金属粉末掺入环氧树脂中，对集成电路进行密集封装的方法；而且借助于公知常识（对比文件 C），可以得知其中的金属粉末也并不排除铅粉的使用。也就是说，针对上述第二个"问题"对比文件 A 提供了一种技术解决方案，该方案也正是该发明所采用的。

由于该发明与对比文件 A 之间存在着"密集封装"的共性，所以将对比文件 A 的技术方案用于该发明，对本领域普通技术人员来说是很容易想到的，而且这种转用也不存在任何技术困难。至此，该发明的区别技术特征所针对的第二个客观问题——采用一种密集的方式放置金属粉末，也已被现有技术所公开。所以，该发明不具备"创造性"。

从以上分析不难看出，采用这种"问题—方案—新问题—新方案"的方式对发明的技术方案进行分析判断，其立场客观，思路清晰，结论具有说服力。

要想使判断"创造性"的标准更加统一，关键在于要保持判断过程中的客观性。申请人在提交专利申请时，对与该发明相关的现有技术的了解程度是有限的，其主观色彩很浓。审查员在进行检索之前，对该申请及相关现有技术的理解也是带有主观片面性的，只有在进行全面检索之后，才能为客观评价提供一个基础。

但有了一个客观性的基础并不意味后续的判断就一定是客观的，关键还在于如何分析、使用这些相关的材料。"问题—方案判断法"将区别技术特征逐一进行分析，客观地找出它们所一一对应的发明目的。这些发明目的有的可能在说明书中被指明，而更多的则可能并未被申请人明确写出，但它是客观存在的（例如上述案例2中"密集封装"这一目的），作为普通技术人员是很容易意识到的。采用这种判断方法，比较容易将审查员的思路引向统一，所得出的结论也更具客观性。

"问题—方案判断法"具有若干优点，便于掌握和使用，但绝不意味着它是万能的，一切"创造性"问题都可迎刃而解。如前所述，"创造性"判断是一个十分复杂的问题，除了要具有一条主要的、统一的思路（方法）之外，还要配合以若干辅助判断方法，所以各国专利局在其审查指南中都对一些典型的情况作了一些具体规定。例如："克服了技术偏见""取得了预想不到的技术效果""在商业上获得成功""解决了人们长久渴望解决的难题"等都可以视为其创造性的具体体现。在具体实践中，应当二者兼顾，具体问题具体分析，如果对一般性的问题，我们共同持有一种客观性的标准，对一些特殊性的问题又统一于某些具体的规定，相信"创造性"的判断将不会成为一个难以掌握和统一的难题。

（四）"商业上的成功"与创造性

《专利审查指南2010》第二部分第四章第5.4节中规定："当发明的产品在商业上获得成功时，如果这种成功是由于发明的技术特征直接导致的，则一方面反映了发明具有有益效果，同时也说明了发明是非显而易见的，因而这类发明具有突出的实质特点和显著的进步，具备创造性。但是，如果商业上的成功是由于其他原因所致，例如由于销售策略的改进或者广告宣传造成的，则不能作为判断创造性的依据。"

以上规定在承认"商业上的成功"与创造性之间的关系的同时，又指明应当对导致商业上成功的原因作具体分析。

在专利申请审查过程中，往往会遇到申请人以其产品获得了商业上的成功为理由，向审查员证明其专利申请具备创造性。

作为申请人，除了提供其产品获得商业上成功的证据之外，还应当提供这种成功与其所作的技术改进之间的相关性的证据。

而作为审查员，则应着重判断这种商业上的成功是否是由于申请人对现有技术所作的贡献引起的。一件产品在商业上获得成功，除了《专利审查指南2010》中所指出的是"由于销售技术的改进或者广告宣传造成的"之外，还可能产生于其他的原因，例如抓住了市场需求的时机。举两个简单的例子：

一种一次性使用的防止假冒的药瓶，在开封使用之前，瓶盖与瓶体连成一体。一旦开启使用之后，瓶盖与瓶体即发生断开，无法再恢复至开启之前的状态。这种药瓶在国外已使用多年，但在文献中没有记载，而且在中国市场上也一直未曾出现过。一申请人将该产品原封不动地引入中国市场，并就该产品申请了专利。虽然该产品在中国市场上获得巨大商业成功，但是很显然，这种成功与申请人在技术方面所作的贡献毫无关系，它只不过是由于申请人对国内外市场情况比较了解，把握住了市场需求的时机而已。申请人的贡献，或者说其商业上的成功完全是由于他的经济头脑和商业行为引起的，与技术毫无关系，故无创造性可言。

反之，如果申请人在研制该药瓶时虽然也借助了上述现有技术，同时又针对药瓶的特点作了某些技术方面的改进，而且正是由于这种改进才使该产品在商业上获得成功，这时，即使这种改进从结构上看是微不足道的，也应当视为具备创造性。

在欧洲专利局，"商业上的成功"被称作判断创造性的辅助手段（sub-tests for inventive step），用来对主要判断手段（main test, e. g. problem-solution method）进行补充，该手段可供申请人、审查员及异议人使用。在《欧洲专利局审查指南》中还明确规定，单独是商业上的成功并不能作为其具有创造性的证明，申请人还必须提供相关证据使审查员相信，这种成功是来自其技术特征，而非来自其他因素（例如销售技巧或广告）（见《欧洲专利局审查指南》C 部第 53 页，1996）。

美国人将商业上的成功作为判断创造性的第二因素（secondary consideration），他们强调所谓的"secondary"并不是指其不重要，而是指它是从属性的，它应当以相应的技术特征为前提。

因此，无论是在中国、美国还是欧洲专利局，对"商业上的成功"与创造性之间的关系所持的观点基本是一致的。无论是申请人还是审查员，在用"商业上的成功"为理由评述创造性时，务必要抓住其实质——这种成功是否是由技术方面的贡献带来的。

值得一提的是，笔者从事了近 30 年的发明专利审查及复审工作，尚未遇到一件发明专利是以取得"商业上的成功"而被授予专利权的。在专利复审委员会所作的复审及无效审查决定中，也找不到一件是以取得"商业上的成功"作为决定理由的。

（五）关于实用新型专利创造性的判断

在《专利法》第二十二条中，对发明专利和实用新型专利的创造性分别作了不同的规定，即"同申请日以前已有的技术相比""发明有突出的实质性特点和显著的进步""实用新型有实质性特点和进步"。

如前所述，在国外，人们通常将发明的创造性解释为"非显而易见性"。由于我国采用了"突出的""显著的""实质性""非显而易见"诸多含混不清难以确切把握的词语，致使创造性的判断标准变得更加抽象。

为了对创造性的定义作进一步解释，统一大家的判断标准，许多国家的专利局包括中国国家知识产权局，都以审查指南的形式作了若干具体规定，给出了一些参考性的判断基准，这无疑是十分有益的。然而，这些解释或基准大多是针对发明的创造性而言的，至于如何把握实用新型创造性的判断标准，或者说如何区分"突出的实质性特点和显著进步"与"实质性特点和进步"之间的区别，至今尚缺乏一个明确的说法。

实用新型专利在我国专利制度中占据了一个很重要的地位。尽管在实用新型授予专利权之前，国家知识产权局依法对其所进行的初步审查并不涉及"三性"问题；但是，在授权之后的"无效请求"中，专利复审委员将会应社会公众请求，对实用新型的创造性进行审查判断。随着实用新型实施率的不断提高，技术市场竞争的激烈以及社会大众专利意识的增强，涉及实用新型创造性的审查案件将会越来越多。

1995年6月25～30日在蒙特利尔召开的国际保护工业产权协会（AIPPI）第36届年会上曾对"现行实用新型保护制度的国际协调与发展"这一问题进行过讨论，对"实用新型授权标准"问题也作了专门研究。与会者基本上同意这样一种观点：实用新型仅具有新颖性是不够的，还应当附加其他的条件。但在授权条件上，实用新型与发明应当有所区别。

对于应当附加哪些条件，在哥本哈根召开的执行委员会议上曾提出如下两条建议：

（1）瑞士和奥地利分会建议采用"非寻常技术效果"来作为附加条件。

（2）澳大利亚、英国、爱尔兰和日本分会建议采用"降低的非显而易见性"的标准。

但是，也有的分会提出：非显而易见性不可能有几个等级。况且目前对于发明专利，要确定其是否具备创造性已很困难，如果建立两级非显而易见性的标准将会使判定创造性的问题进一步复杂化。

最后，会议通过了如下的标准：

"相对于现有技术具有明显区别和提供实用优点的任何新的技术革新都可以通过实用新型给予保护。"

上述定义由两个客观标准组合而成：

（1）实用新型与现有技术之间应当有一个距离。它与发明人如何作出发明、是否付出创造性劳动无关，仅考虑二者的技术方案是否存在区别；

（2）考虑上述区别是否为实用新型带来优点。

由此可见，实用新型创造性的判断问题已成为一个国际上普遍关注的问题。在 AIPPI 第 36 届年会上提出的上述标准，虽然为实用新型与发明之间划出了一条界线，但什么是"明显区别"，什么不是"明显区别"，仍然是一个模糊的概念，该标准在实际操作层面仍存在一些困难。

若十年前，作者曾参与过一件涉及实用新型创造性的问题的异议案件（1990 年申请）的审理工作。其间，为了进一步理解《专利法》中所称的"实质性特点和进步"，使对该案判断的标准更接近多数人所实际采用的标准，笔者曾对专利复审委员会在复审和无效程序中处理过的涉及实用新型创造性的部分判例进行了分析研究，希望从中寻求一些判断准则，或者说是为"实质性特点和进步"寻求一种解释。

1. 判例中使用的准则

笔者查看了 73 件实用新型无效请求案件，其中涉及创造性问题的有 41 件，占无效请求总量的 55% 左右。在这 41 件判例中，专利复审委员会都对实用新型具备或不具备创造性的理由作了充分的论述。归纳起来有以下几个方面的观点：

（1）等同物代替不具备创造性。与现有技术相比，尽管其技术特征有所不同，但这种不同并未带来新的技术效果，这种改变不是"实质性的"，也没有带来任何技术"进步"。

（2）形状或尺寸的变化如果未带来新的技术效果，则不具备创造性。

（3）技术方案简单的叠加不具备创造性。尽管某一技术方案的全部技术特征需被多篇对比文件完全覆盖，但这些对比文件属于同一技术领域，或者这些文件之间存在着明显的依赖关系，从一篇很容易得到另一篇。这种技术方案的叠加对于普通技术人员来说是很容易实现的，不具有"实质性特点"。

（4）虽然是两种技术方案的叠加，但这种叠加可以实现新的发明目的，带来两种方案所不具有的新的技术效果，这不是本领域普通技术人员直接可以推想出来的，这种叠加具备创造性。

（5）全部技术性特征被两篇或两篇以上的对比文件覆盖，但这些对比文件分属于不同的技术领域，将这些不同的技术组合在一起，对于本领域的普通技术人员来说也不是很容易做到的，应视为具备创造性。

（6）与对比文件相比，一部分技术特征未被覆盖，如果这部分技术特征对"目的"的实现是多余的或无关紧要的，或者对该技术领域来说是公知的必不可少的，则不具备创造性；反之，如果这部分技术特征带来了一定的技术效果，则具备创造性。

（7）技术效果的有与无、好与坏，要有一定的数据或证据来支持，或者根据说明书的描述，其效果可以使人信服。但是，应将技术效果与人为因素造成的一些缺陷或不足区别开来。例如，由于创造工艺水平较差或由于使用不当而带来的一些缺点，不能影响该技术方案本身的进步性。

2. 对实用新型创造性判断标准的设想

在目前我国《专利法》的框架下，创造性是实用新型专利的授权条件之一，只不过其授权标准要低于发明专利。

对于"创造性"的判断标准，人们一直期望有一种具体而明确的规定。如同"新颖性"的判断标准那样，用某些条件的"有"和"无"作为衡量尺度，而避开"高"和"低"、"大"和"小"、"突出"和"显著"这类不确定的概念。目前，就发明的创造性而言，要想做到这一点还很难，但是，对于实用新型来说，实现这一目标似乎还是可能的。这是因为：

（1）根据《专利法》对实用新型创造性所下的定义，实用新型是否具备创造性的关键在于与已有技术相比，是否具有"实质性特点和进步"，其"定性"的成分要多于"定量"的成分；而发明的创造性除此之外，还涉及"突出的"及"显著的"这类程度上的或定量的要求，二者相比，前者的判断应当更容易一些。

（2）从《专利法》第二十二条中还可以看出，实用新型的创造性标准应低于发明的创造性，但却又要高于新颖性的水平。也就是说，实用新型的发明高度应介于新颖性和发明的创造性之间。如果将这三者放置在一个坐标系中，要想找到实用新型的创造性所在的位置或所处的发明高度，可以从两个方向进行定位。

一是与发明的创造性相比较，即以发明的创造性为基点往下寻找。沿这条思路去寻找，首先要求弄清什么是"突出的""显著的"这类含糊概念，即准确把握"突出的实质性特点"与"实质性特点""显著的进步"与"进步"之间的差距。这本身又是十分困难的，加之其基点（发明的创造性）本身就是模糊不清的，要想从一个模糊的基点出发，依照一个模糊的标准找到一个准确的点显然是很困难的。

二是与新颖性相比较，即以新颖性为基点往上寻找。由于新颖性本身的判断标准是明确的，所以以其为基础去寻找一个确定的点应该是比较容易的，关键在于在实用新型的创造性与新颖性之间应拉开多大的差距。

（3）目前国外一些专利局，例如美国专利商标局，对发明专利创造性的判断尺度似乎正在朝着宽松的方向发展，许多授权专利的发明高度很低。如果说这是一种发展趋势，而这种趋势的社会效果又是利多弊少，那么，对于发明专利尚且如此，对于发明高度在其之下的小发明——实用新型来说，又何必过于苛求呢？着眼于此，如果能为实用新型的创造性制定出一个明确的、易于操作的判断标准，即使在发明高度的定位上存在一些偏差，也还是可以接受的。因为有一个可以执行的标准（即使该标准尚存在某些缺陷），总比一个理论上看起来很合理，但却无法执行的标准要好。

我们不妨以新颖性为出发点，去寻找一下实用新型创造性的位置。

首先看看新颖性的定义。

除了《专利法》第二十二条对新颖性所作的规定之外，《专利审查指南2010》第二部分第三章还对有关新颖性的审查原则作了以下规定：

①所谓同样的发明或者实用新型，是指技术领域及目的相同，技术解决手段实质上相同，预期效果相同的发明或者实用新型。

②单独对比。判断新颖性时，应当将发明或者实用新型专利申请的各项权利要求分别与每一份对比文件中公开的与该申请相关的技术内容单独地进行比较，不得将其与几份对比文件内容的组合进行对比。

新颖性是判断创造性的基础，所以上述原则应当是实用新型具备创造性的必要条件。但是，什么是实用新型创造性的充分条件呢？

从上述审查原则中可以看出，其中的第一条给出了一个标准，即从领域、目的、构成和效果四个方面去判断差别的存在与否，只不过判断新颖性时，采用的是单独对比的原则，即只能与一篇对比文件相比较。如果将其比较对象扩展为两篇对比文件，其要求就严了一些，高度自然也就上升了。将两者结合起来，我们就可以得到一种定性的判断标准，其中并不包含任何含混不清的概念，同时又高于"新颖性"的水平。也就是说，实用新型具备创造性的充分条件可以是：

"与两篇对比文件相比，只要该实用新型的技术解决方案以及所实现的技术效果未完全被覆盖，该实用新型即具有创造性。"

3. 案例分析

【案例1】

在一件实用新型专利（以下简称文件1）中，申请人设计了一种蜡脂膨胀式疏水阀，其结构如图3-2所示。

图3-2

该阀用于蒸气供热系统，作为汽水分离器使用。该阀主要由阀体1、阀座2、阀瓣3、阀垫4、弹簧5组成，阀瓣3是阶梯圆柱形，头部有与圆柱轴线垂直的平面9，中部有凸环平面10，尾部有定位圆柱11伸入定位孔13中。平面9的位置对正阀垫4，压缩弹簧5用于保持阀瓣3的位置。阀瓣3内封装蜡脂热敏材料16。当蒸气进入内腔12时，阀瓣3受热膨胀，圆柱体伸长，当阀瓣头部平面9前移贴紧阀垫4的上平面时，二者实现密封，进汽口关闭。当容器式管路中有水凝结时，温度降低，热敏材料收缩，平面9位移，阀瓣3与阀垫4之间出现间隙，冷凝水进入内腔12经管7排出。其权利要求1如下：

1. 一种用于蒸气供热系统的蜡脂膨胀式疏水阀，主要由阀体（1）、阀座（2）、阀瓣（3）、阀垫（4）、弹簧（5）组成，其特征在于：阀瓣（3）直接使用蜡脂热敏元件制成，呈阶梯圆柱形，其头部有与圆柱轴线垂直的平面（9），其尾部有定位圆柱（11）伸入阀体（1）的定位孔（13）中，在其凸环平面（10）与阀座（2）的顶部之间装有压缩弹簧（5）。

1996年一异议人以申请日前公开的另一篇实用新型（以下简称文件2）为对比文件，对文件1的创造性提出异议。文件2涉及一种自动恒温阀，其结构如图 3 - 3 所示。

该阀主要由阀体 1、阀盖 2、感温体 3、复位弹簧 4 和推杆 5 组成。感温体的导向部位与阀体空腔内壁的导向面相配合，感温体内装有感温蜡，推杆 5 一端插入感温体内，另一端与保险弹簧 6 压紧。保险弹簧 6 的位置可通过调节阀盖上的螺钉 8 来设定，通过对弹簧 4 和 6 的选择以及感温蜡及其混合物参数的选择可以做成不同温度特性和适用丁不同压差的恒温阀。

图 3 - 3

异议人认为：

文件 1 中的疏水阀与文件 2 的恒温阀主要区别仅在于：

（1）疏水阀中采用的是一种定位销 11 式结构对阀瓣进行固定，而文件 2 采用的是一种推杆 5 式结构，二者的区别仅在于所用术语不同。

（2）疏水阀中采用了一种耐热弹性材料制成的阀垫 4，这是阀门行业中常用的，对阀门行业技术人员来说是显而易见的。

申请人则认为：

（1）文件 1 的目的在于提供一种新式结构的膨胀式疏水阀，结构简单，体积较小，密封件不会因热而破坏，密封面易加工且密封可靠；而文件 2 则涉及一种恒温阀，其目的在于提供一种结构简单、感温快、成本低的阀门。

（2）二者存在结构差别：

①文件 1 中疏水阀的零件数目显著少于后者；

②疏水阀以上定位销的方式定位，而后者的推杆 5 是与保险弹簧 6 压紧的。

（3）文件 1 疏水阀上端孔 14 内装有阀垫 4，是实现发明目的中"密封可靠"的主要技术措施。

异议审查小组根据申请人及异议人所陈述的意见对文件 1 进行了审查，认为：

（1）文件1与文件2的目的有所不同。

（2）文件1的权利要求1中含有定位圆柱11和阀垫4，这两个技术特征是文件2所不具有的，二者的结构有所不同。

（3）两种阀门的作用及效果有所不同。文件2中阀瓣的定位是借助于阀瓣的外侧与阀体1内侧面之间的接触而实现的；而文件1中的阀瓣则是依靠定位圆柱11和定位孔13的配合实现的。定位圆柱的结构及作用与文件2的推杆5均不相同。至于阀垫4，固然如异议人所述，其使用在阀门行业中是司空见惯的，但将阀垫4组合在文件1的阀门中，除了起到固有的密封效果之外，还带来了新的技术效果。在文件2中，当感温体3受热膨胀时，其右端部（参见图3-3）是一种柔性结构，阀体施加给阀瓣的反作用力可以由该柔性结构加以缓冲。而文件1中的阀瓣却不同，其上端部（参见图3-2）与阀体内侧刚性接触，当感温体受热膨胀时，其上部得不到缓冲，采用这种结构，如果其下部不配加阀垫，不仅密封效果受影响，其阀瓣也容易损坏，影响发明目的的实现。所以，尽管阀垫4在该阀门中的使用是一种公知技术的转用，但是对于上部结构作了改进的阀瓣来说，它带来了除密封之外的新的技术效果，也就是说，新的技术效果的产生意味着所述的技术方案并不是一种简单的叠加，而是具有实质性的特点。

综上所述，文件1中的疏水阀针对现有技术提出了新的目的，设计了新的技术方案，通过对阀门结构所作的改进以及各部件之间的相互配合，产生了新的技术效果，从而确保了发明目的的实现。所以相对于文件2而言这种改进有实质性特点和进步，具备创造性。

【案例2】

该案例涉及一件实用新型专利权的撤销案。在该实用新型专利中，申请人针对纸浆磨浆机中研磨部位容易磨损的问题提出了一种改进的技术方案，在其说明书中公开了以下几个相关的技术内容：

（1）该实用新型是对纸浆磨浆机转子、定子的改进，所述的磨浆机既包括盘磨机，也包括锥形磨浆机。

（2）为了解决转子、定子的磨损问题，现有技术中采用了将刀片镶嵌到辊体上的结构方式，即利用水泥浇注、硬木镶嵌等方式将刀片镶嵌到辊体上，其缺点是镶嵌过程复杂，金属材料消耗量大。

（3）该实用新型的目的在于设计、制造一种具有新的齿部结构的转子和定子，从而有效提高转子和定子使用寿命，节约制造材料消耗，并可对因齿部磨损损坏的转子和定子重复利用。

（4）该实用新型是这样实现的：用丁纸浆处理设备上，具有磨浆齿的转子和定子，转子和定子的齿部由具多棱柱体形状的摩擦块与金属母体结合而成，摩擦块与金属母体间有一个或一个以上的结合平面，摩擦块可以是直三棱柱体或直四棱柱体，摩擦块与金属母体间可以是一个结合平面，摩擦块所用材料为硬质合金材料或陶瓷材料，摩擦块与金属母体间可用铜焊或镶嵌方式结合而成。

（5）图3—4和图3—5是该实用新型的一个最佳实施例，它描述了一种圆锥形带齿转子、定子的镶嵌结构。其中标号1是摩擦块，2是金属母体，3是结合平面。

图3—4　　　　　　　　　　　　　　图3—5

其权利要求书如下：

1. 一种用于纸浆打浆设备上具有磨浆齿的转子和定子，其特征在于所述转子和定子的齿部由具多棱柱体形状的摩擦块（1）和金属母体（2）结合而成，所述摩擦块（1）与所述金属母体（2）间有一个或一个以上的结合平面（3）。

2. 按权利要求1所述的转子和定子，其特征在于所述摩擦块（1）是直三棱柱体或直四棱柱体，所述摩擦块（1）与所述金属母体（2）间有一个结合平面（3）。

3. 按权利要求1或2所述的转子和定子，其特征在于所述摩擦块（1）为硬质合金材料或陶瓷材料，所述摩擦块（1）与所述金属母体（2）间采用铜焊焊接结合而成。

在审查过程中，请求人提供了一篇与该实用新型专利最为接近的对比文件，该对比文件公开了以下有关的内容：

（1）该发明涉及一种纸浆处理设备，它包括一对相互对置的转子、定子。

（2）该发明的目的在于通过在同一磨浆元件上使用不同硬度的可更换的材料来延长磨浆机的使用寿命。

（3）其具体方案是：在磨浆机研磨部的一部分研磨表面采用可更换的条块，其硬度要大于机体的其他部分。

（4）所述的更换部位应是其承受作用力最大、变形最大的部位（The strain greatest）。

（5）可更换的镶嵌条块可以是高耐磨的钢，如高碳马氏体钢或陶瓷材料。

（6）可更换条块的固定方式可以采用普通焊接或铜焊。

（7）该技术适用于各种磨浆机，如盘磨机和锥形磨浆机。

将该实用新型专利与该对比文件相比较不难看出：

该实用新型与该对比文件属于相同的技术领域，它们的转子、定子都是专用于纸浆磨浆机的，而且所涉及的磨浆机都包括盘磨机和锥形磨浆机。该实用新型与该对比文件存在共同的发明目的，即通过对转子、定子的局部研磨表面镶嵌硬质材料的方式延长转子、定子的使用寿命，并节约硬质材料。专利权人所认定的对现有技术所作出的改进，即用部分式镶嵌代替整体式镶嵌，以及用铜焊代替水泥浇注、硬木镶嵌，在上述对比文件中均已给出了明确的教导。作为本技术领域的普通技术人员，针对专利权人所提出的问题，或者说发明目的，只要借助于上述对比文件所给出的明确教导，即可很容易地完成该实用新型所公开的主要技术方案——将一个多棱柱形的硬质合金或陶瓷材料的摩擦块通过铜焊的方式镶嵌到转子、定子的齿部。

具体说，该实用新型权利要求1所述的技术方案，无论从发明目的、技术构成还是从技术效果看，与上述对比文件所公开的技术方案均不存在实质性的差异，二者之间唯一的差异在于对比文件中未对这种带齿的圆锥形磨浆机作具体指明，而仅仅笼统地说明该技术方案适用于圆锥形磨浆机。这种差别使权利要求1相对于该对比文件具备新颖性。

但由于带齿的锥形磨浆机是现有技术中圆锥形磨浆机的一种常规机型，对于本技术领域的普通技术人员来说，依照该对比文件，将一多棱柱形摩擦块镶嵌到该实用新型转子、定子的齿部并不存在任何困难，换句话说，借助一篇对比文件加上普通技术人员的常识，即可完成该实用新型权利要求1所述的技术方案，因此，该权利要求不具备创造性。

权利要求2对权利要求1中的摩擦块的形状作了具体限定，它实际上包含了直四棱柱体和直三棱柱体两种技术方案。作为硬质合金或陶瓷材料的镶嵌块，在现有技术中直接可以购到的或者说普通使用的均为直四棱柱体，所以采用直四棱柱体摩擦块的技术方案也是可以从现有技术中直接推出的，也不具备创造性。

至于采用直三棱柱体摩擦块的技术方案则是该实用新型的一个最佳实施例，在说明书附图中申请人对这种摩擦块的镶嵌方式作了具体描绘。尽管在该实用新型的说明书中未作特意说明，但从客观效果上不难看出，采用三棱柱体和一个结合面的方式，在保证研磨表面不变的同时还可以节省近半的耐磨材料，这对于实现该实用新型的目的（节约材料）来说，无疑是有实质性贡献的。该技术方案既未被上述对比文件公开，也未发现有另一篇相关的对比文件覆盖了该附加技术特征，因此，权利要求2中涉及"直三棱柱体，一个结合面"的技术方案具备创造性。

至于权利要求3所述的技术特征也已被上述对比文件公开，由于所述的两个技术特征分别涉及"材料"和"方法"，不属于实用新型的保护范围，在此不作进一步评述。

4. 国外的经验

以上对实用新型创造性判断标准所提出的设想，是以现行《专利法》第二十二条的规定为基础的，其宗旨是在现行《专利法》（认可实用新型应当具备创造性）的框架下如何将实用新型的创造性与发明专利的创造性区别开来，并制定一种具有可操作性的审查标准。其核心是在评价实用新型创造性时将所引用对比文件的数量限制在两篇之内，通过对比文件的数量来体现发明与实用新型专利在创造性方面的区别。近年来，这一思想在《专利审查指南2010》的修改过程中已经得以体现——在评价实用新型的创造性时"一般可以引用一篇或者两篇现有技术"。（见《专利审查指南2010》第四部分第六章第4节）

然而，如果将"创造性"的本质含义理解为"非显而易见性"，那么作上述的区别在逻辑上是存在矛盾的。

其一，"非显而易见性"本身属于一种定性的概念，将这种定性的概念再作定量的区分（非常"非显而易见"和比较"非显而易见"）在情理上是讲不通的。正如前述AIPPI第36届年会上所称的"非显而易见性不可能有几个等级"。

其二，在采用"问题—方案"法（"三步法"）对"创造性"进行判断时，其对比文件的数量应当被忽略，按照这种判断方法，评价一项技术方案是否具备创造性，不在于其所集合对比文件的数量（或被多少篇对比文件覆盖），而在于现有技术是否给出了形成这种技术方案的启示和教导（要着重分析权利要求中每一个技术特征与其所解决的技术问题之间的关系是否被现有技术所公开，以及将这些技术特征组合在一起是否显而易见）。这就是本书在介绍欧洲专利局"问题—方案判断法"时所提到的一个重要观点——"零乘以任何数都等于零"。按照这一观点，以对比文件的数量作为区分发明专利与实用新型专利创造性的标准似乎也欠妥。

很显然，上述设想是迫于现行《专利法》对创造性的定义不得已而为之。如何从根本上理顺发明与实用新型之间的关系，为我国的实用新型专利制定出合理的授权标准，恐怕还需要在《专利法》第二十二条的规定上作些修改和调整。

在这方面，澳大利亚为我们提供了值得借鉴的经验。该国实行实用新型制度多年，也曾走过弯路。2001年之前该国将实用新型专利称为"小专利"（Petty Patent），与我国现行的制度相似，他们对实用新型也曾提出"创造性"的要求。在经历了多年的困扰之后，自2001年起，澳大利亚终于将授权标准中的"创造性"（Inventive Step）修改为"革新性"（Innovative Step），从而使发明和实用新型各自有了明确的定位，判断标准也得以区分和澄清。

在澳大利亚，新颖性仍然是实用新型必备的条件，除了具有新颖性之外，还要求实用新型具有"革新性"。所谓"革新性"是指对现有技术作出"显著的贡献"（substantial contribution）。也就是说，在对实用新型授权时仅考虑技术方案的新颖性及其所产生的技术效果，而无须考虑其技术方案形成的难易程度——"非显而易见性"。

"革新性"与"创造性"之间存在的一个重要区别是："革新性"要评价的是一项技术方案所导致的"结果"（是否具有"显著的贡献"）；而"创造性"所评价的却是一项技术方案形成的"过程"（是否"显而易见"）。

以下的例子可能有助于我们对澳大利亚"革新性"的理解。

现有技术中的壁球颜色都是黑色的，有人发明了一种黄色的壁球，使用时发现：当穿过白色背景的墙壁时，黄色的壁球较黑色壁球更容易被人眼睛捕捉到，其使用效果更好。

按照"非显而易见性"的标准来衡量，黄色壁球可能不具备创造性，因为对于该领域的技术人员来说，选用不同的颜色来制作壁球是很容易想到和做到的，这种改进是"显而易见"的；但是由于黄色壁球的使用效果很好，对现有技术作出了"显著的贡献"，所以可以认为其具有"革新性"，符合实用新型的授权标准。

他山之石，可以攻玉，澳大利亚的这种实用新型制度很值得我们在修改《专利法》时考虑和借鉴。

笔者认为，我们只有从制度上对实用新型进行一些改变才有可能摆脱目前这种与发明专利混淆不清的困境。

四、"单一性"

"单一性"是对权利要求书提出的一种形式要求。之所以要对发明及实用新型的"单一性"作出限定，主要是为了防止申请人将互不相关的多项发明合为一件申请案提出，从而不合理地增大专利审查的工作量，并给专利文献的收藏和使用带来不便。

根据《专利法》的有关规定，在专利审查过程中，审查员可以以某专利申请不具备"单一性"为理由驳回该专利申请，但是一旦审查员承认了某专利申请的"单一性"，社会公众就不能再对该专利申请的"单一性"提出反对意见，即不能以缺乏"单一性"为理由对该专利申请提出"无效请求"。从这个意义上来说，如何使审查员在判断"单一性"时维持一种统一的、适当的、合理的标准就显得格外重要了。

然而，在很长一段时间，"单一性"问题曾经是一个困扰各国专利局的、判断标准很难统一的难题。以我国1984年制定的《专利法》为例，虽然在该法中采用了国外曾遍采用的"属于一个总的发明构思"这一概念作为判断"单一性"的依据，但对于如何定义"总的发明构思"，在《专利法》及《专利法实施细则》中，却未作出具体明确的规定，只是在当时实施的《审查指南1985》中，对"总的发明构思"作了一些解释。其中包括"新的共同的原理""共同的发明任务""共同的应用领域""共同必要技术特征"等。依靠这些抽象的解释，审查员往往很难使判断标准统一，从而实现判断结果的一致。

其他国家专利局在"单一性"的判断标准上也是宽严不一，往往给跨国申请的专利带来一些矛盾。以美国为例，美国专利法曾经规定，如果一项专利申请包括"产品"和"制造该产品的方法"两个技术主题，只有当该产品只能采用该方法，而且该方法只能生产该产品时，才承认其"单一性"。而欧洲、日本等国家和地区则相对比较宽松。

为了改变这种国际上不协调的状况，1988年欧洲专利局、美国专利商标局、日本特许厅对"单一性"问题进行了协调，首先达成了关于"单一性"判断标准的"三方协议"。其后，PCT接受了"三方协议"的基本思想，并从1992年7月1日起将其正式纳入PCT的有关规定。

为了适应国际统一化的趋势，我国在1992年的《专利法》修改中，对"单一性"的判断标准也作了相应的修改，基本上采纳了"三方协议"及PCT的判断标准，从而为我们提供了一个简明易行，符合国际标准的判断方法。

《专利法实施细则》第二十四条将《专利法》第三十一条中"一个总的发明构思"解释为："技术上相互关联，包含一个或者多个相同或者相应的特定技术特征，其中特定技术特征是指每一项发明或者实用新型作为整体，对现有技术作出贡献的技术特征"，它一方面用"特定技术特征"对"总的发明构思"及"技术上相互关联"作了进一步解释；另一方面又对"特定技术特征"作出了明确定义——"对现有技术作出贡献的技术特征"，从而提高了"单一性"判断标准的可操作性。

从一个沿用多年的判断标准，转换为一个新的判断标准，其间难免会存在一些传统观念的干扰和影响，在实践中，一方面要逐渐摆脱这种旧观念的影响，另一方面要逐渐深化对新概念的理解，这是一个必然的过程。《专利审查指南2010》中，已对"单一性"问题作了全面系统的进一步规定和解释，《PCT国际检索和初步审查指南》中也给出了大量的示例，可供参考。本书对此将不作重复，仅想就目前在判断"单一性"问题中所残存的"旧观点"的影响及如何理解"新规定"中的一些概念谈两点看法。

（一）发明目的与"单一性"

如前所述，在1993年前的审查指南中，"发明目的"是判断"单一性"的一个主要因素。即两个独立权利要求之间是否具有"单一性"，首先要看其是否具有相同的发明目的。从属权利要求与独立权利要求之间是否符合"单一性"的要求，也要看从属权利要求中所作的改进，是否符合独立权利要求的发明目的。

而依照新的"单一性"判断标准，判断时则主要着眼于对技术方案的分析，具体说就是对权利要求中"特定技术特征"的分析。无论是"三方协议"还是《PCT国际检索和初步审指南》，都不是从"发明目的"出发来定义"单一性"的，即从中找不到"单一性"与"发明目的"的直接关系。然而，在目前的审查实践中，在考虑"单一性"问题时往往还或多或少地受到"发明目的"的影响。

下面结合笔者所审理过的一个具体案例，来分析一下"单一性"的两种判断方法的区别，以及"发明目的"与"单一性"之间的关系。

在一件发明名称为"一种长金属管局部扩径装置"的发明专利申请❶中，申请人在说明书中提出了五个发明目的。其中第一个发明目的是："设计和提出一种长金属管局部扩径的装置，在扩径过程中可以较显著地降低模具和管子间的摩擦力，使管子在扩径时容易往扩径区滑动。"第二个发明目的是："设计一种该装置用的芯杆，可适用于具有两种以上不同直径管坯的扩径及长扩径区的扩径。"

在权利要求书中，权利要求1涉及一种扩径装置，前序部分包括该装置的

---

❶ 该发明专利申请文件详见附录。

管状模、芯杆和夹紧器，其特征是：所说的管状模为组合模，由变径模、直段模和移动模三部分组成，在扩径过程中通过各模具间的相互滑动来减小管子与模具间的摩擦力。

权利要求 2 与第二个发明目的有关，被写作权利要求 1 的从属权利要求，但其特征部分是对权利要求 1 的前序部分的限定，即"所述的芯杆为一种组合式芯杆，可与变径管坯的管径相对应"。

按照《审查指南 1985》的有关规定，当从属权利要求的特征是对独立权利要求的已知技术特征进行限定时，应检查是否引入了新的独立的发明，如果引入了新的独立的发明，则不具备"单一性"。从这种观点出发，由于权利要求 2 所引入的技术特征是现有技术中未知的，而且又对应于另一个发明目的，所以权利要求 2 与权利要求 1 之间不具备"单一性"。

而根据新的"单一性"判断标准，其结论则相反——权利要求 2 与权利要求 1 之间具有"单一性"。因为权利要求 2 作为权利要求 1 的从属权利要求，它包含了权利要求 1 的全部技术特征，其中必然也包括权利要求 1 的特定技术特征，因此，任何从属权利要求与所引用的独立权利要求之间都不存在"单一性"的问题。具体说，尽管权利要求 2 中包含了另一项发明——对芯杆的改进，但由于这种改进是在权利要求 1 的基础上作出的，因此二者之间在技术上仍是相互关联的，具有共同的发明构思。所以，按照后者的判断方法，其结果是肯定的，也是唯一的。

以"发明目的"作为判断"单一性"的条件，在实践中很容易导致一些偏差和矛盾。

例如，虽然"产品"和"制造该产品的方法"分属于不同类别的两项发明，但如果它们之间存在着内在的技术关联或者说存在着相同的发明构思，在申请专利时可以将二者作为一件专利申请提出。很显然，"产品"和"该产品的制造方法"各自具有自己的发明目的，不能说它们具有相同的发明目的。

对于同类发明（例如同类产品）来说，在确立其发明目的时往往存在很大的随意性。例如，采用一个上位概念往往可以对若干下位概念进行概括，从而使多个发明目的变为 个新的发明目的。以上面提到的专利申请为例，在说明书中，申请人只要将第二个发明目的取消，而在第一个发明目的中加入"适合于等直径及变直径金属管的扩径装置"，或者干脆不提"管径"这一特征，直接将第二个发明目的取消，仅保留第一个发明目的即可。因为其中的"金属管"可以看作"变径金属管"和"不变径金属管"的一个上位概念，这时，权利要求 2 完全可以服从于第一个发明目的。由此可见，即使申请人不对其权利要求书作任何变动，只是在说明书的发明目的部分作些类似于文字游戏的修改，即可能使"单一性"问题产生两种不同的结论，这显然不太合理。

（二）特定技术特征与区别技术特征

随着新的"单一性"判断标准的引入，《专利法实施细则》和《专利审查指南 2010》又引入了一个新的概念——"特定技术特征"。在这之前，人们习惯于把存在于一项独立权利要求特征部分的技术特征称为"区别技术特征"。特定技术特征与区别技术特征究竟有哪些异同？

首先，二者的定义有所不同，"特定技术特征"是指一项发明"对现有技术作出贡献的技术特征"。作为一项发明创造，它对现有技术的贡献应是"实质性"的，不仅仅是"新颖性"标准的贡献，而且应当是"创造性"标准的贡献。

而"区别技术特征"则是以一篇对比文件为依据进行划界，被写入独立权利要求特征部分的特征，或者说是该发明与现有技术中的一个最为接近的技术方案之间相区别的技术特征。从这个意义上说，"区别技术特征"是以新颖性为标准划分出来的那部分特征。

所以不难看出，"特定技术特征"必然属于"区别技术特征"的范畴，但又不完全等同于后者。当我们面对一份权利要求书，对其中各项独立权利要求的"单一性"进行判断时，就应当将"特定技术特征"与"区别技术特征"严格区别开来，不要受权利要求撰写形式的影响。为了说明这一问题，举两个典型的例子。

【例 1】

1. 一种产品 P，它具有特征 A 和 B，其特征在于它还具有特征 C 和 D。

2. 一种制造权利要求 1 所述产品 P 的方法，其特征在于它采用步骤 C′对特征 C 进行处理。

从形式上看，权利要求 1 和 2 之间似乎具有"单一性"，因为 C 与 C′有对应关系，而且特征 C 存在于权利要求 1 的特征部分。

但是，如果经过检索及审查，特征 A、B、C 均被一篇对比文件覆盖，特征 D 是对现有技术作出实质性贡献的特征，则特征 C 应被写入权利要求 1 的前序部分，此时，权利要求 1 与 2 之间将失去"单一性"。

这种情况比较明显，容易作出准确判断。因为在该专利申请经过实质性审查之后，特征 C 将被划入权利要求 1 的前序部分，权利要求 2 的特征 C′既不对应于权利要求1的"特定技术特征"，也不对应于其"区别技术特征"，因此二者之间不具备"单一性"。

但是，当发生如下情况时，就需要仔细地区分和判定。

【例2】

1. 一种产品P，它包括特征A，其特征在于它还包括特征B、C和D。

2. 一种制造权利要求1所述产品P的方法，其特征在于采用步骤C′对特征C进行处理。

如上所述，在实质审查之前，从形式上看，以上两项独立权利要求之间符合"单一性"要求。

但是，如果经检索，审查员发现了两篇与权利要求1相关的对比文件，对比文件1覆盖了其中的特征A和B，对比文件2覆盖了其中的特征C，由于特征D的存在，使权利要求1具备创造性。这时，对于权利要求1来说，该发明对现有技术作出贡献的技术特征仅仅是D。但是，在对权利要求1重新划界时，所依据的一篇对比文件应当是对比文件1，这时，权利要求1中的特征A和B将被划入其前序部分，而特征C仍将存在于其特征部分。尽管特征C是作为"区别技术特征"存在的，但它并不属于该发明的"特定技术特征"。这时，权利要求2与权利要求1之间仍将不具备"单一性"。只有当权利要求2的制造方法与特征D相关联时，二者之间才具有"单一性"。

因此，虽说新的"单一性"判断标准为我们提供了一种更方便的手段，判断的结果更容易趋于一致，但在区分"特定技术特征"时，仍需作认真具体的分析。

五、与专利审查及专利保护有关问题的讨论

（一）"所属技术领域的技术人员"及其在专利审查中的作用❶

《专利法》第二十六条第三款规定："说明书应当对发明或者实用新型作出清楚、完整的说明，以所属技术领域的技术人员能够实现为准。"条文中引入了"所属技术领域的技术人员"（以下简称"技术人员"）这一抽象的概念。

在专利审查过程中，所述的"技术人员"不仅是判断说明书是否对发明作出"清楚、完整的说明"，即通常所说的"充分公开"的判断主体，也是判断发明是否具备"创造性"时的判断主体，正如《专利审查指南2010》第二部分

---

❶　该文首次发表于1996年，曾获该年度全国知识产权论文竞赛一等奖。

第四章第 2.2 节所述："发明有突出的实质性特点，是指对所属技术领域的技术人员来说，发明相对于现有技术是非显而易见的。"所以，在专利审查过程中，无论是判断说明书的公开是否充分，还是判断一件专利申请是否具备创造性，都是针对"技术人员"而言的。因此，弄清"技术人员"在专利审查中的含义，统一对这一抽象概念的认识，乃是统一专利审查标准的关键问题之一。

对"技术人员"的定义是在审查指南中作出的。查看一下不同版本的审查指南，就会发现其中对"技术人员"的定义是有所不同的。

1993 年 4 月 1 日之前供内部使用的审查指南中，将"技术人员"定义为："他是指发明所属技术领域中，具有该专业中等技术知识的技术人员。"这是一种中国式的定义。

着眼于专利审查国际统一化的趋势，中国专利局于 1993 年对审查指南进行了修订。在《审查指南 1993》中，基本参照《欧洲专利局审查指南》，将"技术人员"定义为："所属技术领域的技术人员与审查员不同，他是一种假想的人。他知晓发明所属技术领域所有的现有技术，具有该技术领域中普通技术人员所具有的一般知识和能力，他的知识随着时间的不同而不同。"（见《审查指南 1993》第二部分第四章第 2.2 节）

对以上二则定义作一下比较不难发现，所称的"技术人员"已有本质上的不同，前者所称的"技术人员"是"具有该专业中等技术知识的技术人员"，而后者所称的"技术人员"则是"知晓发明所属技术领域所有现有技术"的人，这种人的素质已远远超出"具有该专业中等技术知识的技术人员"的水平，因为他对该专业所有的现有技术无所不知，无所不晓，这绝非一个中等技术人员所能及的。

不妨再回过头来看看欧洲专利局是如何对"技术人员"进行定义的：

《欧洲专利局审查指南》C 部第 4 章规定："这种所属技术领域的'技术人员'应该设想为：他具有申请日之前该技术领域一般性的公知常识（Should be presumed to be an ordinary practitioner aware of what was common general knowledge in the art at the relevant date），能够获知该技术领域的各种现有技术（Should also be presumed to have had access to everything in the 'state of the art'），并且具备进行各种常规试验和普通分析工作的手段和能力（to have had at his disposal the normal means and capacity for routine work and experimentation）。"

请注意，在《欧洲专利局审查指南》中，将"该技术领域中一般性的公知常识"与"该技术领域中的各种现有技术"进行了严格区分。所谓"一般性的公知常识"仅涉及教科书、工具书等专业书籍中所记载的一般性常识，而"各种现有技术"则是包括专利文献在内的全部现有技术。其"技术人员"对上述两类知识所具备的能力也是有本质性区别的，对前者是"知晓"（aware of），而对后者则是"能够获知"（have had access to）。所谓"能够获知"并非指他已经"知晓"，只不过说他具有获取这些知识的手段、渠道和可能性，他必须借助于某种提示，或者在某种"问题"（发明目的）的驱使下才能去查找到所需的知识。《欧洲专利局审查指南》中所称的这种"技术人员"其水平显然要低于中国专利局《审查指南1993》中所称的"技术人员"。

在专利审查实践中，一般说来，审查员对"技术人员"已持有一个比较统一的客观标准，这种标准比较接近于1993年修订前的审查指南及《欧洲专利局审查指南》中作的定义，即将其视为一个假想中的具有中等技术知识的技术人员，并未因1993年对《审查指南1985》的修订而随之将"技术人员"的水平晋升一个档次，这是因为审查员对"技术人员"的理解更多的是来自国内外的审查实践，在头脑中已经有了一个约定俗成的概念。但是这并不意味着这一定义是无关紧要的，恰恰相反，在一些关键时刻，这种定义将成为人们判断问题的重要依据，具有一锤定音的作用。

首先，就说明书的"充分公开"而言，如果将"技术人员"视为"知晓发明所属技术领域所有的现有技术"，那么"充分公开"的标准就被大大放宽了。既然"充分公开"是针对"技术人员"而言的，而"技术人员"对所有的现有技术都知晓，那么，作为一件新的专利申请来说，只需将与现有技术不同的部分公开就可以了，就符合"充分公开"的要求了，不难想象，由此导致的后果将会多么荒谬。面对这样一份仅仅公开发明特征部分技术内容，而将一切与现有技术相同的技术内容都不作任何公开的专利申请，作为本领域的一个普通技术人员，要想将其付诸实施将是何其难也！

以一件名称为"汽缸串联四冲程往复式活塞内燃机"的发明专利申请为例。❶

其说明书对技术方案的说明极其简单，仅仅说明了将传统的汽缸并联改为串联这一技术特征及其带来的优点，而对这种内燃机其余部分与传统式并联汽缸内燃机的差别未作任何说明，其附图仅为一幅极简单的示意图，图中上下两个汽缸中的活塞用一根杆件连接起来，上汽缸的活塞两面都是燃烧室，下汽缸的活塞上面是燃烧室，下面接连杆、曲轴。

在该专利申请的实质审查及复审过程中，审查员都以"公开不充分"为由

---

❶　该发明专利申请文件详见附录。

驳回了该申请，认为汽缸串联这一新的汽缸排列方式必然给这种内燃机的其他部分带来一些不同于传统汽缸并联内燃机的结构变化，例如发动机的配气设计，申请人应在说明书中写明那些需要技术人员付出创造性劳动才能解决的结构变化问题的方案。

申请人不服专利复审委员会作出的复审决定，向人民法院提起行政诉讼。在人民法院审理阶段，申请人提供了一篇新检索出来的专利文献，证明技术人员可以采用该现有技术来解决该机配气系统的设计问题，无须付出创造性劳动。据此，北京市中级人民法院作出撤销原驳回决定的决定。

在上述案例中，问题的关键在于：申请人在后提交给法院的是一份专利文献，它不属于该领域普通技术人员的"公知常识"，这类技术究竟应视为"技术人员"应当"知晓"的，还是"能够获知"的。

如果将"技术人员"视为该专业具有中等水平的人，则这类知识只能被视为"能够获知"的，而并非"知晓"的。正因为如此，《欧洲专利局审查指南》中还进一步规定："如果专利申请所参考的文件与发明所公开的内容有直接的关系（例如，对所要求保护的设备的某一组成部件的详细说明），依照条约第83条（即说明书需要对发明作清楚完整的说明，使该技术领域的'技术人员'能够实施）的规定，该参考文件必须写入原始申请文件之中，而且应对该相关文件作出清楚的指明，使该文件能够被人们很容易地查找到。"同时还进一步指出："专利说明书本身应当包括发明的基本技术特征，即在不参考任何其他文件的情况下，即可被人们所理解。"（见《欧洲专利局审查指南》C部第2章第8页）

因此，按照欧洲专利局的审查标准，申请人应将那些与发明有关而不属于普通技术人员公知常识的那部分技术内容写入说明书中，至少应对其出处进行引用，否则将被视作未"充分公开"。

但是，按照《审查指南1993》对"技术人员"所作的定义，上述案例中由申请人检索出的文献属于现有技术范畴，而"技术人员"又"知晓"所有的现有技术，所以即使申请人不将该文献的有关内容写入说明书中，甚至不作任何提示或指明，"技术人员"都可以直接运用该技术来实施发明。这也许正是北京市中级人民法院所作判决的基本依据。

如果将申请日前所公开的一切现有技术均视为"技术人员"所"知晓"的，并将上述判例作为今后审查工作的一个参照依据，这势必给今后的专利审查工作带来混乱。

不妨设想一下，面对这样一种所谓"充分公开"的专利申请文件，人们必须在缺少任何提示的情况下将那些未记载在说明书中的相关技术从浩如烟海的现有技术中查找出来，才能将其付诸实施，这显然是有悖于《专利法》第二十六条第三款中"说明书应当对发明或者实用新型作出清楚、完整的说明"这一宗旨的。

也许有人会说，既然不能将公知常识之外的那些现有技术视为"技术人员"所"知晓"的，审查员在对专利申请的创造性进行评述时，其判断主体同样是"技术人员"，为什么此时审查员却可以采用申请日之前公开的任何一篇专利文件作为对比文件使用呢？这不是"只许州官放火，不准百姓点灯"，有失公允吗？

应当说明的第一点是：审查员在进行创造性判断时，的确也是以"技术人员"为判断主体的，而且其"技术人员"的含义应与判断"充分公开"时是一致的。但应当注意的是，在这两种不同的场合，"技术人员"的使命有所不同。

在判断创造性时，所述的"技术人员"是站在发明人或构思发明人的立场上，他具有"技术人员"定义所赋予的能力，但面临的任务不是根据说明书的教导去实施某一发明，而是针对某一发明任务提出具体的技术解决方案，换句话说，他可以在"发明任务"或者某技术方案中所存在的"问题"的驱使下，运用他"能够获知该技术领域中各种现有技术"的能力，去找到任何一篇相关的现有技术作为参考。

而在讨论"充分公开"时，所述的"技术人员"则是作为实施该发明的人物出现的，其任务不是提供技术方案，而是用该定义所赋予他的本领，根据说明书的教导或提示将发明的技术方案付诸实施，按照《专利法》第二十六条第三款的规定，"技术人员"根据说明中所公开的内容即可实现该发明，而对于说明书中未公开的技术内容，他可以直接利用的只有"公知常识"。

应当说明的第二点是：在评述专利申请的创造性时，审查员并不可以"采用申请日前公开的任何一篇专利文件作为对比文件"，所使用的对比文件与所评述的专利申请之间，在"技术领域"及所对应的"发明目的"方面应具有一定的联系。换句话说，对于一个"技术人员"来说，在所述的发明目的或技术方案中所出现的"问题"的驱使和启发下，有可能通过一定的途径去查找到它们并使用它们。如果所采用的对比文件完全属于另一个技术领域，其发明目的也是完全不相干的，即使该对比文件能够覆盖专利申请的某些技术特征，也是不宜采用的。

如果采用了多篇对比文件，还要考虑这些对比文件之间是否有内在联系，以及它们与发明目的之间是否有关系，也就是说，这些对比文件对于一个"技术人员"来说应是有可能查找到的。正是基于上述原因，审查员在判断一项技术方案的创造性时，不仅要考虑该技术方案的全部技术特征是否被现有技术中的几篇对比文件公开，还要考虑本领域普通技术人员将这几篇对比文件结合在一起是否容易。忽视了这一点，认为任何一篇现有技术都可以拿来对专利申请进行评述，这无疑又把"技术人员"视为"通晓申请日之前该所属技术领域中一切现有技术的人"，走入了专利审查的另一个误区。

（二）发明与发明构思❶

在对发明专利申请进行实质审查的过程中，往往会遇到这种情形，一份权利要求书，除了包括一项有关某个零部件的独立权利要求之外，还包括了一项或多项含有该零部件产品的独立权利要求。换句话说，申请人除了想对其所发明的某一零部件进行保护之外，还想对使用了该零部件的某些产品进行保护。这类申请在不同的技术领域都存在，为了便于理解和讨论，便假想了如下的一份权利要求书：

1. 一种自行车的把手，其特征在于，×××（涉及该把手的一些具体技术特征）。

2. 一种自行车，它包括车架车轮、链条、车把，其特征在于它装有如权利要求1所述的车把手。

面对这样一份权利要求书，在专利局内部的审查业务研讨会上，曾出现过以下几种不同的观点。

第一种观点认为：上述两项权利要求之间不具备"单一性"，不能合案申请。

第二种观点认为：权利要求2的特征部分已被权利要求1覆盖，故权利要求2与权利要求1相比不具备创造性，不能予以批准。

第三种观点认为：权利要求2与权利要求1都涉及对自行车把手的改进，它们实质上是一项发明。故根据《专利法实施细则》第二十一条第三款的规定，一项发明或者实用新型应当只有一个独立权利要求，应要求申请人将权利要求2删除。

对于上述第一种观点，在采用"老"的"单一性"判断标准时，该观点或许有可能被接受。但根据1992年修订的《专利法》及《专利法实施细则》的规定，两项或两项以上的独立权利要求之间是否具有"单一性"，主要看它们

---

❶ 该文首次发表于1999年。

是否"属于一个总的发明构思"。而是否属于一个总的发明构思又取决于各权利要求之间是否"包含一个或者多个相同或者相应的特定技术特征"(《专利法实施细则》第三十四条)。按照这种判断"单一性"的标准，上述权利要求 1 与 2 之间应当具有"单一性"，因为它们包含相同的特定技术特征——自行车把手。

上述第二种观点将同一件申请中的技术方案进行比较，实际上是将权利要求 1 当作权利要求 2 的现有技术来看待了，这显然是错误的。

上述第三种观点则比较容易被人接受，而且至今仍有不少审查员正在以这种方式处理类似的案件。

这种观点的出发点是可以理解的，即认为权利要求 1 和 2 的"发明点"是共同的，或者说是唯一的——对自行车把手所作的改进，发明人对社会的贡献仅在于改进了自行车把手，所以其保护范围应仅限于自行车把手。如果将其保护范围延及自行车，实际上扩大了发明人的保护权限，损害了社会公众的利益，导致不公正的后果。例如，某自行车生产厂家购买了"自行车把手"专利权人生产的把手，将之装配到所生产的自行车上，也将承担侵权责任，这似乎是不公平的。

基于上述考虑，持第三种观点的人便认为：权利要求 2 所涉及的自行车与权利要求 1 所涉及的自行车把手实质上属于一项发明，所以运用《专利法实施细则》第二十一条第三款"一项发明应当只有一个独立权利要求"拒绝接受其权利要求 2 也就顺理成章了。

《专利法实施细则》第二十一条第三款的规定无疑是要执行的，但运用该条款的前提应是"一项发明"，上述的权利要求 1 和 2 是否同属一项发明呢？首先，二者的标的物有所不同，或者说二者要求保护的客体不同。前者涉及一种自行车把手（其 IPC 分类号为 B62K 21/26），而后者却涉及一种自行车（其 IPC 分类号为 B62K 3/00）；其次，二者的技术构成不同，自行车除包含有所述的自行车把手之外，还包括车架、车轮、链条等构件。因此，将权利要求 1 和 2 视为同一项发明，显然是说不通的。这两项权利要求间的共同点仅在于它们具有相同的发明构思，但"发明构思"不能等同于"发明"，二者之间存在本质的区别。"发明"所指的应是一项完整的技术方案，而"发明构思"所涉及的则是某一技术方案中所采用的某个技术特征或者某些技术特征的组合，也就是通常所说的"发明点"。如果把二者等同起来，《专利法》第三十一条中"属于一个总的发明构思的两项以上的发明或者实用新型，可以作为一件申请提出"岂不是自相矛盾了吗？

为了进一步说清这个道理，不妨沿另一条思路来作进一步分析：

假如一个发明人仅提出了一件有关自行车的专利申请，其权利要求书为：

一种自行车，它包括车架、车轮、链条、车把，其特征在于其车把手为×××××（涉及车把手的具体技术特征）。

审查员对该自行车进行审查时，发现了一篇自行车把手的对比文件，其特征与上述权利要求中的车把手的特征完全相同。此时，审查员究竟应以该自行车的申请不具备新颖性驳回呢，还是以其不具备创造性驳回？答案应是明显的，相信绝大多数审查员都会选择后者，即认为这是属于创造性的问题，因为只有当一篇对比文件将权利要求中的全部技术特征都覆盖掉时，才能视为不具备新颖性。那么，这种选择本身就意味着该申请（自行车）与所检索到的对比文件（自行车把手）不属同一项发明，尽管二者之间存在完全相同的部分。

但如果按照上述第三种观点，即把自行车把手与装有该自行车把手的自行车视为同一项发明，则在处理上述案例时，无疑应得出该申请不具备新颖性的结论。这一结论显然也难以让人接受。

通过以上从正反两个方面的分析对比可以看出：相同的发明构思并不意味着相同的发明，前者是使多件发明具有"单一性"的基础，也是构成相同发明的必要条件，但绝非其充分条件。具体说，在上述假想的权利要求书中，权利要求1所述的自行车把手与权利要求2所述的自行车只应视为具有同一发明构思的两项发明（准确地说，应为"发明专利申请"），故《专利法实施细则》第二十一条第三款的规定对其是不适用的。

除了上述三种观点和做法，是否还有其他选择呢？笔者认为，可以着眼于从以下几个观点来分析、处理类似问题：

（1）出现在一份权利要求书中的多个独立权利要求，它们分别对应了多项专利申请，只要它们之间具有相同或相应的发明构思，满足"单一性"的要求，就应当允许它们在同一件专利申请中提出。

（2）出现在一份权利要求书中的多项专利申请与将其作为多项专利申请分别提出，作用及审查方式应当是完全一致的，其区别仅在于合案与分案这种形式上的差别。

故"单一性"与"创造性"之间并不存在必然的联系。如同将各个独立权利要求作分案申请一样，在合案申请中，也应当对每个独立权利要求的创造性分别进行审查。这与从属权利要求和独立权利要求之间的关系不同，权利要求1具有创造性，并不意味着其他的独立权利要求必然具备创造性，要具体问题具体分析。

具体说，针对上述假想案例中的独立权利要求2，是否授予其专利权，应以现有技术中的"自行车"为参照物作出判断。如果该自行车的整体与现有技术相比，并不具有突出的实质性的特点和显著的进步（这一结论应由该领域的审查员经检索、分析后给出），就不应对该自行车授予专利权。这时，即使其权利要求1（自行车把手）具有专利性，审查员仍可以以权利要求2不具备创造性而拒绝之。

当然，以上所举的例了以及对这些例子的分析都是针对某种零部件（产品）及采用了该零部件的另一产品的情况而言的。在实际审查过程中，除了可能遇到上述情况之处，还经常会遇到将某一零部件（产品）与该零部件用于某一产品的方法进行合案申请的案件。后者实际上是一种用途发明，或者说就是一种"将产品用于特定用途的方法"的发明。此时，尽管作为合案申请的主题与前面所讨论的案例有所不同，但审查的思路和原则还是应当一致的。具体说，在判断"单一性"时，仍要以是否具有相同或相应的特定技术特征为依据，是否允许其"用途"的权利要求存在，则主要看这种"用途"，或者这种"结合"是否符合创造性的标准。在此就不再作展开讨论。

这样，在处理上述类型的申请案时就出现了第四种观点和做法，即将合案申请的每个独立权利要求分别视为一件独立的申请案，按照"三性"判断的标准分别进行审查、判断。

就上面所举的案例来说，拒绝接受权利要求2的理由可以是它缺乏创造性，即不符合《专利法》第二十二条第三款的规定，因而不能构成一项发明。而不应是它与权利要求1同属一项发明，而用《专利法实施细则》第二十一条予以拒绝，这就是第四种观点与第三种观点的根本区别。

其实，以上所述的第四种观点也并不是标新立异，《审查指南1993》中曾对这类问题进行过说明。可以查看《审查指南1993》第二部分第六章"单一性和分案申请"中的例5。

【例5】

权利要求1：一种灯丝A。

权利要求2：一种用灯丝A制成的灯泡B。

权利要求3：一种探照灯，装有用灯丝A制成的灯泡B和旋转装置C。

说明：该三项权利要求的特定技术特征为灯丝A，因此它们之间有单一性。实际上，本例的权利要求2和3是权利要求1（灯丝A）的用途，不管在此是否允许写成产品权利要求的形式，只要每一项权利要求的特定技术特征都是灯丝A，则它们的单一性是可以承认的。应当注意，这里仅就单一性而言。至于它们是否符合专利性（例如是否具有创造性），或者是否符合《专利法》的其他规定，尚需另外加以考虑。

以上第四种观点可以视为对《审查指南1993》的这段话作的进一步理解和解释。

概括起来说，"发明"与"发明构思"是两个不同的概念，它们之间既有联系，又有区别。一项发明创造固然源于一个发明构思，而由一个发明构思有可能引发出多项发明创造。实践证明，通过多个独立权利要求实现对一个发明构思的全面保护是很有必要的。

以上述自行车为例，其发明构思是对车把手的改进。如果其权利要求书中仅仅保护了车把手（权利要求1），而未对装有该车把手的自行车（权利要求2）进行保护。当厂家A生产了权利要求1所述的车把手时，将构成专利的直接侵权。假如另一生产自行车的厂家B使用了该厂家A生产的车把手时，将构成专利的间接侵权。但是，在追究生产自行车的厂家B的侵权责任时，间接侵权与直接侵权是有区别的，间接侵权者有可能不承担赔偿责任。《专利法》第七十条规定："为生产经营目的使用、许诺销售或者销售不知道是未经专利权人许可而制造并售出的专利侵权产品，能证明该产品合法来源的，不承担赔偿责任。"据此，如果厂家B不知道该车把手是未经专利权人许可而制造的专利侵权产品，并且能证明该产品合法来源的，厂家B将不承担赔偿责任。如果在其权利要求书中对装有该车把手的自行车（权利要求2）也进行了保护，厂家B的行为将构成直接侵权，需承担侵权赔偿责任。所以，对同一发明构思衍生出的多项发明创造进行全面保护是具有实际意义的。

（三）权利要求书中否定式用语的使用问题

权利要求书应当以技术特征的形式，清楚、简要地表述请求保护的范围，这是《专利法》对权利要求书所作的一个最基本的规定。

对于一个具体的技术特征来说，其描述方式通常可分为两种，一种是采用正面叙述的方式，即阐明该特征是什么；另一种是采用否定式（或排除式）的描述方式，即阐明该特征不是什么，或不包括什么。

举例来说，一平面内的两条直线，其位置关系可归纳为三类：平行、垂直或斜交。对于这两条直线间的关系，既可以采用正面肯定的方式描述，也可以用否定或排除的方式来描述。当我们说"直线A与B相互垂直或斜交"时（正面描述），其含义与"直线A与B不相互平行"（否定式描述）完全一致，两种描述方式（或技术特征）都是清楚、准确的，可以相互替代。

但对于更多的情况来说，如果用否定式（或排除式）用语替代正面的描述，往往会带来不清楚的问题。

以下通过几个专利申请案例来进一步分析一下否定式用语对权利要求保护范围的影响。

【案例1】

现有技术中的电风扇，通常采用设置在电机一端的一套机械传动机构，即齿轮和摩擦轮来实现电风扇的摆头功能的，这种电风扇的摆头速度不能控制，只能随扇叶的旋转速度变化，而且由于该机构的变速比很高，传动件很容易损坏。

一发明人设计了一种新的电风扇摆头机构，用装在电机轴上的一块具有固定面积的挡风板和一块面积可调的偏风板之间的相互作用力使风扇实现转头，从而取代了现有技术中的齿轮传动机构。

在其独立权利要求中，申请人将该技术特征描述成"其特征在于风扇头部的旋转不使用齿轮、摩擦轮等的任何一种机械传动机构"，用否定（排除）的方式对其转头方式进行了限定，其结果将造成保护范围不适当的扩大，与发明人付出的劳动不相匹配。

如果另一个发明人根据其他的物理学原理发明了一种不同于该申请的新的电风扇摆头机构，该机构也未使用齿轮、摩擦轮机械传动机构，该发明也将落入上述权利要求的保护范围之内，这显然是不合理的。

因此，在上述权利要求中对该技术特征进行描述时，不允许使用上述否定式语句，应当采用正面描述的方式写明其结构。

【案例2】

一项有关造纸机上使用的压榨毛毯的发明，根据说明书所公开的技术方案，该毛毯由多层相互叠置的纱线组合件组成，每个纱线组合件都带有一层纤维絮垫层和一成排的纱线层，为了保证该压榨毛毯的机械性能，相邻的纱线组合件中的成排纱线可以相互垂直或倾斜交叉，但不能相互平行。

为了将诸纱线组合件结合在一起，该发明采用了针刺处理的方法，即通过针刺使各层结合成一体，而不是采用现有技术中用纱线将各层缝合在一起的方式，从而避免了毛毯表面缝合纱线对纸幅表面特征的不良影响。

其权利要求1为：

1. 一种环形压榨毛毯，其特征在于它包括多个相互平行叠置的非织造纱线组合件，每个纱线组合件包括有一个纤维絮垫层和一个成排的纱线层，每个纱线排都由相互平行排列的多根纱线组成，在每个纱线组合件中所述的纤维絮垫层都支撑着纱线层，相邻的纱线组合件中的两成排纱线层以非平行的方式排列着，相互叠置的纱线组合件不用其间延伸的捆扎纱线缝合在一起。

在该权利要求中，出现了三处否定式用语，即"非织造""非平行"和"相互叠置的纱线组合件不用其间延伸的捆扎纱线缝合在一起"。下面不妨对这三处否定式用语作些具体分析。

"非织造"（non-woven）是近年来纺织行业中的一种新技术，它是指不采用织造（机织、针织等）的方式而使纤维相互结合在一起并构成纤维层，其产品也被称作"无纺织物"。无论是"非织造"还是"无纺织物"，虽然采用了一种排除式的限定，但对于该技术领域的普通技术人员来说，其含义是十分明确的，将其写入权利要求书中不会导致其保护范围的不明确或不合理的扩大，因此，该用语的使用应当被允许。

"非平行"一词，其含义与说明书中所公开的"垂直或斜交但不能平行"的技术特征是一致的，而且更为简明，该词语的使用也应被允许。

至于"相互叠置的纱线组合件不用其间延伸的捆扎纱线缝合在一起"则是不允许的，因为将纱线组合件结合在一起的方式，除用纱线缝合之外，还可包括针刺、黏合、缠结、包合等多种方式，而其说明书中仅公开了针刺这一种方式，所以这种排除式描述将会导致其保护范围不适当的扩大，这是不允许的。将该特征采用正面描述的方式，即修改为"相互叠置的纱线组合件用针刺的方式连接在一起"才为适当。

【案例3】

一件发明专利申请，该申请涉及对汽缸活塞环端面的改进。为了提高活塞环端部的密封性能，申请人提供了一种具有复式（阶梯式）搭口的活塞环机构（参见图3-6），在说明书中，申请人还提供了若干种具有不同搭接方式的实施例（参见图3-7中的图6至图21））。

图3-6

经检索，审查员发现了一篇对比文件，将该申请图3－6和图3－7的图6所示的技术方案覆盖，使之丧失新颖性。由于图3－7的图7～图21所示的若干个实施例并未被对比文件覆盖，而且这些结构分别具有较好的定位性或更好的机加工性能，申请人欲对这些技术方案进行保护，以上述对比文件为最接近的现有技术撰写一个新的独立权利要求（仅就其新颖性而言，在此不对其创造性进行讨论）。

图3－7

此时，由于图3－7的图7～图21所示的实施例其结构各异，要想采用正面描述的方式将它们归纳在一起进行描述就较为困难，而采用排除的方式，即将图3－7的图6所示的结构排除在外的方式进行概括或许更为清楚和简明，例如，可以将该技术特征写为："其特征在于其截面（A）部不呈矩形。"这种以排除的方式进行限定，并以说明书作为解释依据的描述，其保护范围是清楚的，应当被允许。

从以上所分析的几个案例中可以看出，如果在权利要求书中不适当地使用否定式用语，有可能导致保护范围不合理的扩大。而在有些情况下，不适当地使用否定式用语，也可能导致保护范围的缩小，对申请人自身利益带来损害。

在一项技术方案中对某一个技术特征如果避而不谈，则该特征可能为有，也可能为无，存在两种选择的可能；但如果对该技术特征明确限定为"无"，则该特征肯定是不存在的，即应理解为申请人是故意将其排除在外的。正如案例2中"非平行"的使用，由于相邻两纱线组合件之间的成排纱线若呈平行关系，则会影响其使用效果，申请人是故意要将其排除在外的。有时，申请人只是为了将现有技术的特征排除在外而采用了否定式写法，但其结果却是申请人始料未及的。笔者曾审理过如下一个案例。

【案例4】

一件发明专利申请涉及对传动轴油密封机构的改进。在现有技术中，该传动轴靠加在其轴承上下侧的两个油密封圈3来实现对润滑油的密封作用（如图3-8所示），长期使用时，该密封圈容易老化破损，更换起来十分麻烦，为此，申请人发明了一种新的油密封机构，用一种迷宫式机构替代油密封圈（如图3-9所示）。在申请文件中，申请人提出如下的一个权利要求：

图3-8   图3-9

一种无密封圈的轴传动油密封机构，包括主轴（4）、轴承（5）和轴座（6），其特征是主轴（4）和轴承（5）的外径紧配合，轴座（6）和轴承（5）的内径紧配合，主轴外径和轴座呈间隙配合，轴座与轴承内孔配合的配合面高度（a）大于轴承的高度（b），轴承、主轴、轴座三者之间形成一个全封闭的贮油腔（7）。

在该权利要求中，申请人采用了一种排除式限定——"一种无密封圈的轴传动油密封机构"，这就意味着，在他所发明的技术方案中是不能使用密封圈的，换句话说，凡使用了密封圈的油密封机构都不在其保护范围之内。

假如有人为了加强密封性能，或者仅仅为了脱逃侵权，在采用了申请人这种如图 3-9 所示的密封机构之外，又附加使用了密封圈，则将不会构成侵权，因为申请人已明确将使用密封圈的技术方案排除在其保护范围之外。有趣的是，在申请人本人所实施的产品中，该轴密封机构用于一药粉混合搅拌装置中，为防止药粉上溢，申请人在其轴座 6 的下端内侧 9 处，还设置了一个凹槽，槽中填有一圈毛毡，该毛毡实际上起到了一个密封圈的作用。细分析起来，申请人自己所实施的这种产品也难以受到其自身权利要求的保护，因为该密封装置也带有密封圈，这种结果恐怕不是专利权人所期待的。

因此，无论出于对权利要求的撰写应当"清楚"的考虑，还是出于对申请人自身利益的考虑，撰写权利要求书时，应尽量采用正面的方式对其技术特征进行限定，而避免采用否定或排除式限定。除非在某些特殊情况下，一些否定式用语具有特定的含义，或采用否定或排除方式可以更简明、更适当地对技术特征作出限定。

如果仔细查看对比一下 PCT 的有关文件会发现，在 1993 年 3 月 1 日之前的《PCT 国际检索和初步审查指南》中，对这种排除式限定并未作出明确规定。但在 1993 年 3 月 1 日的版本中却增加了如下一段话："一般情况下，权利要求的主题是通过肯定的特征加以限定的，但是，可以利用'放弃'（disclaimer）限制权利要求的范围，换言之，可以将用技术特征清楚限定的一个要素明确地排除在请求保护的范围之外，例如，为了满足新颖性规定而采取这种做法。只有在不能用肯定的特征较清楚地限定权利要求中保留的主题时，才能采用放弃进行限定。"

（四）"多余限定"与"禁止反悔"❶

人民法院曾审理过一件有关"周林频谱仪"的专利侵权案件。在该案中，人民法院将该专利权利要求 1 中的"立体声放音系统"这一技术特征视为"多余限定"，从而将不包含该"立体声放音系统"的频谱仪也判定为专利侵权。

《中国专利与商标》杂志曾刊载过一篇《专利侵权判定中"多余限定"问题的探讨》（以下简称《多余限定》）的文章，文中对"多余限定"在专利侵权案件中的使用给出了支持意见。

文章作者认为：《专利法》实施以来，"通过对专利侵权纠纷案件的审判实

---

❶　现今我国人民法院已经不再使用"多余指定"的原则，该文首次发表于 1996 年。

践，人民法院已经确立了判定专利侵权的主要原则，总结积累了一些成功经验，同时，也面临一些尚待研究解决的问题，'多余限定'问题即是其中之一"。

文中，作者还结合上述周林频谱仪一案的案情对"多余限定"问题作了具体分析。

对此，笔者想从专利审查的角度谈几点看法。

1. "全面覆盖"与"多余限定"

《多余限定》一文的作者认为："根据我国《专利法》第五十六条及其实施细则的有关规定，人民法院以发明和实用新型的独立权利要求中记载的全部必要技术特征作为一个整体技术方案来确定专利权的保护范围，只有当被控侵权的产品（或方法）包含了独立权利要求中记载的全部必要技术特征或与其等同的技术特征，才能够认定侵权，否则，不构成侵权。这是人民法院判定专利侵权的基本原则，称为'全面覆盖'原则。"

同时又认为："有极少数专利权人，在其独立权利要求中记载的个别技术特征，并非是实现其发明或实用新型目的及其效果所必需的，形成对其专利权的多余限定。""如果被控侵权产品（或方法）缺少该项技术特征（指多余限定），依据公平原则，应当认定被告的产品（或方法）构成侵权。"

该文作者结合该专利侵权一案对"多余限定"作了进一步解释：

由于"被告制造、销售的波谱治疗仪，除了缺少原告权利要求中的技术特征 b，其余技术特征均与原告权利要求中的技术特征相同或者等同"，"受诉法院认为，原告独立权利要求中的技术特征 b，不是实现其发明目的和效果的必要技术特征。被告制造、销售的波谱治疗仪缺少技术特征 b，仍然实现了原告专利的发明目的和积极效果，被告的产品技术与原告专利技术属于等同的技术方案，据此，确认被告构成侵权"。

所述的"技术特征 b"就是该权利要求 1 中的特征"立体声放音系统、音乐电流穴位刺激器及其控制电路装置于整机体内"。

该文作者还以"即使××公司（指专利权人一方）制造、销售的家庭用'频谱治疗仪'也没有音乐装置这一技术构成，显然，音乐装置与产生特殊光谱达到治疗效果的发明构思无关系"为理由，证明"技术特征 b"是无关紧要的，是一种"多余限定"。

该文作者认为："如果受诉法院认定音乐装置为必要技术特征……这对发明人实在显失公平。"

2. 关于"禁止反悔"

毫无疑问，"专利侵权"的判断要充分考虑专利权人的意见。但在对专利侵权案进行判定时，应对被侵权客体的整个专利审批程序有一个客观、全面的了解。否则，在判断是"必要特征"还是"多余限定"时就会与授予专利权时的基础发生偏离。

纵观该专利的审批过程，专利申请在侵权诉讼之前曾经历了"异议程序"和"无效宣告请求"的程序。在此，我们不妨查看一下该专利在无效请求程序中的一些情况。

从专利复审委员会第332号无效宣告请求审查决定中可以看出，被请求人（专利权人）为了证明权利要求1的创造性曾表示了如下的态度：

"在请求人提供的附件中，没有一份提出过本发明权利要求1特征部分所述的特征a和特征b中由14种组分构成的模拟发生器，并且立体声放音和音乐电流穴位刺激器与频谱发生器的组合产生了意想不到的治疗效果，因此权利要求1所述的技术方案具有创造性。"

笔者不了解在侵权诉讼过程中专利权人对技术特征b所持的态度（推想不会坚持技术特征b是构成其发明的必要技术特征，否则就不会存在该侵权纠纷问题了），但从无效程序中的陈述却可以明显得知：专利权人认为技术特征b对本发明作出了重要贡献，它的存在产生了意想不到的治疗效果，是构成本发明创造性的基石。

如果为了证明该技术方案的创造性，在专利审批程序中，将技术特征b视为必要技术特征，极力强调该特征的技术效果，而在侵权诉讼中，为了扩大保护范围，又将该技术特征视为"多余限定"，实际上是一种"两头得利"的行为。很显然这种前后矛盾的态度不符合"诚实信用原则"以及"公平原则"。

在美国及英国的专利侵权判定中，遵循其民事诉讼中所采用的"禁止反悔"（estoppel）原则。根据这一原则，专利权人不能再取得那些在专利审批程序中为使其专利申请具备专利性而争辩过或修改时所放弃的范围。

在该案无效程序中，专利权人的意见显然是对"特征b是构成其发明必不可少的一个技术特征"的确认，这种确认本身就意味着对一部分保护范围的放弃。按照"禁止反悔"的原则，在以后的侵权诉讼中，不应再把技术特征b视为非必要技术特征或看作"多余限定"。

固然，目前我国的专利侵权司法实践中尚未引入"禁止反悔"原则，❶ 但从"公平原则"出发，也不难发现该案在侵权诉讼的判定中，忽视了专利权人在专利审批程序中所表达的意愿，强行将技术特征b视为"多余限定"，这无

---

❶　系指文章首次发表时的情形。本文首发于1997年，之后不久在我国的专利侵权审批案件中已经采用"禁止反悔"原则。

论对专利权人还是对社会公众都是一种"不公平"。换句话说，一定要认为技术特征 b 对权利要求 1 来说是一种"多余限定"，这明显违背"公平原则"。

3. "公平原则"的客观性

诚如该文作者所言："民事审判中的公平原则是最基本的原则，不论各种类型的民事纠纷案件的审判工作，人民法院都应当遵循该原则。"笔者也承认在处理专利侵权纠纷中运用"公平原则"的合理性，但同时又认为："公平原则"是以"客观性"为基础的，是针对专利权人与社会公众双方而言的。

具体说，在处理专利侵权纠纷时，除了要对被侵权客体与涉及侵权客体双方有一个客观全面的了解、分析和对比之外，还应当对被侵权客体的历史——包括在专利审批程序、无效宣告程序以及复审程序中审查员与申请人（专利权人）曾发表过的有关意见，有充分的了解。所以，在对权利要求中的某个技术特征作出"多余限定"的判定之前，至少要考虑以下两个方面的问题：

（1）在整个专利审批程序中，审查人员及申请人（专利权人）是否对该技术特征表示过实质性的意见。如果曾表示过，则在侵权诉讼中应对此予以充分重视，以体现专利制度的连贯性和一致性。

（2）对于发明专利的侵权案，在作出有关"多余限定"的判定之前，尽可能了解一些审查员审理该案的情况。在发明专利审批过程中，审查员曾将独立权利要求中的全部技术特征作为一个整体与现有技术作过对比，以判断该技术方案的新颖性及创造性，其间已充分考虑了该发明的发明目的及所达到的技术效果。通常，在授权文本中，凡写入独立权利要求中的技术特征，都应被视为"必要技术特征"。

4. "多余限定"在国外

我们不妨参照一下其他一些国家或组织对"多余限定"问题所作的一些规定。

德国对"多余限定"的控制相对比较宽松。当一件被指控侵权的客体中没有使用权利要求中的一个特征，而这个特征对于实现发明目的是非必要的时，则可以认为该技术特征在权利要求中是"多余限定"。但是，在德国州法院进行侵权判断分析时，不仅要考虑该专利在德国专利商标局的审批资料，还要考虑在德国联邦专利法院无效宣告请求程序中的有关资料，了解专利申请人或专利权人在审批程序或无效宣告请求程序中放弃了的保护范围或者专利商标局审查员或专利法院的法官在相应程序中认定应该排除的范围，不得以等价手段将权利要求的保护范围扩展到包括上面所述放弃或排除的范围。这就是说，德国是承认"多余限定"原则的，但对"多余限定"的判定不能与在先的审查意见有抵触，即不得违反"禁止反悔"的原则。

美国对"多余限定"的控制最严。美国联邦巡回上诉法院判断侵权时遵循全部特征原则，即仅仅当被控侵权的客体包含了权利要求的全部技术特征或者等价手段时才判为侵权，因而在解释权利要求时不得扔掉任何技术特征，必须将权利要求中的所有技术特征都看作该权利要求保护范围的限定因素。但是，要说明的一点是，美国在作上述规定的同时，又规定不要求这些技术特征之间必须一一对应或者是完全相同的安排，只要体现以基本相同的方式完成基本相同的功能，达到基本相同的效果，仍可认定为侵权。由此可见，美国执行的是一种"全面覆盖"的原则，但在执行上又有一定的灵活性。

欧洲专利公约及《巴黎公约》对"多余限定"问题都未作正面阐述，但也并未排除这种可能性，可以说，其严格程度介于德国与美国之间。

5. 几点看法

笔者认为，中国作为一个专利制度尚待进一步完善的国家，从严对待"多余限定"的问题较为有利。这是因为：

（1）有利于提高专利代理人的素质及专利申请文件的撰写质量。实行"全面覆盖"的原则将迫使申请人（代理人）必须认真地撰写申请文件，尤其是对权利要求书的撰写进行仔细推敲，从而逐步提高我国专利申请文件的总体水平。至于由于撰写失误而导致的某些损失，这是事出有因，咎由自取，从这个角度看不失为一种"公平"。

（2）有利于专利审批程序与专利诉讼程序中执法原则的统一。如上所述，批准的独立权利要求是审查员以《专利法》为依据，在全面检索的基础上，对申请人所要求保护范围的确认，这种确认实际上是专利权人与社会公众之间的一种利益平衡。在侵权诉讼过程中，如果将其中的某一技术特征视为"多余限定"，这无异于将该技术特征从原权利要求中删除，这实质上是对原审查结论的一种修改。在侵权纠纷中过多地运用"多余限定"法则，势必会影响审批专利的权威性以及专利权的稳定性，同时，还不利于进一步发展专利技术。

（3）"公平原则"的确是一条理想的原则，但它的实现是以其客观性为基础的，同时又是以其可操作性为前提的。正如"先申请制"与"先发明制"相比，显然"先发明制"更为公平，但由于其操作方面存在若干困难，故目前仅有少数几个国家实行之。从"公平原则"出发对"多余限定"予以考虑，这本身存在着合理的一面，但在实践中对"多余限定"作出的判断必须是客观公正的，否则会产生一种新的不公平。

（五）权利要求书中"技术特征"的认定之一❶

一项发明或者实用新型的专利保护范围以其权利要求书的内容为准，而权利要求书中的每一项权利要求，又都是由若干技术特征组合而成的。如果将专利保护的范围比作一块领地，那么每一个技术特征便是环绕这块领地的一块块围栏，围栏的定位如果发生偏移，势必造成领地范围的偏差。因此，准确地认定权利要求书中每一个技术特征的含义，是恰当地确定其专利保护范围的基础。

一项专利从申请到审查，从授权到专利保护的终止，至少在两个阶段要对权利要求书中的每一个技术特征作认真的分析和推敲：其一是发明专利授权及确权的审查过程，其二是专利授权后的专利侵权诉讼过程。

实质审查过程中，审查员在对权利要求书中每一个技术特征准确认定的基础上，确定申请人欲寻求的保护范围，再通过与现有技术的对比，判断该权利要求是否具有专利性；而在侵权诉讼过程中，法官则要通过对每一个技术特征的认定来确定该专利的保护范围，通过与涉嫌侵权对象的对比，作出是否侵权的结论。

众所周知，专利审查是在专利局进行的，而侵权诉讼则是在法院进行的，从横向看，国家知识产权局与法院分属于两个不同的机构；但从纵向看，专利的审批与专利的侵权诉讼又共存于同一个专利保护体系中，它们分别属于其中的一个环节，而且共同受《专利法》的制约，两者之间的关系密不可分。就权利要求书中技术特征的认定而言，国家知识产权局与法院之间应保持相同的判断原则和标准，只有这样，才能确保专利的审查与保护在同一体系内和谐运转。

以下拟从专利审查的角度对权利要求书中技术特征的认定问题谈几点看法。

1. "技术领域"对"技术特征"的影响

权利要求书属于一份技术性的法律文件，出现于其中的每一个特征均具有其技术含义，不能当作普通的概念去理解。

又由于不同的权利要求所涉及的技术领域有所不同，在确认权利要求中技术特征的含义时，还应充分考虑其所属技术领域的情况。审视者的立足点不同，对同一技术特征的认定就可能截然不同。

本书在先曾提到过"长纤维"与"短纤维"的例子，在一般的概念中，两者之间只是一种相对的概念，其间不存在明显的分界线。但在化学纤维技术领域，两者之间却有明确的界线："长纤维"是指在纺丝机上成型后经卷绕而制

---

❶ 该文首次发表于 1999 年。

得的长丝束，其长度不确定；而"短纤维"则指纺丝成型之后经切断而制得的具有一定长度的纤维，其长度一般为 35 ~ 70 毫米。而在造纸行业中，两者又被赋予另一种不同的含义，"长纤维"的长度一般为 0.8 ~ 4.5 毫米，"短纤维"则为 0.2 ~ 0.8 毫米。所以，技术领域不同，即使某一技术特征的表述方式完全相同，其含义也可能截然不同。

因此，在对某一技术特征进行认定时，首先应将其放置于相应的技术领域中。用专利审查的行话来说，便是应当站在"所属技术领域的技术人员"的立场上去理解相应的技术特征。

2. "上位概念"与"功能性限定"

为了获得尽可能大的保护范围，申请人在撰写权利要求书时，往往采用"上位概念"或者"功能性限定"的方式对出现在说明书中的有关技术特征或技术方案进行概括。

例如，申请人在说明书中对 A、B 两部件之间的连接关系公开了焊接及铆接两种不同的方式，在权利要求书中，便可能采用"固定连接"这一上位概念对它们进行概括。这时，"固定连接"便涵盖了焊接、铆接以及现有技术中与之相类似的其他连接方式。在认定权利要求书中"固定连接"这一技术特征时，既不应脱离上述的两种方式作不合理的扩大，譬如将这种连接关系扩大到以一旋转轴为中心的旋转连接，同时也不应仅仅局限于上述的两种方式，现有技术中与这两种方式等同的其他方式，例如借用一种黏结剂将 A、B 两部件黏合在一起，也应被包含在"固定连接"的范围之内。

除此之外，在权利要求书中有时也会遇到"功能性限定"的技术特征，由于一种"功能"往往可以通过多种方式予以实现，所以功能性限定的范围通常要大于对一种具体结构特征或技术方案的限定。（详见本书第三章之五（二十四）"功能性限定"的使用与解释、（二十五）《欧洲专利局审查指南》的"功能性特征"及其对我们的启示。）

例如，在先前提到的那件有关密封件的专利申请中，申请人提供了一种密封件，该密封件的前沿有一块突唇，突唇与一滚筒的内表面滑动接触，从而可将滚筒内表面上的流体引入一压力腔中。为了寻求更大的保护范围，申请人在权利要求书中将该密封件的技术特征写作："该密封件的形状，可将滚筒内表面上的流体引入一压力腔中。"能将滚筒内表面上的流体引入一压力腔中的密封件，可以有各种不同的结构，在密封件的前沿设置突唇只是其中之一。上述功能性限定的方式，其保护范围自然要大于对密封件具体结构特征的描述（即"密封件的前沿有一块突唇，突唇与一滚筒的内表面滑动接触"）。

《专利法》第二十六条第四款规定："权利要求书应当以说明书为依据，清楚、简要地限定要求专利保护的范围。"在对发明专利申请进行实质审查的过程中，尽管审查员要对权利要求书中出现的上位概念以及功能性限定进行审查，看其能否得到说明书的支持，所界定的保护范围是否合理，但也不能排除在某些已授权的发明专利中，存在两者不相匹配的情况，致使权利要求书中的上位概念或功能性限定得不到说明书支持；对于实用新型专利来说，由于授权之前未经实质性审查，其权利要求书中上位概念及功能性限定使用不当的情况可能要更多一些。

鉴于上述实际情况，在侵权诉讼过程中，对权利要求书中的"上位概念"以及"功能性限定"的技术特征进行认定时，一定要根据说明书所公开的技术内容来确定其合理的内涵，不要受其字面含义的约束。

在上述"密封件"的例子中，由于说明书中仅仅公开了"突唇"这种唯一的结构形式，而且，作为本领域的普通技术人员，也无法直接联想到现有技术中与之相类似的其他结构形式。这种情况一般不允许使用功能性限定。即使该语句出现于授权后的权利要求中，也应将其认定为"密封件的前沿有一块突唇，突唇与一滚筒的内表面滑动接触"这一具体的结构形式。

最高人民法院2009年发布的《法释2009》21号第四条规定："对于权利要求中以功能或者效果表述的技术特征，人民法院应当结合说明书和附图描述的该功能或者效果的具体实施方式及等同的实施方式，确定该技术特征的内容。"（可参照本书第三章之五的"（二十四）'功能性限定'的使用与解释"。）

3. 说明书的解释作用

《专利法》第五十九条第一款规定："**发明或者实用新型专利权的保护范围以其权利要求的内容为准，说明书及附图可以用于解释权利要求的内容。**"

说明书对权利要求书的解释作用，有的比较直接，一目了然；有的则比较隐晦，需要根据说明书的整体内容进行判断。

在一些专利申请案中，尤其是来自国外的申请案中，申请人往往在说明书中对所使用的某些技术用语作具体限定。例如，一种叠层产品，其间包括一个"薄层"（sheet），申请人在说明书中特别指明："在此，所述的'薄层'这一概念，是指由纤维材料，如天然纤维或人造纤维制成的非织造物。"这时，其权利要求书中的"薄层"，便被赋予特定的含义，应将纸层、薄钢板、薄木板等通常也被称作"薄层"（sheet）的材料排除在外。这种解释关系比较明显，也比较合乎常理，容易被理解和接受，下述情况则有所不同。

1993年，美国联邦巡回上诉法院曾对得克萨斯仪器公司的一件专利侵权案作出判决，该专利涉及一种对半导体元件进行封闭的方法，其权利要求中有这样一句话："它包括多个大致以相互平行的方式放置的导体。"双方当事人争论的焦点是如何理解"包括多个"这一技术特征。

专利权人认为："包括"（comprising）一词是一种"开放式"（openended）限定，"多个"是指一个以上，并非指全部。这两个词组合在一起，除了包括具有几个（即多于一个，如两个）相互平行的导体的情形之外，还应包括具有若干未加指明的、相互间不平行的导体的情况。

上述情况可以用一个更为简明的例子来说明：一项权利要求限定了一个管道系统，其中的一个特征是"该系统包括一个被弯成90°的部件"，这时，被弯成90°的部件只是该系统的一部分，该权利要求显然不能将弯成90°的部件以外的其他平直的部件排除在该系统之外。

但法院不同意专利权人的陈述，因为在该专利的说明书及附图中，并未公开任何使用相互不平行导体元件的内容。尽管从广义上说，专利权人的陈述不无道理，但是，依照说明书所提供的内容，法院认为：所述的 **"包括"**（comprising）应当解释为"由……构成"（consist of），而"多个"（plurality）则应解释为"全部"（all）。上述技术特征应当解释为："半导体元件中所有的导体都是相互平行的。"

从这一案例中可以看出，有些情况下，通过说明书的解释，权利要求书中的某些技术特征，甚至可能具有与其字面含义完全不同的意义。

4. 案例分析

一件有关炼焦炉炉盖的实用新型侵权案，曾引起专利界有关人士的激烈争论，两种观点针锋相对，致使官司层层升级。在专利局内部的一次学术活动中，有四位审查员就该案发表了意见，其中两人认为侵权，两人认为不侵权。

该专利的技术内容十分简单，其权利要求1如下：

一种适用于由耐火材料构筑的炼焦炉使用的可开闭的炼焦炉炉盖，其特征为该炉盖由多个可分离的拱形小盖组合构成，各拱形小盖与炉体的侧壁采用活动连接。

在该专利的说明书中，公开了两个实施例：一个实施例是在炉盖的两端安装滚动轮，在炉体两侧壁设置长度大于炉体长度的轨道，通过滚动轮与轨道的配合，实现活动连接；另一个实施例是在炉盖的下部设有盖脚，盖脚上有连接孔，通过钢销使盖脚上的连接孔与炉体上的连接孔相连接，从而使炉盖可绕钢销作枢轴式启闭运动。

被控侵权的对象是一种炼焦炉活动炉盖，该炉盖可以借助于吊车提起或关闭。

争论的焦点在于如何理解权利要求中"活动连接"这一技术特征，用吊车进行启闭的活动炉盖究竟是否属于"活动连接"的范围。

我们不妨借助于以上的观点对此案作些剖析。

首先，应当立足于相应的技术领域来理解"活动连接"的含义。在机械领域中，两部件之间的关系可以分为相互分离和相互结合这两种情况。

而相互结合又可以进一步分为相互接触和相互连接两种情况。

对于连接来说，还可以进一步分为活动连接和固定连接。固定连接时，两部件之间相对固定，不存在相互运动；而"活动连接"则表示两部件之间在保持连接的前提下还可以相对运动，它兼具"活动"和"连接"两个特点。

用吊车进行启闭的炉盖，应当属于一种活动炉盖，或者说是一种可开闭的炉盖，该炉盖既可以与炉体相分离，又可以相结合，但两者之间不存在任何连接关系，即使在炉盖被放置到炉体上之后，两者间也仅仅是一种相互接触的结合关系。"结合"与"连接"是两个不同的技术概念，好比两块砖头，当将它们叠置在一起的时候，它们便相互接触地结合，但只有在其间加入灰膏并凝结之后，砖头之间才能实现连接。

当然，在日常生活中，将可分离的结合关系称作"连接"也未尝不可，例如，在《现代汉语词典》中，就将"连接（联接）"解释为"（事物）互相衔接"，其含义可能更广泛一些，但是，这已经脱离了"技术"的范畴，属于一种文学概念，不足为凭。

十分有趣的是，在上述学术活动中发表意见的四位审查员中，认为侵权成立的均来自化学审查部，而认为不侵权的则来自机械审查部。这可能是巧合，但是，恐怕也不能排除"技术领域"对判断结果的影响。

其次，可以以说明书所公开的实施例为依据，对该专利中"活动连接"这一技术特征的实际含义作进一步认定。

在上述的两个实施例中，炉盖与炉体的连接方式有所不同，一个是枢轴式连接，一个是借助于炉体上的轨道实现滚动连接。两者之间的共同点是：炉盖无论打开时还是关闭时，始终与炉体保持连接关系。在采用上位概念对这两个实施例进行概括时，上位概念应当与两个实施例中的共同点保持同一"层次"或"水平"，"活动连接"正是它们的恰当概括。由于在说明书所公开的技术内容中，专利权人并未给出任何可以使炉盖与炉体相分离的说明或暗示，因此，将"活动连接"的含义扩展到可分离的结合是不适当的。

退一步讲，假设专利权人在该权利要求中将该技术特征改写作"炉盖可以相对炉体移动"，对所述的实施例作了更加上位化的概括。从字面上看，它既具有两个实施例的共性，又将吊装组合的方式包含在内了。即便如此，按照上述美国联邦巡回上诉法院"得克萨斯仪器公司"案中所持的观点判决，"炉盖可以相对炉体移动"这一技术特征也只能解释为以炉盖不脱离炉体为前提的移动，"吊装"的方式不能包括在内。也只有这样，才能充分体现说明书对权利要求书的解释作用。

最后，我们不妨再分析一下权利要求书，看看专利权人是如何认定现有技术及其对现有技术所作的贡献的。在该权利要求的前序部分，专利权人写道："一种适用于由耐火材料构筑的炼焦炉使用的可开闭的炼焦炉炉盖"。

请注意其中的"可开闭"这一技术特征。根据《专利法实施细则》第二十一条第一款的规定，前序部分的技术特征属于"与最接近的现有技术共有的必要技术特征"。申请人将"可开闭"这一技术特征写入权利要求书的前序部分，就意味着承认"可开闭的炼焦炉炉盖"（用吊车开闭的炉盖正是其中的一种）属于现有技术的范畴，而专利权人对现有技术所作的贡献仅在于对炉盖的开闭方式作了改进，即"拱形小盖与炉体的侧壁采用活动连接"。这一事实似乎可以作为对上述结论的进一步印证。

专利制度的建立，旨在鼓励发明创造，保护专利权人的合法权利，但与此同时，也应当维护社会公众的合法利益，两者不可偏颇。这一原则应当贯穿专利审批与专利保护的全过程。如果说权利要求书是确保公正执法的依据，那么，准确地认定权利要求书中每一个技术特征的含义便是确保公正执法的基础。从这个意义上说，如何统一国家知识产权局与法院在技术特征认定方面的原则和标准就显得格外重要了。

（六）权利要求书中"技术特征"的认定之二❶

一项专利权一旦被授权，专利权人与社会公众便构成了利益相互冲突的对立面。无论在专利侵权诉讼中还是在宣告专利权无效的行政诉讼中，双方当事人总是力图寻找对自己有利的理由，最大限度地维护自己的合法利益，这是一件很自然的事情。

因此，无论在专利侵权诉讼中还是在宣告专利权无效的过程中，当遇到权利要求中某一技术特征的含义不甚清楚、需要作出进一步解释时，出于各自利益的考虑，双方当事人往往会持截然相反的观点：在专利侵权诉讼中，专利权

---

❶ 该文首次发表于 2004 年。

人总试图将该技术特征的含义解释得尽量宽泛，以便获得更大的保护范围；而涉嫌专利侵权的一方则力图将该技术特征的含义解释得尽量狭窄，以逃脱专利侵权的责任。

但在宣告专利权无效的行政诉讼中，专利权人总试图将该技术特征的含义解释得尽量狭窄、具体，以便加大与现有技术之间的差别，体现其专利的创造性；而作为无效宣告请求人则力图将该技术特征的含义解释得尽量宽泛、上位，以便使该专利落入现有技术的范围。

前面已经分析了说明书中"技术领域"对"技术特征"的影响、"实施例"对权利要求书的解释作用以及权利要求书中"上位概念"及"功能性限定"的解释等问题，并结合国内外的几个案例进行了一些分析。其中包括1993年美国联邦巡回上诉法院对得克萨斯仪器公司专利侵权案所作出的判决。

无独有偶，美国联邦巡回上诉法院在2002年10月又就得克萨斯数字系统公司（Texas Digital System，Inc.）诉 Telegenix，Inc.（02－1032）一案作出了一项判决，其中提出了使用字典解释专利权利要求的见解。针对该案法院作出了如下解释："字典、百科全书和论文都是可以用来协助法院决定权利要求中术语的普通含义和惯用含义的适用资源。"

实际上，在专利复审委员会的审查实践中，这种解释方式也经常被采用，例如笔者在前面就列举了用专业工具书来解释"长纤维"与"短纤维"这一对概念的案例。在我国的无效宣告审查程序中，当事人也经常采用该方式来解释权利要求书中的技术特征，用以支持自己的观点。

然而，用字典来解释权利要求书中的"技术特征"毕竟是一种特殊情况。根据《专利法》第五十九条第一款的规定，发明或者实用新型的保护范围以其权利要求书的内容为准，说明书及附图可以由于解释权利要求。多数情况下，还是依靠说明书及附图对权利要求进行解释。

笔者拟结合近来遇到的两个实际案例，就用字典来解释权利要求书中的"技术特征"的问题以及说明书中"背景技术""发明目的"及"技术方案部分"对权利要求中"技术特征"的解释问题作进一步讨论。

【案例1】

一件实用新型专利，涉及一种室内装修用的材料——细木工板（大芯板）的结构，其权利要求1为：

1. 一种细木工板，由面皮板、中芯板及芯板组成，其中，芯板设于最里层，面皮板设于最外层，面皮板和芯板之间为中芯板，其特征在于：芯板为多块凸形板以正反形式拼接结构。

从该专利说明书的背景技术、发明目的及技术方案部分可以得知：现在使用的细木工板，其芯板都是由截面形状为矩形的木条拼接而成，木条之间的接缝为直缝（如图3－10所示）。由于木条之间的接缝为直缝，故容易发生上下错动，导致使用时的变形。该专利针对现有技术中的上述缺陷，通过使用"凸形"的木条以正反形式相拼接来消除直缝，从而改进了木条间上、下、左、右的稳定性，克服了板材使用中易变形的缺陷。该专利的说明书中仅给出了一个实施例，即所采用木条的横截面是凸字形的（见图3－11）。

图3－10

图3－11

在无效宣告请求中，无效宣告请求人列举了一份"小径木芯细木工板"的对比文件，其中芯板所使用木条的截面为梯形（如图3－12所示）。为了证明该专利中的"凸形"结构已经被现有技术中的"梯形"结构所覆盖，请求人引证了字典对"凸形"的解释：《辞海》中对"凸"字的解释是："周围低，中间高。"

图3－12

请求人认为：由于"梯形"也具有"中间高周围低"的特性，根据《辞海》的定义，"梯形"也应当属于"凸形"中的一种。故该专利的"凸形"可以视为一般概念、上位概念，而对比文件中的"梯形"则是其具体概念、下位概念。根据《专利法》的有关规定，下位概念（梯形）可以破坏上位概念（凸形）的新颖性，因此该专利相对于该对比文件不具备新颖性。

请求人还认为："凸形"与"凸字形"是两个不同的概念，前者所涵盖的范围显然要大于后者。如果专利权人在权利要求书中将木条横截面形状限定为"凸字形"，将保护范围仅仅局限于其唯一的实施例，则可以与现有技术中的"梯形"明显区分开来。但将"凸形"写入权利要求1中，就意味着保护范围的扩大，除了"凸字形"之外，它还包含了其他"周围低，中间高"的结构。正是这种保护范围的扩大导致了该专利落入现有技术的范畴。

合议组未同意请求人的上述观点。合议组认为：

（1）虽然就一般文字性（文学）含义而言，请求人的上述推理能够成立，但是由于专利本身具有很强的技术性，所以在对一项专利的权利要求书进行解释时，不应当受纯文字性含义的束缚，而应当以该专利的说明书和附图为主要依据。在许多情况下，一份专利申请文件中所使用的技术术语或概念都有其特定的技术含义。如果说明书及附图可以对权利要求书中的概念作出明确解释，就无须借助于《辞典》或普通技术工具书中的解释。只有当专利的说明书及附图对其未作出具体解释，而且此概念仅具有一般性含义的情况时，才适合采用辞典或工具书中的解释。美国联邦巡回上诉法院在审理得克萨斯数字系统公司诉 Teugenix，Inc. 一案中所称的"字典、百科全书和论文都是可以用来协助法院决定权利要求技术术语的普通含义和惯用含义的适用资源"，恐怕也表达了这层意思。

在该案中，由于说明书的实施例部分已经明确将附图2中的标号3称为"凸形板"，故可以认为说明书附图已经对其权利要求中的"凸形板"这一技术特征作出了明确的解释。在这种情况下，就没有必要再借助字典进行解释。

（2）《辞海》对"凸形"的解释并不适合该专利。从该专利说明书的背景技术、发明目的以及技术方案部分可以得知：专利权人认为是"直缝拼接"导致了细木工板容易变形的缺陷，该发明通过改变芯板木条的横截面形状而消除了"直缝拼接"，从而克服了细木工板容易变形的缺陷。

虽然该专利的权利要求书中写入的是"凸形"，但很显然，就上述发明目的及发明构思而言，并非所有"周围低，中间高"（《辞海》所称的"凸形"）的结构都是适合的。"梯形"虽然具有"周围低，中间高"的特点，符合《辞海》对"凸形"的定义，但是如果采用"梯形"木条，木条之间的接缝依然是直缝，它无法克服现有技术中的缺陷，也无法实现该专利的发明目的。因此，通过该专利说明书的内容可以得知，"直缝拼接"是被排除于该发明创造之外的。

合议组认为：说明书的"实施例"部分属于一项发明的具体实施方案，它是解释权利要求书的重要依据。但除此之外，说明书中对背景技术、发明目的、技术方案以及技术效果的描述同样有助于对该发明全面、客观的理解，作为说明书中不可或缺的组成部分，同样应当成为解释权利要求书中"技术特征"的依据。在上述案例中，说明书中对背景技术、发明目的以及技术效果的描述，客观上对"凸形"的含义也起到了一定的"限制"作用，这就构成了说明书对权利要求书进行解释的另一个方面。

合议组认为：通过对说明书背景技术、发明目的以及技术方案部分的理解，并结合说明书的实施例及其附图的进一步解释，该专利权利要求书中所称的"凸形"，除了具有《辞海》中所称的"周围低，中间高"的一般属性之外，还应当具有图 3 - 12 中所示的"凸字形"的结构特性。

为了进一步说明"实施例"及"发明目的"对"技术特征"的解释作用，笔者针对上述案例设想了以下两种情况（与实际案例无关）：

假设 1：

在上述专利的实施例部分再增加一个实施例：其木条的横截面形状为三级的凸形（如图 3 - 13 所示）。

图 3 - 13

由于"三级凸形"从形状上说也应当属于"凸形"中的一种，可以视为权利要求中"凸形"的一个下位概念，所以原权利要求可以保持不变。但此时由于多了一个实施例的支持，与上述仅有一个（"凸字形"）实施例的情况相比，其权利要求中"凸形"的范围就应当有所扩大，不应当再受"凸字形"的限制。综合以上两个实施例的特点，笔者认为：此时权利要求中的"凸形"应当解释为：除了具有凸形"周围低，中间高"的一般属性之外，还应当具有两个侧边为折线的结构特性。

通过假设案例 1 可以看出"实施例"在解释权利要求时所起的作用。

假设 2：

实施例保持不变，但说明书对背景技术的认定以及对技术方案的描述改为：现有技术中的木条侧板均为垂直侧边，板条之间的接触面积小。该专利改变了木条的截面形状，通过延长侧边的长度、加大侧边间的接触面积而提高木条之间的结合力，从而消除细木工板容易变形的缺陷。

笔者认为，此时虽然实施例未改变，但权利要求中"凸形"的内涵却已经发生了变化。通过修改，该专利将导致大芯板变形的原因由木条间"接缝为直缝"变为木条间"接触面积小"；相应的发明构思也由"改变木条间接触面的形状"改为"增大木条间接触面积"。很显然，就"增大木条间接触面积"这一技术构思而言，除了实施例所示的"凸字形"结构之外，还存在若干其他方式，例如将垂直侧边改为倾斜的或者曲线形的等。或者说从"加大木条间的接触面积"这一发明目的出发，本领域普通技术人员很容易想到若干种横截面构形。因此，此时权利要求中的"凸形"，除了具有"周围低，中间高"的一般属性之外，还应当具有"其侧边要长于垂直式侧边"的特性。在这种情况下，"梯形"不仅符合"凸形"的文字含义，而且与该专利说明书的内容也不相冲突，"梯形"可以视为该专利"凸形"中的一种。

在假设 2 的案例中，现有技术中的"梯形"结构可以破坏该专利的新颖性。由此体现了说明书中背景技术、发明目的及技术方案部分在解释权利要求时所起的重要作用。

以上均涉及字典及专利说明书对权利要求中的技术特征进行解释的问题。除此之外，当事人还可能寻找其他方式对权利要求书中的技术特征进行解释。

在该案的口头审理过程中，专利权人的代理人为了强调该专利与现有技术的区别，以证明其具备创造性，将权利要求 1 中的"芯板为多块凸形板以正反形式拼接结构"作了如下的解释：该专利权利要求中所称的"正反形式拼接"除了指木条凸起端的上下交错（如图 3 – 12 所示）之外，还指相邻接的两根木条的两个端部是一正一反排列的（代理人将木条靠近树木根部的一端称为"正"，靠近树木稍部的一端称为"反"）。由于木条上、下端的木质疏松度不同、强度不同，故采用这种排列方式可以使相邻两根木条的强度互补，这是现有技术中所没有的，这进一步体现了该专利的创造性。

针对上述观点请求方的代理人作出了如下争辩：木条的上、下（正、反）端虽然存在，但在实际操作中，工人根本不可能去识别每一根木条的上下端，故专利权人的上述解释在实际操作中是根本无法实施的。

仔细分析一下会发现，在上述解释和争辩中，双方当事人的代理人都存在一些失误：

专利权人的代理人以为通过上述解释可以扩大其权利要求 1 与现有技术之间的区别，以便在无效程序中维护其专利权。但是，岂不知面对"专利"这把双刃剑，有所得必有所失。如果在无效审查程序中专利权人的这种自认得以确认，即使该专利权最终得以维持，在该专利的侵权诉讼中法院或专利管理机关也应当考虑专利权人对该技术特征所作的解释，以符合"禁止反悔"的原则，避免专利权人"两头得利"。以专利权人的上述解释为基础，其"以正反形式拼接结构"就具有了特定的两层含义。据此，社会公众在实施该相关技术时，只要避免采用"相邻接的两根木条的两个端部是一正一反排列"的方式，就不会构成专利侵权。而这种方式在该技术的实施中又是毫无意义的。其结果是代理人为其当事人争得了一个毫无实际意义的专利权。

专利权人及其代理人的上述失误，实际上给对方制造了一个契机，请求方代理人完全可以将计就计，让专利权人对上述观点加以确认并将其记录在案，这样，即使该专利权得以维持，在其后的专利侵权诉讼中也可以充分利用"禁止反悔"的原则，最大限度地维护自己一方当事人的合法权益。然而请求方的代理人并未如此，而是将争辩的要点放在了第二种正反排列方式是否能够实施上，这不能不说是一个小小的失误。

由此可见，双方当事人为了最大限度地维护自身利益，总是沿着对自己有利的方向进行争辩，这是可以理解的。但是应当注意的是，任何争辩都应当采取实事求是的态度，不能只顾一点不及其余，更不可玩弄小聪明，否则"聪明"反被"聪明"误。

关于说明书的背景技术以及发明目的对"技术特征"的解释作用，笔者还想通过另一个案例作进一步说明。

【案例 2】

一件有关潜水面罩的实用新型专利。在该专利说明书的背景技术部分写道：现有技术中的广视角潜水面罩分为两种，一种是将几片平面玻璃分别镶嵌在潜水面罩的正面与左、右视窗中，另一种是采用曲面玻璃一次制作而成。前者虽然容易制作，但由于正面视窗与左右视窗之间存在"框边"，影响视野；后者采用非平面状态的玻璃一次制作，虽然不存在"框边"的影响，但由于潜水面罩的镜面必须使用"强化玻璃"，而强化玻璃大都是平面的，所以采用曲面玻璃不但制作上有困难，而且成本昂贵，不适合大量生产。

该专利的发明目的是：提供一种具有宽视野的潜水面罩，除具有较宽的视野外，并具有安全可靠、可大量生产以及成本低的优点。

该专利的说明书及附图中公开了几个不同的实施例，所有实施例中的镜面均是由几块平面玻璃相互黏合而成（如图 3-14 所示）。

其权利要求 1 如下：

1. 一种具有宽视野的潜水面罩，其特征在于，其构成包括一副框、一镜

图 3 – 14

面、一面罩及一主框；

　　副框：其框缘配合镜面的框缘，其夹掣镜面及面罩而与主框结合成一体；

　　镜面：是由正向镜片与两侧的侧向镜片以黏合方式结合而成；

　　面罩：具有与镜面外缘结合框缘，该框缘并可置入主框的框槽内；

　　主框：具有与面罩、镜面的外缘、副框的框缘结合的框槽，其与副框可结合成一体。

　　在该专利的权利要求书中对"镜面"这一技术特征的限定镜面：是由正向镜片与两侧的侧向镜片以黏合方式结合而成。

　　由于专利权人未将"镜面"明确限定为"平面玻璃"，在该案的无效宣告程序中便引起了如下的争议：

　　（1）说明书所公开的实施例中，其镜面均为平面玻璃，而权利要求书中对镜面的限定却未包括"平面"这一技术特征，因此，其权利要求中实际上就包含了"平面"和"曲面"这两种情况。此时，权利要求书能否得到说明书的支持？

　　（2）如果该专利以上述限定方式为基础存在，采用多块曲面玻璃黏合而成的潜水面罩是否构成侵权？

　　上述两个问题从形式上看分别涉及"权利要求书能否得到说明书的支持"以及"专利侵权"的问题，但其核心实际上是一个问题——究竟应当如何理解或解释该专利权利要求书中的"镜面"这一技术特征。

　　笔者认为，由于权利要求书中未对"镜面"作出明确限定，仅就字面含义而言，"镜面"似乎可以理解为包括"平面"和"曲面"这两种情况。

　　但是在阅读了该专利的说明书，尤其是对背景技术和发明目的的描述之后，则可以进一步理解：采用平面玻璃是该专利的基点。该专利面对现有技术中存在的两个问题，其基本技术方案就是用平面玻璃取代曲面玻璃、用黏合方式取代分段镶嵌方式。这种技术方案是说明书所公开的唯一技术方案。凭借说明书的这种解释作用，权利要求书中的"镜面"一词应当局限于"平面玻璃"的范围。

同理，基于以上这种理解和解释，在专利侵权诉讼中，采用多块曲面玻璃黏合而成的潜水面罩也不应当被视为侵权。虽然"平面"一词在其权利要求书中未被明确加以记载，但通过说明书的背景技术部分及发明目的部分可以得知，该专利的潜水面罩是明确将曲面玻璃排除在外的。此时，"镜面"这一技术特征同样应当受到"平面玻璃"的约束。

专利权利要求书中之所以存在需要进一步"解释"的问题，是因为将一项发明要求保护的技术方案仅通过一句话（一个句号）加以概括的确是一件很困难的事情。但是，这并不意味着可以忽视权利要求书的撰写。

在上述两个案例中，当初代理人如果将"凸形的侧边为折线""所述的镜面为平面玻璃"这两个技术特征分别明确无误地写入其权利要求 1 中，其要求保护的技术方案将会更加准确，从而可以避免后续程序中的若干争执和纠纷。至于一项技术方案中哪些技术特征应当写入权利要求的"一句话"中，哪些不写，这就完全取决于代理人的经验和水平了。

关于用说明书"实施例"以外的"背景技术""发明目的"以及"技术方案"来解释权利要求中的技术特征问题，可能会存在不同的观点。例如，在上述案例 2 的审理过程中，对于"镜面"这一技术特征的解释问题，无论在专利复审委员会内部，还是在专利复审委员会与人民法院之间都曾产生过不同的看法，但人民法院对该案所作的终审判决与笔者的上述分析是相一致的。

为了避免误解，最后还需要说明一点：上述所称的"解释"是以权利要求书中已经存在的技术特征为基础的，对于权利要求书中原本就不存在的技术特征，在专利无效过程中试图通过说明书的解释作用将其塞入权利要求书中（例如某技术特征是实现其发明目的的必要技术特征，但未写入权利要求书中）则另当别论，因为这已经超出了"解释"的范畴。

（七）"新颖性"问题的讨论●

在 2008 年对《专利法》进行第三次修改之前，《专利法》一直沿用 1984 年制定时对"新颖性"的定义：

● 该文首次发表于 1997 年。

"新颖性，是指在申请日以前没有**同样的发明或者实用新型**在国内外出版物上公开发表过、在国内公开使用过或者以其他方式为公众所知，也没有**同样的发明或者实用新型**由他人向国务院行政管理部门提出过申请并且记载在申请日以后公布的专利申请文件中。"

上述的**黑体字**是笔者标注的，系本文讨论的重点。

在上述"新颖性"的定义中，已经规定了对"新颖性"进行审查的方式：首先要从现有技术中选取一项"发明或者实用新型"；其次用其与所申请的专利作对比，判断两者是否是"同样的"。不妨简称为"一对一"或"具体与具体"的比较方式。

不难看出，上述黑体字"发明或者实用新型"为判断"新颖性"时比较的对象，"同样的"则是"新颖性"的判断标准。

首先，以"发明或者实用新型"作为评价专利申请新颖性的对象似乎不太恰当。因为在现有技术中，除了"发明或者实用新型"（专利和专利申请文件）所记载的技术信息之外，还有大量的技术信息是以其他方式记载的，例如教科书、工具书、杂志以及音像资料等。举例说，如果一项权利要求所述的技术方案在一本教科书中被公开了，该专利申请文件显然不具备新颖性。但此时如果引用《专利法》第二十二条，说在教科书中所公开的是"同样的发明或者实用新型"显然欠妥，因为教科书中所公开的内容既不属于通常意义上的"发明"，更不属于专利法意义上的"发明或者实用新型"。

好在审查员都能够理解这句话的实际含义，在实际审查过程中把《专利法》中"没有同样的发明或者实用新型"这句话转换一下，理解为"没有与该发明或者实用新型专利申请相同的技术方案"，问题也就算解决了。对此，笔者不准备再多作评述，因为以下讨论的重点是"同样的"。

何谓"同样"，《现代汉语词典》的解释是："相同；一样；没有差别。"❶这也是公众对该词语的基本理解。但是，如果按照这种通俗的定义来审查专利申请的"新颖性"将会遇到麻烦。

以下是笔者在审查实践中遇到的两个实际案例。

【案例1】

一件专利申请涉及一种药品混合装置，在一台马达的驱动下，借助于一套连杆机构，可以使一个混合容器产生三维转动，从而实现药品混合的目的。

申请日前公开的一篇对比文件也涉及一种药品混合装置（如图3－15所

---

❶ 中国社会科学院语言研究所词典编辑室. 现代汉语词典 ［M］. 5 版. 北京：商务印书馆，2010：1368.

示），驱动其混合容器作三维转动的机构与上述专利申请完全相同，两者的区别之处仅在于：前者是一台马达带动一个混合容器转动；而后者则是在一台马达的两侧各放置了一台相互对称的混合容器（该专利申请的混合装置相当于图 3 – 15 中的一侧）。从该对比文件的说明书中可以得知：采用双侧设置的主要优点是可以通过其对称性来平衡和消除两侧混合容器的振动。

图 3 – 15

将以上两种技术方案进行比较可以看出：该对比文件的技术方案实际上是以该专利申请所述的技术方案为基础的，或者说对比文件是对专利申请的一种改进。所以该专利申请的技术方案实际上已经落入现有技术的范畴，构成了现有技术的一部分。但就技术方案" 对一"的对比而言，对比文件中所公开的技术方案与该专利申请相比显然不属于"同样的"技术方案。此时如果直接引用《专利法》第二十二条对新颖性的定义，硬说两者是"同样的技术方案"就显得过于牵强。

由于该对比文件的公开日在该专利申请的申请日之前，它既可以用来评价该专利申请的新颖性也可以用来评价其创造性。于是，笔者暂且承认了其"新颖性"的存在，以不具备创造性为由驳回了该专利申请。

如果说在上述案例中"新颖性"的矛盾尚可以回避的话，在下面的案例中就不得不直面该矛盾了。

【案例2】
一份有关喷雾器的实用新型专利，其权利要求书包括如下一项独立权利要求和一项从属权利要求（简化起见用英文字母表示其技术特征）：

1. 一种喷雾器，它包括 A、B、C 三个技术特征。

2. 如权利要求 1 所述的喷雾器，其特征在于它还包括另一个技术特征 D。

一份相关的对比文件是一份中国的实用新型专利，该对比文件的申请日在上述专利的申请日之前，而公开日则在上述专利的申请日之后。根据《专利法》第二十二条的规定，该对比文件只能用来评价上述专利的新颖性而不能用来评价其创造性。

该对比文件所公开的技术方案与该专利的权利要求 2 完全相同，也包括 A、B、C、D 四个技术特征，属于与该专利的权利要求 2 "同样的实用新型"，完全合乎《专利法》第二十二条第二款的规定，故权利要求 2 不具备新颖性。

但是该对比文件与该专利的权利要求 1 相比，权利要求 1 却比对比文件所公开的技术方案缺少一个技术特征 D。此时总不能再说权利要求 1 与该对比文件也是"同样的"技术方案，否则就会产生如下荒谬的推论：

前提 1：权利要求 1 与对比文件是同样的技术方案（A = C）；

前提 2：权利要求 2 与对比文件也是同样的技术方案（B = C）；

结论：权利要求 1 和权利要求 2 是同样的技术方案（A = B）。

反之，假若认为对比文件所公开的技术方案与权利要求 1 不是"同样的"技术方案，权利要求 1 具备新颖性，则同样会导致一个十分荒谬的审查结论——从属权利要求 2 不具备新颖性而被宣告无效，而其独立权利要求 1 却具备新颖性而被维持有效（该对比文件只能用来评价该专利申请的新颖性而不能评价其创造性）。我们都知道，一项独立权利要求的保护范围要大于其从属权利要求的保护范围，维持大的保护范围有效而该大范围之内小的保护范围却被无效掉了，这在情理上也讲不通。

很显然，如果采用"一对一"的判断方法，并将"同样的"一词作通俗的、狭义的解释，在实践中将会遇到麻烦。

为了使"同样的"一词具有《专利法》中所述的特定含义，审查指南对此又作了进一步的解释。例如《审查指南 2001》将《专利法》第二十二条中"同样的发明或者实用新型"解释为：

同样的发明或者实用新型，是指技术领域、所要解决的技术问题和技术方案实质上相同，预期效果相同的发明或者实用新型。判断新颖性时，应当以此作为判断相同的发明或者实用新型的基准。（见《审查指南 2001》第二部分第三章第 3.1 节。）

上述"实质上相同"几个字很重要，借助于这几个字使《专利法》中"同样的"这一概念摆脱了上述"词典解释"的束缚，赋予其更为宽泛的含义。

在处理上述案例 2 时，笔者引用了《审查指南 2001》中的上述规定，以该专利申请的权利要求 1 与对比文件实质上相同为由认定权利要求 1 也不具备新颖性。

问题似乎可以到此结束了，实际上却不然，由此导致的另一个困惑又引起笔者的深思：如果按照《专利审查指南 2010》的上述解释，将《专利法》第二十二条第二款中的"同样的"一词理解为"实质上相同"，即以"实质上相同"作为新颖性的判断标准，那么又该如何区分实用新型的"新颖性"与"创造性"？

《专利法》第二十二条第三款规定：实用新型的创造性是指与现有技术相比"有实质性特点和进步"。

《专利审查指南 2010》中用"实质上相同"来定义新颖性，《专利法》中用"实质性特点"来定义实用新型的创造性，两者都采用了"实质"这一词语。此"实质"等于彼"实质"乎？

如果等丨，那么就意味着对于实用新型而言，其新颖性的判断标准与创造性的判断标准基本上是一样的："实质上相同"不具备新颖性，言外之意只有"实质上不相同"才具备新颖性；"实质上不相同"就意味着"具备实质性特点"，符合实用新型创造性的标准；因而对于实用新型来说，具备新颖性即具备创造性。

该结论显然是荒谬的。

反过来，如果认为前后两个"实质"具有不同的含义，那么它们之间的区别又在哪里？具体说，两个技术方案相比时，何种差别属于"实质上不相同"（具备新颖性）但又缺乏"实质性特点"（具备创造性）的差别？实用新型的新颖性与创造性之间的区别究竟在哪里？对此，《审查指南 2001》并未给出进一步的解释和说明，只是以举例的方式对什么是"实质上相同"进行了解释。

《审查指南 2001》第二部分第三章第 3.1 节在将"同样的"一词解释为"实质上相同"之后，紧接着写道："以下给出新颖性判断中几种常见的情形。"并在其后的第 3.2.1 ~ 3.2.5 节中列举了五种"实质上相同"的例子（即内容相同、下位概念与上位概念、惯用手段直接置换、数值和数值范围以及包含性能、参数、用途或制备方法等特征的产品权利要求）。

将《审查指南 2001》与《审查指南 1993》对比一下就会发现："以下给出新颖性判断中几种常见的情形"这句话是制定《审查指南 2001》时特意修改的。《审查指南 1993》中同样也列举了上述几种"实质上相同"的例子，但写在这几个例子之前的一句话却是"判断新颖性时，应当参照以下标准"。

记得多年前在专利局实质审查部的一次业务研讨会上，对如何理解《审查指南1993》中"判断新颖性时，应当参照以下标准"这句话还存在争议：有人认为这句话是"穷举"性的（"实质上相同"仅限于后面所列举的几种情形）；有人则认为这句话是"非穷举"性的，是开放性限定，除后面所列举的几种情形之外还应当包括其他"实质上相同"的情形。这种争执的关键是要搞清"实质上相同"一语究竟包括多大的范围。《审查指南2001》将"判断新颖性时，应当参照以下标准"修改为"以下给出新颖性判断中几种常见的情形"，就意味着明确了"以下的方式"属于"非穷举"的方式，即除此之外还有其他"实质上相同"的情形。

至于"其他情形"都包括哪些内容，扩展到何处为界，《审查指南2001》并未给出任何说明。这就导致了"新颖性"与"创造性"判断标准的混淆。

这种"新颖性"与"创造性"判断标准的混淆还表现在《专利审查指南2010》的其他章节。《审查指南2001》第二部分第三章（新颖性）第3.2.3节中，规定"用螺栓固定代替螺钉固定的方式不具备新颖性"，并将其归结于"惯用手段的直接置换"；而在《审查指南2001》第二部分第四章（创造性）第4.2.6节中又列举了"用现有技术中的液压马达代替电机"的例子，认为这种替换属于"相同功能的已知手段的等效替换"，不具备创造性。

既然将"用现有技术中的液压马达代替电机"放在"创造性"一章中讨论，就意味着这种替换是具备"新颖性"的，因为具备新颖性是讨论创造性的前提。将上述《审查指南2001》两个章节进行对比就出现了明显的矛盾："用螺栓固定代替螺钉不具备新颖性"而"用液压马达代替电机"却具备新颖性，其原因是前者属于"惯用手段的直接置换"，而后者属于"相同功能的已知手段的等效替换"。

"用螺栓固定代替螺钉"与"用液压马达代替电机"究竟有何区别？"惯用手段的直接置换"与"相同功能的已知手段的等效替换"又有什么不同？对此又有谁能说得清楚？

理论上的不严密势必将导致实践中的混乱。正是由于《专利审查指南2010》对"新颖性"与"创造性"之间的界限未划分清楚，才导致审查实践中出现若干将"新颖性"与"创造性"相混淆的观点，例如在多年前专利局的业务讨论中就有审查员持下述观点，例如"一篇对比文件与公知常识的结合可以破坏专利申请的新颖性"、"专利申请中对现有技术作出贡献的部分被一篇对比文件公开了，两者便属于同样的发明，该专利申请不具备新颖性"，甚至"一种新式铆钉可以破坏采用该新式铆钉的飞机的新颖性"等。

其理由就是认为对比的双方属于"实质上相同"的技术方案。

以上分析了 2008 年修改之前的《专利法》对"新颖性"所作的定义以及《审查指南2001》对"新颖性"所作的解释，并列举了由此所带来的一些问题和困惑。由此不难看出：正是由于《专利法》对"新颖性"作出了上述不准确的定义，才迫使《专利审查指南2010》对其作出进一步解释；正是由于《专利审查指南2010》的解释不到位，才导致了实践中"新颖性"与"创造性"审查标准的混淆。追根溯源，问题根子还是出在"新颖性"的定义上。

那么究竟应该如何对"新颖性"作出定义呢？俗话说：他山之石，可以攻玉。我们不妨借鉴一下国外的经验。

在美国专利法第 102 条中，采用"发明在国内（不）被他人所知或所用，在国内外未被授予专利或在出版物中被公开"（the invention was（not）know or used by others in this country or patented or described in a printed publication in this or a foreign country）来对新颖性进行定义。

日本对新颖性的定义与美国相似，也是采用"发明""未被公众所知""未被公众所用"以及"未在出版物中被公开"作为判断新颖性的标准（见日本专利法第 29（1）条）。

欧洲专利局对新颖性的定义是："发明未构成现有技术的一部分则被认为具有新颖性"（an invention shall be considered to be new if it does not form part of the state of the art）（见《欧洲专利条约》第 54 条）。

《专利合作条约》的规定与欧洲专利局相似，"一项发明如果是现有技术所没有预先提出的，则具有新颖性"（a claimed invention shall be considered novel if it is not anticipated by the prior art）（《专利合作条约》第 33（2）条）。

将上述几种对新颖性的定义比较一下可以发现：虽然国外对新颖性的描述方式不尽相同，但它们的判断思路是相同的——它们都是将"现有技术"作为比较的对象，拿专利申请的具体技术方案与现有技术这个大范围来进行比较，我们不妨称之为"具体与整体相比"。

而我国《专利法》对"新颖性"作出定义时却采用了另外一种判断思路——先从现有技术中选取一个具体的技术方案（所谓的"发明或者实用新型"），然后再拿专利申请的技术方案与现有技术中的这个具体技术方案进行比较，即采用的是两个具体技术方案之间"一对一"的比较方式，即"具体与具体相比"。

这就是我国与国外定义"新颖性"的根本区别。

"具体与整体"相比为新颖性的判断留有一定的余地，因为在采用"构成了现有技术的一部分"或"被现有技术所公开"的判断标准时，虽然被比较的对象也是一份对比文件，但并未被局限于"一个具体的技术方案"，而是以整份对比文件所公开（包括隐含）的"全部技术内容"作为比较对象。而且在比较时避开了"相同"或"实质上相同"这种量化概念的束缚，使审查员可以根据案情作出客观、灵活的判断。

我们不妨再以国外的定义方式来分析一下上述的两个案例。

在案例1中，虽然专利申请中的"单侧混合容器"与其对比文件中的"双侧混合容器"不属于"同样的"技术方案，但从该对比文件中可以得知，后者是对前者的进一步改进，故可以认为"单侧混合容器"的技术方案实际上已经隐含在对比文件之中了。

此时以专利申请的技术方案"已被现有技术所公开"或"构成了现有技术的一部分"为由而认定其不具备新颖性是准确、恰当的。

案例2中的权利要求1虽然比对比文件缺少一个技术特征D，两者也不属于"同样的"技术方案，但从其说明书及权利要求1和2的逻辑关系中可以得知：含有A、B、C、D四个技术特征的权利要求2是对含有A、B、C三个技术特征的权利要求1的进一步改进，而并非权利要求1是对权利要求2的进一步改进（故意省略技术特征D，以实现相同或更好的技术效果）。

在权利要求1和2的相互关系确认之后便可以说：既然权利要求2的技术方案是以权利要求1的技术方案为基础的，对比文件中又已公开了权利要求2的技术方案，这就意味着权利要求1的技术方案已经落入现有技术的范畴了（全部技术特征被一篇对比文件所覆盖）。

这时无论说该权利要求1所述的技术方案已"构成了现有技术的一部分"，还是说已"被现有技术所公开"都还是贴切的。

所以，如果按照欧洲专利局或美国对"新颖性"的定义方式来处置上述两个案例将不会出现以上的矛盾和混淆。

本书前面曾引用欧洲专利局一位资深审查员的话：新颖性是"三性"判断中最简单的问题，但也是最复杂的问题。

是否是"最复杂的问题"暂且不论，经过这些年的审查实践，至少可以说貌似"最简单"的"新颖性"问题并非像我们当初想象的那样简单。撇开"新颖性"判断中存在"以其他方式为公众所知"所包含的种种复杂情况不谈，仅就我国《专利法》对"新颖性"所作出的定义以及《专利审查指南2010》所作的解释而言，就存在一些值得进一步研究、推敲之处。

1984年制定的《专利法》第二十二条，一直沿用至2008年对《专利法》

进行第三次修改之前。在 1984 年的大环境下,《专利法》中刻意采用一些"具有中国特色"的说法是完全可以理解的;加之当时缺乏专利审查的实践经验,法条中存在一些缺陷也是在所难免的。但是在经过 20 多年的改革开放,在中国逐渐融入国际社会的大环境的情况下,我们的思想观念是否可以摆脱原有的束缚,况且在《专利法》实施 20 多年的今天,我们面对实践中所产生的问题,完全有理由、有必要对"新颖性"的定义进行修改。

历经多年的讨论和呼吁,在 2008 年修改《专利法》时,有关部门终于开始面对上述问题了。在 2008 年修改的《专利法》中,将"新颖性"修改为:"新颖性,是指该发明或者实用新型**不属于现有技术**;也没有任何单位或者个人就同样的发明或者实用新型在申请日以前向国务院行政部门提出过申请,并记载在申请日以后公布的专利申请文件中或者公告的专利文件中。"

上述修改包含了三项重要内容:一是将"相对新颖性"修改为"绝对新颖性",即现有技术的范围不受地域的限制;二是将"抵触申请"中的"他人"删除了(关于此处修改请参见本章之五的"(十一)'一案两请'有关问题的讨论");三是将"没有同样的发明或者实用新型在国内外出版物上公开发表过、在国内公开使用过或者以其他方式为公众所知"修改为"该发明或者实用新型不属于现有技术"。其中第三项修改与以上讨论的内容相关,由此便可以消除实践中的一些矛盾。

然而该条款的后半部分——"也没有任何单位或者个人就**同样的发明或者实用新型**在申请日以前向国务院行政部门提出过申请,并记载在申请日以后公布的专利申请文件中或者公告的专利文件中"却依然残存着原定义中的影子,仍以"同样的发明或者实用新型"作为判断的标准。

据此,在对"抵触申请"进行审查时,仍然要以"同样的"这把尺子进行衡量。人们不禁会问,"不属于现有技术"与"同样的发明或者实用新型被公开"两者之间是否具有同样的含义?是否属于同样的判定标准?如果不相同,其差别在何处?如果相同,为什么不可以采用类似前半部分的定义方式?

例如,完全可以将"抵触申请"定义为:"该发明或者实用新型也未被申请日以前向国务院专利行政部门提出过申请、申请日以后公布的专利申请文件或者公告的专利文件所公开",或者"该发明或者实用新型也未落入申请日以前向国务院专利行政部门提出过申请、申请日以后公布的专利申请文件或者公告的专利文件所公开的范围"。

"被公开"与"不属于现有技术"的含义及其判断标准应当是基本相同的,至少比采用"相同的"作为判断标准要准确些。

（八）合同与技术公开❶

一项新技术开发成功之后通常是要走向市场的。新技术要通过市场化、商品化来实现自身的价值并服务于社会。于是，技术的转让以及产品的销售便成为与新技术的开发密切相关的两个重要环节，这是问题的一个方面。问题的另一个方面是，为了获得对一项新技术的独占权，新技术的拥有者又往往通过申请专利的方式来寻求法律的保护。由此便使技术转让、产品销售与专利保护之间也产生了某些联系。如果能够正确把握技术转让、产品销售与专利申请之间的关系，它们之间通常是不会产生冲突的。但是，如果缺乏必要的法律知识，在申请专利之前便对该技术公开进行转让或产品销售，就会对该技术的专利申请造成影响，失去获得专利权的条件，这种情形在国内的专利申请和审查实践中屡见不鲜。

在专利复审委员会处理的无效请求案件中，就有相当比例的案件与该专利申请日之前的技术转让及产品销售有关。这些无效宣告请求中作为技术转让或产品销售的证据多是合同，例如技术转让合同或产品销售合同。因此，如何看待合同，如何正确地认定合同与技术公开之间的关系，便是专利复审委员会在审理无效请求案件中时常遇到的一个问题。

1. 两种不同的观点

对于合同（包括技术转让合同及产品购销合同）与技术公开之间的关系，之前曾存在着两种不同的观点。

一种观点认为：合同是订立合同双方当事人之间的行为，属于特定人之间的行为，不管在合同中是否存在保密条款，都应当视为处于保密的状态。因此，专利申请日之前双方当事人所订立的合同不应视为《专利法》第二十二条第二款意义上的"为公众所知"。

这种观点具体体现在专利复审委员会历年的一些无效审查决定中（见专利复审委员会第27、28、66、538、611号无效宣告请求审查决定）。持该观点的人认为："即使合同内容中技术提供方没有明文规定另一方的保密义务，合同双方出于经济利益的需要和合作行为具有排他性，一般也会遵守诚实和信用的原则，履行默示的保密义务""如果技术转让合同未约定保密条款，按照商业习惯受让方仍然应当是特定人。"

另一种观点则认为：在签订销售合同时如果没有保密协议，将造成新颖性

---

❶ 该文首次发表于 2000 年。

的丧失（见专利复审委员会第 370 号无效宣告审查决定）。

两种观点泾渭分明。由于专利审查指南中对此类问题并未作出具体明确的规定，所以上述两种观点至今都有一定影响。

本文拟对合同与技术公开之间的关系作些初步的分析和探讨。

2. 从合同法看合同的内容

如上所述，与专利有关的合同一般是技术转让合同和产品购销合同。1999 年以前，我国有《经济合同法》与《技术合同法》，1999 年将该两个法律归并于《合同法》，其实施条例也同时失效了。以下所涉及的案例多发生于 1999 年之前，为了理清其法律关系，仍对原《经济合同法》及技术合同中的一些相关内容作了引用，并对《合同法》中的相关修改作了说明。根据原《技术合同法》的规定，技术转让分为专利技术转让和非专利技术转让两类。与无效宣告请求有关的一般是非专利技术转让合同。

对于什么是"非专利技术"，在原《技术合同法实施条例》第六条中作了如下规定："非专利技术包括：（一）未申请专利的技术成果；（二）未授予专利权的技术成果；（三）专利法规定不授予专利权的技术成果。"由此可见，即使一项技术申请了专利，但只要尚未授予专利权，都应视为非专利技术。与这类技术相关的技术转让合同应视为非专利技术转让合同。

原《技术合同法实施条例》第七十四条规定："非专利技术转让合同应当具备以下条款：……（四）技术秘密的范围和保密期限……"

对上述条款存在两种不同的理解，一种理解是：该条款中采用了"应当"一词，这就意味着"保密"属于非专利技术转让合同中的必备内容；另一种理解是：技术秘密是非专利技术转让合同的内容之一，在合同中应当对技术秘密的范围和保密期限予以规定。

笔者比较赞同后者，理由如下：

第一，应当注意，在原《技术合同法实施条例》第七十四条中，"应当"一词所限定的内容是"具有以下条款"，具体说合同中应当具备"技术秘密的范围和保密期限"这一条款，但这并不意味着双方当事人"应当承担保密义务"，不应当将两者等同起来。

第二，该条中的"应当"一词也不宜作绝对化的理解。因为该条中所限定的条款共计 12 项，除了上述"技术秘密的范围和保密期限"之外，还包括后续改进的提供与分享、争议的解决办法、名词和术语的解释等。如果将"应当"一词作绝对理解，那么在任何一份合同中，这 12 项中的任何一项都是必不可少的了，或者说，缺少其中的任何一项都不是合法的合同了，这显然是不太现实的。实践中，签订合同的双方往往从中选取有关的款项进行约定。"应当"一词的确对我们理解该条款起到某些误导作用。

或许正因为如此，在制定《合同法》时对此作了修改，与原《技术合同法》上述条款相对应的《合同法》第三百二十四条为：技术合同的内容由当事人约定，一般包括以下条款（共计11项，从略），即将"应当具有"一词修改为"一般包括"。

第三，原《技术合同法实施条例》第七十七条进一步规定：受让方违反合同约定的保密义务，泄露技术秘密，给转让方造成损失的，应当支付违约金或者赔偿损失。

请注意其中"约定的"一词，这说明保密义务是以约定为前提的。也就是说，保密是技术转让合同及产品销售合同中的一个选择性条款，而并非一个强制性条款。在一般的情况下，只有在合同中订立了保密条款时，才能认定其保密状态的存在（不排除个别情况的例外）。这种观点还可以从以下两个方面得到进一步印证：

（1）原《技术合同法实施条例》第七十九条规定：专利申请提出以后、公开以前，当事人之间就申请专利的发明创造所订立的技术转让合同，适用有关非专利技术转让合同的规定。受让方应当承担保密义务，并不得妨碍转让方申请专利。通读原《技术合同法》及其实施条例，唯有该条款对技术转让中当事人双方的保密义务作了强制性规定。如果认定所有的技术转让合同都存在保密的约束，又何必在此作重复规定呢？因此只能认为它是一种例外。

（2）在专利无效宣告请求的审查过程中，如果认定未写明保密条款的合同中也存在着隐含的保密义务，那么，在执行合同的过程中，是否也应当以此标准来处理违约问题呢？具体说，如果合同中并未写明保密义务，在合同执行过程中，一方当事人（包括要约人和承诺人）向第三方泄露了有关的技术，或者公开使用了该产品，是否也应当追究其违约责任呢？这种做法显然是不合适的，因为在原《技术合同法》中，所有的违约责任都是以"合同约定"为前提的。因此，着眼于执法的一致性，在专利无效宣告请求的审查过程中也应当严格按照合同中约定的内容来认定保密问题。

持上述第一种观点的人，除了认为合同中"隐含"着保密义务之外，还有一个理由就是："合同双方出于经济利益的需要和合作行为具有排他性，一般也会遵守诚实和信用的原则，履行默示的保密义务""按照商业习惯受让方仍然应当是特定人"。

当一项技术转让合同或产品销售合同签订之后，是否双方当事人都希望将该技术保持在一种保密状态，不希望第三方介入，笔者认为对此要具体问题具体分析。在激烈的市场竞争中，在不违反合同中约定的义务的前提下，追求尽可能大的商业利润往往是双方当事人的共同目标，面对千变万化的技术市场和商品市场，双方当事人都有可能采用保密的方式来实现该目的，但是也不能排除双方当事人通过将技术进一步转让，或者通过公开宣传、使用的方式来实现该目的的可能性。因此，一概认定签订合同的双方当事人出于自身利益的考虑而负有默示的保密义务是欠妥的。

3. "一次公开"与"二次公开"

在专利无效宣告请求中，如果请求人提供了一份申请日之前签订的、无保密条款的技术转让合同或者产品销售合同，由此证明相关的技术在申请日之前已经被公开，那么，应当如何认定合同与技术公开之间的关系呢？笔者认为该合同本身实际上与两种"技术公开"的行为有关。其一是在合同签订过程中要约人与承诺人之间所发生的技术公开行为，我们不妨称为"一次公开"；其二是合同所涉及标的物的实际转让行为，例如技术转让合同中技术资料的实际提交或者产品购销合同中产品的实际交付，这种技术公开往往发生于合同签订之后，我们不妨称为"二次公开"。

对于"二次公开"大家的观点可能比较一致。原《技术合同法实施条例》第七十四条中规定：合同中应当规定"技术情报和资料及其提交期限、地点和方式"；原《经济合同法》第十二条也规定：购销合同中应当规定"履行的期限、地点和方式"。只要不存在违约的证据，合同中规定的日期即可视为实际交付产品的日期。当然，合同中所涉及的技术是否就是该专利所涉及的技术尚需作进一步证明，这与本文所涉及的问题无关，故在此不作讨论。

对于"一次公开"，在专利复审委员会内部存在两种不同的观点。

一种观点认为：在合同签订之前或合同签订的过程中，买方有权利向卖方了解产品的结构、性能，卖方则有义务满足买方获得上述信息的要求。因此，只要在签订合同时，产品或者产品图纸等技术方案已经存在，就可以判定该产品或其技术已经处于公众中任何人想知道即可以知道的状态。

另一种观点则相反，其根据是"销售合同与广告不同，它不能被视为一种面向公众中所有人的要约，而仅仅是发生在购销双方之间的一种双边贸易行为""《合同法》中没有将提供产品结构方面的技术情报作为合同中应当具备的主要条款"。

笔者比较倾向于第一种观点，但是不主张一概而论，应当根据具体案件作具体分析。

原《技术合同法实施条例》第十条规定：当事人可以在订立合同前就交换技术情报和资料达成书面的保密协议。当事人不能就订立合同达成一致的，不影响保密协议的效力。

该条款是用来约束合同签订过程中所发生的技术公开行为的。它表明：①在订立合同的过程中存在着技术公开的可能性；②保密属于一种选择性条款；③如果当事人在订立合同之前未达成书面的保密协议，则当事人不承担保密义务。在无效宣告请求过程中，如果根据双方当事人所提供的证据，能够推断出在签订合同的过程中承诺人完全能够了解到相关的技术内容，而且双方未签订任何保密协议，则应当认定在合同签订的过程中该技术就已经被公开（至于所公开的内容是否与专利的权利要求相同则另当别论），而不必再考虑提交技术情报和资料、交付产品的行为是否发生以及何时发生的问题。

反之，如果证据不足以证明上述事实，则不应认定该技术在签订合同的过程中发生了"一次公开"。专利复审委员会第547号无效宣告请求审查决定便属于此种情况。

该案中请求人所提供的证据是申请日之前双方当事人签订的一份有关"LS500型螺旋输粉机"的购销合同，证据表明，在签订合同时产品的设计图纸尚未完成，所以其间不可能存在"一次公开"的问题。又由于产品的实际供货日期在申请日之后，故合议组认为所有的证据均不足以证明申请日之前该技术已被公开这样一个事实。

以前，之所以对合同所涉及的保密问题会产生两种不同的看法，与原《技术合同法》及原《经济合同法》中对有关问题的规定不够明确有关。

值得庆幸的是，在1999年10月1日生效的《合同法》中，对合同的种类作了新的划分，对保密问题也作了进一步明确的规定。原《经济合同法》中的购销合同被归入买卖合同，在技术转让合同中，取消了原《技术合同法》中的"非专利技术转让合同"，设立了"技术秘密转让合同"（《合同法》第三百四十二条），并且明确规定：技术秘密转让合同的让与人和受让人均应当"按照约定""承担保密义务"（《合同法》第三百四十七条、第三百四十八条），而且"技术转让合同中的受让人应当按照约定的范围和期限，对让与人提供的技术中尚未公开的秘密部分，承担保密义务"（《合同法》第三百五十条）。在《合同法》第三十一条中还明确规定：合同的内容以承诺的内容为准。这就为今后认定合同与技术公开问题提供了一个良好的基础。

4. 欧洲专利局的几个观点

如上所述，对于合同与技术公开的问题，《专利审查指南2010》中未作任何具体规定。但众所周知,《专利审查指南 2010》基本上是参照《欧洲专利局审查指南》制定的,或者说目前国家知识产权局的审查基准与欧洲专利局的审查基准是比较接近的。因此,看看欧洲专利局是如何处理这类问题的,对于我们还是有一定参考价值的。

(1)在《欧洲专利局审查指南》D 部第 5 章第 3.1.1 节(关于公开使用的类型)中规定:

"Use may be constituted by producing, offering, marketing or otherwise exploiting a product, or by offering or marketing a process or its application or by applying the process."

从中可以看出,"offering"也是公开使用的方式之一。在法律出版社出版的《英汉法律词典》中将"offer"一词解释为:"1. 要约;报价;发价;出价;发盘;2. 提供,贡献,给予……"❶ 何谓要约?《合同法》第十四条规定:"要约是希望和他人订立合同的意思表示,该意思表示应当符合下列规定:(一)内容具体确定;(二)表明经受要约人承诺,要约人即受该意思表示约束。"由此可见,签订合同过程的第一步便是要约。欧洲专利局将合同的签订过程,更准确地说将合同签订之前要约人向承诺人提供有关信息的过程,也视为技术公开的行为之一。

(2)在《欧洲专利局审查指南》D 部第 5 章第 3.1.3.1 节(技术内容为公众所知的一般原则)中规定:如果该主题内容(subject-matter)的有关知识有可能(It was possible)被公众中的一些成员得知,而且其间不存在任何秘密使用或禁止扩散的限制,则该主体内容被视为被公众所知。例如,假如一件物品被无条件地卖给了公众中的一个成员,由于购买者可以从该物品中获取任何有关的知识,所以该物品便被视为被公众所知。

(3)在《欧洲专利局审查指南》D 部第 5 章第 3.1.3.4 节列举了一个产品被获知的例子:一种用来生产轻质建筑板的压力机被安装在一家工厂的库房中,虽然门上写有"未经许可不得入内"的字样,但是有关的客户可以进入观看该压力机,证据表明该公司并不将这些参观者视为竞争的伙伴。这些参观者虽然不是真正的专家,但也并非完全的外行。该压力机的结构简单,任何人只要一看便可了解其中与发明相关的基本特征。由于这些人不受任何保密的约束,所以他们可以将这些情报自由地告诉任何人。

(4)欧洲专利局判例法(Case law)C 部第 1.2.2 节对"公众"的概念作

---

❶ 夏登峻. 英汉法律词典 [M]. 3 版. 北京:法律出版社,2008.

了具体解释：如果仅仅是社会公众中的一个成员处于可以得知并理解某情报的位置，而且其间不存在任何保密约束，则该情报视为被公众所知。在 T482/89 判例中，申诉委员会认为：只要购买者不承担任何保密义务，产品的一次销售足以使该销售产品处于为公众所知的状态，不必证明其他人也已经得知了该产品的内容。即使该产品被卖给一个非专业人员（T953/30、T969/90 及 T462/91），或者该情报仅为有限的人员得知（T8773/90、T288/91、T292/93）亦是如此。

（5）在欧洲专利局判例法 C 部第 1.2.3 节的判例 T173/83 中阐明了申诉委员会的另一个观点：送给客户的技术说明书不应被视为保密的情报。

从欧洲专利局的上述观点中可以归结出以下几点：

（1）要约是技术公开的方式之一。

（2）了解技术情报的人数的多寡与技术是否被公开无关。

（3）只要不负有保密责任，便可视为"其他人可以获知"。

这些观点似乎可以供我们在分析合同与技术公开之间的关系时参考。

5. 案例分析

笔者曾经审理过一件无效宣告请求案件，该案所涉及的专利是一种"缫丝机加热装置"。请求人请求无效的理由是该专利不具备新颖性，所提供的证据包括：

（1）一份与该加热装置有关的产品销售合同。

（2）一份合同双方签订的协议书。

（3）一份有关该加热装置的可行性论证书。

上述合同的签订日期在该专利的申请日之前，产品的供货日期也在申请日之前。

请求人认为，根据上述合同及协议书，可以证明该专利所述的加热装置在其申请日之前就已经被公开并进行销售了，由于在合同中没有保密条款，故这种销售属于公开销售，该专利不具备新颖性。

专利权人则认为：该专利所述的装置是专利权人受合同中的另一方当事人委托而完成的一项技术成果，在双方之间并不存在"保密"问题。但是，该合同和协议书是专利权人受对方委托，为了特定的目的，针对特定的人（委托方），在特定的场合（委托方一生产车间）进行的，仅仅局限于对方部分职工，并非公众中任何人都能看到和使用的。因此，上述公开仅仅是在委托与被委托方这一特定范围内的公开，并非公知公用的现有技术，上述证据不能破坏该专利的新颖性。

根据上述三份证据，合议组首先确认了以下事实：①上述购销合同中所述的供热系统就是该专利权利要求 1 所要求保护的加热装置；②该装置在该专利的申请日之前就已经被安装和使用了。

根据请求人与专利权人所提供的证据及所陈述的意见可以进一步得知：在上述合同签订时该加热装置的设计方案尚未形成，该产品并非供方的定型产品，所以该销售合同实际上带有技术开发合同的性质。基于以上事实，笔者认为：该案在签订合同的过程中不存在"一次公开"的问题，或者说，其"要约"（offer）的过程并未构成对该专利的技术公开。

应当如何认定合同签订之后、申请日之前的产品销售行为，专利权人认为："该合同和协议书是专利权人受对方委托，为了特定的目的，针对特定的人（委托方），在特定的场合（委托方一生产车间）进行的，仅仅局限于对方部分职工，并非公众中任何人都能看到和使用。因此，上述公开仅仅是在委托与被委托方这一特定范围内的公开，并非公知公用的现有技术"。

该观点的核心是"特定人"和"特定场合"。

什么是特定人？《专利审查指南 2010》中并未对此作出任何定义，"特定人"一词源于日本，按照日本特许厅的定义，"特定人是指与发明人有关系并且为发明人保密的人"。所以，"特定人"与"个别人"是两个不同的概念，"特定人"应当负有约定的或者默契的保密义务。如果仅仅以"合同是在双方当事人之间的行为"为由，便认定该当事人属于特定人的话，那么，通常在商店中发生的售货员与顾客之间的买卖行为也应当视为发生在"特定人"之间的行为，因为这种买卖关系通常也是在一个售货员与一个顾客之间进行的。

笔者认为，特定人与非特定人的一个重要区别在于其间是否存在排他性。如果在合同中既不存在约定的保密条款，双方之间也不存在默示的保密义务，那么，这种合同买卖关系与商店里所发生的买卖关系实质上是相同的，都不具备排他性，其区别仅在于买卖次数不同而已。对于该案来说，由于合同中不存在保密条款，也没有证据证明其间存在默示的保密义务，故合同中的另一方当事人不应视为特定人。

根据合同，该加热装置在申请日之前便被销售给合同的另一方当事人了，应当如何认定这种行为及其所产生的后果，对特定人的不同理解导致了两种不同的看法。有人认为，这种销售行为仅发生在该合同的当事人之间，不应视为公开销售；也有人认为，尽管上述加热装置从设计到销售都属于专利权人与合同中另一方当事人之间的行为，该过程的公开范围是有限的。但是，由于在整个过程中并不存在任何保密的约定，即使这种销售行为仅仅发生了一次，也已经构成了技术的公开。后者基本与上述欧洲专利局的观点（2）和（4）相符合。

在该案中，虽然证据所证明的仅仅是一次销售行为的发生，但是并没有证据证明在这种销售行为之后有任何保密义务的存在，这种状况便将导致其他的社会公众也有可能获得该技术。所以这种销售应当属于公开销售的行为。

笔者比较同意后一种观点。该案最终以该专利产品在申请日之前已公开销售和使用为由被宣告无效。

（九）关于"出版物公开"的几个问题❶

根据《专利法》第二十二条的规定，"出版物公开"是构成"现有技术"的重要方式之一，据此，在请求宣告专利权无效的程序中，申请日之前的"公开出版物"也就成了请求人请求宣告专利权无效的主要证据。《专利法》及《专利法实施细则》中，并未对"出版物公开"或"公开出版物"作出直接、明确的定义，但在《专利审查指南2010》第二部分第三章第2.1.2.1节对"出版物"和"公开"这两个概念分别作了如下的解释。

出版物包括各种印刷的、打字的纸件，例如专利文献、科技杂志、科技书籍、科学论文、专业文献、教科书、技术手册、正式公布的会议记录或者技术报告、报纸、小册子、样本、产品目录等。

出版物不受地理位置、语言或者获得方式的限制，也不受年代的限制。

出版物的出版发行量多少、是否有人阅读过、申请人是否知道是无关紧要的。

对于印有"内部资料""内部发行"等字样的出版物，确系特定范围内要求保密的，不属于本规定之列。

出版物的印刷日为公开日，如果印刷日只写明年月或者年份的，则以所写月份的最后一日或者所写年份的12月31日为公开日。

由此可见，《专利审查指南2010》对"出版物"的定义是非常宽泛的，而且属于一种列举性的、开放性限定；对"公开出版"的要求也是很宽松的——仅仅排除了标有"内部资料""内部发行"的出版物。

但是在专利复审委员会对无效请求案的审理过程中，问题并不如此简单。有些合议组在判断一份证据是否属于"公开出版物"时，往往附加了一些额外的判断标准。查看一下专利复审委员会历年来的无效审查决定就会发现：围绕

---

❶ 该文首次发表于2001年。

着"出版物公开"的问题，不同的合议组对于相同的证据曾作出过不同的认定。

本文拟结合复审委员会所作出的决定，对与"出版物公开"有关的几个问题谈点看法。

1. "出版日"与"版权日"

在无效请求所提供的证据中，经常会遇到来自国外的印刷出版物，例如一份产品目录、一份产品说明书或产品的操作手册，在其封面或封底往往印有一些与版权有关的信息。

例如笔者曾参与审理了一件无效请求案，无效请求人提供了一份在美国印刷的产品说明书，其封面印有"Copyright 1996，××Company，Printed in USA"的字样。如何认定"Copyright 1996"这类标识所代表的内容，笔者查看了专利复审委员会历年来的有关无效审查决定，发现专利复审委员会内部对此问题的观点并非一致，有的决定认为它表示的是该出版物的版权日，该日期并非其公开出版日（如第3029号无效审查决定）；有的合议组则认为它表示的是该书的出版日（如第1034号无效审查决定）。这样，两种不同的认定就导致了两种完全不同的审查结论。

如何认定"Copyright 1996，××Company，Printed in USA"这类标识的含义，我们不妨查看一下与版权有关的法律、法规和公约。

根据《著作权法》及其实施条例的规定，著作权自作品完成之日起产生，无须履行任何手续。虽然目前世界上大多数国家都采用了这种方式，但仍有部分国家要经过必要的登记注册手续方可获得版权。

针对这种状况《世界版权公约》第三条规定：在缔约国内部，对于要求履行手续方可获得版权的国家来说，对那些在该国之外已经出版而其作品又非本国国民的作品，应当承认其版权，即不应当强求其履行本国所需的手续。但是要有一个条件，即**这些作品是作者或版权所有者授权出版的，并且自初版之日起，在所有各册的版权栏内，标有的ⓒ符号，注明版权所有者之姓名、初版年份等**（... if from the time of the first publication all the copies of the work published with the authority of the author or other copyright proprietor bear the symbol accompanied by the name of the copyright proprietor and the year of **first publication** placed in such manner and location as to give reasonable notice of claim of copyright.）。（见《世界版权公约》第三（1）条。）

根据《世界版权公约》的上述规定就不难理解，既然大多数国家均承认版权是自动生成的，为什么在某些国外的出版物中仍要印上上述的版权标识。而且据此也可以确认，在该版权栏内的年份就是指该出版物的"出版年份"，即该年份表示的是"出版日"而并非"版权日"。

对于"出版物"来说，"出版日"只是问题的一个方面。在上述无效请求案中，无效请求人所提交的证据是一份产品说明书。即使认定了该出版物是1996年出版的，对于"产品说明书"是否可以看作"公开出版物"也是双方当事人的一个争执点，需要合议组进行判断，从上述版权标识中是否可以继续找到有关信息。

《世界版权公约》第六条规定：**本条约所用"出版"一词，系指以有形形式复制，并在公众中发行，以供阅读或欣赏（"Publication"**, as used in this Convention, means the reproduction in tangible form and the general distribution to the public of copies of a work from which it can be read or otherwise visually perceived. ）。

从《世界版权公约》第三条中可以得知该产品说明书是1996年首次"出版"的，从《世界版权公约》第六条中又进一步得知"出版"一词具有公开发行的含义，将两者结合起来通过逻辑推理就有足够的理由认定标有上述版权标识的出版物属于1996年出版的"公开出版物"。

2. "产品说明书"的属性

在上述案例中，如果根据《世界版权公约》第三条和第六条对这份标有版权标识的国外产品说明书认定为该产品说明书属于公开出版物，那么便会带来一个不容回避的问题——对不带有版权标识（但印有出版日期）的，例如国内的产品说明书是否也可以认定为"公开出版物"？

通过以上分析可以得知，在出版物上印有版权标识只是为了确认该出版物在该印刷国家已经享有版权（但并不一定是经过登记注册），以便自动形成在其他国家版权保护。很显然，对于版权自作品完成之日起自动产生的国家来说，有无这种标识并不能改变该出版物的任何属性，或者说，标识与不标识版权信息对该出版物的性质而言并无本质差别。

在专利复审委员会历年来的无效审查决定中，对于产品说明书的问题也存在着两种不同的观点。

笔者曾查看了专利复审委员会以往所作的39件与"产品说明书"有关的无效宣告请求审查决定，其中大部分"决定"因该产品说明书中未标明出版日期而不能作为有效证据，故合议组未对产品说明书的属性再作进一步评述。

但也有5件无效宣告请求审查决定对产品说明书的属性作了直接或间接的评述。其中有3件认为产品说明书属于公开出版物（无效宣告请求审查决定第

167 号、第 380 号、第 1051 号）；有 2 件认为产品说明书不同于产品样本，不属于公开出版物（无效宣告请求审查决定第 821 号、第 1013 号）。

后者的主要理由是：产品说明书不同于普通书籍和产品样本，它既不是通过书店公开销售的书籍，也不是公开散发的宣传品，而是伴随着产品的销售被送到消费者手中的，所以其公开日期不应当以该说明书上所标识的出版（印刷）日期为准，而应当以其公开销售的日期为准。

按照这种观点，产品说明书就不能够作为"现有技术"的"直接证据"使用，而只能视为"间接证据"。这样，要想证明该出版物为公众所知的事实，还必须附以销售行为的证据（例如销售发票、销售合同等），以认定该产品说明书为公众所知的具体时间，从而形成一个完整的证据链。

从形式上看，上述两种观点的主要分歧在于对产品说明书公开日期的认定方式有所不同，但实质上涉及对产品说明书本身属性认定的问题，即产品说明书究竟是不是公开出版物的问题。如果属于公开出版物，在无效请求程序中它便可以作为"直接证据"使用，否则只能作为"间接证据"使用。

由于产品说明书印刷后的发行方式比较特殊，社会公众获得该出版物的主要途径不是通过购书的方式直接获取的，故按照某种观念将产品说明书从公开出版物中排除出去也有一定的道理，因为这是着眼于实际发生的情况而得出的结论。但是，这种以"实际发生的情况"为依据而作出的判断却不符合国内外审查指南的一些基本原则。

首先，如果将这种判断方式推广用于一般出版物，便会与我国现行《专利审查指南 2010》的规定相抵触。

例如，一般情况下一本书或一份刊物的公开销售时间（或者社会公众实际获得该出版物的时间）都迟于书刊上所记载的印刷时间，两者之间往往存在一个时间差。如果"着眼于实际情况"，就应当将一本出版物的实际发行时间或读者实际购得的时间视为其公开日。

这样，要想证明一本书或一份刊物为公众所知的时间，还应当附以其他间接证据（例如销售发票、公开发行证据等）。然而在《专利审查指南 2010》第二部分第三章第 2.1.2.1 节对此却作了明确的规定：**"出版物的印刷日视为公开日"**。出版物的公开**"不受获得方式的限制""有没有人阅读过是无关紧要的"**。

《专利审查指南 2010》的上述规定也是符合国际惯例的，例如：《欧洲专利局审查指南》中明确规定：对于以"书面方式为公众所知"来说，**"为公众所知的方式是不受任何限制的"**（见《欧洲专利局审查指南》C 部第 4 章第 5.1 节）。这种规定本身就排除了对出版物印刷之后的公开方式进行查证的必要性。

在《PCT 国际检索和初步审查指南》第十一章第 11.12 节规定：如果在相关日公众中的成员可以接触并获得书面文件的内容，且对所获得知识的使用或传播不存在保密限制，该书面公开文件则被视为可以被公众获得，应当按照上述原则确定缺少索引或目录的文件，其内容是否被公众获得。当可被公众得到的文件的日期只给出月份或年份，没有给出具体的日期，则推定该文件的内容分别在该月或该年月的最后一日已被公众获得，有相反的证据除外。

如果说中国、欧洲及 PCT 对公开出版物的定义还不够清晰的话，在日本特许厅制定的审查指南中对"公开出版物"作了更为明确的规定："**出版物**"是一种经过复制、供信息交流用的文件、图案或其他类似的媒介物，它通过公开散发（**distribution**）的方式向公众公开其内容。所谓"公开散发"是指将上述的出版物置于非特定人（**non-specified persons**）能够阅读或观看的情形之下，并不需要存在某一个人实际上已经获得该出版物的事实。

该审查指南还进一步规定：如果在一份出版物上记载了出版时间，则该时间就被假定为其公开散发的时间（见日本特许厅审查指南第二章第 1.3.4 节）。

通过以上所援引的国内外规定，不难看出"公开出版物"应当具有以下几个特点：

（1）它是经过**复制**的。

（2）其作用是供**公开交流**用的。

（3）出版物上印制的日期即为其公开日期，**是否有人得知以及通过何种方式得知**是无关紧要的。

简而言之，就专利审查中的"公开出版物"而言，"出版"一词的实际含义是"复制"；"公开"一词的实际含义是不限定于"特定人"的范围。一切经过复制的、用于公开交流的书面文件（专利文献、科技杂志、科技书籍、科学论文、专业文献、教科书、技术手册、正式公布的会议记录或者技术报告、报纸、小册子、样本、产品目录等）都应当被视为"公开出版物"。

从这个意义上说，经过复制的、供产品（直接的或潜在）用户使用的"产品说明书"是具备公开出版物的属性的。

通过以上分析还不难看出，上面提及的专利复审委员会的某些"决定"中认为产品说明书不是公开出版物的理由（考虑发行渠道、公众实际得知的时间等所谓的"实际发生的情况"），也正是各国审查指南中明确排除的理由。

其次，对于"公开出版"与"非公开出版"之间的界限问题，在我国现行的《专利审查指南 2010》中也已作了专门的规定，明确地将印有"内部资料""内部发行"等字样的出版物排除在"公开出版物"之外，除此之外并未涉及其他情况。具体说，并未将产品说明书这类出版物排除于"公开出版物"之外。

综合以上几个方面考虑，笔者认为将产品说明书认作公开出版物，并以其印刷日期作为公开日更合乎我国《专利审查指南2010》的规定，也更符合国际惯例。

当然，对于产品说明书来说，在其作为证据使用时，如何确认其真伪性可能会存在一些困难，但话说回来，这类困难对于其他类型的出版物来说也是同样存在的，例如《专利审查指南2010》中所规定的"小册子""技术报告"等。由于这个问题涉及证据真实性的问题，而本书所讨论的是证据的属性问题，这是两个不同的问题，故在此暂不展开讨论。

3. 关于"企业标准"

在宣告专利权无效的请求案中，"企业标准"也是请求人经常使用的一种证据。"企业标准"是否属于公开出版物，专利复审委员会内部观点也不尽一致。

例如，在第940号专利无效宣告请求审查决定中就认为"企业标准"属于公开出版物，认为"我国的企业标准在同行业之间是公开的，任何对标准感兴趣的有关人士均可调阅"。

而在第119号、第693号、第1064号无效宣告请求审查决定中却认为"企业标准"不属于公开出版物，"是工厂内部使用的标准"。

应当说，"企业标准"与一般的"出版物"还不太一样，它虽然也是以印刷物的形式存在，但流通范围有限，所以也有人主张在无效宣告请求中，将企业标准作为"以其他方式为公众所知"的证据或一般"物证"来使用可能更为合适。

由于在此所要讨论的不是"企业标准"的证据类别问题，而是其属性，所以不妨避开"出版物"一词，而采用一种中性化的称谓——"资料"，即"企业标准"究竟属于一种公开性的资料还是保密的资料？

要判定"企业标准"的公开属性，首先要对"企业标准"的性质、作用及其制定过程有所了解。

为什么要制定"企业标准"？

我国的标准法体系包括国家标准、行业标准、地方标准和企业标准四类技术标准，《标准化法》第六条规定："企业生产的产品没有国家标准和行业标准的，应当制定企业标准，作为组织生产的依据。企业的产品标准须报当地政府标准化行政主管部门和有关行政主管部门备案。已有国家标准或者行业标准的，国家鼓励企业制定严于国家标准或行业标准的企业标准，在企业内部适用。"

《标准化法条文解释》（1990 年 7 月 23 日国家技术监督局第 12 号令发布）中又对上述内容作了进一步解释：组织生产依据的标准，除合同另有规定的外，应是交货所依据的标准，也是监督检查所依据的标准。其中的"内部适用"是指"标准可以不公开，也可以不要求备案"。如果该标准作为交货依据，该标准必须备案。

从以上规定不难看出，企业标准包括两种情况，一是没有国家标准或者行业标准的，必须制定企业标准；二是已有国家标准或者行业标准的，进一步制定更为严格的标准。但无论哪一种情况，作为交货依据的都必须备案。内部适用的企业标准仅限于第二种情况，这种企业标准可以不公开，也可以不要求备案。言外之意，凡经备案的企业标准一般都具有公开的属性。

《标准化法条文解释》还规定：**制定标准是指制定部门对需要制定标准的项目编制计划，组织草拟，审批、编号、发布的活动。**由此可见，企业标准的制定过程包含有"发布"的环节，这便构成了将企业标准对外公开的一种方式。

另外，在《标准化法实施条例》第二十四条还规定：**"企业生产执行国家标准、行业标准、地方标准或企业标准，应当在产品或其说明书、包装物上标注所执行标注的代号、编号、名称。"**这样，作为产品的购买者或使用者，完全可以直接获得该产品企业标准的有关信息，从而对产品的质量进行检查、监督。这也从另一个侧面表明了经备案后的企业标准具有供社会公众查阅的公开性。

通过以上法律、法规可以看出：经备案的企业标准在一般情况下是具有"公开性"的，因为它经过了"发布"的程序，并且在备案之后可供购买者或使用者查询。之所以说"一般情况下"，是为了留有余地，在实际情况中不排除企业对所备案的企业标准有保密要求的情况，但此时备案者应事先声明，并由主管部门在其备案的企业标准上予以注明。

例如，北京市技术监督局在 1991 年 1 月 10 日发布的《关于发送北京市企业产品标准备案配套文件格式的通知》中设计了一套企业标准备案表格，其"企业产品标准备案表"中就包含"是否保密"一栏。也就是说，如果对所备案的企业标准有保密要求，则在填写表格时应予以注明。

也有的地区将企业标准作为保密资料进行管理，例如，《上海市企业产品标准备案管理办法》第九条规定："受理备案部门未经制定单位同意，不得泄露或扩散《标准》的内容或文本。"

北京市和上海市的上述规定实际上已经表明了一个问题——企业标准一般

情况下是不具有保密性的。如果企业标准本身就具有保密的属性，为什么还要在备案时进行保密性选择或额外制定保密性管理规定呢，这不是多此一举吗？

通过以上分析可以看出：着眼于企业标准的制定初衷及其所担负的作用，经备案的企业标准其常态应当是不具有保密性的，但基于我国的具体国情，尤其是近年来，随着大家知识产权保护意识的增强，不同地区对企业标准先后采取了不同的管理制度，也确实存在一部分企业标准处于保密状态的现实情况。

因此在审查专利无效宣告请求案件时，对于企业标准一类的证据，既不应当一概视为公开的，也不应当一概视为保密的，而应当根据具体案情进行处理，除了考虑企业标准的一般属性之外，还要考虑我国的具体国情。

基于企业标准在常态下是公开的，让举证人证明企业标准的公开性通常比较困难，因此举证人可以免除证明其公开性的责任，举证责任应当由对方承担，即如果当事人能够举出有效证据证明该企业标准处于保密状态，则该企业标准就具有保密性。

鉴于目前有的地区对企业标准制定了强制性的保密规定，有的地区采取选择性保密的方式，还有的地区对保密问题未作任何进一步规定这一具体情况，让对方当事人举证证明其保密性则是完全可能的。所以，从操作的层面考虑，由对方当事人对某一企业标准的保密性进行举证可能更具有合理性和可行性。

值得说明的是，近年来随着大家对知识产权的重视，对企业内部的技术资料都加强了保密管理，企业标准往往也多以"保密"的性质予以备案，故更多的企业标准被认定为不具有公开性。

（十）从一无效案件看《专利法》所称的"技术方案"[1]

《专利法》第二条第三款规定："实用新型，是指对产品的形状、构造或者其结合所提出的适于实用的新的技术方案。"

在专利的审查、复审及无效宣告过程中，时常会遇到涉及上述条款的案件。

什么是《专利法》所称的"技术方案"？虽然《专利审查指南2010》对此作出了定义，但目前大家对这一概念的理解尚存在分歧。在许多无效请求案件中，某项专利要求保护的客体究竟是不是属于一个"技术方案"往往成为双方当事人争执的焦点，审查员对"技术方案"这一法律概念的理解也不尽相同。

几年前，笔者曾在一篇文章中结合几个具体案例对"技术方案"的认定谈

---

[1] 该文首次发表于2004年。

了一些看法。文章发表后不久，文中所涉及的一个案例经北京市高级人民法院的审理已经作出了终审判决。在此拟对该案例作具体介绍，并结合专利复审委员会对该案"无效宣告请求"的审查情况，以及北京市第一中级人民法院、北京市高级人民法院对该案的一、二审所作的判决，对"技术方案"的认定问题作进一步分析讨论。

1. 案情介绍

一件实用新型专利（ZL 00249571.6），其名称为"防伪铆钉"。

从该专利的说明书可以得知，该防伪铆钉主要用于纸板材料的连接。现有技术中的这类铆钉，其顶部大致为光滑的表面。该实用新型通过在铆钉的顶部压制出凹凸不平的复杂图形，来为各品牌提供专用的防伪手段，同时使消费者看到外包装后即可识别产品的真伪。该实用新型所要求保护的铆钉其结构如图 3-16 所示：图 3-16 中标号 1 表示铆钉的铆沿，标号 2 表示铆钉的铆体，标号 11 表示的是铆沿上端面压制有凹凸部的结构。

图 3-16

其权利要求 1 如下：

1. 一种防伪铆钉，所述铆钉由铆沿和铆体构成，其特征在于，所述铆沿上端面压制有凹凸部。

2002 年 7 月，一无效请求人对该实用新型专利提出无效请求。请求人认为：该专利不符合《专利法》第二十二条规定的新颖性及创造性，同时也不符合《专利法》第二条第三款的规定。在无效审查过程中，由于请求人所提供的证据不足以破坏该专利的新颖性和创造性，争论的焦点就被集中在该专利是否符合《专利法》第二条第三款的问题上。

请求人认为：该专利以防伪为目的，而"防伪"不属于"技术效果"，而且该效果需要通过人体的感官来辨认，故该专利不属于一个"技术方案"，不符合《专利法》第二条第三款的规定，不能被授予实用新型专利权。

专利权人则认为：在本专利的权利要求 1 中记载了该铆钉的具体结构特

征——"所述铆钉由铆沿和铆体构成"及"铆沿上端面压制有凹凸部"。由于本专利权利要求1中所记载的方案涉及产品的形状和构造，该方案属于利用自然规律的技术特征的集合，故符合《专利法》第二条第三款的规定。

2. 无效审查的结论

在该案中，双方当事人的主要争执点是应当如何理解《专利法》第二条第三款所称的"技术方案"。

什么是《专利法》所称的"技术方案"？

《专利审查指南2010》第一部分第二章第6.3节对此作了如下解释：技术方案是申请人对其要解决的技术问题所采取的利用了自然规律的技术特征的集合。

在上述解释中，有两个概念是明确的：①所谓"技术方案"是指若干"技术特征"的集合；②"技术特征"则是指对"自然规律"（自然力）的利用。其实，只要将这两个概念结合在一起，"技术方案"的含义就已经很清楚了。以这种观点来分析该案例，应该不会有太多的争议，因为其权利要求1中包含了有关产品的具体结构特征（铆钉由铆沿和铆体构成，在所述铆沿上端面压制有凹凸部），而且该特征是通过压制的方式形成的，它属于对自然规律或自然力的具体应用。

所以该实用新型属于"利用了自然规律的技术特征的集合"，符合《专利审查指南2010》的上述规定。

双方当事人之所以产生观点的分歧，主要是因为在《专利审查指南2010》的上述解释中，还附加了一个前提——"对其要解决的技术问题所采取的"，也就是说，按照《专利审查指南2010》的上述规定，判断一项专利（申请）是否属于一项技术方案，不仅要看其构成——是否属于"技术特征的集合"，而且要看其目的（效果）——该方案必须能够解决"技术问题"。

然而，对于什么是"技术问题"，《专利审查指南2010》并未作出进一步解释。这正是导致上述观点分歧的根源之所在。

什么是"技术问题"？就其字面含义而言，可以有两种不同的理解。

一种理解是着眼于"问题"本身的性质，即所解决的问题是"技术性"的。基于这种理解，以"美观"甚至"防伪"为发明目的（需要解决的问题）的发明或者实用新型等就有可能被排除在"技术问题"之外。

另一种理解是着眼于解决问题的"手段"，即凡借助于"技术的手段"而解决的问题就是"技术问题"，它与问题本身的性质无关。基于这种理解，以"美观""防伪"等为目的的方案，只要它是通过技术的手段，即借助于自然力

（并非依靠个人的技艺或能力）来实现的，均可以作为实用新型专利的保护对象。合议组认为这种理解方式更为合理，更具可操作性。

在确定一项发明创造是否属于实用新型专利的保护范围时，还需要对其说明书中所称的"发明目的"进行考虑吗？

我们知道，对于一项专利申请来说，其"发明目的"是针对"解决的问题"及"产生的效果"而言的，而"解决的问题"及"产生的效果又是伴随着"技术方案"而客观存在的，它们与该技术方案所包含的每一个技术特征是相互对应的。一项技术方案形成之后，发明目的（技术效果）便隐含在其中。

在专利申请的过程中，其"发明目的"的提出和确立具有一定的可变性和主观性。一项发明创造的技术方案有可能包含着若干个发明目的，针对不同的对比技术，其发明目的可能有所不同。正因为如此，在专利审查的过程中，根据审查员所检索出的对比文件，申请人可以修改其"发明目的"。

至于认定"防伪"不属于"技术问题"，"需要通过人体的感官来辨认"的效果不属于"技术效果"更是说不出太多的道理。

例如：通过在纸币中嵌入金属丝的方式进行防伪，难道不属于一种技术方案，不能申请发明或者实用新型专利吗？

又如：一项发明创造对音箱的结构进行了改进，改进后的音箱可以降低共振，从而产生更加悦耳的音色，使人听起来更舒服。这种效果显然是通过人的感官而实现的，是对听觉器官的一种满足。难道能够因为"悦耳"不具有所谓的"技术性"而将其排除于"技术方案"之外吗？

翻开《国际专利分类表》第8版的B分册，可以看到在分类表中不仅为产品的装饰设立了专门的大类（B44装饰艺术），而且明确规定"其产生的效果或标记应当是由肉眼判定的"（见分类表B44的附注），在B44B的小类名称中也明确写明"压花制品入C14B"（即分类表C14B中包括压花制品）。由此可见，具有装饰性的产品并未被排除在专利保护的范围之外。其中的B44F 1/12小组，内容为"证券或钞票在图样上或重要的防范伪造措施"，可见"防伪技术"已经被收入《国际专利分类表》内，属于专利的保护范围。

对于什么样的方案可以受到专利保护，以及如何看待专利申请中的"技术"问题和"美感"问题，还可以借鉴欧洲专利局的有关规定。

《欧洲专利局审查指南》C部第四章规定："如果一种美学效果是通过一种技术结构或其他技术手段获得的，虽然该美学效果本身不能被专利保护，但获得该美学效果的手段却可以受到保护。例如一种织物，通过采用一种层状结构而获得迷人的外观，则采用该结构的织物可以被保护。"

在上述案例中，在充分听取双方当事人意见的基础上，专利复审委员会该案合议组作出了第 4721 号无效审查决定。决定中就该案是否符合《专利法》第二条第三款的问题作出了如下结论。

合议组认为：该专利涉及一种防伪铆钉，在该专利的权利要求 1 中记载了该铆钉的具体结构特征——"所述铆钉由铆沿和铆体构成"及"铆沿上端面压制有凹凸部"。通过该专利的说明书可以看出：采用该专利的铆钉，可以对所封装的产品起到防伪的作用，产生了一定的防伪效果。

由于该专利权利要求 1 中所记载的方案涉及产品的形状和构造，该方案属于利用自然规律的技术特征的集合，故权利要求 1 所记载的方案就是一种技术方案。《专利法》中所称的技术效果是指通过技术的手段而取得的效果，由于该专利的防伪效果是通过一定的技术手段（即权利要求 1 所述的技术方案）而取得的，故该防伪效果就是其技术效果。由于该专利通过一种技术方案解决了一定的技术问题，产生了一定的技术效果，因此符合《审查指南 2006》第一部分第二章第 6.3 节的规定，即符合《专利法》第二条第三款的规定。

3. 一审判决

无效宣告请求人对专利复审委员会作出的第 4721 号无效宣告请求审查决定不服，向北京市第一中级人民法院提起诉讼。其理由是：

"该专利的防伪铆钉实质上是一种立体图案，不是对产品形状、构造或者其结合所进行的改进，不属于实用新型的保护范围。"

经审理，一审法院作出了"撤销专利复审委员会第 4721 号无效宣告请求审查决定"的第 513 号行政判决，其理由是：

"产品的形状及其表面的图案、色彩、文字、符号或者结合的新的设计，没有解决技术问题，不应属于实用新型专利保护的客体。而且在该专利的权利要求书中，产品的形状是在铆钉的顶端压制图案的方法，使得产品有一定的形状。但是，在所解决的技术方案方面，该专利只是通过在铆钉的铆沿端面上压制凹凸部，以凹凸部的图案以及图案的变化与他人产品相区别。而在权利要求书中却没有给出涉及的相关'技术方案'中产品的各个组成部分的安排、组织和相互关系。"

该判决还认为：该专利的权利要求书中没有记载防伪铆钉任何的紧固封装方法、功能和用途的内容，所以该专利的权利要求没有得到说明书的支持。

4. 二审判决

专利复审委员会对北京第一中级人民法院的第 513 号行政判决不服，遂向北京市高级人民法院提起上诉。第三人（专利权人）也提起上诉。

专利复审委员会的上诉理由是：

（1）一审判决认定事实不清：该专利所涉及的是一种产品，与"在铆钉的顶端压制图案的方法"毫无关系，而一审判决却将该专利认定为"在铆钉的顶端压制图案的方法"。

（2）一审判决适用法律不当：根据《专利法》及《审查指南2006》的规定，实用新型专利只保护产品，"方法"不属于实用新型的保护客体，方法特征或功能特征一般不允许写入实用新型的权利要求书中。而一审判决却认为权利要求书中没有记载防伪铆钉任何的紧固封装方法、功能和用途的内容，所以该专利的权利要求没有得到说明书的支持，这一认定显然违背了上述法律规定。

经审理，北京市高级人民法院作出第180号行政判决。二审法院认为：

根据《专利法》第二条第三款的规定，实用新型的保护范围，一是产品，二是涉及产品形状、构造等所提出的新的技术方案。又根据《专利审查指南2010》的规定，"技术方案是申请人对其要解决的技术问题所采用的利用了自然规律的技术特征的集合"。根据该案权利要求1的记载，首先，该专利是一种防伪铆钉的产品。其次，该专利的防伪铆钉由铆沿和铆体构成，特征在于铆沿上端压有凹凸部，而凹凸部正是该专利技术特征的集合，也正是由"凹""凸"技术特征的集合构成了该专利新的技术方案，从而产生了该专利防伪的技术效果。由此可见，该专利符合上述法律规定，属于《专利法》规定的实用新型专利的保护范围。因此，"一审法院判决认定事实不清，适用法律、法规错误，应予纠正。"

二审判决结果是：

撤销北京市第一中级人民法院第513号行政判决书。

维持专利复审委员会的第4721号无效宣告请求审查决定书有效。

5. 结 语

北京市高级人民法院作出的第180号行政判决是终审判决。该判决对专利复审委员会所作出的第4721号无效宣告请求审查决定予以肯定，这就意味着专利复审委员会该案合议组结合该案对《专利法》所称的"技术方案"的分析、认定是合法的。

虽然我国不采用判例法，但北京市高级人民法院作出的第180号行政判决，对于如何理解《专利法》第二条第三款的含义以及如何在专利案件中对"技术方案"进行认定，应当具有一定的指导意义。

（十一）"一案两请"有关问题的讨论❶

历经 30 多年的实践，中国的实用新型制度具有一定的生命力。它不仅受到国内申请人的青睐，而且还日益引起国外申请人的关注，近年来国外专利申请中"一案两请"的比例也在逐步提高。

由于中国的实用新型专利制度具有自己的特色，所以在其实践过程中难免遇到一些预想不到的问题。随着问题的不断解决，该制度逐渐得以完善。但是，目前仍存在一些问题。

1. "一案两请"的历史回顾

我国的《专利法》是 1984 年制定的。当时的《专利法》第二十二条明确规定：

"新颖性，是指申请日以前没有同样的发明或者实用新型在国内外出版物上公开发表过、在国内公开使用过或者以其他方式为公众所知，也没有同样的发明或者实用新型由他人向国务院行政管理部门提出过申请并且记载在申请日以后公布的专利申请文件中。"

上述"他人"的限定具有中国特色，意在将申请人本人排除在"抵触申请"之外，从而为专利申请人可以就同样的发明创造同时或先后向中国专利局提交实用新型专利申请和发明专利申请（俗称"一案两请"）提供了法律依据。

依照当时《专利法》及《专利法实施细则》的规定，申请人就同一件发明创造不仅可以先后提交两件专利申请，而且可以同时拥有实用新型专利和发明专利两项专利权，即所谓的"重复授权"。

该两项并存的专利权给技术市场带来了混乱。在 1992 年修订《专利法》时，虽然未对《专利法》第二十二条进行修改，但在《专利法实施细则》第十二条中增加了"同样的发明创造只能授予一项专利权"的规定。

针对该规定，《审查指南 1993》作出了相应的规定：同样的发明创造只能授予一项专利权，申请人需声明放弃已经获得的实用新型专利权，方可以授予其发明专利权；已经重复授权的专利，可以通过"无效宣告请求"的方式予以解决，即只允许一项专利权的存在。然而该规定在执行中又出现了新的问题："放弃"与"无效"具有不同的法律后果，"放弃"是自放弃之日起专利权不存在，而"无效"则是专利权自始即不存在，同一个问题在不同的程序产生不同的法律后果，这无疑又是一个矛盾。

---

❶ "一案两请"是指就一项发明创造同时申请发明专利和实用新型专利，该文首次发表于 2014 年。

在 2000 年修改《专利法》时，上述条款未作变动，但在《审查指南 2001》中将无效宣告程序中的"放弃"规定为"视为专利权自始即不存在"。这样就使其与"无效"的法律后果取得一致。

2005 年北京市高级人民法院作出的一件判决对"一案两请"的问题又提出了新的挑战。具体案情是：

舒某于 1991 年 2 月 7 日提交了一件实用新型申请，1992 年 2 月 26 日被授权，1999 年 2 月 8 日终止。

1992 年 2 月 22 日舒某又提交了一件发明专利申请，1999 年 10 月 13 日被授权。

针对其发明专利权，某请求人提出无效宣告请求，其理由是该发明"违反同样的发明创造只能被授予一项专利的规定，构成重复授权"。

专利复审委员会经审理后认为：该发明专利在授权时相应的实用新型专利权已经终止，不存在两项权利共存的情况，故不违反"同样的发明创造只能授予一项专利"的规定，决定维持专利权有效。

在行政诉讼一审中，北京第一中级人民法院认可"该案不存在两项权利共存的情况，不违反同样的发明创造只能被授予一项专利的规定"，维持了专利复审委员会决定。

在行政诉讼二审中北京市高级人民法院推翻了一审判决，撤销了专利复审委员会的决定。二审判决认为：①"同样的发明创造只能被授予一项专利"是指"只能被授予一次专利权"，而并非指"不允许两项权利共存"，将其理解为"不允许两项权利共存""于法无据"。由此对发明专利在后授权的合法性提出质疑。②其实用新型专利权终止之后，该技术已经进入社会公众可以自由使用的公有领域，将属于公有领域的技术又授予专利权构成了"重复授权"，故撤销了专利复审委员会的决定。

北京市高级人民法院的上述判决意见在社会上引起过争议。对于"一案两请"的"二次授权"是否违反"同样的发明创造只能授予一项专利权"的问题，笔者的观点是：按照当时《专利法》的规定，是允许对"同样的发明创造"进行"二次授权"的，其依据就是《专利法》第二十二条中的"他人"。如上所述，"他人"的存在就是为了发明专利的"二次授权"提供条件，否则就应当将《专利法》第二十二条中的"他人"删除，将抵触申请的范围扩大为"任何人"，避免自相矛盾。因此，按照当时的《专利法》，"同样的发明创造"被两次授权是"于法有据"的。

在对舒某一案进行的讨论中也暴露出《专利法》对"一案两请"的规定尚

存在缺陷：

一是"一案两请"有可能导致对一项技术的专利保护期超过 20 年；

二是将一项终止后的专利权再次授予专利权在合法性方面存在质疑，对社会公众也不公平。

为此，在 2008 年修改《专利法》时对第二十二条和第九条都进行了修改。将"他人"从第二十二条中删除了，并将第九条修改为：

"同样的发明创造只能授予一项专利权。但是，同一申请人同日对同样的发明创造既申请实用新型专利又申请发明专利，先获得的实用新型专利权尚未终止，且申请人声明放弃该实用新型专利权的，可以授予发明专利权。"将"一案两请""同日"提出申请，就可以避免保护期超过 20 年的问题；以"先获得的实用新型专利权尚未终止，且申请人声明放弃该实用新型专利权"为前提，可以避免"将一项已经终止了的专利权重新授予专利权"。该规定客观上也认可了对"一案两请""二次授权"的合法性。

2008 年修改的《专利法》基本上解决了"一案两请"中所遇到的主要法律问题。

2. 关于"同样的发明创造只能授予一项专利权"

对于如何理解《专利法》第九条中的"同样的发明创造只能授予一项专利权"这句话，业内仍存有争议。

有人认为这句话的含义是不允许"重复授权"（二次授权），"一项"是指"一次"；有人则认为"一项"并非指"一次"，即允许"二次授权"，只是不允许"权利共存"，其理由是《专利法》并未禁止"一案两请"，而"一案两请"的结果必然导致"二次授权"。

对此，我们不妨先参照一下国外的相应规定。以欧洲专利公约（以下简称 EPC）为例，该公约第五十四条规定：对于一件欧洲专利申请来说，申请日早于该申请、而公开日晚于或同于该申请的其他任何欧洲专利申请，在判断该申请的新颖性时均被视为现有技术（Additionally, the content of European patent applications as filed, of which the dates of filing are prior to the date referred to in paragraph 2 and which were published under Article 93 on or after the date, shall be considered as comprised in the state of the art）。

除此之外，《欧洲专利局审查指南》还对同一申请人、就同一发明、同日提出多件专利申请的情况作了如下规定：对同一申请人的同一发明不应当授予两项专利，是大多数专利制度共同接受的原则。可以允许一申请人就相同的说明书提出两份申请，但其权利要求书的保护范围应明显不同，而且是涉及不同的发明。然而，在少数情况下同一个申请人也可能提出两份或多份欧洲专利申请，其指定国相同，这些申请具有相同的优先权日期并且涉及同样的发明，此时应当告知申请人，他必须对其中的一份或多份申请进行修改，使之不再保护同样的发明，或者对其希望获得专利权的一项申请作出选择。（However it is an accepted principle in most patent granting systems that two patents shall not be granted to the same applicant for one invention. It is permissible to allow an applicant to proceed with two applications have the same description where the claims are quite distinct in scope and directed to different inventions. However, in the rare case in which there two or more European applications from the same applicant designating the same State or States and claims of those applications have the same priority date and relate to the same invention, the applicant should be told that he must either amend one or more of applications in such a manner that they no longer claim the same invention, or choose which one of those applications he wishes to proceed to grant. ）❶

由此可见，按照欧洲专利公约的规定，同样的发明创造在欧洲专利局只能被授予一项专利权，而"只能被授予一项专利权"就意味着拒绝"二次授权"（重复授权）。

我国的情况有所不同。由于"一案两请"的存在以及允许对此类案件进行二次授权，所以《专利法》就要对两者兼顾作出相应的规定。

仔细阅读《专利法》第九条，就会发现该条款在"同样的发明创造只能授予一项专利权"之后加入了一个重要的转折词——"但是"。"但是"意味着什么？意味着网开一面、其后面的情况是前述规定的一种例外。这种规定方式一方面坚持了"同样的发明创造只能授予一项专利权"的一般原则，另一方面也兼顾了我国对"一案两请"所采用的特殊政策。由于上述规定显然将"一案两请"从"同样的发明创造只能授予一项专利权"的约束中分离了出来。

所以，在解读2008年修改的《专利法》第九条时，其中的第一句话（"同样的发明创造只能授予一项专利权"）中的"只能授予一项专利权"，应当理解为"只授予一次专利权"，系指一般情况；而"一案两请"则属例外，允许"二次授权"。

3. 关于"终止"和"放弃"

不久前的一个案例又暴露出"一案两请"案件审理中的一个新问题。

具体案情是：一申请人就同样的发明创造同日递交了发明和实用新型专利

---

❶ Part G -Chapter IV –6 Guidelines for Examination in the EPO November 2017.

申请，它们的权利要求书相同，而且都包括 A 和 B 两项独立权利要求。实用新型随即对 A 和 B 予以授权。在发明专利的实质审查过程中，审查员指出 A 和 B 不具有单一性，于是申请人保留了权利要求 A，删除了权利要求 B，并声明放弃了已授权的实用新型，使发明得以授权。为保护权利要求 B，在收到授权通知书的两个月内，申请人又提交了一份包含 B 的分案申请。

问：此种情况下分案申请 B 是否有可能得到授权？

有人主张能，有人主张不能。前者是从合理性的角度考虑的，而后者则考虑其合法性。

笔者的观点是，由于分案申请 B 在授权之前已经因放弃而终止了，根据《专利法》第九条"先获得的实用新型专利权尚未终止，且申请人声明放弃该实用新型专利权的，可以授予发明专利权"的规定，显然不可以再对分案申请 B 授予发明专利权。

然而就其合理性而言，似乎没有不授予权利要求 B 发明专利权的理由，因为专利权人之所以放弃实用新型专利权，是为了满足"同样的发明创造只能授予一项专利权"的要求，影响权利要求 A 授予发明专利权的只是实用新型专利中的权利要求 A，按理讲，专利权人只需放弃实用新型专利中的权利要求 A 即可。但是根据《专利审查指南 2010》的现有规定，"主动放弃专利权的声明不得附有任何条件。放弃专利权只能放弃一件专利的全部，放弃部分专利权的声明视为未提出。"（见《专利审查指南 2010》第五部分第九章第 2.3 节）故专利权人将实用新型专利中的权利要求 B 一起放弃，并非专利权人的意愿，其结果并不合理。

除此之外，实践中还可能出现下述情况：

在"一案两请"中，有可能发明与实用新型专利的独立权利要求并不相同（保护范围不同），但与从属权利要求相比可能存在重叠。《专利审查指南 2010》第二部分第三章第 6.1 节规定："如果一件专利申请或专利的一项权利要求与另一件专利申请或专利的某一项权利要求保护范围相同，应当认为它们是同样的发明创造。"这样，一项发明专利的独立权利要求就有可能与一件实用新型专利的某从属权利要求构成"同样的发明创造"。按道理在发明专利授权前，专利权人只需放弃实用新型专利的从属权利要求即可，但基于《专利审查指南 2010》的上述规定，专利权人必须连同其独立权利要求一并放弃。这同样也不合理。

其实，只要对《专利审查指南 2010》略作修改，允许专利权人对实用新型专利权作部分放弃，就可以有效解决上述问题。既然专利权可以"部分无效"，为什么不可以"部分放弃"？就审查程序而言这种"部分放弃"也不存在任何障碍。

4. 关于"同样的发明创造"

对于《专利法》第九条的解读和落实，我们之前更多关注的是如何解读"只能被授予一项专利权"，而忽视了对其前提——"同样的发明创造"的理解和判断。

以上述舒某案为例，实际上其相关的发明专利（CN92106401.2）和实用新型专利（CN91211222.0）的权利要求是存在差别的。其发明专利申请的权利要求1是：

1. 一种立式或卧式双层炉排平面波浪形反烧炉排锅炉，其特征是上层水管反烧炉排是平面波浪形布置。"（参照图 3－17）

其实用新型的权利要求1是：

1. 一种主要由反烧炉排（2）、正烧炉排（1）和炉体（3）构成的高效节能双层炉排反烧锅炉，本实用新型的特征在正烧炉排（1）和反烧炉排（2）的各个炉条是间隔的一上、一下分两层构成波浪形排列。（参照图 3－18）

图 3－17　　　　　　　　　3－18

《专利审查指南2010》第二部分第三章第6.1节针对"同样的发明创造"作出了如下规定：

"两件专利申请或专利说明书的内容相同，但其权利要求保护范围不同的，应当认为所要求保护的发明创造不同。例如，同一申请人提交的两件专利申请的说明书都记载了一种产品以及制造该产品的方法，其中一件专利申请的权利要求书要求保护的是该产品，另一件专利申请的权利要求书要求保护的是制造该产品的方法，应当认为要求保护的是不同的发明创造。应当注意的是，权利要求保护范围仅部分重叠的，不属于同样的发明创造。例如，权利要求中存在以连续的数值范围限定的技术特征的，其连续的数值范围与另一件发明或者实用新型专利申请或专利权利要求中的数值范围不完全相同的，不属于同样的发明创造。"

但是，"如果一件专利申请或专利的一项权利要求与另一件专利申请或专利的某一项权利要求保护范围相同，应当认为它们是同样的发明创造。"即两份权利要求书中不允许存在保护范围相同的权利要求。

将上述两个权利要求对比一下就不难看出两者的保护范围并不相同，按照《专利审查指南 2010》的上述规定两者不属于"同样的发明创造"。专利复审委员会在审理此案时却忽视了对是否属于"同样的发明创造"的分析判断，便直接按照"同样的发明创造"进行了审查和处理。而在其后的两级行政诉讼过程中，人民法院也未对该重要前提进行审核。这对于该案的审理工作来说应当是一个重大的失误。但从问题的另一面来说，如果没有上述失误，或许不会引发业内对"一案两请"及"重复授权"问题的关注，也就没有现今《专利法》第二十二条的修改以及第九条的设立。

(十二) "外观设计权利冲突" 之我见❶

不久前，关于"外观设计权利冲突"（以下简称"权利冲突"）的问题被又一次提出来讨论。在此拟从《专利法》的一般原则及外观设计专利无效审查的角度对"外观设计权利冲突"的问题谈几点看法。

2000 年修改的《专利法》将第二十三条加入了"授予专利权的外观设计""不得与他人在先取得的合法权利相冲突"的条款。

《专利法》为什么要作此修改？国家知识产权局条法司作了如下的解释：

"其主要目的是解决实践中出现的外观设计专利权与商标专用权、著作权之间的冲突问题。"2000 年修改的《专利法》，当上述"权利冲突"发生时，通过法律途径来解决由此而产生的问题存在一定困难，由于外观设计专利权是依法授予的，法院和有关的行政机关不能直接否定该外观设计专利权的效力，所以商标权人或者著作权人往往请求宣告相冲突的外观设计专利权无效。

---

❶　该文首次发表于 2005 年。

根据《专利法实施细则》的规定，在这种情况下只能以授予专利权的外观设计不具备新颖性请求宣告无效。

但是，按照人们对2000年修改的《专利法》第二十三条的规定，判断外观设计新颖性的比较对象必须是相同或者相近似的"外观设计"，注册商标和美术作品不能作为比较的对象。除此之外，也有人主张可以以违反2000年修改的《专利法》第五条为理由宣告该外观设计专利权无效，但能否依据该条款规定宣告该外观设计专利权无效尚存在争议。

为了解决这一问题，2000年修改的《专利法》第二十三条中增加了"授予专利权的外观设计不得与他人在先取得的合法权利相冲突"的规定。该规定体现了这样一种思路，即为了避免因权利冲突而产生纠纷，应当杜绝导致权利冲突的在后权利产生，即使产生了，也应将其取消掉。

由此可见，《专利法》作上述修改的目的就是当发生"权利冲突"时，寻求一种合法的途径来解决，具体说，就是将在后授权的外观设计专利无效掉。

在《专利法》作出上述修改之前，专利复审委员会的确经常遇到这种权利相冲突的问题。在对外观设计专利提出无效请求的案件中，经常会遇到请求人以在先获得的商标或版权图案作为无效请求的证据。由于商标或版权不属于《专利法》所称的"外观设计"，根据2000年修改的《专利法》第二十三条的规定，不能将其作为无效请求的合法证据使用。当被授权的外观设计中的确含有在先获得的商标权或版权中的内容，甚至与在先的商标图案完全相同时，如果无视后者的存在而继续维持前者的专利权似乎有失公平。如何公正合法地处理这些权利冲突问题，成为专利复审委员会所面临的问题。

以前专利复审委员会对于此类案件一般采取如下方式：

（1）如果所涉及的商标仅为外观设计专利的局部，则通过双方当事人协商的方式或以强制（审查决定）的方式，将涉及商标图案或版权图案的部分从外观设计专利中去除；

（2）如果外观设计专利中的大部分图案完全照搬了商标或版权作品中的一部分，将该部分去除后，将不能构成一个完整的设计，则以违反2000年修改的《专利法》第五条为由宣告该外观设计专利权无效。

采用上述处理方式，在解决外观设计与在先权利冲突问题的同时，又维护了外观设计专利权人的合法权利，其结果似乎是公平的。

但是，该方式也存在弊病：

一是采用这种"去除"方式势必会破坏外观设计专利的完整性；

二是专利复审委员会采用这种审查方式的法律依据尚存在疑问：在上述处

理方式中，专利复审委员会实际上参与了侵权纠纷的调处与专利权确权两项法律纠纷的处理。

采用"去除"的方式是为了避免"侵权"，这种直接介入双方当事人侵权冲突的做法，似乎已经超越了专利复审委员会的审理权限。

2000 年修改《专利法》后，情况发生了如下的变化：

（1）专利复审委员会受理的以商标或版权图案作为外观设计无效请求证据的案件较前锐减，据笔者了解，2001—2004 年专利复审委员会受理的与"权利冲突"有关的无效宣告请求案仅为 3 件。

（2）这类案件的审理方式也完全被改变，只要合议组能够确认"权利冲突"确实存在，便可直接作出宣告该外观设计专利权无效的决定，无须再对两者的实体内容作进一步对比分析，即使两者之间存在显著差别，也改变不了外观设计专利权被无效的结局。

为了便于对问题的进一步分析，我们不妨列举一件与"权利冲突"有关的无效宣告请求案。

1. 案例简介

该案涉及一件专利号为 01307025.3、名称为"包装盒"的外观设计专利，其专利权人为阳某某。针对该专利权，北京酒厂于 2002 年 3 月 26 日向专利复审委员会提出无效宣告请求，其理由是：请求人使用的"中华牌"以及带有"中华"字样的商标图案于 1979 年 10 月 31 日在国家工商行政管理局商标局进行了注册登记，同时取得商标使用权，该外观设计专利的包装盒上使用了请求人的"中华"注册商标，侵犯了请求人的商标专用权，该专利不符合《专利法》第二十三条的规定。

针对请求人的无效宣告请求，被请求人认为：被请求人的外观设计专利"包装盒"与请求人的注册商标从文字到图案、色泽没有一点相同、相似之处。该专利包装盒上使用的是楷书繁体"中華"，而请求人注册商标的是篆书"中華"二字。从上述二字的外观表现形态看，区别十分明显，不可能给普通消费者造成误认。

请求人在该案的审查过程中提交了一份四川省高级人民法院的二审生效判决书。在该"民事判决书"中作出了如下认定：

（1）根据《商标法》及《商标法实施条例》，分别规定了在同一种或者类似商品上，将与他人注册商标相同或近似的文字、图形、标志作为商品名称或者商品装潢使用的情况为侵犯注册商标专用权的行为，故该案应属商标侵权纠纷。

（2）北京酒厂1959年即取得了"中华"牌注册商标，其"中华"牌酒类注册商标初步审定公告日期也先于荣成华公司外观设计申请日期，故北京酒厂的在先权利应当受到法律的保护，荣成华公司在其生产销售的白酒包装上使用了"中华"文字，构成了对北京酒厂注册商标专用权的侵害，应承担侵权的民事责任。

由于无效请求人已经提交了"生效的能够证明权利冲突的判决"，根据2000年修改的《专利法》第二十三条及2001年修改的《专利法实施细则》第六十五条（"以授予专利权的外观设计与他人在先取得的合法权利相冲突为理由请求宣告外观设计专利权无效，但是未提交生效的能够证明权利冲突的处理决定或者判决的，专利复审委员会不予受理"）的规定，该案合议组直接作出了如下决定：

由于该专利"包装盒"与请求人在先取得的注册商标专用权相冲突，不符合《专利法》第二十三条的规定，故宣告本外观设计专利的专利权无效。

通过上述案例可以总结出以下几点：

（1）人民法院的侵权判决是根据《商标法》的有关规定而作出的，与《专利法》是否修改无关。

（2）在侵权诉讼的过程中，法院并不考虑被告侵权的外观设计与相关的商标设计图案是否相同或相近似的问题。只要外观设计专利中使用了该商标，便构成了商标侵权。

（3）在专利复审委员会对无效宣告请求案的审查过程中，并不进行"相同和相近似性"判断。只要法院认定侵权行为成立，外观设计专利必被宣告无效，专利复审委员会的"确权"过程形同虚设。

概括成一句话就是：按照2000年修改的《专利法》第二十三条及2001年修改的《专利法实施细则》第六十五条的规定，只要当事人能够提交"生效的能够证明权利冲突的处理决定或者判决"，相关的外观设计专利必被宣告无效。

这种结果究竟意味着什么？现行《专利法》在解决"权利冲突"问题的同时，是否兼顾了其法律后果的合理性？以下想从这一事实入手，对2000年修改的《专利法》第二十三条的可操作性及合理性谈点看法。

2. 对修改条款操作性的分析

在2000年对《专利法》第二十三条作出上述修改的同时，2001年对《专利法实施细则》也作了相应的修改。2001年修改的《专利法实施细则》第六十五条第三款规定：以授予专利权的外观设计与他人在先取得的合法权利相冲突为理由请求宣告外观设计专利权无效，但是未提交生效的能够证明权利冲突的处理决定或者判决的，专利复审委员会不予受理。

该条款的制定大大限制了无效请求人以商标或版权作为证据请求宣告一外观设计专利无效的可能性。

我们可以设想以下几种情况：

（1）如果无效宣告请求人是一普通社会公众，而非一商标或版权的持有人，他虽然可以取得该商标或版权的有关资料，但他却根本不可能获得有关的"处理决定或者判决"，因为他没有资格提起商标或版权的侵权诉讼。所以对其而言，以商标或版权作为无效宣告请求的证据就成为空谈。

（2）如果无效宣告请求人是一商标权或版权的持有人，他固然有资格提起侵权诉讼，并有可能获得"生效的能够证明权利冲突的处理决定或者判决"。但是这也只是"有可能"而已。因为如果在后的外观设计专利尚未付诸实施，虽然权利冲突已经存在，但侵权行为尚未发生，此时人民法院往往不予受理。法院经常会让当事人去专利复审委员会宣告该外观设计的专利权无效。这样，"权利冲突"问题就会进入一个怪圈——用当事人的话说就是专利复审委员会与法院之间在"踢皮球"。

（3）如果法院或有关机构受理了商标侵权之诉，并作出了相关的处理决定或者判决，这时，由于原告的合法利益已经得到维护，一般情况下他不会再向专利复审委员会提出无效宣告。由于外观设计专利权继续存在，"权利冲突"的问题也将随之继续存在。

以上三点也是造成2000年修改的《专利法》实施后与"权利冲突"有关的无效宣告请求案减少的主要原因。

从以上分析中还可以发现：由于"权利冲突"的解决完全依附于人民法院的生效判决或决定，所以人民法院在处理"侵权"诉讼纠纷的同时，对外观设计专利的"确权"问题实际上也进行了处理。这种结果是否合理？

3. 修改条款的合理性

2000年修改的《专利法》第二十三条是针对外观设计专利权与商标权或版权之间的"权利冲突"而制定的。但什么是"权利冲突"？对此目前尚缺乏一个明确的说法。因此有必要先对"权利冲突"的内涵作些具体分析。

笔者认为，不应当笼统地谈论"权利冲突"，而应当对其作进一步区分。"权利冲突"就其性质而言可以区分为"权利范围"的冲突和"侵权行为"的冲突两类表现形式。

前者是因法定权利的存在（外观设计专利权的授予以及商标权、版权的获得）而直接引起的，与该权利是否实施无关；

而后者则因其权利的实施而引起，例如一项外观设计专利的实施造成了对另一商标权的侵犯。上述两种权利冲突之间虽存在一定的关联性，但不应当将它们混为一谈。

就"权利范围"的冲突而言，又可以划分为权利范围的"全部"冲突与"部分"冲突。

如果两者的权利范围完全相同，例如一件有关"瓶贴"的平面外观设计与一注册商标的"瓶贴"完全相同，则属于全部冲突；

如果权利范围不完全相同，但相互之间存在部分范围的重叠或交叉，例如一件平面外观设计的图案中局部使用了相关的注册商标，则属于部分冲突。

在2000年修改的《专利法》的框架下，虽说未对"权利冲突"及其划分作出明确规定，但就《专利法》的整体内容来说，并非绝对排斥"权利冲突"的存在。

首先，根据《专利法》的相关规定，国家知识产权局只负责专利权的授予及无效宣告（确定"权利范围"），而不负责处理侵权纠纷（解决"行为冲突"），此类纠纷交由人民法院进行处理。这实际上已经将权利的"行为冲突"与权利的"范围冲突"进行了区分。

其次，在《专利法》中对于专利权的"范围冲突"也采取了区别对待的方式：

当两项发明创造的内容完全相同时（即"全部冲突"），只允许其中的一项专利权存在（2001年修改的《专利法实施细则》第十三条同样的发明创造只能被授予一项专利）；

如果两项专利的保护范围有所重叠（部分范围冲突），但仍属两项不同的发明创造，则允许它们合法共存。

专利法框架下的这种"部分范围冲突"存在以下几种情况：

（1）对于发明及实用新型专利来说，由于大多数的发明创造都是对现有技术的改进或转用，如果一项发明创造是对一在先专利的改进或转用，那么在后的改进发明就有可能落入在先专利的保护范围之内，从而造成专利权的部分重叠。这就是常说的"基础专利"（或称"在先专利"）与"改进专利"（或称"从属专利"）之间的关系。对于这样一对专利，我们并不会因为在后专利"冲突"了在先专利而将其一棍子打死，因为这样做是对新发明创造的扼杀，其后果只会阻碍技术的发展与进步，违背《专利法》"鼓励发明创造"的宗旨。

（2）根据2001年修改的《专利法实施细则》第二条的规定，外观设计与实用新型都涉及对"产品形状"的保护，所以在实用新型专利与外观设计专利之间也难以避免权利范围的部分重叠与交叉。

（3）即使就外观设计专利本身而言，也存在两项外观设计专利之间权利冲突的可能性。例如，在单件产品的外观设计与组件产品的外观设计之间就有可能存在这类问题：

如果在先的外观设计专利涉及一种单件产品，在后的外观设计专利涉及一种组件产品，该组件产品使用了所述单件产品的外观设计。这时，虽然组件产品可能侵犯单件产品的专利权，但这并不影响组件产品获得其外观设计的专利权。

由此可见，目前在处理"权利冲突"的一般方式是：

（1）"授权"不受"侵权"的影响，只要在后申请相对于在先专利具有专利性，则在先专利的存在并不影响在后专利的授权（允许"部分范围冲突"的存在）；

（2）如果存在权利冲突，在后专利的实施应当得到在先专利的许可，例如通过技术转让、交叉许可、强制许可、侵权赔偿等方式使"行为冲突"得以解决。

相比之下，2000年修改的《专利法》在处理外观设计与商标、版权之间的"权利冲突"时，显然采用了不同的原则和标准，将外观设计专利列入"另册"，无疑会破坏《专利法》的整体性和一致性。

采用目前的处理方式，对外观设计专利采取"一棍子打死"的做法显然过于严厉。这样做实际上就意味着商标和版权对于外观设计来说是一个"绝对禁区"，或者说外观设计绝不可以借鉴商标设计或版权设计中的设计方案，否则将必死无疑——不知这种做法是否有悖于"鼓励发明创造"的立法宗旨？

我们不禁要问：为什么我们不能采取《专利法》的一般方式来处理外观设计与商标、版权之间的权利冲突呢？

4. 两点建议

通过以上分析可以看出，截至目前对于"外观设计专利权利冲突"的问题有三种处理方式：

（1）将有关图案从外观设计中去除。

（2）根据2000年修改的《专利法》第二十三条规定宣告外观设计专利权无效。

（3）以"不符合《专利法》第五条规定"为由宣告外观设计专利权无效。

其中的前两种处理方式在前面已经作了分析，下面再对第三种方式进行分析。

《专利法》第五条规定：对违反国家法律、社会公德或者妨害公共利益的发明创造，不授予专利权。

第三种方式的推理过程应当是：外观设计专利侵犯了在先的商标权而造成"权利冲突"，这种冲突可以视为"违反国家法律、社会公德或者妨害公共利益"的行为——因违反了《专利法》第五条的规定而宣告外观设计专利无效。

我们暂且不讨论上述推理的合法性。如果这种逻辑被认可，那么，上述判断模式是否可以在整个《专利法》框架下加以运用？例如，在后的"从属专利"与在先的"基础专利"之间以及在后的"组件产品"外观设计与在先的"单件产品"外观设计中是否也存在类似的"权利冲突"？这类权利冲突是否也可以视为"违反国家法律、社会公德或者妨害公共利益"的行为，进而依据《专利法》第五条将在后专利无效掉？如果说不能，它们之间的区别究竟在哪里？

因此，上述第三种处理方式的合法性及合理性也值得进一步探讨。

综上所述，笔者认为即使2000年修改的《专利法》第二十三条不增加上述条款，依然可以在修改前的《专利法》的框架下，按照《专利法》的一般原则来处理外观设计与商标、版权之间的权利冲突。具体就是：

（1）将外观设计与商标、版权之间的"范围冲突"与"行为冲突"相剥离，"行为冲突"的确认不一定必然导致外观设计专利权的丧失。

（2）不允许外观设计与商标、版权之间"全部范围冲突"的存在，而允许"部分范围冲突"的存在。

（3）专利复审委员会只负责处理"范围冲突"的问题，即只做确权工作，而不介入侵权纠纷，侵权纠纷由法院和有关机构处置。

以上是笔者提出的第一点建议。

笔者的第二点建议涉及商标、版权中的有关内容是否可以作为外观设计专利"相同或者相近似性"判断中的比较对象问题。

按照现行《专利法》的规定，虽然承认商标和版权可以作为外观设计无效宣告侵权的证据，但它们并不能被所有人作为"一般证据"用来评价外观设计专利的"相同或者相近似性"。

将其作为"一般证据"使用的问题目前尚存在争议。持否定态度者的主要理由是前者不属于《专利法》所称的"外观设计"，即"按照人们对2000年修改的《专利法》第二十三条规定的理解，由于判断外观设计新颖性的比较对象必须是相同或者相近似的外观设计，注册商标和美术作品不能作为比较的对象"。

笔者认为上述理由也不一定站得住脚。仔细比较一下2008年修改前的《专利法》第二十二条和第二十三条就可以发现，这类问题同样存在于《专利法》第二十二条之中。

在《专利法》第二十二条第二款中，将发明或实用新型的比较对象也限定为"同样的发明或者实用新型"，但在专利审查及宣告专利权无效的过程中谁都不会将比较对象仅限于《专利法》所称的"发明或者实用新型"，而将其他出版物中所记载的，并非"发明或者实用新型"的技术方案排除在外。实际上，《专利法》第二十二条第二款中的"同样的发明或者实用新型"这句话应当理解为"与发明或者实用新型同样的技术方案"。

按照这种理解方式，《专利法》第二十三条中的"外观设计"一语也完全可以理解为"同类产品的外观设计方案"。这样，将商标、版权中与涉及同类产品的、与外观设计专利具有可比性的内容纳入外观设计的审查范围，就不存在所谓的法律障碍。

当今，不同技术领域之间的交叉与融合已成为一个趋势。知识产权领域权利的交叉也越来越多，越来越复杂。例如，"立体商标"的注册在我国已经被接受，在国外"实用艺术品"也已进入版权保护的范围。在这种新形势下，商标及版权与外观设计之间发生权利冲突的可能性势必会加大。将商标和版权完全排除出外观设计的比较对象，实际上是对三者之间相互借鉴的事实视而不见，将它们相互隔离开来，不符合鼓励发明创造的基本原则。

目前专利复审委员会在对外观设计专利进行"无效审查"的过程中，合议组接受的证据也已经突破了"外观设计专利"的局限，例如在先出版的杂志或产品样本上登载的图片也可以作为无效宣告请求的合法证据使用。

因此，笔者的第二点建议是：将商标和版权中的有关内容纳入外观设计专利的对比范围，在外观设计专利未引入"创造性"判断的情况下，仍然可以依照现行的审查标准对之进行审查，例如比较的对象仍然可以是同一类产品（商标也有产品类别），判断的原则也保持不变。

（十三）专利案件中当事人"自认"的问题❶

当事人"自认"是民事诉讼及行政诉讼中经常遇到的问题。在《最高人民法院关于民事诉讼证据的若干规定》（以下简称《民诉证据规定》）和《最高人民法院关于行政诉讼证据若干问题的规定》（以下简称《行诉证据规定》）中，都对当事人"自认"的问题作了相应规定。

---

❶ 该文首次发表于 2005 年。

《民诉证据规定》第七十二条第一款规定："一方当事人提出的证据，另一方当事人认可或者提出的相反证据不足以反驳的，人民法院可以确认其证明力。"

《行诉证据规定》第六十五条和第六十七条分别规定：在庭审中一方当事人或者其代理人在代理权限范围内对另一方当事人陈述的案件事实明确表示认可的，人民法院可以对该事实予以认定；在不受外力影响的情况下，一方当事人提供的证据，对方当事人明确表示认可的，可以认定该证据的证明效力。

由此可见，无论在民事诉讼还是在行政诉讼中，凡符合上述当事人自认条件的事实及证据一般都会被人民法院接受。

在国家法官学院刘善春等人撰写的《诉讼证据规则研究》❶ 一书中对"当事人自认"作出了以下定义："在辩论主义与证据裁判主义下，自认是指在诉讼当中，一方当事人就对方当事人主张对其不利事实予以承认的声明或表示。"

该定义为当事人自认规定了两个要件：一是双方当事人对某一事实均予承认；二是该事实对自认的一方是不利的。

当事人自认包括对某一案件事实的自认和对某一证据的自认，这两种内容的自认在专利复审委员会审理专利无效案件时都时常会遇到。对于专利案件中的当事人自认，除了要考虑以上两个要件之外，是否还要考虑其他方面的问题，本文拟通过两个实际案例对此作些探讨。

首先以当事人对证据的自认为例。

在一件专利无效宣告请求案中，无效请求人提交了一份未经公证认证的域外证据，被请求人（即专利权人）对该证据的真实性没有异议，此时是否还需要对该出版物再作公证、认证手续？

对此尚存在不同的观点，一种观点认为："当事人主义"优先于"职权主义"，"请求原则"以及"当事人处置原则"优先于"依职权调查原则"。依据上述最高人民法院颁布的两项规定，从提高效率、节约当事人的诉讼成本角度讲，如果对其不利的一方当事人（被请求人）对未经公证认证的域外证据没有异议，则不需要再对证据进行公证，合议组可以直接予以采信。

另一种观点则认为：按照目前的有关规定，对于某些域外形成的证据，即使对方当事人明确表示无异议，仍需要进行公证认证。其理由是，《行诉证据规定》第十六条明确规定："当事人向人民法院提供的在中华人民共和国领域外形成的证据，应当说明来源，经所在国公证机关证明，并经中华人民共和国驻

---

❶ 刘善春，毕玉谦，郑旭. 诉讼证据规则研究 ［M］. 北京：中国法制出版社，2000.

该国使领馆认证，或者履行中华人民共和国与证据所在国订立的有关条约中规定的证明手续。

当事人提供的在中华人民共和国香港特别行政区、澳门特别行政区和台湾地区内形成的证据，应当具有按照有关规定办理的证明手续。"

除此之外，《行诉证据规定》第五十七条又进一步明确规定："下列证据材料不能作为定案依据：

（一）严重违反法定程序收集的证据材料；

（二）以偷拍、偷录、窃听等手段获取侵害他人合法权益的证据材料；

……

（五）在中华人民共和国领域以外或者在中华人民共和国香港特别行政区、澳门特别行政区和台湾地区形成的未办理法定证明手续的证据材料；

……"

值得注意的是，上述第五十七条的内容，在《民诉证据规定》中是没有的，它是对行政诉讼所作的一项特殊规定。通过该条款可以看出，对于一般的行政诉讼来说，"在中华人民共和国领域以外或者在中华人民共和国香港特别行政区、澳门特别行政区和台湾地区形成的未办理法定证明手续的证据材料"是"不能作为定案依据"的，或者说"公证认证"对于域外证据来说是一个必备的形式要件。照此理解，《行诉证据规定》第六十七条应当优先于该规定第五十七条考虑。

上述观点也可以从《行诉证据规定》的起草说明中得到支持。在该起草说明中对"行政诉讼中特有的、有别于民事诉讼的规则"作了如下说明："在行政诉讼中特别突出的规则，如非法证据排除，在行政诉讼中有特殊的作用。"至于哪些属于"非法证据"，该"起草说明"紧接着列举了"严重违反法定程序收集的证据材料""以偷拍、偷录、窃听等手段获取并给他人合法权益造成侵害的证据"等项内容，而该内容恰为《行诉证据规定》第五十七条第（一）项、第（二）项的内容。

按照这种解释，《行诉证据规定》第五十七条所列举的内容就是行政诉讼中应当排除的"非法证据"，对"域外证据"进行公证认证属于对该证据合法性提出的要求。

因此，在行政诉讼中当事人对于证据的自认除了要具有上述两个形式要件之外，还应当具备"合法性"。

虽然上述规定是针对行政诉讼而言的，而专利复审委员会所进行的无效审查属于一种行政审查行为，行政审查与行政诉讼在性质上存在区别，但由于专利无效案件的后续司法程序属于行政诉讼的范畴，所以在一般情况下行政诉讼的证据规则对于专利复审委员会的行为应当有一定的约束力。

当然，专利案件与一般的行政案件又存在若干重要区别，在专利案件中大量涉及的域外证据是一些境外的公开出版物。对于这类证据是否也需要完全按照上述规定进行操作，具体说是否所有的域外形成的证据都需要作公证认证。

这一点在我国目前的法律法规中尚缺少明确规定。在实践中，对于那些虽然形成于域外，但在国内可以获得或者其真实性可以得到印证（例如在公共图书馆被收藏）的出版物，即使不经域外机构的公证认证，专利复审委员会一般也都予以认可。其他公开出版物是否必须经过公证认证，目前尚存在争议。

笔者认为，如果将《行诉证据规定》第五十七条理解为对域外证据合法性的要求，那么其中所列出的各项内容，即使双方当事人自认了，也不应当予以接受；反之，如果该规定不属于"合法性"的要求，则可以着眼于"真实性"对这类证据进行处理——只要域外出版物的真实性可以得到证实或者双方当事人对其真实性不存在异议，合议组即可予以接受。

专利制度的建立是为了在专利权人与社会公众之间寻求一种利益平衡。一项发明被授予专利权之后，在对该专利提出无效宣告请求的程序中，该专利权的维持与否除了涉及无效请求案件双方当事人的直接利益之外，其背后还涉及广大社会公众的潜在利益，也就是说专利案件不单纯属于专利权人与无效宣告请求人两个民事主体之间的问题。这是专利案件与一般民事诉讼案件或行政诉讼案件的重要区别之一。

基于专利案件的上述特殊性，在审理专利案件时，无论对相关事实的认定，还是对有关证据的认定，除了要听取双方当事人的意见之外，还须要按照《专利法》的有关规定（例如以说明书为依据、站在本领域普通技术人员的立场等）对相关事实和证据进行一个客观的认定，以体现对社会公众利益的兼顾。

具体说，在处理专利无效及其诉讼案件时，当事人意思自治与依职权调查哪个优先的问题不应当一概而论，应当具体问题具体分析，其原则是：如果当事人自认的后果仅仅是对其本人不利，不会对社会公众的利益造成损害，则可以采用当事人自认优先的原则；如果双方当事人的自认有可能对社会公众的利益带来损害，则不宜盲目地直接采信。

例如，无效请求人提供的证据是一份复印件而未提供原件，专利权人对其真实性予以认可，不要求核对原件，这属于专利权人对自身权利的一种放弃，其后果仅是对其本人不利，而不会对社会公众的利益带来不利影响。根据《行诉证据规定》第五十七条第（六）项和第六十七条的规定，上述证据可以予以接受。

但遇到相反情况时，例如专利权人提供了一份反证，该证据对请求人不利而对专利权人有利，请求人自认后，其后果有可能损害社会公众的利益，或者某种自认明显属于双方的恶意串通，这时，即使双方当事人均予以明确认可，也不宜直接采信。

除了上述"当事人主体"方面的区别之外，专利案件中对当事人"不利"还是"有利"的问题也与一般民事案件存在不同。

因为专利的授权（确权）与专利的侵权是一对矛盾，或者说一项专利其保护范围的大小无论对于专利权人还是对于社会公众来说都是一把双刃剑。

以专利权人为例，要求更大的保护范围在侵权诉讼过程中对其是有利的，但在授权或确权过程中却对其不利。所以对专利案件中某一具体事实的认定（例如对权利要求中某一技术特征的解释）在不同的法律程序中（例如专利授权、专利无效、专利侵权诉讼等），对当事人所带来的利弊后果是不相同的。对于专利的侵权诉讼而言，缩小该专利的保护范围其后果是对专利权人不利而对对方当事人及社会公众有利；但这种保护范围的缩小在专利无效审查中所导致的后果则完全相反——保护范围的缩小将会增加该专利权在无效宣告程序中的稳定性，使其被无效掉的可能性减小。

例如，在无效宣告程序中，专利权人对权利要求书中的某一技术特征作出了与文字内容不相同的解释，这种解释将导致该权利要求保护范围的缩小，初看起来这种权利的限缩似乎是对专利权人不利而对社会公众有利，但其实际后果可能并非如此简单。

为了说明专利案件的这些特殊性，我们不妨分析一个具体案例。

名称为"棕纤维弹性材料及生产方法"的发明专利（该案例的全部案情请参照本书第四章之三的第三（二）节），在其原始申请的说明书中只公开了一个有关该制备方法的实施例，该实施例为：

把适量棕片或棕板放入温度为40℃左右、含碱量为10%左右的水溶液中浸泡20小时后捞出，经轧辗、梳理，得到棕丝，然后将其切成100毫米长，制绳。经制绳机制绳后放置在100℃的环境内保持5~6分钟，取出分解，这时棕丝均成卷曲状，用气体将卷曲状的棕丝吹至成片机内，棕丝则呈三维方向均匀分布，棕丝与棕丝之间有接触点并呈网状，这时喷上胶液，使接触点胶接后放入100℃的环境内干燥，最后将其热压、切割，放入模具内，在100℃左右的环境中保持10分钟，取出即得棕丝纤维弹性材料。

在其授权公告的文本中，有关"产品"的权利要求为：

1. 一种棕纤维弹性材料，其特征在于：这种弹性材料所用的棕丝长度为60～200毫米，棕丝呈三维方向均布，棕丝与棕丝之间的交点有黏胶。

针对上述发明专利，请求人向专利复审委员会提出宣告该专利权无效的请求。

请求人认为：

在原始公开的说明书中，所记载的加工方法均包括对棕丝进行卷曲的工艺步骤。按照该步骤制造出的棕丝，其结构必然是卷曲的。但是在该专利的审定文本，所涉及的棕丝产品均未包括"棕丝是卷曲的"这一技术特征，即所增加的"棕丝产品"除了包括卷曲的棕丝之外，还包括非卷曲的棕丝产品。由于原始说明书中并未记载用非卷曲的棕丝也能制成弹性较好的棕丝产品，故授权文本中所涉及产品的范围要大于原始公开的范围，该专利不符合《专利法》第三十三条的规定。

针对请求人的上述无效请求，专利权人明确表示：本专利权利要求中所述的"棕丝"是指卷曲的棕丝，非卷曲的棕丝不属于本专利的保护范围（对方当事人并不接受这种解释）。

经审理合议组认为：

（1）在该专利的审定文本中所增加的有关"弹性材料"的描述，的确均未记载"棕丝是卷曲的"这一技术特征。由于未对该技术特征作出明确限定，故可以认为所述的"弹性材料"不仅仅局限于卷曲的棕丝，即除了包括卷曲的棕丝之外，还包括非卷曲的棕丝产品。

（2）根据《专利审查指南2010》第二部分第八章第5.2.3节的规定，上述这种修改或内容的增加能否被允许，主要看所属技术领域的技术人员能否"从原申请公开的信息中直接地、毫无疑义地确定"所增加部分的内容。

虽然该专利所公开的一个实施例中是以卷曲棕丝为原料生产弹性材料的方法及其产品，但是这并不意味着以非卷曲棕丝为原料生产弹性材料是不可能的。能否从"以卷曲棕丝为原料生产弹性材料"联想到"以非卷曲棕丝为原料生产弹性材料"，应当以本领域普通技术人员为标准。

本领域普通技术人员通过阅读该专利的说明书可以得知：该发明的发明点是通过在散乱的棕丝之间实现黏合，使之形成一种立体网状的结构，从而获得一种弹性好的棕丝产品。该专利的实施例中之所以选用卷曲的棕丝为原料，是因为以卷曲棕丝为原料比以非卷曲的棕丝为原料更有利于提高棕丝产品的弹性，这是两重效果的叠加，这属于本领域的一个公知常识。即使采用非卷曲棕丝为原料，只要使之形成一种立体网状的结构，同样也可以实现提高弹性的发明目的，只是其性能不如卷曲棕丝。

原始申请中未记载用非卷曲的棕丝制作棕丝产品的实施例，并不意味着该技术方案无法实施，也不意味着它不能实现该发明的发明目的。或者说对于采用"立体网状结构"的技术方案而言，"以卷曲棕丝为原料"只不过是其一个最佳实施例，它并非意味对其他形态棕丝的排除，这一点对于本领域普通技术人员来说是不难理解的。故权利要求的保护范围不应当受最佳实施例的限制。

因此，本领域普通技术人员在了解"以卷曲棕丝为原料生产弹性材料"这一实施方案之后，完全可以直接地、毫无疑义地联想到"以非卷曲棕丝为原料生产弹性材料"这一技术方案。故上述修改或内容的增加应当被允许，该专利的修改符合《专利法》第三十三条的规定。

（3）《审查指南2001》第二部分第二章第3.2.1节中规定："对于说明书中具有某一特征的技术方案仅给出一个实施例，而且权利要求中该特征是用功能来限定的情形，如果所属技术领域的技术人员能够明了此功能还可以采用说明书中未提到的其他替代方式来完成的话，则权利要求中用功能限定该特征的写法是允许的。"

上位概念的使用也是同样道理，虽然该专利的权利要求1中未记载"卷曲棕丝"这一技术特征，与说明书所直接公开的技术方案存在差别，但是如上所述，由于"以非卷曲棕丝为原料生产出弹性材料"是所属技术领域的技术人员能够明了的，故应当认为该专利的权利要求1能够得到说明书的支持。虽然该专利的权利要求1中未记载"卷曲"这一技术特征，但并不违反《专利法》第二十六条第四款的规定。

根据上述理由，专利复审委员会作出了维持该发明专利权有效的审查决定。

当事人对专利复审委员会作出的上述决定不服，遂向北京市第一中级人民法院提起诉讼。

经审理，北京市第一中级人民法院作出了撤销专利复审委员会上述决定的判决。

一审法院认为：在该专利的无效行政审查阶段，无论是在口头审理过程中还是在口头审理之后的意见陈述中，专利权人都明确表示：本专利权的棕丝是卷曲的棕丝，非卷曲的棕丝不是本专利要求保护的保护范围。专利复审委员会认为，本领域的技术人员可以从公开的申请文件中直接地、毫无疑义地导出修改后的任意形状的棕丝；但是，**这与专利权人自己的解释是相矛盾的，由此可见，所属领域的技术人员看到的授权信息与原申请公开的信息是不同的，权利要求1的修改超出了原权利要求书和说明书记载的范围，违反了《专利法》第**

三十三条的规定，是不允许的。

专利复审委员会不服北京市第一中级人民法院作出的上述判决，遂向北京市高级人民法院提起上诉。

经审理，北京市高级人民法院作出二审判决，二审法院认为：

专利复审委员会未采纳专利权人的解释，而是依职权认定所属技术领域的技术人员在了解"以卷曲棕丝为原料生产弹性材料"这一技术方案之后，完全可以直接地、毫无疑义地联想到"以非卷曲棕丝为原料生产弹性材料"这一技术方案，并进而得出结论，该专利符合《专利法》第三十三条及第二十六条第四款的规定。对于专利复审委员会的认定及结论，二审法院不持异议。

与此同时，二审法院还认为："本案无效审查过程中，专利权人确曾承认，授权文本权利要求1中的棕丝应解释为卷曲棕丝，**这一陈述当然发生法律上的效力，在与该专利相关联的侵权诉讼中，专利权人不得再作出与此相反的解释**"；"但也应当指出，在专利权人已对权利要求1中的相关技术特征作出处分即进行限缩解释的情况下，**专利复审委员会仍主动依职权作出认定，虽案件实体结论正确，但亦确有不妥。**"

二审判决虽然撤销了北京市第一中级人民法院的一审判决，维持专利复审委员会的上述无效审查决定，但是却留下两个值得讨论的问题。

问题一：如果专利权人的陈述发生法律上的效力（将授权文本权利要求1中的棕丝解释为卷曲棕丝），在与该专利相关联的侵权诉讼中，专利权人不得再作出与此相反的解释。那么，在今后的无效程序中，权利要求1中的棕丝应当作何解释？如果按照专利复审委员会的认定将其解释为一般棕丝，显然会带来与侵权诉讼中的解释和认定不一致的后果——在侵权诉讼中保护范围小而确权程序中保护范围大；反之，如果在确权程序中也将权利要求1中的棕丝解释为卷曲棕丝，那么专利复审委员会对该案所作的无效审查决定又有何意义？假如在今后的另一件无效宣告请求中，请求人提供了一份对比文件，该对比文件采用非卷曲棕丝为原料，其他特征均与权利要求1相同，此时权利要求1中的棕丝应当作何解释？该对比文件能否破坏权利要求1的新颖性？

上述问题实际上涉及一个重要的法律问题：

是否所有的"当事人自认"都具有法律的约束力？具体说，一种未经权力机关采信、对方当事人也不予认可的一方当事人"自认"，是否应当对后续程序"发生法律上的效力"？

笔者对此表示异议。在上述案例中，虽然专利权人确曾承认，授权文本权利要求1中的棕丝应解释为卷曲棕丝，但该解释并未被合议组采信。在这种情况下，专利权人的"自认"对其权利要求的解释并未产生任何影响。所以二审判决中"这一陈述当然发生法律上的效力，在与该专利相关联的侵权诉讼中，专利权人不得再作出与此相反的解释"这一结论似乎值得商榷。

问题二：如果专利复审委员会今后再遇到类似案件，是应当采信专利权人的自认，还是继续依职权进行判断？

该案中，专利权人曾明确表示"本专利权利要求中所述的棕丝是指卷曲的棕丝，非卷曲的棕丝不属于本专利的保护范围"。这种表示相当于专利权人对其权利的限缩，乍看起来似乎是对专利权人不利，但仔细分析起来并非如此。因为专利保护范围的大小无论对于专利权人还是对于社会公众而言都是一把双刃剑。缩小一项专利的保护范围在侵权诉讼中可能会对专利权人不利，但在专利无效审查的过程中则恰好相反，因为这种缩小会增加其专利权的稳定性，使该专利被无效掉的可能性减小。反之，如果不采信当事人限缩性自认，该权利以较大的保护范围被维持，这时，其与现有技术之间相冲突的可能性就加大了，其后果是——在无效宣告程序中该专利更有可能被无效掉。

此外，专利权人的上述限缩，实际上相当于对权利要求1的一种修改，即在权利要求1中增加了一个新的技术特征——卷曲棕丝。按照现行《专利审查指南2010》的规定，在无效程序中不允许专利权人将新的技术特征加入到权利要求中。就该案而言，如果承认了专利权人的这种限缩性自认，实际上相当于同意了专利权人在其权利要求1中加入新的技术特征，这显然不符合现行《专利审查指南2010》的规定。

因此，在处理专利案件中当事人"自认"的问题时，除了要考虑"社会公众"这个潜在的"当事人"之外，还应当对这种自认对案件当事人所带来的利弊后果作全面考虑。

如果对某一事实的"自认"在一个法律程序中对一方当事人不利，但在另一个法律程序中有可能给其带来有利的后果时，就应当慎重处理。此时不应当仅仅听信双方当事人的意见，而应当根据《专利法》《专利法实施细则》及《专利审查指南2010》的有关规定对相关问题作出客观、公正的认定。

关于专利复审委员会在处理上述案件时是否遵循了"禁止反悔"原则的问题，笔者想进一步发表一下看法。

在处理专利案件时是否应当遵循"禁止反悔"原则，答案当然是肯定的。问题是应当如何适用这一原则。笔者认为其中至少要考虑两个方面的问题：

首先，"反悔"是针对其在先认定的一基本事实而言的，所以应当先确定被反悔的"基本事实"是什么。其次，被反悔的事实应当已经发生法律效力，使当事人从中受益，未发生法律效力的自认事实，不应当作为"禁止反悔"的依据。因为"禁止反悔"的一个基本出发点是防止当事人"两头得利"，如果其在先认定的事实未被采信，则当事人根本就未曾从中"得利"过，这时"两头得利"也就无从谈起。

以本书前面所分析的"周林频谱仪"侵权诉讼案为例。

在该案中，其"基本事实"是"立体声放音系统对权利要求1的创造性是有积极效果的"，该事实属于当事人的自认，而且对其无效审查的结果已经构成了影响。如果在侵权诉讼中再将"立体声音乐系统"认定为"多余指定"，显然属于当事人对其在先认定的、业已产生法律效力的基本事实的一种反悔，是其试图"两头得利"的表现。

然而，"棕丝"一案授权文本的权利要求中明确写明的是"棕丝"而并非"卷曲棕丝"。将"棕丝"解释为"卷曲棕丝"是专利权人在无效宣告程序中的一种自认，并没有任何证据或信息表明专利权人在专利授权时就要求将其保护范围缩限于"卷曲棕丝"。所以，以"棕丝"作为其保护范围才是该案已经发生法律效力的"基本事实"。

在该专利的无效宣告请求程序中，专利权人面对请求人提出的无效请求理由，为了保持住其专利权，试图将被授权的"棕丝"限缩为"卷曲棕丝"，这本身就是对其在先认定的"基本事实"的一种反悔。专利权人这种试图"两头得利"的自认，本身就违反了"禁止反悔"的原则，不应当被接受。所以，专利复审委员会不接受专利权人的限缩性自认，正是遵循"禁止反悔"原则的具体体现。

我们不妨再回到人民法院的一审判决：

"专利复审委员会认为，本领域的技术人员可以从公开的申请文件中直接地、毫无疑义地导出修改后的任意形状的棕丝；但是，这与专利权人自己的解释是相矛盾的，由此可见，所属领域的技术人员看到的授权信息与原申请公开的信息是不同的，权利要求1的修改超出了原权利要求书和说明书记载的范围，违反了《专利法》第三十三条的规定，是不允许的。"

上述判决已被二审判决推翻。究其根源，笔者认为一审判决的问题出在将"专利权人自己（在后）的解释"认定为"原申请公开的信息"；而将"所属领域的技术人员看到的授权信息"认定为一种违背专利权人（申请时）本意的信息，然而这两种认定都是缺乏事实依据的。

如果将以上内容改为"专利权人在无效程序中所自认的事实与所属领域的技术人员所看到的授权信息是不同的，所以其在后的这种认定（限缩）违反了禁止反悔原则"，可能更为符合实际情况。

（十四）谈权利要求中的"必要技术特征"❶

在专利申请文件中，权利要求书是一份最为重要的法律文件。在撰写权利要求书时，我们往往要字斟句酌。尤其是在撰写独立权利要求时，需要对写入其中的每一个技术特征作认真筛选。如果将一些不必要的技术特征写入权利要求中，势必会导致其保护范围的缩小，给专利权人带来损失；反之，如果在一项权利要求中漏写了一些重要的技术特征（必要技术特征），则有可能使该权利要求不能"解决其技术问题"，不符合《专利法》及《专利法实施细则》的有关规定。两者相比，后者所产生的法律后果可能更为严重——轻则会导致其中某一项权利要求的无效，重则有可能导致整个专利权的丧失。

在我国的《专利法》及《专利法实施细则》中，与权利要求的撰写有关而且可以构成无效宣告请求理由的条款有两项：

一项是《专利法》第二十六条第四款规定："权利要求书应当以说明书为依据，清楚、简要地限定要求专利保护的范围。"即我们通常所说的权利要求应当得到说明书的"支持"以及权利要求书应当"清楚"。

另一项是《专利法实施细则》第二十条第二款规定："独立权利要求应当从整体上反映发明或者实用新型的技术方案，记载解决技术问题的必要技术特征。"即我们通常所说的权利要求不能缺少"必要技术特征"。

是否缺少"必要技术特征"只不过是权利要求的一种形式体现，而是否"清楚"、能否"得到说明书的支持"则体现了该表面形式所导致的实质性后果。具体说，如果一项权利要求中缺少了解决技术问题的"必要技术特征"，除了无法实现其发明目的之外，有可能带来以下的法律后果：一是缺少该技术特征的技术方案不能构成一个完整的技术方案，从而造成该保护范围的"不清楚"；二是缺少"必要技术特征"的方案虽然可能是一个完整的技术方案，但其说明书中并未公开其具体实施方式，本领域普通技术人员从说明书中也不能直接地、毫无疑义地联想到该实施方式。在这种情况下，会导致权利要求"得不到说明书的支持"的后果。

从这个意义上说，2000年修改的《专利法》第二十六条第四款与2001年修改的《专利法实施细则》第二十条第二款之间存在一种因果关系。由于这种关系的存在，在无效宣告程序中有可能导致上述不同条款之间的"竞合"。

---

❶　该文首次发表于2006年。

国外的专利法与我国的上述规定有所不同。以比较有代表性且对我国有一定约束力的《专利合作条约》（PCT）为例（该条约与欧洲专利公约的实体内容，甚至措辞都基本相同），PCT中有两项规定与权利要求的撰写相关，一项是PCT第六条：

权利要求应确定要求保护的内容。权利要求应清楚和简明，并应以说明书作为充分依据。另一项是PCT实施细则第六条，该条款涉及权利要求的撰写方式，其中只是规定请求保护的主题应以发明的技术特征来确定。

相比之下不难看出，PCT的这两项条款的内容基本上与我国2000年修改的《专利法》第二十六条第四款及2001年修改的《专利法实施细则》第二十条第一款相对应。而对于写入"必要技术特征"的问题，无论在PCT中还是在其实施细则中均未作任何规定。

涉及"必要技术特征"的内容仅出现于《PCT国际检索和初步审查指南》中。

《PCT国际检索和初步审查指南》第5.33节规定："独立权利要求应当清楚地说明限定发明所需的全部必要技术特征。"

根据上述内容所对应的法律条款可以看出，该规定属于对PCT第六条的具体解释。也就是说，在权利要求中写入"必要技术特征"是为了保证权利要求的"清楚"和"支持"。如果一项权利要求中缺少必要技术特征，其法律后果应当归结于违反PCT第六条的规定（即"不清楚"或"不支持"）。

由于我国将"必要技术特征"的问题明确写入2001年修改的《专利法实施细则》第二十一条第二款中，而且将该条款与2000年修改的《专利法》第二十六条第四款和2001年修改的《专利法实施细则》第二十条第一款一起都作为宣告一项专利权无效的理由，所以在专利复审委员会审理的无效宣告请求案件中，对于"缺少必要技术特征"的权利要求，有的专利无效请求人以不符合《专利法实施细则》第二十一条第二款为由提出无效宣告请求，有的则以不符合《专利法》第二十六条第四款的规定为由请求宣告该权利要求无效，也有人将上述条款共同作为请求宣告专利权无效的理由。

下面结合几个具体案例，对权利要求中"必要技术特征"的认定及其法律适用问题作一些简单分析。

【案例1】

一项有关照相机的发明，其改进之处仅在于照相机的快门。此时，权利要求的前序部分只要写成"一种照相机，该照相机包括一快门"就足够了，而不需要涉及其他已知特征，如透镜和取景窗。其特征部分则应当说明该发明对现有技术作出贡献的那些技术特征。

以上例子摘自《PCT 国际检索和初步审查指南》第 5.05 节，属于对 PCT 第六条所作的进一步解释。该例子在我国的审查指南(《专利审查指南》) 中也被引用。

作为对 PCT 第六条的进一步解释，《PCT 国际检索和初步审查指南》第 5.33 节还列举了另一个例子：独立权利要求应当清楚地说明所限定发明的全部必要技术特征，除非这些特征已为所用的一般术语所暗示，如一项关于"自行车"的权利要求，不需要提到轮子的存在。

从上述两个例子中不难总结出以下两点：

(1) 一项权利要求中不必包含实现该发明的全部技术特征，只需写入"对现有技术作出贡献的"那些技术特征。

(2) 在与该技术主题有关的技术特征中，那些"已知特征"或者隐含在"一般术语"中的特征可以不写入其权利要求中。

以上两点似乎可以作为判断一项权利要求中是否缺少"必要技术特征"的基本标准。

【案例 2】

一项名为"晾衣架"的实用新型专利，它是对现有技术中晾衣架的一种改进。该专利所涉及的晾衣架由衣架挂钩和晾衣杆组成，要解决的技术问题是如何使衣架挂钩能在晾衣杆上固定不动。

该实用新型的说明书公开了如下技术内容：

如图 3-19 至图 3-23 所示，该晾衣架包括晾杆 1 和衣架挂钩 2，衣架挂钩 2 可以插入晾杆 1 中并沿晾杆 1 移动（见图 3-23）。晾杆 1 为圆管状，从其剖面看（见图 3-22 和图 3-23），在离晾杆顶端 2/3 高度的部位沿晾杆的轴向设有一导槽 11，导槽 11 呈圆弧状，该导槽 11 由晾杆 1 内的隔板 13、晾杆 1 底部的轴向开口 14 和开口 14 与隔板之间的晾杆壁构成。衣架挂钩 2 包括挂环 22 和挂头 21，挂头 21 呈倒蘑菇状，可在导槽 11 内移动，挂头 21 在挂环 22 轴向的两侧设置有凸缘 211。使用时，先将衣架挂钩 2 沿挂环 22 的轴向插入导槽 11 中，使凸缘 211 位于开口 14 中，再将衣架挂钩 2 转动 90°，随着衣架挂钩的转动，挂头 21 两侧的凸缘 211 会逐渐顶住导槽 11 的下部，迫使衣架挂钩 2 上升，最终使挂头 21 的顶部紧紧压住隔板 13 的下底面，从而将衣架挂钩 2 牢固地固定在导槽 11 中。

图 3 – 19

图 3 – 20　　　　图 3 – 21　　　　图 3 – 22　　　　图 3 – 23

该专利的权利要求 1 和 2 如下：

1. 一种晾衣架，包括晾杆（1）和衣架挂钩（2），其特征在于晾杆（1）底部沿晾杆轴向设有一导槽（11），衣架挂钩（2）包括挂环（22）和挂头（21），该挂头可在导槽（11）内移动，挂头（21）在挂环轴向的两侧设置有凸缘（211）。

2. 根据权利要求 1 所述的晾衣架，其特征在于晾杆（1）为圆管状，导槽（11）由晾杆（1）内的隔板（13）、晾杆（1）底部的轴向开口（14）和开口（14）与隔板（13）之间的晾杆壁构成。

一请求人对上述实用新型专利提出无效宣告请求。请求人认为：根据说明书所公开的技术内容，管盖 12、隔板 13、开口 14 均是构成该晾衣架的必要部件，也是实现其发明目的的必要技术特征，缺少该技术特征，将无法实现该实用新型的技术方案、解决其技术问题。因此权利要求 1 不符合《专利法实施细则》第二十一条第二款的规定。

通过说明书所公开的内容可以看出，该晾衣架是由晾衣杆 1 和衣架挂钩 2 组合而成的，其改进之处在晾衣杆与衣架挂钩的组合关系上。在该晾衣架的实施例中，除了包括权利要求 1 中的晾杆 1、衣架挂钩 2、导槽 11、挂环 22、挂头 21 和凸缘 211 这些主要部件之外，该晾衣架还包括管盖 12、隔板 13、开口

14 等部件。

请求人的上述无效理由是否能够成立？管盖 12、隔板 13 和开口 14 是否都属于权利要求 1 的必要技术特征？我们不妨依照案例 1 所确定的判断标准对该案作些具体分析。

（1）关于管盖 12。由于该专利要解决的技术问题是如何使晾衣架能在晾衣杆上固定不动，其发明点在于晾衣杆与衣架挂钩的组合关系上。晾杆 1 是否带有管盖 12 与该技术问题的解决无关，不属于"对现有技术作出贡献的"技术特征，所以可以不写入权利要求 1 中。

（2）关于开口 14。虽然开口 14 与晾衣架和晾衣杆的配合关系有关，但现有技术中的同类晾衣架已经采用了该开口方式，所以该开口 14 可以被视为"已被所用的一般术语（晾衣架）所暗示"的、隐含在晾衣架中的技术特征，可以不作为"必要技术特征"写入权利要求 1 中。

（3）关于隔板 13。隔板 13 是与上述两者不同的一个部件。它不仅与晾衣架和晾衣杆的配合关系有关，而且属于现有技术中未包含的、"对现有技术作出贡献的"技术特征。因此，隔板 13 既不属于所谓的"已知特征"，也不属于隐含在"一般术语"（晾衣架）中的特征。

根据说明书所公开的技术内容，缺少了隔板 13，将无法实现挂钩 2 的定位，也就不能解决该专利所要解决的技术问题。故隔板 13 属于该专利所要解决技术问题的"必要技术特征"，所以缺少隔板 13 的权利要求 1 不符合《专利法实施细则》第二十一条第二款的规定。

至于为什么隔板 13 不属于隐含在权利要求 1 中的，即为"晾衣架"这种"一般术语"所暗示的技术特征，这一点还可以从该专利的权利要求 2 中得到证实。

在该案的权利要求书中，隔板 13 是作为"附加技术特征"被写入其从属权利要求 2 中的（并非对权利要求 1 中有关技术特征的"进一步限定"），按照权利要求的撰写原则，该附加技术特征在其所引用的权利要求中应当是不存在的。这也进一步印证了其权利要求 1 中是不包含隔板 13 的，也就完全排除了隔板 13 隐含在权利要求 1 中的可能性。

通过上述分析不难看出，根据说明书所公升的内容，隔板 13 属于"对现有技术作出贡献的技术特征"，缺少该技术特征的技术方案是一项不完整的技术方案。将一项无法实施的技术方案写入权利要求中，势必导致其保护范围的"不清楚"。因此权利要求 1 既不符合《专利法实施细则》第二十一条第二款的规定，也不符合《专利法》第二十六条第四款的规定。

在上述案例中，存在《专利法实施细则》第二十一条第二款与《专利法》第二十六条第四款（关于"清楚"）之间的"竞合"。

【案例3】

一件名为"启动磁电机"的实用新型专利，该电机专门用于摩托车中。在摩托车的启动过程中，该电机可以作为电动机使用；当摩托车被启动之后，它可以作为发电机使用，在曲轴的带动下向摩托车的照明系统供电，它具有一机两用的功能。现有技术中的这类电机，在作发电机使用时其碳刷始终压靠在换向器上，从而造成其碳刷和换向器的额外磨损。

该实用新型的目的是解决碳刷易磨损的问题，其说明书公开了如下技术内容：

如图3-24和图3-25所示，该磁电机包括转子9和定子13，换向器16被固定在定子的铁心11上，换向器16上有换向片17，换向器16的外沿即换向片17与转子上的碳刷1相对靠接。为了使碳刷1能够与换向器脱离，在转子9上安装有一离心块2，离心块2的一端压靠在碳刷1上，离心块2的另一端连接一弹簧7，弹簧7的另一端与转子9相连。碳刷1经碳刷架5安装在转子9上，当电源被接通后，电源经绕组X1（或Y1、X2、Y2）换向片17（接绕组）、碳刷1、换向片17（接地）导通，产生一旋转磁场使转子9连续转动，进而带动曲轴14转动使发动机起动工作；当发动机起动工作后，发动机带动曲轴14和转子9转动，转子9上的永磁体10与绕组X1、Y1、X2、Y2互相作用，感生出电势，这时，可由绕组X1、Y1、X2、Y2输出电力。

图3-24　　　　　　　　　　　　图3-25

在该实用新型中由于安装了离心块2，当发动机工作后，该离心块2也将与转子9同步转动，受到离心力的作用，离心块2会沿径向外移。适当安排离心块 9 的配重和弹簧 7 的弹力，可使离心块 2 在适当转速时（一般安排在发动机怠速转速）解除对碳刷 1 的压靠，使碳刷 1 在离心力的作用下与换向片 17 分离，从而避免碳刷 1 与换向器 16 之间的磨损。

其权利要求 1 如下：

1. 一种起动磁电机，定子座（13）固定在发动机体（15）上，铁芯（11）固定在定子座（13）上，铁芯（11）上有绕组 X1、Y1、X2、Y2，换向器（16）固定在铁芯（11）上，曲轴（14）和转子（9）由紧固螺母（18）固定，转子（9）上有永磁体（10），转子（9）上安装有离心块（2），离心块（2）的一端压靠在碳刷（1）上，离心块（2）的另一端与弹簧（7）相连，弹簧（7）的另一端与转子（9）相连，其特征在于碳刷（1）经碳刷架（5）安装在转子（9）上，碳刷（1）之间作短路电连接。

一请求人针对上述专利提出无效宣告请求，其理由是：

碳刷 1 的移动是由于离心块 2 的移动而产生的，要想使离心块 2 实现径向移动，弹簧 7 和柱销 6 都是必不可少的。在该专利的权利要求 1 中未包含柱销 6 这一必要技术特征，儿法实现其发明目的，故不符合 2001 年修改的《专利法实施细则》第二十一条第二款的规定，应当宣告该权利要求无效。

在该案的口头审理过程中，为了进一步证明在权利要求 1 中写入"柱销"的必要性及合理性，请求人又举出了一种不采用"柱销"的实施例，如图 3-26 所示。在该实施例中，离心块和弹簧均是沿径向设置的，当转子旋转起来之后，离心块 2 和碳刷 1 也将沿径向移动，使碳刷 1 脱离换向器。也就是说，在该磁电机中仅采用离心块和弹簧，不采用柱销，同样可以实现其发明目的。针对该实施例，双方当事人表示了如下的观点：

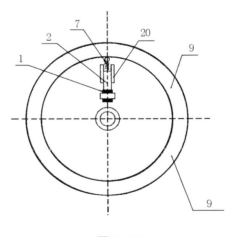

图 3-26

请求人认为：虽然不带"柱销"的技术方案也可以实现其发明目的，但它并未被记载在该专利的说明书中。在这种情况下，其权利要求1将"柱销"这一技术特征省略掉，实际上就意味着这种不含有"柱销"的技术方案也属于其专利保护的范围，从而导致了其专利保护范围被不合理的扩大，故权利要求1不符合2001年修改的《专利法实施细则》第二十一条第二款的规定。

专利权人也承认上述实施方式的存在，并表示该实施方式是其本人在专利申请日之后对该专利所作的进一步改进，而且该技术方案无疑应当属于该专利的保护范围。不带"柱销"的技术方案同样可以实现其发明目的，这就足以证明"柱销"并非该专利的必要技术特征，因此权利要求1符合2001年修改的《专利法实施细则》第二十一条第二款的规定。

该案具有一定的特殊性。其特殊性在于双方当事人都承认一种不含有"柱销"的技术方案的确可以实现其发明目的。在这种情况下，应当如何考虑《专利法实施细则》第二十一条第二款的适用问题，即是否还应当认定"柱销"属于解决该技术问题的"必要技术特征"。

对此，合议组的观点是：判断一项技术特征是否属于必要技术特征，应当以说明书公开的技术内容为依据。在该案中双方当事人之所以会得出截然相反的结论，其原因就在于双方所争论的事实（不带柱销的实施例）已经超出了该专利说明书所公开的技术内容。

如果这种不含有"柱销"（见图3-26）的技术方案作为另一个实施例被明确记载在该专利的说明书中，则可以承认无论是否采用"柱销"均可以实现其发明目的，"柱销"可以被视为权利要求1的非必要技术特征。但该案的实际情况是这种不含有"柱销"的技术方案并未在其说明书中被公开，在其说明书中仅公开了使用"柱销"（见图3-24和图3-25）的技术方案。就说明书所公开的内容而言，"柱销"是实现其发明目的必不可少的技术特征。所以在运用2001年修改的《专利法实施细则》第二十一条第二款时应当存在一个前提——根据该专利说明书所公开的技术内容。在此前提下，权利要求1不符合2001年修改的《专利法实施细则》第二十一条第二款的规定。

通过以上分析我们可以总结出以下两点：

（1）在对是否属于"必要技术特征"进行判断时，应当仅限于说明书所公开的技术内容，即以说明书所公开的（包括隐含的）技术内容为依据。否则就有可能得出相反的结论。所以，2001年修改的《专利法实施细则》第二十一条第二款的适用应当有一个前提，即"根据说明书所公开的技术内容"。

（2）该案中，请求人所持的基本观点——"其权利要求1将柱销这一技特征省略掉，实际上就意味着这种不含有柱销的技术方案也属于其专利保护的范围，从而导致了其专利保护范围被不合理的扩大"无疑是正确的，但由此得出"该权利要求得不到说明书的支持"的结论可能更合适。

该案也涉及 2001 年修改的《专利法实施细则》第二十一条第二款与 2000 年修改的《专利法》第二十六条第四款（关于"支持"）之间的"竞合"，根据请求人所列举的事实和争辩的内容，以《专利法》第二十六条第四款作为其无效宣告请求的理由可能更为贴切、更为合乎情理；如果一定要以 2001 年修改的《专利法实施细则》第二十一条第二款作为该案无效理由，则所讨论的事实应当仅限于其说明书所公开的内容。

（十五）"车把手"专利侵权案剖析❶

《中国专利与商标》杂志 2006 年第 1 期刊登的《等同原则在实用新型专利侵权诉讼中的适用》一文（作者孟繁新，以下简称"孟文"），披露了"元大公司诉天旗公司专利侵权纠纷案"（涉及名称为"一种可拆的方向把式车把手"的 99233491.8 号实用新型专利，以下简称"车把手"侵权案）的一些基本案情，并针对浙江省高级人民法院对该案的二审判决发表了观点鲜明的评论意见。

如"孟文"所述，"车把手"侵权案被列为 2004 年浙江省十大知识产权典型案例。据笔者所知，在浙江省高级人民法院审理此案之前，广东、上海等地的人民法院曾先后对"车把手"侵权案进行过审理并作出判决。可见"车把手"侵权案在国内具有一定的影响力，称得上一件专利侵权大案。

针对同一项专利、同样的被控侵权产品（可拆卸的平直车把手），不同地区、不同的人民法院却给出了截然相反的判决结果——有的法院认定可拆卸的平直车把手构成对 99233491.8 号专利的侵权，有的则给出相反的结论；即使判决结果相同，各地区人民法院所给出的判决理由也不尽相同，有的以"多余指定"作为判断要点，有的则以"等同侵权"作为判断要点。

"车把手"侵权案是一个很有代表性的专利诉讼案件，虽然案情简单但却很值得研究。笔者对该案的进展一直比较关注，在该案侵权诉讼的某些环节（专利侵权案件司法鉴定中）也曾发表过一些看法。"孟文"的发表，使"车把手"侵权案中所存在的一些观点分歧被公开化。在此笔者想就该案所涉及的一些问题谈点看法。

1. 案情简介

99233491.8 号专利涉及一种自行车或滑板车的可拆卸车把手，其权利要

---

❶　该文首次发表于 2006 年。

求为：

1. 一种可拆的方向把式车把手，由把手架竖管（211）、把手架横管（214）、左、右车把手（3）、（4）、U形弹性扣（5）、弹性软索（6）组成，其特征在于：把手架横管（214）两端各设有一圈定位孔（212）、（213）并固装在把手架竖管（211）端部，左、右车把手（3）、（4）的一端部各设有两对称通孔（311）、（411），U形弹性扣（5）两端各设有一定位凸齿（51）且嵌装于对称通孔（311）、（411）中左、右车把手（3）、（4）则插装于把手架横管（214）两端，且U形弹性扣（5）两端的定位凸齿（51）则嵌卡于定位孔（212）、（213）中而将左、右车把手与把手架横管（214）相互定位，弹性软索（6）穿装在把手架横管（214）中，两端各固定在左、右车把手（3）、（4）内。

该专利的说明书撰写十分简单，仅公开了一个优选实施例。在该实施例中（见图3-27），所述的车把手是弯曲的，而且在把手架横管两端各设了一圈定位孔（212）、（213）。该实施例的车把手除了可以进行拆卸之外，还可以作360度的转动。其技术效果是：既可以"有效地减小停车时车把手横向设置所占的空间"，还"可方便地调整左、右车把手尾端与车把手横管之间的角度，以利于使用者处于最佳握持状态骑乘车辆"。

图3-27

被控侵权的产品是一种"可拆卸的平直车把手"。

与上述优选实施例相比，被控侵权产品存在两个主要差别：第一，其车把手是平直的，而不是弯曲的；第二，在把手架横管两端各设有一个定位孔（212），而不是一圈定位孔（212）、（213）。

与涉案专利的权利要求相比，其两者仅存在一个差别：被控侵权产品车把手架横管的两端各设有一个定位孔（212），而不是一圈定位孔（212）、（213）。除此之外，涉案专利权利要求中的其他技术特征均被被控侵权产品所覆盖。

2. "平直车把手"是否在其专利保护范围内

从上述权利要求1可以得知：该专利保护的对象是"一种可拆的方向把式车把手"。"平直车把手"是否属于该专利的保护范围？这是审理"车把手"侵权案首先要解决的一个问题，也是"孟文"争辩的重点。

在"孟文"的"评析"部分写道："浙江省高院认为：'本案权利要求中对左右车把手是直管还是弯管并无限定，不应用说明书附图所体现的实施例来限制权利要求，认为权利要求仅仅保护车把手为弯管的技术方案。'这正是一个值得商榷的关键点。"

接下来"孟文"的作者针对这个关键点发表了与浙江省高院相反的看法：

"在解释权利要求时，更多的是权利要求要受到说明书和附图的限制，而不是处于从属地位"；"权利要求的'是什么样的'与其说必须要得到说明书和附图的支持，倒不如说要受到说明书和附图的限制。"

在确定权利要求的保护范围时，将说明书和附图的"解释"作用改换成为"限制"，这明显违反了2000年修改的《专利法》第五十六条第一款的规定。

2000年修改的《专利法》第五十六条第一款规定："发明或者实用新型专利权的保护范围以其权利要求的内容为准，说明书及附图可以用于解释权利要求。"其中的"解释"与"限定"存在本质区别。

应当如何理解和把握说明书对权利要求的"解释"作用，目前我国尚缺少具体规定。在此不妨借鉴一下国外的观点和经验。

在美国联邦巡回上诉法院1998年作出的No.97-1554号判决中，明确表示了以下观点：

"本院曾多次重申，当用说明书解释权利要求时，权利要求不需要受到说明书的限制（limited）。权利要求中的概念也应当解释成它们通常的含义（ordinary meaning），除非它们具有明确的、特殊的定义（clear special definition）。"

在上述判决中还援引了有关法院在先的一些判决意见：

"一般情况下，出现在说明书中的特殊限定（limitations）或实施例，不应当被解读进其权利要求中"；"如果说明书中仅公开了一个实施例，不需要将每一项权利要求限定（limited）在该实施例的范围内"；以及"一项专利的权利要求不应当被限定（limited）于该专利所公开的优选实施例范围内"。

笔者对于2000年修改的《专利法》第五十六条第一款的理解是：

（1）"解释"不同于"限定"。一般说来，"限定"的结果是导致范围的缩小；而"解释"则不同，它既有可能缩小保护范围，也有可能扩大保护范围。本领域普通技术人员在阅读了一份专利说明书之后，会对该专利的技术内容有一个客观、全面的理解和认识。除了能够直接得知说明书所公开的技术内容之外，还会联想到隐含在其中的某些技术内容。以这种理解为基础来解释权利要求时，权利要求的保护范围就有可能大于说明书（尤其是实施例）所明确公开的范围。

（2）2000年修改的《专利法》第五十六条第一款规定"说明书可以用于解释权利要求"，其中并未限定说明书中的哪一部分可以用于解释。所以在解释权利要求时，应当将说明书作为一个整体来考虑，即以说明书所公开的全部技术内容为依据，而不应当仅局限于实施例——除了要考虑说明书中所公开的实施例之外，还应当考虑说明书的其他部分。例如，说明书"背景技术"部分及"要解决的技术问题"部分所记载的内容，同样可以用来解释权利要求。

（3）当权利要求中的某一技术特征或某一技术用语不够清楚时，固然需要借助于说明书及附图的解释；而当权利要求中的某一技术特征或某一技术用语从字面上看（例如其一般含义）虽然很清楚，但如果通过说明书的解释其含义会有所变化时（例如具有特定含义），也应当以说明书给出的解释为准。

关于说明书对权利要求的解释问题，本书前面曾分析过几个案例。除了上述美国联邦巡回上诉法院所作的No. 97 - 1554号判决所涉及的案例之外，还引用过经我国人民法院审理而生效的有关案例。在这些案例中，既有通过说明书的解释作用使权利要求中的某个概念范围变大的案例，也有结论恰恰相反的案例。

对于"潜水面罩"一案（见本书第三章之五的"（六）权利要求中'技术特征'的认定之二"），人民法院的判断要点是：在阅读了该专利说明书的"背景技术"和"发明目的"部分之后，可以明确无误地理解该专利的基本构思就是要用"平面"镜片替代"曲面"镜片，或者说"曲面"镜片正是该专利所要避免使用的。因此，"曲面镜片"不可能属于该专利的保护范围。其权利要求书中的"镜面"一词应当解释为"平面"镜片。

在该案例中，说明书对权利要求中的有关概念作出了限制性的解释。

对比一下"车把手"与"潜水面罩"可以发现，两项专利之间确也存在某些相同之处：其权利要求中所争议术语（"车把手"和"镜面"）的字面含义都很清楚，而且其一般含义所涉及的范围显然都大于说明书实施例所公开的范围（"弯曲车把手"和"平面镜面"），从形式上看两项专利都存在权利要求与说明书内容不匹配的问题。

然而，在"潜水面罩"一案中将"镜面"一词限制解释成"平面镜面"，并不意味着"车把手"一案中的"把手"必然也应当解释成"平直车把手"。只要仔细阅读一下"车把手"专利说明书对"背景技术"和"所要解决的技术问题"的描述就不难发现两案之间的重要区别。在"车把手"的专利说明书中对该实用新型的"背景技术"作了如下描述：

"自行车或滑板车，其把手一般都是一体成型设计，利用穿套锁固或由快拆扳手与把手架连接，形成固定式的把手定位；而现代都市人口稠密，生活空间及休闲空间都相当拥挤，因此，固定式把手的自行车或滑板车，在不使用时，其把手横向占用较大空间，造成其车停放不便和妨碍人通行，因而，有必要对其结构进行改进。"

针对现有技术中的上述缺陷，说明书中提出了该实用新型所要解决的"技术问题"："本实用新型的目的在于克服现有技术之不足而提供一种结构简单，加工制造容易，使用方便的可拆的方向把式车把手。"

很明显，该实用新型的发明点就是要提供一种"可拆卸的车把手"。

在整个说明书中，找不到任何对"平直车把手"进行排除的意图和痕迹。与之相反，本领域普通技术人员根据说明书所公开的优选实施例、针对"可拆的车把手"这一发明目的，很容易由"弯曲车把手"联想到"平直车把手"，即对于平直车把手来说，采用该专利权利要求所述的技术方案，同样可以实现"可拆卸"的发明目的。基于这种联想的显而易见性，其权利要求的保护范围就不应当受其实施例的限制。权利要求中的"车把手"应当具有其"通常的含义"，既包括"弯曲车把手"，也包括"平直车把手"。

为了进一步说明问题，不妨再作以下假设：

假如对"车把手"专利的说明书进行一下改写：将其"背景技术"中所存在的缺陷修改为"现有技术中的车把手无法改变方向和角度"；将"发明目的"修改为"提供一种方向和角度都可以改变的车把手"。这时，其说明书本身就隐含着对"平直车把手"明显的排除——因为对于"平直车把手"来说，根本不存在改变方向和角度的问题。这时上述结论也就应当随之而变化——权利要求中的"车把手"不应当按照其（字面）"通常的含义"进行解释，而应当将"平直车把手"排除在外。

"孟文"之所以会得出与浙江省高院相反的结论，主要是由于其忽视了对该专利要解决的技术问题的考虑，或者说在对其说明书进行分析时，将其具体实施例所取得的"技术效果"（可以有效地减小停车时车把手横向延置所占的空间，并且可以方便地调整左、右车把手尾端与车把手横管之间的角度，以利于使用者处于最佳握持状态骑乘车辆）误认为该专利"要解决的技术问题"。

我们都知道：在专利说明书中，"要解决的技术问题"与取得的"技术效果"属于两个独立的组成部分，它们涉及两个不同的概念，两者之间既有联系也有区别。后者除了能够解决前者的"问题"之外，还可能涉及其他附加的"技术效果"。只要认真分析该专利说明书就不难看出，该专利所要解决的技术问题只是"提供一种可拆的方向把式车把手"，而"方向和角度都可以改变"只是其优选实施例的一个特殊技术效果。

众所周知，一项专利权的获得是以专利权人将其发明创造向社会进行公开为代价的，这种公开是通过专利说明书的形式实现的。说明书所公开的发明创造与其权利要求之间应当具有一致性的关系，即权利要求应当以说明书为依据。授权时记载在说明书中的内容可以视为专利权人的一种认诺。在专利侵权诉讼中，专利权人的这种认诺应当继续有效，这具体体现为说明书对权利要求的解释作用。如果在专利侵权诉讼中对权利要求的解释与说明书所公开的内容不符，便违背了专利权人在其说明书中的认诺，这实际上也是对"禁止反悔"原则的背离。

3. "平直车把手"是否构成等同侵权

如果承认"平直车把手"属于涉案专利的保护对象，接下来要分析的问题就是被控侵权的产品——"带有一个定位孔的平直车把手"是否构成专利侵权？

将"带有一个定位孔的平直车把手"直接与涉案专利的权利要求相比，两者之间的一个重要的区别技术特征是"一圈定位孔"与"一个定位孔"。针对该技术特征，在先的判决中存在两种不同的观点：

一种观点认为"一圈定位孔"与实现其发明目的无关，属于"多余指定"，故侵权成立；另一种观点则认为既然"一圈定位孔"被明确写入其权利要求1中，就应当属于该专利的必要技术特征，缺少该必要技术特征的产品不构成侵权。

两种观点针锋相对，都有一定的道理，但却都难以服人。

在解几何题时，面对一些无从下手的难题往往采用引入辅助线的方式。引入辅助线之后，便产生了一个新的参照点，对问题的分析和解决会起到一种简化和过渡作用。在分析该案时不妨借助引入辅助线的方式，第一步先引入一个辅助案例。

假设：

有人生产了一种平直的车把手，其采用的技术方案与权利要求1完全相同。

具体说，其车把手架横管的两端开设的是一圈定位孔，而不是一个定位孔。该产品是否构成侵权？

此时问题被简化了，其答案应当很容易得出——根据"全面覆盖"的原则，上述产品覆盖了权利要求所有的技术特征，构成了专利的相同侵权。

接下来要考虑的一个重要问题是：此人在生产了上述车把手之后，他必然会发现在所开设的一圈孔当中，其实只有一个孔是有用的，其他孔完全是多余的（因为平直车把手不存在调整角度的问题）。此时他必然会考虑放弃"开设一圈孔"的方案，而代之以"开设一个孔"的方案（如果有人继续采用"开设一圈孔"的方案，恐怕就另有目的了）。由此可以证明：**对于平直车把手来说，**"开设一个孔"与"开设一圈孔"不存在任何实质性区别（甚至前者较后者更实际、更合理），或者说用"开设一个孔"的技术方案代替"开设一圈孔"的技术方案，属于"以基本上相同的方式，实现基本上相同的功能，产生基本上相同的效果"。所以**对于平直车把手来说，**"开设一个孔"的技术方案应当构成对该专利的等同侵权。如果不视其为侵权，势必为"此人"提供了一种"合法"而不合理的规避专利侵权的途径。

由于涉案专利的保护范围包括平直车把手和弯曲车把手两类不同的产品，当将两者分离开进行分析时，问题就被简化了。对于平直车把手来说，由于不存在"改变方向和角度"的问题，所以"开设一圈孔"是完全多余的，据此可以说："开设一圈孔对于平直车把手来说属于一种多余指定"；但对于弯曲车把手而言，将其视为"多余指定"则缺少足够的理由，**因为该技术特征毕竟被明确写入权利要求之中，**而且也产生了一定的功能和效果。

基于以上分析，笔者认同浙江省高院对该案的判决结论，即开设一个孔的平直车把手构成对涉案专利的侵权。笔者的具体理由是：

（1）由于该案权利要求中对"车把手"是直管还是弯管并无限定，所以就其"通常含义"而言，平直车把手在其保护范围之内；通过该专利说明书和附图对权利要求的解释，这种"通常含义"也是可以被接受的。

（2）就平直车把手而言，"开设一圈孔"的产品将构成涉案专利的相同侵权；而"开设一个孔"的技术方案则为"开设一圈孔"技术方案（即涉案专利）的等同侵权。

（3）对于平直车把手来说，"开设一圈孔"可以被视为"多余指定"；但对于弯曲车把手来说，则不能将其视为"多余指定"。

"多余指定"的判断原则目前已被最高人民法院废止使用。

（十六）谈权利要求书中的"撰写失误"——兼评专利复审委员会的"第12816号无效审查决定"

在专利的"无效宣告请求程序"中，经常会遇到一项专利的权利要求中所记载的内容与说明书所公开的内容不符的情况。

其原因有二：

一是该权利要求所记载的某项内容在说明书中未予公开，或者该内容超出了说明书所公开的范围，从而得不到说明书的支持；

二是在撰写权利要求时，由于撰写人的失误或用词不准确而造成权利要求中所记载的文字内容与说明书所公开的技术内容不符，这种缺陷往往被专利权人解释为"撰写失误"。

对于上述第一种情况，由于其明显违反了《专利法》第二十六条第四款的规定，根据《专利法实施细则》第六十五条的规定，该权利要求应当被宣告无效，对此大家不会存在过多的争议；

但对于第二种情况，目前大家的观点并不尽一致，有必要作进一步探讨。

本节拟结合两个案例对此谈点看法，供有关部门参考。

不久前笔者代理了一件实用新型专利的无效请求案件，其专利号为200520058768.0，名称为"一种压砖机用布料设备"。

该专利授权公告的权利要求1如下：

1. 一种压砖机用布料设备，包括机架、安装在机架上的若干个供料仓（1）、分别与各个供料仓（1）相连接并可输送各个供料仓（1）到规定位置的控料输送带（2）、设在各控料输送带（2）下方的可承接各个供料仓（1）中色料的振动筛斗（3），其特征在于：所述振动筛斗（3）下方设有堆积式布料装置（4）。

该专利涉及一种陶瓷设备，具体说涉及一种制砖机的布料设备，其技术内容并不复杂，该布料设备的结构示意图如图3-28所示。

图3-28

按照说明书给出的技术方案,附图中的标号 1 为陶瓷粉料的供料仓,2 为控料输送带,两者之间存在间隙,供料仓 1 内的粉料不断从供料仓中流入控料输送带 2,借助于控料输送带 2 将流出的粉料送走。

在该专利的权利要求 1 中,以上技术内容却被写作:"一种压砖机用布料设备,包括机架、安装在机架上的若干个供料仓(1)、分别与各个供料仓(1)相连接并可输送各个供料仓(1)到规定位置的控料输送带(2)……"

上述权利要求 1 所记载的技术内容是:①控料输送带 2 是与供料仓 1 相连接的;②控料输送带 2 输送的是供料仓 1 而不是粉料。

权利要求所记载的内容显然与说明书所公开的技术内容不相符。

针对这一问题,无效请求人认为:该专利权利要求 1 的内容与说明书所公开的内容不符,即权利要求 1 未以说明书为依据,不符合《专利法》第二十六条第四款的规定,根据《专利法实施细则》第六十五条的规定应当被宣告无效。

经审理,专利复审委员会作出第 12816 号无效审查决定(以下简称"12816 号决定"),认为请求人的上述无效理由不能成立,维持该专利权有效。

对于控料输送带 2 是与供料仓 1 "相连接"的这一问题,口头审理过程中,在主审员的诱导下,专利权人认为"相连接"实为"相邻接",这是由于地区口音造成的。

至于"输送各个供料仓"的问题,12816 号决定则认为:

(1)"专利法、实施细则及审查指南中从来没有规定专利文献的撰写存在问题必将导致该专利因《专利法》第二十六条第三、四款的规定而被无效。相反,合议组认为,专利文献虽然属于法律文书,其本身对撰写有着较高的要求,但要求一份专利文献自头至尾没有一点问题,其既不符合实际的需要,也不符合《专利法》第二十六条第三款中以所属技术领域的技术人员能够实现为准的规定。当专利文献中出现问题时,应结合案情进行分析,确定出其对本领域技术人员实际造成的影响,然后将这种影响与相关法条的要求进行比较,再确定出该问题是否会导致相关权利要求被宣告无效的结果,而不能简单地以问题的存在而得到相关权利要求被无效的结论。"

(2)"对于权利要求来说,依据《专利法》第五十六条❶的规定,发明或实用新型的保护范围以其权利要求的内容为准,说明书及附图可以用于解释权利要求。换句话讲,在确定权利要求所要求保护的技术方案时不能脱离开说明书

---

❶ 即 2008 年修改的《专利法》第五十九条。

及附图的解释"，"权利要求所要求保护的技术方案实际上也应当由本领域技术人员基于其所知晓的普通技术知识以及其能够获知的现有技术，在阅读完说明书后，所判读到的技术方案为准。"

对于上述主审员的"口音"之说我们不必多作评述，仅就 12816 号决定而言我们存在以下疑问：

（1）"专利法、实施细则及审查指南中从来没有规定专利文献的撰写存在问题必将导致该专利因《专利法》第二十六条第三、四款的规定而被无效"，这种说法准确吗？要求专利文件的撰写符合有关规定，是"既不符合实际的需要，也不符合《专利法》第二十六条第三款中以所属技术领域的技术人员能够实现为准的规定"吗？

（2）专利的保护范围究竟是"应当以权利要求的内容为准"，还是本领域技术人员在"阅读完说明书后，所判读到的技术方案为准"？对于权利要求书中的实质性缺陷，可以通过说明书的"解释"予以消除吗？

对于上述第一点，颇有"标新立异"之嫌，其观点是否具有合法性，也没有必要多作评说。

对于第二点，牵扯到对《专利法》第五十九条第一款理解和运用的问题，有必要搞搞清楚。

《专利法》第五十九条第一款规定："发明或者实用新型专利权的保护范围以其权利要求的内容为准，说明书及附图可以用于解释权利要求的内容。"

略知国内外专利法演革过程的人都清楚，在专利保护范围的界定上，国际上曾存在"周边界定"之说和"中心界定"之说，这两种界定方式都有失偏颇。以此为背景，欧洲专利局首先引入了一种折中的界定方式，在确定权利要求的保护范围时，既非完全不顾及权利要求的文字内容而将其扩展至说明书所公开的内容，也并非完全拘束于权利要求的文字内容，而是"以其权利要求的内容为准，说明书及附图可以用于解释权利要求"。

我国《专利法》第五十九条正是参照上述折中的界定方式而制定的。该规定主要是在判断专利侵权时运用的，其中虽然也确认了说明书及附图的解释作用，但强调的还是"以其权利要求的内容为准"，两者间的关系孰轻孰重应当是很清楚的。

为了消除权利要求中的"撰写失误"，12816 号决定引入了 2000 年修改的《专利法》第五十六条作为法律依据，严格说这种引用已经脱离了该条款的立法本意。

如果《专利法》第五十九条可以当作一种"涂改液"来使用，即采用"解释"的方式来修正权利要求，那么权利要求中任何与说明书不一致的缺陷都可以消除，权利要求得不到说明书支持的问题也就不复存在了。极端点说，如果说明书中公开的是"灰"，权利要求中记载的是"白"，则可以借助于《专利法》第五十九条将"白"解释为"灰"——这无疑是很荒唐的。

除此之外，12816 号决定还认为："权利要求所要求保护的技术方案实际上也应当由本领域技术人员基于其所知晓的普通技术知识以及其能够获知的现有技术，在阅读完说明书后，所判读到的技术方案为准"——即以说明书公开的技术方案为准，这显然也有悖于《专利法》第五十九条所表达的内容。

该案的权利要求 1 中显然存在与专利说明书内容不一致的缺陷，该缺陷是否应当导致该权利要求的无效？

12816 号决定给出了否定的结论，认为在权利要求书与说明书记载的内容不相符的情况下，应当以说明书所公开的内容为准，可以以此对权利要求书中所存在的缺陷进行修正，该缺陷不应当导致其专利权无效。

由于众所周知的原因，在我国的专利授权文本中，上述情况屡见不鲜。之前，专利复审委员会及人民法院都曾审理过不少类似案件。针对这一现状，北京市高级人民法院在 2001 年颁发的京高法发〔2001〕229 号文件——《北京市高级人民法院关于专利侵权判定若干问题的意见（试行）》（以下简称《意见》）中专门作了如下规定。

该《意见》的第十二条、第十三条为：

"12. 专利独立权利要求与专利说明书出现不一致或者相互矛盾的，该专利不符合专利法第二十六条第四款的规定，当事人应当通过专利无效程序解决。

当事人不愿通过无效程序解决，法院应当以专利权有效和专利权利要求优先原则，以专利权利要求限定的保护范围为准，而不能以说明书或者附图公开的内容，'纠正'专利权利要求记载的技术内容。

13. 专利独立权利要求中记载的技术特征存在含糊不清之处时，可以结合从属权利要求或者说明书及附图对其作出澄清的解释。"

在以上《意见》条款中明确了三点：

（1）权利要求与专利说明书出现不一致或者相互矛盾的，该专利不符合《专利法》第二十六条第四款的规定。

（2）不能以说明书或者附图公开的内容，"纠正"专利权利要求记载的技术内容。

（3）说明书及附图只能对权利要求中记载的技术特征存在含混不清之处作出澄清的解释。

北京市高级人民法院的上述《意见》条款为下级人民法院审理专利侵权案件作出了明确的规定，这些判定标准业已为各级人民法院所接受，也为业内人士广泛引用。12816 号决定显然与此相悖。

无独有偶，两年前笔者还曾代理过另一起类似的无效请求案件，这两件专利如同孪生兄弟。该案的专利号为 99230034.7，名称为"车辆运输车上层踏板举升机构"。

该专利涉及一种专门运载轿车用的运输车，其车厢分上下两层，其间设有踏板，该踏板可以上下调节。其权利要求 1 为：

1. 车辆运输车的上层踏板举升机构，其特征在于在上层踏板下方设置两对立柱，在前端的立柱内分别设置滑块式举升机构，在后端的柱内分别设置滑轮式举升机构，举升机构的末端与上层踏板连接。

在其说明书及附图所公开的技术方案中，"上层踏板举升机构的两对立柱被设置在上层踏板的侧方"，即踏板是在立柱的内侧上下移动的。

将上述权利要求与说明书相对照不难看出，在该专利的权利要求 1 中将立柱的位置误写为"上层踏板的下方"。

对此，专利复审委员会的观点是："综合说明书的内容并结合附图 1 可知，立柱并不是位于上层踏板的正下方的，而是位于上层踏板的四周并支撑在运输车的车身上"，故"本权利要求 1 中的下方不应当理解成正下方，而应理解为侧下方"——以说明书及附图公开的内容"纠正"了权利要求中的错误。

在一审中，北京市第一中级人民法院维持了专利复审委员会的决定，请求人不服一审判决继而提起上诉。

经审理，北京市高级人民法院撤销了一审法院的判决（见（2008）高行终字第 88 号判决书）。

北京市高级人民法院认为：

"《专利法》第二十六条第四款规定，权利要求书应当以说明书为依据，说明要求专利保护的范围。本案中，本专利的权利要求 1 为'车辆运输车的上层踏板举升机构，其特征在于在上层踏板下方设置两对立柱，在前端的立柱内分别设置滑块式举升机构，在后端的柱内分别设置滑轮式举升机构，举升机构的末端与上层踏板连接'。从上述描述可知，权利要求 1 中的一个重要技术特征是：'上层踏板下方设置两对立柱'。该技术特征限定了两对立柱是在上层踏板的下方，非其他位置。但是，从本专利的说明书附图 1 所示的前端立柱内举升机构的结构特点，即滑块带动上层踏板，使上层踏板定位于立柱的侧面，位于立柱侧面的具体位置可通过多孔板和插销来定位，可见前端立柱被设置在上层踏板的侧方。同样，后立杜也是设置在上层踏板的侧方，而非下方。故本专利的说明书及附图公开的技术方案中，为了调节上层踏板的高度，其四根立柱均设置在上层踏板的侧方。'下方''侧方''侧下方'同属方位性概念，其相互间有严格的界限和划分。'上层踏板下方'应仅指'踏板面积所辖范围之下的位置'，立柱的端面积在踏板面积的下方才符合'上层踏板下方'的要求。因本专利权利要求1与说明书存在本质差异，权利要求1中所描述的技术方案未充分公开说明书中描述的技术方案和专利保护的范围，不符合《专利法》第二十六条第四款的规定，第10275号决定和原审判决对此认定错误，应予纠正。"

该判决是在2008年作出的，它相当于对前述《意见》又作了进一步的诠释和确认。遗憾的是该判决并未引起专利复审委员会的重视。

再回到"布料设备"一案，由于双方当事人就与涉案专利相关的事宜达成和解，故请求人对12816号决定未再提起行政诉讼，该专利被维持有效。

根据专利复审委员会"一事不再理"的审查原则，200520058768.0号专利将由此获得"终生免疫"——任何人都不能再就其权利要求中的上述缺陷提出无效请求。

像这样一份带有严重缺陷的专利今后将继续在技术市场上存在。我们不禁要问：将来一旦遇到专利侵权纠纷，人民法院在解读其权利要求1的保护范围时，会接受专利复审委员会的认定吗？如果没有北京市高级人民法院上述《意见》的出台，或许还有点可能性。但是，在上述《意见》未被废止的情况下，这种可能性恐怕是微乎其微。其后果将是：对于同一法律事实，行政机关的生效认定将与人民法院的判定相背离——这种现象显然是不正常的。

其实，专利复审委员会对上述两案的处理方式也并非绝无道理，它只不过是在分清是非的基础上对专利权人采取了宽容的态度。

12816号决定也承认"专利文献属于法律文书，其本身对撰写有着较高的要求"。而权利要求书，它更应该是一份经过字斟句酌的法律文件，社会公众通过权利要求书来确定受到专利保护的范围，以尊重他人的权利、约束自己的行为。

对于专利文件撰写的失误，究竟应当采取宽容的态度还是严格处理？

笔者认为：谁的责任谁承担。对专利权人的宽容实际上就是将专利权人及其代理人所犯的错误让社会公众来承担，这本身就是一种不公平。其后果只会纵容更多类似的"垃圾专利"（或称"问题专利"）继续出现。

想当初，与"撰写失误"相类似的"多余指定"的问题也曾在国内产生过争议，主张实行该原则的人也是出于对专利权人及其代理人的同情，将权利要求中写入的不必要技术特征认定为"多余指定"，对其采取了一种宽容态度。这表面上看是一种"公平"，实际上也是一种对社会公众的不公，其后果也是为低水平的专利代理提供继续生存的空间。现今，"多余指定"的原则基本上已经为各级人民法院所摒弃，这是大势所趋。

综上，笔者的观点是：对专利申请文件尤其是权利要求书的撰写应当从严要求，这不仅有利于技术市场的净化，而且有利于专利代理人的工作质量的提高。

低水平的研发加低水平的专利代理，可以确保使我们变成一个"专利大国"，但如果不改变这种现状，我们将永远不可能成为一个"专利强国"。

（十七）专利复审程序中的"举证原则"❶

在我国的民事诉讼及行政诉讼中，"举证原则"是一个十分重要的审判原则。

《民事诉讼法》第六十四条第一款规定："当事人对自己提出的主张，有责任提供证据。"

《最高人民法院关于民事诉讼证据的若干规定》第二条又进一步规定：

"当事人对自己提出的诉讼请求所依据的事实或者反驳对方诉讼请求所依据的事实有责任提供证据加以证明。

没有证据或者证据不足以证明当事人的事实主张的，由负有举证责任的当事人承担不利后果。"

《行政诉讼法》第三十四条也明确规定：

"被告对作出的具体行政行为负有举证责任，应当提供作出该具体行政行为的证据和所依据的规范性文件。"

在实践中，上述原则也被简称为"谁主张，谁举证"的原则。

专利案件的复审程序被视为一种"准司法"程序。专利案件本身既具有民事案件的属性，又受行政诉讼程序的制约，复审请求人对专利复审委员会作出的复审决定不服可以提起行政诉讼，在后续的行政诉讼中专利复审委员会是被告。在这种法律框架下，民事诉讼及行政诉讼中的若干基本原则都应当适用于专利的复审程序。

近年来，在专利案件的行政诉讼中，专利复审委员会作出的几个"复审决定"及"无效宣告审查决定"曾先后因举证方面所存在的缺陷而被人民法院撤销。针对这一情况，经人民法院建议，在国家知识产权局的《审查指南2006》

---

❶ 该文首次发表于2008年。

中，围绕着"举证"问题补充作出了一些相应的规定，例如在《审查指南2006》第四部分第八章补充规定：

"当事人对自己提出的无效宣告请求所依据的事实或者反驳对方无效宣告请求所依据的事实有责任提供证据加以证明。

没有证据或者证据不足以证明当事人的事实主张的，由负有举证责任的当事人承担不利后果。"

行明显，上述规定基本上引用了《最高人民法院关于民事诉讼证据的若干规定》第二条的内容。

针对专利案件中所独特存在的"公知常识"的引用问题，《审查指南2006》还特别补充作了如下规定：

"主张某技术手段是本领域公知常识的当事人，对其主张承担举证责任。该当事人未能举证证明或者未能充分说明该技术手段是本领域公知常识，并且对方当事人不予认可的，合议组对该技术手段是本领域公知常识的主张不予支持。"

依据上述有关的法律和规定，我们可以认为："谁主张，谁举证"的原则也应当是专利复审委员会审理专利案件时应当遵循的一个重要原则；这一原则不仅适用于当事人，而且适用于专利复审委员会这个参与行政诉讼的主体。

本节拟从"举证原则"的角度出发，对专利复审委员会在先作出的两件"复审决定"进行一些剖析，进而对"举证责任的分担"以及"公知常识的举证"这两个重要问题谈点看法。

【案例1】❶

1. 案情简介

该案涉及一件名称为"以聚乙烯醇为基础的纤维和其制备方法"的发明专利申请复审案件。

该申请的权利要求1如下：

1. 一种具有 $0.05 \times 10^{-3} \sim 8.0 \times 10^{-3}$ g/cm·dr 的凝胶弹性模量，10% ~ 85%的热水收缩率（Wsr），以及4g/d或更高的强度的以聚乙烯醇为基础的纤维，其中聚乙烯醇分子的交联贯穿纤维的整个横截面。

其说明书公开了3个发明实施例，其性能体参数如表3-2所示。

---

❶　参见专利复审委员会第2754号复审决定及本书第四章之三的"（六）以聚乙烯醇为基础的纤维和其制备方法——举证责任谁承担"。

表 3 - 2

性能参数	权利要求 1	实施例 1	实施例 2	实施例 3
凝胶弹性模量（g/cm·dr）	$0.05 \times 10^{-3} \sim$ 8.0×10^{-3}	1.5×10^{-3}	0.5×10^{-3}	0.8×10^{-3}
热水收缩率 Wsr（%）	10~85	78	70	72
拉伸强度（g/d）	4 或更高	9.3	9.8	9.6

说明书中还给出了 9 个比较实施例，其性能参数如表 3 - 3 所示。

表 3 - 3

性能参数	比较实施例 1	比较实施例 2	比较实施例 3	比较实施例 4	比较实施例 5	比较实施例 6	比较实施例 7	比较实施例 8	比较实施例 9
凝胶弹性模量（10^{-3} g/cm·dr）	0.0	0.1	0.0	0.9	2.0	1.0	0.3	0.8	0.0
热水收缩率 Wsr（%）	4.5	4.5	4.5	85	95	87	68	75	3.5
拉伸强度（g/d）	9.7	7.5	9.2	2.8	3.8	2.9	3.3	0.7	13.0

在实质审查阶段，审查员驳回了该申请。驳回决定认为：该申请权利要求 1 得不到说明书的支持，不符合《专利法》第二十六条第四款的规定。

审查员的具体理由是：根据申请文件的记载，特别是实施例 1—3 和比较实施例 1—9，本领域技术人员难于预见还可以获得凝胶弹性模量为 "$0.5 \times 10^{-3} \sim 1.5 \times 10^{-3}$g/cm·dr"（对应于实施例 1—3 数值范围）之外的纤维，因此权利要求 1 中 "$0.05 \times 10^{-3} \sim 8.0 \times 10^{-3}$g/cm·dr" 这一范围得不到说明书的支持。

申请人对上述驳回决定不服，向专利复审委员会提出复审请求。在提出复审请求的同时，请求人提交了以下参考资料作为证据：

参考资料 1：与该申请相应的美国专利 US 5717026；

参考资料 2：与该申请相应的欧洲专利申请的有关文件及权利要求书。

经审查，专利复审委员会作出了撤销原 "驳回决定" 的复审决定。

专利复审委员会合议组的观点是：

通过表 3 - 2 可以看出，"实施例 1—3 的产品参数均在权利要求 1 限定的数值范围之内。""从本申请说明书公开的内容可以直接得到权利要求 1 的技术方案。尽管其中的参数数值范围大于实施例直接得到的范围，**但是并没有证据可**

以证明本发明在权利要求范围内不可以实施，所以本专利申请权利要求1的范围是可以接受的。因此，以权利要求1不符合中国《专利法》第二十六条第四款为由驳回本申请的理由不成立。"

该申请被发回重审，并被授予专利权。

2. 案例评析

该案的焦点问题是：当权利要求的保护范围大于说明书实施例所公开的范围时，如何判断该权利要求能否得到其说明书的支持？当出现争执时其举证责任应当由谁来承担？

《专利法》第二十六条第四款规定："权利要求书应当以说明书为依据，清楚、简要地限定要求专利保护的范围。"即我们通常所说的"权利要求应当得到说明书的支持"。

关于"支持"问题《专利审查指南2010》第二部分第二章第3.2.1节作了如下的解释：

"只有当所属技术领域的技术人员能够从说明书充分公开的内容中得到或概括得出该项权利要求所要求保护的技术方案时，记载该技术方案的权利要求方案才被认为得到了说明书的支持。"

根据《专利审查指南2010》的上述规定，一项权利要求所要求保护的技术方案应当是所属技术领域的技术人员能够从说明书中公开的内容直接得到或者概括得出的技术方案。

诚然，在判断权利要求是否得到说明书的支持时，不应当绝对局限于实施例部分的内容，如果说明书中有较好的支持或者所属技术领域的技术人员并不怀疑权利要求范围内不可以实施，那么，即使这个权利要求范围较宽也是可以接受的；但是，如果权利要求中超出实施例的部分是所属技术领域的技术人员从实施例中无法推测和预料的，则属于权利要求得不到说明书的支持。

该案中，权利要求1要求保护的是一种具有 $0.05 \times 10^{-3} \sim 8.0 \times 10^{-3}$ g/cm·dr 的凝胶弹性模量、10%～85%的热水收缩率（Wsr），以及4g/d或更高的强度的以聚乙烯醇为基础的纤维。

其中，"凝胶弹性模量"是该发明的一项重要技术参数，在其权利要求1中"凝胶弹性模量"的上限被限定为"8.0×10^{-3}g/cm·dr"。而在该申请说明书的3个实施例中，所公开的"凝胶弹性模量"值分别为 **1.5（$\times 10^{-3}$g/cm·dr）、0.5（$\times 10^{-3}$g/cm·dr）和0.8（$\times 10^{-3}$g/cm·dr）**。此时说明书所公开的内容是否足以支持该权利要求所要求保护的范围？

对此，审查员与复审合议组表示了不同的观点。

审查员认为：根据申请文件的记载，特别是实施例 1—3 和比较实施例 1—9，**本领域技术人员难于预见**还可以获得凝胶弹性模量为 "$0.5 \times 10^{-3} \sim 1.5 \times 10^{-3} g/cm \cdot dr$"（对应于实施例 1—3 数值范围）之外的纤维，因此 "$0.05 \times 10^{-3} \sim 8.0 \times 10^{-3} g/cm \cdot dr$" 这一范围得不到说明书的支持。

专利复审委员会复审合议组则认为：实施例是对发明的优选的具体实施方式的举例说明，对支持和解释权利要求极为重要，但这并不意味着权利要求的范围必须与实施例直接得出的范围相一致。**由于没有证据可以证明本发明在权利要求范围内不可以实施，所以权利要求 1 范围是可以接受的。**

从该专利申请说明书所公开的 3 个实施例外加 9 个比较实施例可以看出，对于聚乙烯醇纤维来说，其凝胶弹性模量与拉伸强度之间存在一定的关联性：随着凝胶弹性模量的增大，拉伸强度会变小，当 "凝胶弹性模量" 为最大值 2.0 时，其相应的 "拉伸强度" 值已降为 3.8，已经低于权利要求 1 中的下限值（权利要求中 "拉伸强度" 的下限值为 4）。此时我们很自然会想到，当 "凝胶弹性模量" 为 8.0 时，其拉伸强度是否能维持在 4 以上？所以，审查员所持的怀疑态度是有一定道理的。

诚然，此时也不应当完全排除允许扩展的可能性。但是，如果申请人主张权利要求的这种扩大是合理的、是所属领域普通技术人员能够想到的，那么申请人就负有举证责任，具体说明可以扩展的理由。（例如，为什么 8.0 的上限是可以接受的？如果 8.0 的上限可以接受，那么 9.0 的上限是否可以接受？扩展到何种范围才不能被接受？）

从上述案情介绍中我们不难看出，在该案例中专利复审委员会将上述举证责任直接推给了审查员，在申请人未作任何举证和说明的情况下，合议组就以审查员 "没有证据可以证明本发明在权利要求范围内不可以实施，所以本专利申请权利要求 1 的范围是可以接受的" 为由作出了决定。其结果是：免除了申请人的举证责任，却让审查员承担了 "举证不能" 的责任，形成了举证责任的颠倒。

就举证的可能性而言，让审查员举证证明 "凝胶弹性模量为 8.0 在技术上不可能实现" 实际上是一件很难的事情，正如同要证明一件事物的 "存在" 是可行的，但要想证明其 "不存在" 却是很困难的。

就审查原则而言，这种处理方式也违背了 "谁主张，谁举证" 的基本原则，由于扩展保护范围的主张是由申请人提出的，所以申请人不仅有能力而且有责任向审查员或复审合议组说明可以将凝胶弹性模量由 1.5 扩展到 8.0 的理由。

在提出复审请求时，虽然申请人也向合议组提供了一份"证据"，即该申请在国外已经被授权的信息，试图让合议组接受该申请在国外的审查结果。但是该信息显然不能作为支持其主张的有效证据。

【案例 2】

1. 案情简介

该案涉及一件名称为"眼药水溶液和使该溶液防腐的方法"的发明专利申请复审案件。❶

在实质审查阶段，审查员以该申请不符合《专利法》第二十二条第三款（即创造性规定）为由驳回了该申请。请求人不服该驳回决定而提出了复审请求，同时提交了经修改的权利要求书。修改后的独立权利要求 1 为：

1. 一种使含水眼药配方防腐以便提高其使用期的方法，该方法包括向该含水眼药配方中加入稳定二氧化氯，其量为在该含水眼药配方中作为单一防腐剂有效地起作用；至少一种眼科学上可接受的缓冲组分，其量可有效地保持该含水眼药配方于约 pH6.8~8；和至少一种眼科学上可接受的张力组分，其量可有效地维持该含水眼药配方的渗透压基本上相当于人眼流体的渗透压，条件是该含水眼药配方是眼科学上可接受的并且无杀菌有效量的任何带正电的、含氮阳离子聚合物掺入该含水眼药配方中。

"向该含水眼药配方中加入稳定二氧化氯，其量为在该含水眼药配方中作为单一防腐剂有效地起作用"这一技术特征是申请人修改权利要求 1 时新加入的，其目的是与审查员提供的一份最接近的对比文件相区别（该对比文件中也采用了二氧化氯作为防腐剂，但必须与另外一种防腐剂协同作用。故申请人特别强调"二氧化氯作为**单一防腐剂**"这一区别技术特征）。

在复审阶段，合议组认为：

"权利要求 1 的'二氧化氯……在该含水眼药配方中作为单一防腐剂有效地起作用'在说明书中未见记载。按照请求人的解释，其含义是指在本发明的含水眼药中不含除二氧化氯以外的任何其他防腐剂。但是，在本申请的**所有实施例的含水眼药配方中均含有氯化钠，而氯化钠具有众所周知的防腐性能，无疑可称为一种防腐剂**。可见，甚至于本申请的所有实施方案，都不是只使用二氧化氯而无其他防腐剂的技术方案。从说明书的记载，不能直接地、毫无疑义地导出所述技术特征。由于本申请的权利要求书所记载的技术方案得不到说明书的支持，不符合《专利法》第二十六条第四款的规定。"

---

❶ 该发明专利申请文件详见附录。

合议组最终作出了维持原驳回决定的复审决定。

申请人不服该复审决定而提起行政诉讼，但一审法院维持了专利复审委员会的复审决定。

2. 案例评析

与案例1相似，该案也涉及权利要求是否能得到说明书支持的问题。所不同的是，该问题在实质审查阶段并未涉及，是在复审阶段新出现的问题，争执发生于专利复审委员会合议组与复审请求人之间，前审的审查员并未参与其中，也没有机会对此发表任何意见。

该案的焦点是：在说明书缺乏明确记载的情况下，能否从中得出"二氧化氯在该含水眼药配方中作为**单一防腐剂**有效地起作用"的结论？具体说，说明书实施例中所记载的**生理盐水（氯化钠水溶液）**组分是否属于一种防腐剂？

对此，专利复审委员会合议组的观点是：

在该申请的所有实施例的含水眼药配方中均含有氯化钠，而氯化钠具有众所周知的防腐性能，无疑可称为一种防腐剂。所以从说明书的记载，不能直接地、毫无疑义地导出所述技术特征。

合议组认为生理盐水中的氯化钠属于一种防腐剂，并认为这是一种"公知常识"，但对此未作任何举证。

申请人的观点则是：该申请的生理盐水不是防腐剂，它在眼药水中主要起调节生理渗透压的作用。

合议组与申请人的意见究竟哪一种正确？更能够为该领域的专业人员所接受？

首先，我们应当弄清该申请所采用的氯化钠的具体状态。通读该专利的说明书及其实施例，我们可以发现其氯化钠都是以生理盐水的状态存在的，其中氯化钠的浓度为0.5%～0.9%。以其实施例1为例：

【实施例】

进行一系列实验，以确定用稳定二氧化氯的硼酸盐缓冲生理盐水的抗微生物性质。所用稳定二氧化氯为 Biocide International, Inc. of Norman, Oklahoma 独家生产的稳定二氧化氯，加到硼酸盐缓冲生理盐水中的稳定二氧化氯浓度是可变的。

该硼酸盐缓冲生理盐水溶液具有下列成分：

成　分	百分比（重量/体积）
氯化钠 USP	0.85
硼酸 NF	0.10
净化水 UGP*	至 100mL

* 加至形成 100mL 的溶液。

接下来，我们要弄清的是：生理盐水，即浓度为 0.5% ~ 0.9% 的氯化钠水溶液是否具有防腐作用？或者说生理盐水是否属于一种防腐剂？

初看起来这似乎是一个常识性的问题。在日常生活中，普通老百姓的确存在 **"氯化钠具有防腐性能，可称为一种防腐剂"** 的认识，例如在日常生活中食盐经常被用来腌制食物、防止食物腐败，所以称之为"防腐剂"并不为过。然而，作为 件专利申请案，还是应当结合说明书的内容、从"所属领域普通技术人员"的角度对"生理盐水"这一概念作出一个科学、精准的认定。

该案涉及一种眼药水，属于药物的技术领域。笔者是门外汉，对药物一窍不通，只好通过查阅资料的方式来寻求答案。

笔者首先查阅了字典，在《辞海》中对"生理盐水"作了如下解释：

"生理盐水，生理学实验或临床上常用的渗透压与动物或人体血浆相等的氯化钠溶液。其浓度用于两栖类时是 0.67% ~ 0.70%，用于哺乳类和人体时是 0.85% ~ 0.90%。"

上述解释与该专利申请说明书所记载的内容（实施例中氯化钠的浓度均为 0.85% ~ 0.90%）相符。

笔者又借助于互联网对"氯化钠的防腐作用"进行了查询，从中分别获知了以下知识：

（1）"浓度高的盐水的确可以杀菌而无法杀灭病毒，但不能代替消毒液，因为它无法杀灭病毒。消毒剂是指用于杀灭传播媒介上病原微生物，使其达到无害化要求的制剂，所以严格意义上说盐水是不能起到消毒作用的。"

（2）"生理盐水只是维持细胞内环境稳态的，并不能起到消毒作用。生理学实验或临床上常用的渗透压与动物或人体血浆的渗透压相等的氯化钠溶液。"（与该申请说明书所记载的作用相同。）

（3）"盐水消毒的原理为透过渗透作用（osmosis）抽干细菌内的水分使其死亡。盐水浓度越高，'抽水'效果越快，应当在 5% 以上。在日常生活中，常用浓盐水腌菜、腌肉、杀菌消毒，也就是让细菌向外渗水而被杀死。"

阅读以上内容可以使我们对"生理盐水"以及氯化钠防腐的机理有比较专业化的理解，或者说可以站在"该领域普通技术人员"的角度来理解"生理盐水"这一概念——"生理盐水"并不具有消毒作用；浓度较高的盐水可以依靠其"抽水"作用使细菌向外渗水而被杀死。

笔者设想，在审理该案时，如果合议组在作出复审决定之前对"生理盐水"以及氯化钠防腐的机理进行一些科学考证，设法寻求确凿的证据，或许就不会贸然作出"氯化钠具有众所周知的防腐性能，无疑可称为一种防腐剂"的结论。

通过这一案例，一方面可以看出，在审理案件过程中"当事人对自己提出的主张负有举证责任"的必要性；另一方面可以看出，在审理专利案件时，当以"公知常识"作为证据时，提出主张的一方（无论是当事人还是合议组）负有举证责任的重要性。

正如《审查指南2001》中所规定的："主张某技术手段是本领域公知常识的当事人，对其主张承担举证责任。该当事人未能举证证明或者未能充分说明该技术手段是本领域公知常识，并且对方当事人不予认可的，合议组对该技术手段是本领域公知常识的主张不予支持。"

3. 结 语

也许出于巧合，以上分析的两个案例都属于化学领域的案件。在国家知识产权局的机构设置中，化学领域涵盖的专业面（无机、有机、高分子、冶金、医药、微生物、生物工程等）比较宽，其中还包含了若干高新技术领域。俗话说"隔行如隔山"，不同专业之间差异性非常大，以上述两个案例为例，一个涉及高分子（化学纤维）专业，另一个涉及医药专业，两个案件虽说都属于化学领域审查，但所涉及的技术内容可谓相差十万八千里。与实质审查部门不同，专利复审委员会不可能为每一个案件、每一个合议组都配齐相应专业的审查员，这在客观上给案件的审理带来一定的困难。譬如让一个"化学纤维"专业的审查员来审查"眼药水"的案件，其面临的困难可想而知。

鉴于以上状况的客观存在，更需要我们认真贯彻"举证原则"。在专利案件中，无论是申请人、审查员，还是专利复审委员会合议组，只有各方对其所主张的事实（包括所谓的"公知常识"）都给出充分证据时，才有可能弱化专业知识给案件审理所带来的技术方面的困扰，从而将审查的重点集中到法律的层面上。

为此，笔者提出两点建议：

（1）对"公知常识"的举证应当切实贯串专利审查的各个程序中，其中也包括实质审查程序。对此，我们应当学习欧洲专利局的做法。

欧洲专利局对审查员的举证责任要求十分严格，在实质审查过程中当审查员用"公知常识"来评价专利申请的新颖性或创造性时，要求审查员一定要指出相关"公知常识"的出处，因为一般情况下，"公知常识"都是可以找到相应出处的。欧洲专利局这种严谨的要求有助于避免审查结论的主观随意性。

（2）复审程序中适当听取前审审查员的意见。

鉴于专利复审程序主要是对申请人的一种救济程序，所以在整个复审过程中特别重视申请人的意见。按照目前审查程序的设置，对于前审的审查员来说，他（她）仅有一次对案件发表意见的机会，即在案件进入复审程序之前的"前置审查"中。

"前置审查"是国家知识产权局的一个内部程序，在请求人提出复审请求之后、案件正式进入专利复审委员会之前，审查员可以对申请人的复审理由以及修改后的权利要求书发表一次意见。一旦案件进入复审程序，审查员就再也没有对案件发表意见的机会了。即使申请人在复审过程中对其权利要求书又作了新的修改、陈述了新的意见，也只能由专利复审委员会合议组直接对其进行审查并作出审查结论。对于专业性比较强的案件来说，很难确保复审中审查结果的准确无误，以上两个案例就是证明。

根据笔者的经验，如果在案件进入复审程序之后，仍然保持一种专利复审委员会合议组（或者主审员）与前审审查员内部沟通的机制，将有利于克服专业性所带来的障碍，从而确保审查结果的客观公正。

例如，在上述两个案例中，如果在作出复审决定之前，合议组就所持的观点与前审的审查员进行一些内部交流（实际上也是一种听证的过程），便可以避免一些误认。例如，"生理盐水"的功能和作用让一个医学专业的审查员来解释，可能会更为准确、更为专业化。

（十八）对一件美国发明专利无效请求案的剖析——兼谈"权利要求中技术特征的认定"

基于专利侵权纠纷的压力，太原重型机械集团有限公司（以下简称"太重"）于 2007 年 4 月 5 日向国家知识产权局专利复审委员会就美国摩根建设公司（以下简称"摩根"）的名称为"用于轧钢机油膜球轴承的套筒"发明专利（专利号 ZL01143517.8）提出无效宣告请求。2007 年 5 月 8 日，专利复审委员会作出第 9745 号决定，宣告该专利权全部无效。2007 年 8 月，"摩根"不服专利复审委员会的上述决定，向北京市第一中级人民法院提出行政诉讼，并委托北京一家知名律师事务所作为其诉讼代理机构。

笔者作为"太重"的诉讼代理人向北京市第一中级人民法院作了书面意见陈述并出席了庭审。

经开庭审理，北京市第一中级人民法院于 2007 年 12 月 20 日作出判决，维持被告专利复审委员会作出的决定。其后"摩根"接受了一审判决的结论，未提起上诉，专利复审委员会的无效决定生效。

"摩根"的"用于轧钢机油膜球轴承的套筒"（以下简称"套筒"）发明专

利于 2001 年 12 月 7 日向国家知识产权局提出专利申请，于 2005 年 6 月 1 日授权。该专利有三项权利要求，其权利要求 1 如下：

1. 一种用于轧钢机油膜轴承的套筒，所述油膜轴承可对轧钢机中的轧辊的辊颈进行可旋转支承，所述套筒具有一围绕一内锥形段的圆柱形外表面，所述圆柱形外表面适于可旋转地支承在所述轴承的位于一负载区域的一油膜上，所述内锥形段沿轴向延伸过所述负载区域并适于安置在所述辊颈的一外锥形部分上，所述圆柱形外表面具有 500～2100mm 的直径（D），所述内锥形段具有一大于 3 度的锥度角和一介于 10mm 至 0.024D＋14.5 之间的最小厚度。

在上述权利要求中，"所述圆柱形外表面具有 500～2100mm 的直径（D），所述内锥形段具有一大于 3 度的锥度角和一介于 10mm 至 0.024D＋14.5 之间的最小厚度"是该专利与现有技术之间的主要区别技术特征，即发明点所在。

"太重"认为"摩根"专利的权利要求 1 不具备创造性，并提出了两件主要证据：证据 1 为机械出版社于 1992 年 6 月出版的《现代大型轧机油膜轴承（理论与实践）》，证据 2 为中国标准出版社于 1992 年 6 月出版的《轧机油膜轴承运用技术条件》国家标准。

"太重"认为：结合证据 1 第 206～207 页的表 76a 中列出的油膜轴承（60）系列相关数据和附图可计算出其套筒的最小厚度为 35mm，该数据值恰好落入"摩根"专利权利要求 1 中的"内锥形段具有一大于 3 度的锥度角和一介于 10mm 至 0.024D＋14.5 的最小厚度"的技术特征范围之内，从而证明证据 1 公开了"摩根"专利权 1 的上述技术特征。

而从证据 2 第 2 页 3.9 项可知对套筒锥度的选用标准一般为 1:5，据此可以换算出上述套筒锥度角为 5°42′38″，从而公开了该专利权利要求 1 中的"内锥形段具有一大于 3 度的锥度角"这一技术特征。

也就是说，本领域的技术人员在设计轧机油膜轴承时，可以根据证据 1 和证据 2 选择轴承套筒的最小厚度和锥度角，并将证据 1 和证据 2 公开的技术内容相结合，得出该专利权利要求 1 所保护的技术方案，而无须付出创造性劳动，而且该方案也并未产生意料不到的技术效果。因此，"摩根"专利的权利要求 1 相对证据 1 和证据 2 的结合不具备创造性。

鉴于此，"摩根"提出了新的观点。

"摩根"认为：证据 1 涉及一种"自锁式轴承套筒"，而证据 2 涉及"非自锁式轴承套筒"，两者不属于同类产品，因此不能将证据 2 与证据 1 结合来判断该专利的创造性。

同时，"摩根"以"锥角度大于 3 度"为由说明该专利权 1 涉及的是一种

"非自锁式套筒",故该专利与证据 1 中的产品不是同类产品,本领域技术人员不可能从证据 1 中得出该专利权利要求 1 中的关于套筒的最小厚度范围的启示。

在法庭辩论中,双方争论的焦点集中在了权利要求 1 究竟涉及"自锁"型轴承还是"非自锁"型轴承这一技术特征的认定上。

在全面分析案情的基础上,"太重"提出了如下观点:

(1)"摩根"在该专利的背景技术中已明确指出:非自锁与自锁套筒的区别在于套筒是否"需要连接键或类似物来实现与辊颈的配合",即非自锁套筒通过连接键固定在轧辊辊颈上实现锁定,而自锁套筒则是通过与轧辊辊颈的紧配合来实现锁定。因此"锥角度大于 3 度"不能作为自锁与非自锁的分界线。由于其权利要求书中缺少对"连接键或类似物"的明确记载,所以从"摩根"的权利要求 1 中并不能确认其产品仅涉及"非自锁式套筒"。

(2)当庭对证据 1 的前后章节作了全面举证和分析,通过该分析完全可以确认证据 1 所涉及的产品同样属于"非自锁式套筒"。

为了对"摩根"的专利有全面了解,笔者查阅了该专利在国外的申请及授权状况,并认真查阅了该专利在中国的审查档案。

通过查阅发现了以下两个重要事实:

一是"摩根"就该技术在国外的专利申请以及在中国专利申请的公开文本中,其权利要求 1 中均含有"该套筒还具有一位于所述内锥形段外侧并位于所述端部段内的机械接合装置,用于将所述套筒可旋转地固定于所述辊径"的限定,即明确了权利要求 1 所指是非锁定套筒。

二是在中国专利申请审批的过程中,即在其答复审查员"一通"时,"摩根"故意将上述限定从其公开文本的权利要求中删除,形成后来的授权文本权利要求 1(已如前所述)——这说明"摩根"在专利申请实质审查阶段故意将权利要求 1 由非锁定套筒扩大到其他套筒,以求更大权利范围。

而在该专利的无效宣告程序中,面临该专利可能被宣告无效的压力,"摩根"又反过来强调权利要求 1 仅涉及一种"非锁定套筒",力求以缩小范围自保,这种解释是站不住脚的,其主张也明显违反了"禁止反悔"的基本原则。

一审法院根据双方的辩论意见作出了一审判决。在强有力的证据和人民法院精准的分析判断面前,"摩根"公司接受了人民法院的一审判决意见,未提起上诉。

"摩根"公司的 01143517.8 号发明专利权被宣告无效,"太重"也从专利侵权纠纷的压力中解脱了出来。

（十九）从一件美国专利纠纷看权利要求中的"功能性限定"

《法释2009》已于2009年12月21日最高人民法院审判委员会第1480次会议通过，并自2010年1月1日起施行。

《法释2009》的出台将起到统一专利侵权案件审理中有关标准的积极作用，是我国专利司法实践的一大进步。

《法释2009》第四条明确规定：

"对于权利要求中以功能或者效果表述的技术特征，人民法院应当结合说明书和附图描述的该功能或者效果的具体实施方式及其等同的实施方式，确定该技术特征的内容。"

此前，在人民法院与国家知识产权局之间，以及不同的人民法院之间，对于如何确定权利要求中"功能性限定"的保护范围曾存在着严重的分歧。

首先以一件国内的无效宣告请求案件为例（以下内容进一步参见本节中的"功能性限定"）。

无效宣告请求人A公司向专利复审委员会提出无效宣告请求，请求宣告比克公司的某项发明专利无效，其无效理由为：

权利要求1等相对于所提供的对比文件不符合《专利法》第二十二条第二款、第三款所规定的新颖性和创造性。

该发明专利的权利要求1：

一种电池外壳的制造方法，其特征在于，包括以下步骤：

（1）制备预定长度的管通；

（2）用模具把所述管通向两边拉伸所要求形状的筒形；

（3）……

（4）所述模具包括斜楔形上模和下模；

（5）所述下模主要由斜楔形滑块和限位装置组成。

审理中，双方当事人对权利要求1中所述功能性技术特征"限位装置"的含义有不同的理解：请求人认为限位装置是限定电池外壳尺寸的装置，被请求人认为限位装置是限定下模块的极限位置的装置。

对此，专利复审委员会的观点是：如果在无效宣告请求程序中双方当事人对权利要求中采用功能性方式限定的一个部件的理解产生歧义、但从专利说明书公开的全部内容中仅能得到该部件唯一的一种具体结构实施方式，则根据《专利法》第五十六条第一款的规定应当将权利要求中该部件解释为具有该具体结构的部件。即将权利要求1中所述"限位装置"理解为"具有U形结构的固定结构，该 U 形结构的两臂的内壁可以限制斜楔形滑块的运动极限位置"。合议组在此解释的基础之上，维持专利权有效。

无效宣告请求人不服专利复审委员会的决定提起行政诉讼。一审法院的观点是：根据《专利审查指南 2010》的规定，对于权利要求中的功能性特征，应当理解为覆盖了所有能够实现所述功能的实施方式。对于"限位装置"应当理解为所有能够实现限定下滑块的运动极限位置的装置。

专利复审委员会将权利要求 1 中的"限位装置"解释为 U 形固定结构已经超出了以说明书和附图解释权利要求的范围，而属于以说明书及附图限定权利要求。由于该上位的功能性限定的装置被对比文件中所披露的具体限位结构所公开，因此，权利要求不具备新颖性，撤销被告专利复审委员会作出的审查决定。（见北京市第一中级人民法院的（2005）一中行初字第 607 号行政判决书。）

被告专利复审委员会、第三人均不服一审法院判决而提起上诉。二审法院的观点是：对于权利要求中功能性限定特征的解释应当受专利说明书中记载的实现该功能的具体方式的限制，不应当解释为覆盖了能够实行该功能的任何方式。该专利说明书中载明了在将椭圆通制成方通时所用的模具和成型情况，附图中记载的"限位装置"的形状就是"U 形结构的固定结构"。由于对比文件中公开的是"滑动凸轮"不是"U 形结构的固定结构"，因此该专利权利要求 1 具有新颖性。据此认定一审法院的上述解释无事实和法律依据，判决撤销一审法院的判决，发回重审。（见北京市高级人民法院的（2006）高民终字第 367 号民事判决书。）

上述案例反映了如下事实：

（1）在我国，各级人民法院对权利要求书中"功能性限定"的认定尚存在差异。

（2）对于权利要求中的"功能性限定"，国家知识产权局与人民法院的二审判决存在差异。

对于权利要求中的"功能性限定"，国家知识产权局的《审查指南 2001》第二部分第二章第 3.2.2 节中作了如下规定："对于权利要求中的功能性特征，应当理解为覆盖了所有能够实现所述功能的实施方式。"

与上述规定相比，专利复审委员会合议组在作出上述决定时，显然避开了《审查指南 2001》的上述规定，而人民法院的一审判决恰恰是以上述规定为依据的。

笔者赞同专利复审委员会的结论，但不赞同以《专利法》第五十九条第一款作为其法律依据——当然，笔者也完全能够理解专利复审委员会合议组的无奈——为了绕开《审查指南 2001》的上述规定，不得不借用《专利法》第五十九条。

《法释 2009》的实施，无疑可以统一各级人民法院对权利要求书中"功能性限定"的认定标准，但仍然消除不了国家知识产权局与人民法院之间对"功能性限定"理解所存在的差异。

上述情况与美国早些年之前的情况有些类似。

1982 年，美国专利法加入了第一百一十二条第六款关于功能性限定特征的条款，明确规定采用"手段 + 功能"的权利要求应当被解释为覆盖了说明书中记载的相应结构、材料或者动作及其等同物。

但是在 1982 年之前，不管是美国专利商标局还是对美国专利商标局决定进行审查的美国海关和专利上诉法院，均认为第一百一十二条第六款的规定仅适用于专利侵权案件，在授权案件中始终坚持覆盖了能够实现该功能的所有方式的解释规则。

1982 ~ 1994 年，美国专利商标局和美国联邦巡回上诉法院（CAFC）争论不断。

直至 1994 年 CAFC 通过 Inre Donaldson 一案，以"大法庭一致通过"的方式明确表明其观点后，美国专利商标局才接受了授权程序也应当采用缩小解释的观点。❶

下面将介绍一件笔者不久前为国内一家企业处理过的专利侵权纠纷案。通过该案例或许可以对美国专利界当前处理权利要求中"功能性限定"的原则有更具体的了解。

国内某公司（以下简称"该公司"）拟向美国出口一批吸尘器产品，美国的经销商对该产品的性能予以认可。但在下订单之前，经销商的法律顾问向该公司提出质疑，认为其出口产品涉嫌侵犯美国的一项专利权。

该公司的产品结构如图 3 - 29 所示。

该产品涉及一种旋风分离式吸尘器，它具有三级分离的功能。其三级分离出的灰尘分别进入筒体的下方，吸尘结束时，只要将筒体的下盖打开即可将三个集尘箱内的灰尘一并倒出。其下盖是以枢轴连接的方式被扣合在筒体的底部。

客户所提供的美国专利也涉及一种多级旋风分离吸尘器，与拟出口美国的产品属于同类产品。该美国专利的一项权利要求如下：

---

❶ 尹新天. 专利权的保护 [M]. 2 版. 北京：知识产权出版社，2005：325.

图 3 – 29

1. A separator comprising:

（a）an inlet in fluid flow communication with a source of fluid having particles therein;

（b）a first particle separation member;

（c）a first particle collector disposed below the particle separation member; and,

（d）a particle transfer member positioned between the particle separation member and the particle collector whereby particles separated by the first particle separation member are conveyed to the first particle collector;

（e）a second particle separation member disposed upstream of the first particle separation member, the first particle collector is disposed above the second particle separation member; and,

（f）a second particle collector positioned to receive particles separated by the second particle separation member and the first and second particle collectors are configured such that the first particle collector is emptied when the second particle collector is emptied.

其中的一个技术特征（f）包含一种功能性限定："the first and second particle collectors are configured such that the first particle collector is emptied when the second particle collector is emptied"（第一和第二集尘箱具有这样的形状：当第二集尘箱被清空时、其第一集尘箱也同时被清空）。

该专利的说明书中公开了多个实施例，其中的一个实施例如图 3 – 30 所示。

图 3 - 30

在所有的实施例中，经两级分离后的灰尘首先（以不同的方式）被集中在筒体的下方，然后同时被倒出，其差别仅在于灰尘的集中方式有所不同。其倒出的方式是：首先将下筒体（66）从上筒体（51）上拔下，然后使下筒体（66）翻转180°，将灰尘倒出。

由于该出口产品覆盖了美国专利上述权利要求中的全部技术特征，包括经多级分离后的灰尘一次性被倒出（"当第二集尘箱被清空时，其第一集尘箱也同时被清空"），所以从文字内容上看，该产品的确落入上述专利的保护范围内。

根据美国专利法的规定，其权利要求书中允许使用功能性限定，但是与中国《专利审查指南 2010》的规定不同，在其专利法的第一百一十六条中还明确规定：

An element in a claim for a combination may be expressed as a means or step for performing a specified function without the recital of structure, material, or acts in support thereof, and such claim shall be construed to **cover the corresponding structure, material, or acts described in the specification and equivalents thereof.**

即权利要求中的功能性限定，应当理解为包含了说明书中所记载的实施例及其等同物。

对于"等同物"，美国联邦巡回法院在一判例中曾经作出过如下认定：

This Court's most recent restatement of the doctrine of equivalents, in Graver Tank Ⅱ, endorsed the three part test for equivalency previously expressed in Sanitary Refrigerator Co. v. Winters, 280 U. S. 30, 42 (1929) ('if [the accused device] performs substantially the same function in substantially the same way to obtain the same result'). 339 U. S. at 608. After Graver Tank Ⅱ, 'function, way, result' became the touchstone for every equivalency determination.

即所谓的"等同"应当理解为"功能、方式、效果基本上相同"。

据此，笔者首先替该国内企业起草了致美国经销商的律师函。在律师函中，除了引用美国专利法的上述规定及联邦巡回法院的上述意见外，还具体分析了上述出口产品与美国专利在倒灰方式上的本质区别：

美国专利中的倒灰方式是先将各级分离出的灰尘混合在一起，然后需将下筒体拔出、反转180°后倒出。说明书中虽然公开了若干个不同的实施例，但其倒灰方式都是一样的；

出口产品中，虽然灰尘也是同时被倒出，但是其不同级所分离出的灰尘在倒出前及倒出过程中是不混合的，而且其倒灰时无须卸下筒体，只需打开下盖即可。

虽然上述两种方式都实现了同时倒灰的功能，但是两者的效果存在本质性差异：

（1）采用出口产品的方式，可以将不同级所分离出的灰尘隔离开，便于回收其中的某些分离物，而美国专利方案则实现不了。

（2）采用打开下盖的方式倒灰显然比拆卸下筒体倒灰的方式实用、方便。

据此，应当认为出口产品所采用的倒灰方式与美国专利方案存在本质性差别，既不与专利说明书所记载的实施例相同，也不与之等同，故不应当将其视为专利侵权。

律师函寄出约两个月后，美国经销商下达了产品订单。迄今，该出口产品在美国未再遭遇专利侵权纠纷。

时隔不久，该产品又出口欧洲市场，在欧洲遇到类似的抵抗。

欧洲的有关规定虽然不像美国一样明确，但在承认"功能性限定"的同时，《欧洲专利局审查指南》也作了如下的规定：

6.5　Definition in terms of function

A claim may broadly define a feature in terms of its function, i. e. as a functional feature, even where only one example of the feature has been given in the description, if the skilled reader would appreciate that other means could be used for the same function (see also III, 2.1). For example, 'terminal position detecting means' in a claim might be supported by a single example comprising a limit switch, it being evident to the skilled person that e. g. a photoelectric cell or a strain gauge could be used instead. In general, however, if the entire contents of the application are such as to convey the impression that a function is to be carried out in a particular way, with no intimation that alternative means are envisaged, and a claim is formulated in such a way as to embrace other means, or all means, of performing the function, then objection arises. Furthermore, it may not be sufficient if the description merely states in vague terms that other means may be adopted, if it is not reasonably clear what they might be or how they might be used.

（其中的 "other means, or all means" 就意味着 "功能性限定" 并非像中国《专利审查指南2010》所述的 "应当理解为覆盖了所有能够实现所述功能的实施方式"。）

基于上述同样的理由，该产品最终也顺利进入欧洲市场。

如上所述，在我国即使《法释2009》中的第五条得以实施，仍然面临着与《专利审查指南2010》的冲突。这种冲突的存在显然是不合理的——同样的权利要求在授权程序中与专利侵权程序中遭遇宽严不同的解释和对待，这本身也是对专利权人的一种不公平。

美国专利商标局与法院之间的争议存在了10多年，最终达成一致。相信在中国这种争议不会，也不应该持续如此长的时间。

最后，摘录一段网上某申请人（A）与某专利专家（B）的对话供大家品味，其中道出了专利申请人的困惑和无奈。

A：我为了一个功能性限定，提供了二十几个结构了，还要继续探索新结构吗？

B：是一个功能性限定的部件吗？

A：是的。

B：如果这个部件有公认的定义，可以不用穷举；如果这个部件名称没有明确定义，就尽可能在说明书中穷举。举到你想象不到为止。

A：这个部件名称没有明确定义，就尽可能在说明书中穷举，是啊，可是要举到什么时候呢？

B：没有定义或者公认名称，你只能列举了。

A: 列举，如果遗漏了一个，那怎么办？白忙活了？

（二十）关于"现有技术抗辩"❶

1. "现有技术抗辩"的法律依据

在专利侵权纠纷中，被控侵权人是否可以依据现有技术进行抗辩及其抗辩原则，是我国多年专利司法实践中最具争议的问题之一。

2008 年修改的《专利法》第六十二条首次对此作出了明文规定：

"在专利侵权纠纷中，被控侵权人有证据证明其实施的技术或者设计属于现有技术或者现有设计的，不构成侵犯专利权。"

据此，在专利侵权诉讼案件中，专利侵权的被告可以以"现有技术"作为对抗专利侵权的依据。

但在进行"现有技术抗辩"中，"抵触申请"是否可以作为抗辩的事由？目前在专利司法界有两种不同的意见❷：

一种意见认为，不应该引入"抵触申请"抗辩。

理由是《专利法》只规定了"现有技术或者现有设计"抗辩，其适用限定为"属于现有技术或者现有设计"的技术或设计，而"抵触申请"不"属于现有技术或者现有设计"，这就明确地排除了"抵触申请"抗辩的法律适用。《专利法》之所以排除"抵触申请"抗辩的法律适用，主要考虑在于：判断是否为抵触申请，难免要涉及前后两申请是否属于"同样的发明或者实用新型"，而这样的判断属于专利审查的业务范畴，根据我国职权分离原则，属于专利行政部门的职权，法院无权作出判断。

另一种观点则认为，应该引入抵触申请抗辩。

这样做，并不需要人民法院去审查一件专利文件与原告专利是否相同或等同，只需要被控侵权人证明其实施的技术与"抵触申请"的技术相同或等同，就可以得出"不侵权"的结论。这并不违背职权分离原则。

上述两种观点虽说结论不同，但他们之间也存在某些共同点——都认为在进行"现有技术抗辩"时，应当规避"抵触申请"与相关专利之间的对比。

笔者认同上述的共同点。诚如上述第一种观点所述，之所以要规避"抵触申请"与相关专利之间的对比，是因为"这样的判断属于专利审查的业务范畴，根据我国职权分离原则，属于专利行政部门的职权，法院无权作出判断"。

笔者认为，以上是着眼于"合法性"的考虑。除此之外，还有一个原因是

---

❶ 该文首次发表于 2007 年。

❷ 萧海. 专利侵权抗辩理论与实务研讨会 [J]. 中国专利与商标，2010（1）：95 –96.

"现有技术抗辩"无论就其法律依据还是就其判断过程而言，均具有其独立性，与相关专利的专利权存在与否毫无关系，从"合理性"的角度考虑，也没有必要进行这种对比。

我们都知道，面对专利侵权纠纷，被控侵权人至少可以用以下三种方式之一进行抗辩：

一是证明被控侵权的客体未落入相关专利保护的范围内；

二是请求宣告相关专利专利权无效；

三是用"现有技术"进行抗辩。

上述三者的基础各不相同：上述之"一"是以"专利权的确实存在"为基础的，上述之"二"是以"对专利权的存在存有质疑"为基础的，上述之"三"则是以"假定专利权的存在是合法的"为基础的。

正是由于三者的基础各不相同，所以，每一种程序的进行均具有其独立性，不可以相互混淆。在进行"现有技术抗辩"时，既无须考虑被控侵权的客体是否落入专利的保护范围内，也无须考虑相关专利的专利权是否有效。因为既然"假定"了专利权的存在是合法的，那何必再将"现有技术"与相关专利进行对比呢？

"现有技术抗辩"的法律依据是什么？诸多学者曾就此作出过分析。例如，有学者认为在我国"现有技术抗辩"的法律依据是《宪法》第五十一条，即："中华人民共和国公民在行使自由和权利的时候，不得损害国家的、社会的、集体的利益和其他公众的合法自由和权利。"由于公知技术（"现有技术"）"是人类共同享有的财富，构成公知技术的技术知识好比空气、阳光，公众中的任何人都有权自由予以实施和应用，享受该技术带来的利益，任何他人均无权干预、剥夺这种权利"。❶

上述法律依据无疑是正确的。但笔者认为，以上的法理还可以从另外一个角度——专利审查和授权的角度来进行诠释。

我们都知道，任何一项专利权的授予，都不应当影响其专利申请日之前已经被公开的技术（即"现有技术"）的自由实施，或者说，任何一项专利的保护范围都不应当将"现有技术"包含在内。

为此，在一项专利申请的授权过程中，一般要首先对与其相关的"现有技术"进行检索，并以该"现有技术"为基础对其权利要求进行审查，确保其权利要求与该"现有技术"相比不仅具备新颖性而且具备创造性。

---

❶ 尹新天. 专利权的保护［M］. 2版. 北京：知识产权出版社，2005：486.

这样，每一项被授权的专利与其相关的"现有技术"之间应当存在一条明显的、本质性的界限，即前者相对于后者而言不仅具备新颖性层面的差别而且具备创造性层面的差别。以具备新颖性和创造性为前提，就可以确保该专利与其相关的"现有技术"既"不相同"，也"不等同"，从而避免将任何"现有技术"纳入其专利保护的范围之内。所述的"现有技术"既包括其专利申请日之前的"自由公知技术"，也包括其专利申请日之前业已被授予专利权的、尚"受专利保护的现有技术"。

正是基于这样一种授权背景，如果我们舍弃对"被控侵权的客体是否落入相关专利保护的范围内"以及"专利权的合法性"的考虑，暂且承认其专利权的存在，便可以假定：相关专利应当与"现有技术"之间存在一条明显的、本质性的界限，其保护范围都不应当包括申请日之前业已存在的任何"现有技术"，或者说相关专利与"现有技术"之间的界限应当是泾渭分明的。

以上述假定为前提，便必然会导致这样的法律后果：公众对任何"现有技术"的使用都不应当落入该专利的保护范围，构成对该专利的专利侵权。

据此，被告只要能够证明被控侵权的客体属于"现有技术"，该客体便不应当构成专利侵权。

由此也可以为将"专利申请日之前业已被授予专利权的、尚受专利保护的现有技术"（非"自由现有技术"）作为"现有技术抗辩"的事由找到法律依据。

2. "抵触申请"与"在先申请"

什么是"抵触申请"？业内存在两种不同的理解。这两种理解也体现在了上述两种观点之中。

上述第一种观点将"抵触申请"仅限定在"同样的发明或者实用新型"的范围内（即所谓的"抵触申请"不仅要符合"申请在先、公开在后"的前提，而且必须能够破坏相关专利的新颖性）；

第二种观点则认为在用"抵触申请"进行抗辩时，"无须判断是否在实体上属于抵触申请"。既然排除了"实体上的对比"，所述的"抵触申请"就仅受申请日及公开日的限制，即所述的"抵触申请"包括了"申请在先、公开在后"的所有专利申请。

为避免混淆，我们将前者称为"抵触申请"，而将后者称为"申请在先、公开在后的专利申请"。

如上所述，在进行"现有技术抗辩"时，是不需要与相关专利作任何对比的，其抗辩基础是"假定专利权的存在是合法的"。由于"抵触申请"本身已经涉及与相关专利之间的比较（构成"新颖性"的破坏），所以，其抗辩的基础已经改变——不再是"假定专利权的存在是合法的"，而是"对专利权的存在存有质疑"。

由此看来，在对抗专利侵权纠纷时，将"抵触申请"作为"请求宣告相关专利专利权无效"的证据来使用（向专利复审委员会提出无效宣告请求），而不是将其作为"现有技术抗辩"的事由来使用，这不仅不违背我国专利行政部门与人民法院之间职权分离的原则，而且更具有其合理性。

抛除了实体上的对比，所谓的"抵触申请"的概念中就只剩下"申请在先、公开在后的专利申请"。

在"申请在先、公开在后的专利申请"中，更多的是与相关专利"不相同"的专利申请，而真正的"抵触申请"毕竟是少数。

所以，在讨论"现有技术抗辩"事由的时候，以"申请在先、公开在后的专利申请"作为讨论对象可能更为合理、更具实际意义。

以下便对这种"申请在先、公开在后的专利申请"是否可以作为"现有技术抗辩"的事由进行分析。方便起见，将之简称为"在先申请"。

3. "在先申请"不可以作为抗辩的依据

如同上述第一种观点所述，根据《专利法》第六十二条的规定，只有"现有技术或者现有设计"才可以进行"现有技术抗辩"，由于"在先申请"的公开日迟于相关专利的申请日，所以其不属于"现有技术或者现有设计"，这首先从法律概念上明确排除了"在先申请"抗辩的法律适用。

除此之外，就抗辩的法律依据而言，"在先申请"也不宜作为不侵权抗辩的事由。以下着重就此作具体分析。

我们知道，相对于一项专利技术而言，如果在其申请日之前一项与之相同或等同的技术已经存在，则该技术可能处于以下三种状态：

（1）在该专利的申请日之前已经被公开；

（2）在该专利的申请日之前已经被他人实施，但处于未公开状态；

（3）在该专利的申请日之前已经被他人申请了专利，但尚未公开。

对于第（1）种情况，在先公开的技术已经构成了所述专利的"现有技术"。如上所述，一项专利权不应当将其申请日之前的任何"现有技术"纳入其专利保护范围之内，所以，无论该专利的专利权存在与否，任何"现有技术"的使用都不应当构成对该专利的侵权。

对于第（2）种情况，虽然被实施的技术产生于所述专利的申请日之前，但由于其处于未公开状态，故不会影响在后的专利申请获得专利权。一旦后者获得了专利权，在先实施人的权利将受到限制，他只能在原有的规模下实施，而不得扩大生产规模。至于其他人，则不具有实施该技术的权利，所以也就不可以将其作为不侵权抗辩的依据。

第（3）种情况，即所述的"在先申请"的情况。此时，有可能出现两项专利权共存的局面——假如在先申请不破坏在后申请的新颖性，则两项专利申请都可以获得专利权。

值得注意的是：根据《专利法》第二十二条的规定，"在先申请"只能用来评价在后申请的新颖性，而不能用来评价其创造性，所以，在后申请所获得的专利权是以"创造性"为标准区别于"现有技术"，但却以"新颖性"为标准区别于"在先申请"。两者之间存在本质性差别。

如果以"在先申请"作为抗辩的事由，便会产生一个与上述"现有技术抗辩法律依据"相冲突的情况：

由于在后申请与"在先申请"相比仅具备新颖性而不一定具备创造性，所以两者之间并不存在一条"本质性"的界限，这就难保"在后申请"不会将"在先申请"中的所有技术均不纳入其专利保护的范围之内，或者说存在着前者将后者中的某些技术方案纳入其合法保护范围内的可能性。

正是由于相关专利与"在先申请"之间不存在"本质性界限"（具备新颖性及创造性），所以前述的"现有技术抗辩"的基础也就失去了。

为了便于理解，我们不妨将上述关系具体化。

A 是一份在先专利申请，在 A 的申请日之后、公开日之前又有一份与之技术内容相类似的专利申请 A'（例如，A' 与 A 相比具备新颖性但不具备创造性）。这时，A 与 A' 可能都被授予专利权，其中 A 是 A' 的"在先申请"。

《专利审查指南2010》第二部分第四章第4.6.2节"要素替代的发明"中作了如下规定："如果发明相同功能的已知手段的等效替代，且没有产生预料不到的技术效果，则该发明不具备创造性。"其中列举的例子是：用液压马达替代电机属于等效替代的发明，不具备创造性。

大家都知道，"新颖性"是"创造性"的基础，在《专利审查指南2010》"创造性"章节中讨论的问题都是以具备"新颖性"为前提的。所以，"用液压马达替代电机属丁等效替代的发明"应当是具备"新颖性"而不具备"创造性"的典型例子。

假如在上述 A 和 A' 方案中，两者的区别仅在于前者使用的是液压马达，而后者使用的是电机，则 A' 相对于 A 具备新颖性、但不具备创造性，其结果是两者均可以被授予专利权。

从专利侵权的观点看，由于用液压马达代替电机显然属于"以基本相同的方式，实现基本相同的功能，产生基本相同的效果"，这种替代无疑将构成"等同侵权"。所以 A 方案也应当在 A'的合法保护范围之内。此时，如果被控侵权人实施的是技术方案 A，将依然摆脱不了对相关专利 A'的专利侵权，故 A（"在先申请"）不能作为不侵犯 A'专利的抗辩依据。

基于以上分析，笔者认为：使用"现有技术抗辩"原则的基础是该技术被"在先公开"，即只有已经被公开的技术才可以作为抗辩的依据。"在先申请"不具有这种属性，故不可以作为抗辩的依据。

4. "现有技术抗辩"所采用的标准

在进行"现有技术抗辩"中，应当采用什么样的判断标准？有学者作了如下概括：❶

"现有技术抗辩成立，有的主张以被控侵权人实施的技术与现有技术相同或者十分接近为标准，有的主张以被控侵权人实施的技术对比现有技术相同或者明显相同为标准，有的主张以被控侵权人实施的技术与现有技术相同或者被控侵权人实施的技术相对于现有技术不具备创造性为标准，等等。笔者主张采用被控侵权人实施的技术相对于现有技术无新颖性或者明显无创造性为标准，并且在评价被控侵权人实施的技术相对于'现有技术'是否不具备创造性时，对比文件应限于一份对比文件，当然可以结合所属领域技术人员公知的技术常识。"

笔者认为，在进行专利侵权判定时，最好将专利授权的标准与专利侵权的标准严格区分开来。

具体说，"新颖性"与"相同（不相同）"属于不同的两个概念，"不相同"的两个技术方案之间不见得就具备"新颖性"，"新颖性"的概念要广于"相同"的概念。至于"创造性"（"显而易见性"）与"等同"之间也存在本质区别，"创造性"是就技术方案整体而言的，而在专利侵权判断中"等同"是针对某一技术特征而言的，它们同样也涉及两种不同的判断思路和标准。

为此笔者提出以下几点建议：

（1）尽量不要再引入新的标准。如何理解和把握"新颖性""创造性""相同侵权""等同侵权"这些现有标准已经给我们带来了很大的压力，如果再引入"十分接近""明显相同""明显无创造性"这类新概念、新标准，势必是雪上加霜，给人民法院今后的工作带来更多麻烦和困扰。

---

❶ 张晓都. 现有技术抗辩的认定：以"防伪铆钉"实用新型专利侵权纠纷案为例［J］. 中国专利与商标，2007（2）：38－41.

（2）专利授权与专利侵权属于专利制度中的两个独立程序，在进行专利侵权判定时，尽量不要采用专利授权的标准（"新颖性""创造性"）。

（3）在进行专利侵权判定时，尽量采用统一的标准。鉴于"相同侵权"和"等同侵权"是一个大家均认可的称谓和标准，在进行"现有技术抗辩"时，可以采用（专利侵权判断中所采用的）"相同"和"等同"这一称谓和标准来评价被控侵权的技术方案与"现有技术"的技术方案之间的关系。这样做可能更有利于人民法院的操作。

（二十一）从一案例看专利申请文件的撰写、审查及其对后续程序的影响❶

笔者最近为一无效请求人代理了一件专利无效请求案件，在代理过程中也了解了一些与该专利的审批以及专利侵权诉讼有关的情况。该案是一个很有价值的典型案例：就程序而言，它涉及专利申请文件的撰写、审查、专利侵权诉讼、专利无效请求诸程序及各程序间的关联性；就实体而言，它除了涉及禁止反悔原则的适用外，还涉及对权利要求的"清楚""以说明书为依据"以及"功能性限定"等重要的法律规定的理解及应用。

以下将对该案例作简要介绍，并分析探讨该案给我们的启示和教训。

案情简介

某申请人向国家知识产权局申请了一件名为"无刷自控电机软启动器"的发明专利申请，该申请涉及一种无刷电机的软启动装置。

申请人针对电机启动过程中启动电流过大的技术问题，设计了一种供电机使用的软启动装置，其具体结构如图3－31所示。

图3－29中间位置的垂直轴是电机的转轴，转轴的周围安装-环形容器，环形容器内装有电解液，电解液内放置有静电极、动电极、导向杆、惯性块、限位螺母和拉簧。电机启动后，环形容器随转轴一起旋转。在离心力及惯性块的作用下，动电极会随电机的转动逐渐克服弹簧的作用力而向静电极靠拢，直至与静电极贴合在一起。由于环形容器内装有电解液，所以在转动过程中动电极与静电极之间的电阻会发生由大到小的变化，最终为零，由此改变电机启动过程的启动电流。

该申请的说明书中仅公开了一个实施例，即如图3－28所示的结构。

该申请的公开文本中包含5项权利要求，其权利要求1和4分别如下：

❶　该案例分析由北京信慧永光知识产权代理有限责任公司专利代理人李雪春博士与张荣彦合作完成，该文首发于2010年，2011年获全国知识产权论文比赛一等奖。

图 3 - 31

（1—静电极，2—动电极，3—导向杆，4—惯性块，5—限位螺母，7—拉簧）

1. 一种无刷自控电机软起动器，包括电解液、电解液贮容器，处于电解液中可相对移动的静电极和动电极以及与其电气相连接的接线柱，接线柱与电机电枢连接，使静电极和动电极之间的电阻与电枢串接，其特征在于：所述电解液贮容器为一具有可固定套设在电机转轴上结构的环形容器，静电极（1）和动电极（2）相对地沿转轴径向放置，且相对于轴心，静电极（1）设置在动电极（2）的外侧，电解液贮容器内腔中还设有沿径向设置的导向杆（3），动电极（2）可滑动地安装在其上，动电极（2）与静电极（1）之间设有阻止动电极（2）向静电极（1）移动的弹性阻力装置；所述弹性阻力装置的阻力与动电极（2）和静电极（1）之间距离成反比；电解液贮容器上还设有排气阀（14）和安全阀（13）。

4. 根据权利要求1或2所述的无刷自控电机软起动器，其特征在于，所述弹性阻力装置为压缩弹簧，压缩弹簧一端固定在动电极（2）上，另一端固定在静电极（1）上。

在实质审查过程中，审查员指出：权利要求4在其限定部分对本发明作了进一步限定，但其中的区别技术特征"所述弹性阻力装置为压缩弹簧，压缩弹簧的一端固定在动电极上，另一端固定在静电极上"**在说明书中没有记载，因此权利要求4没有以说明书为依据，不符合《专利法》第二十六条第四款的**规定。

专利权人在答复审查意见的陈述书中写道：**"本申请人同意审查员在通知书中所指出的审查意见"，"从权利要求书中删去权利要求4"**。该发明专利申请获得授权，但**授权文本中的权利要求 1 未作任何改动**。

2009 年该专利的被许可人（以下简称"原告"）向某中级人民法院起诉无效请求人（以下简称"被告"）侵犯上述专利权。

被告生产了一种与涉案专利结构十分相似的电机软启动器，但与涉案专利的技术方案相比，存在以下区别：①其弹性阻力装置采用的是压簧而非拉簧；②压簧的确设置在"动电极与静电极之间"，但并非该专利实施例（见图 1）所述的位置（"动电极与环形容器的内壁之间"）。

原告认为：被告生产的产品除权利要求 1 中的弹性阻力装置被替换为压力弹簧外均完全一致，落入了上述发明专利权利要求 1 的保护范围。

被告辩称：权利要求 1 中所述"动电极与静电极之间设有阻止动电极向静电极移动的弹性阻力装置"为上位概念限定的技术特征，在审查过程中，审查员指出权利要求 4（所述弹性阻力装置为压缩弹簧，压缩弹簧一端固定在动电极上，另一端固定在静电极上）没有以说明书为依据，要求申请人删除权利要求 4，申请人同意审查员的意见对权利要求 4 进行了删除。根据禁止反悔原则，权利要求 1 中的"弹性阻力装置"不应当包含"压力弹簧"这一阻力装置，故被控侵权产品未落入涉案专利的保护范围。

法院认为：涉案发明专利权利要求 1 中所描述的弹性阻力装置，系指具有弹性的、阻止动电极向静电极移动的装置，其阻力与动电极和静电极之间的距离成反比。而被控侵权产品所使用的压缩弹簧也系一种具有弹性的、阻止动电极向静电极移动的装置，其属于弹性阻力装置的下位概念。故被控侵权产品已完全覆盖了原告专利权利要求的全部必要技术特征。至于**专利申请人在申请文件中删去从属权利要求 4 的行为，并非是对基本权利要求 1 所划定的最大保护范围予以限制**，故在原告根据权利要求 1 来确定其保护范围的情况下，被告关于适用禁止反悔原则限制原告专利保护范围，即受保护的弹性阻力装置应排除与压缩弹簧相同的压力弹簧这一阻力装置的主张不能成立。

一审法院判定：被告侵犯了原告享有的涉案专利的独占实施许可权，应立即停止侵权并赔偿原告经济损失 30 万元以及原告为制止侵权而支付的合理费用。

被告不服一审判决提起上诉。二审法院于 2010 年 5 月 25 日作出终审判决，驳回上诉，维持原判。

二审法院认为：**虽然专利申请人在申请文件中删去了包含压缩弹簧这一技术特征的从属权利要求 4，但独立权利要求 1 已包含弹性阻力装置（其属于压缩弹簧的上位概念）在内的更大保护范围**，故在原告根据独立权利要求 1 来确定其保护范围的情况下，该案不适用《最高人民法院关于审理侵犯专利权纠纷案件应用法律若干问题的解释》第六条，即"专利申请人、专利权人在专利授权或者无效宣告程序中，通过对权利要求、说明书的修改或者意见陈述而放弃的技术方案，权利人在侵犯专利权纠纷案件中又将其纳入专利权保护范围的，人民法院不予支持"的规定，被告关于适用禁止反悔原则限制涉案发明专利保护范围的主张不能成立。

为摆脱专利侵权纠纷，被告委托笔者于 2010 年 1 月 14 日向专利复审委员会提交了对涉案专利的无效宣告请求。经对案件进行全面分析后，笔者以涉案专利不符合《专利法》第二十六条第四款、《专利法实施细则》第二十条第一款以及《专利法》第二十二条第三款的规定为理由，请求专利复审委员会依法宣告涉案专利权利要求全部无效。

笔者在无效请求书中重点评述了涉案专利权利要求 1 所存在的实质性缺陷：

（1）"**动电极（2）与静电极（1）之间设有阻止动电极（2）向静电极（1）移动的弹性阻力装置**"这一技术特征没有得到说明书的支持，不符合《专利法》第二十六条第四款的规定；

（2）"所述弹性阻力装置的阻力与动电极（2）和静电极（1）之间距离成反比"是一个错误的技术特征，导致了其权利要求**保护范围不清楚**，不符合《专利法实施细则》第二十条第一款的规定。

经审理，专利复审委员会于 2010 年 8 月 22 日作出第 15243 号无效宣告请求审查决定，**宣告涉案专利全部无效**。

专利复审委员会认为：如果权利要求书与说明书记载的不一致，并且权利要求所要求保护的技术方案是所属技术领域的技术人员不能够从说明书充分公开的内容得到或概括得出的技术方案，则权利要求书得不到说明书的支持。权利要求 1 记载了"动电极（2）与静电极（1）之间设有阻止动电极（2）向静电极（1）移动的弹性阻力装置"，即权利要求 1 中动、静电极之间设有弹性阻力装置。而说明书中相关的记载为：每块动电极 2 与凹腔内环侧壁之间对称地设有一对拉簧 7；环形凹腔外环侧壁上敷设一层薄铜皮构成静电极 1。**从说明书文字及附图中无法推知静电极 1 与动电极 2 之间设有弹性阻力装置**。可见，权利要求 1 中记载的是动、静电极之间设有弹性阻力装置，而根据说明书记载，动电极 2 与静电极 1 之间并未设置任何部件，这与权利要求 1 记载的方案并不一致。因此，权利要求 1 没有得到说明书的支持，不符合《专利法》第二十六条第四款的规定。权利要求 2—5 直接或间接从属于权利要求 1，其各自限定部分的内容并未克服上述权利要求 1 得不到说明书支持的缺陷，因此权利要求 2—5 也不符合《专利法》第二十六条第四款的规定。

分析与探讨

纵观该案，有很多问题值得我们反思。

1. 专利申请文件撰写中存在的问题

客观地说，涉案专利提出了一种与现有技术不同的技术方案，具有一定的实用价值。从涉案专利的说明书和权利要求书的字里行间，可以想见申请人想要保护的技术方案可能并非说明书实施例这一种，除了"弹性阻力装置为拉簧，拉簧的一端固定在动电极上，另一端固定在环形凹腔的内环侧壁上"的技术方案之外，还希望保护"弹性阻力装置为压缩弹簧，压缩弹簧一端固定在动电极上，另一端固定在静电极上"的技术方案。

就此而论，申请人在撰写说明书及权利要求书时至少存在以下三点失误：

（1）在原始说明书中对采用压簧的技术方案（即原权利要求4的技术方案）没有任何记载，致使原权利要求4得不到说明书的支持。虽然拉簧与压簧为现有技术中的惯用手段，但在该案的具体技术方案中，拉簧与压簧并不属于一种简单的替换，因为本领域普通技术人员不可能由"拉簧"的方案**唯一地、毫无疑义地**推导出采用"压簧"的技术方案。具体说，若将压簧设置在动、静电极之间，除了简单的连接关系之外，还必须解决一些新出现的技术问题，例如如何解决动、静电极最终能够贴合在一起的问题等（被告的产品恰恰在这些方面有独特的设计）。不排除申请人在先对此会有所考虑，甚至有一个完整的技术方案，但遗憾的是其内容在说明书中既未作任何文字描述，也未以附图的形式予以公开。将这种技术方案写入权利要求书中予以保护，必然得不到说明书的支持。

在该发明专利的实质审查过程中，审查员认为"所述弹性阻力装置为压缩弹簧，压缩弹簧的一端固定在动电极上，另一端固定在静电极上在说明书中没有记载，因此权利要求4没有以说明书为依据，不符合《专利法》第二十六条第四款的规定"，该判断是完全正确的。

在专利无效程序中，专利复审委员会作出了更加准确的认定："权利要求所要求保护的技术方案是所属技术领域的技术人员不能够从说明书充分公开的内容得到或概括得出的技术方案，则权利要求书得不到说明书的支持。"

（2）申请人在答复审查员的通知书时，删除了原权利要求4，就意味着主动放弃了使用压簧的技术方案，权利要求书中能够保护的技术方案仅为使用拉簧的技术方案。在放弃权利要求4的同时申请人理应对权利要求1作适应性修改。权利要求1中的"弹性阻力装置设置在动、静电极之间"显然是错误的，与说明书实施例明显不符，拉簧显然不可能设置在动、静电极之间。

（3）权利要求 1 中的"所述弹性阻力装置的阻力与动电极（2）和静电极（1）之间距离成反比"这一技术特征存在严重错误。申请人的本意很可能是"弹性阻力装置所产生的阻力随动、静电极之间距离的减小而增大"，但此处却使用了"成反比"这种定量的方式予以限定。众所周知，"成反比"（即"成反比例"）的含义为："当变量 y 的倒数和变量 x 成正比例时，称 x 与 y 成反比例，记作 $x = \alpha \dfrac{1}{y}$ 或 $x = k \dfrac{1}{y}$，k 是常数。"（见《辞海》[1]。）

根据胡克定律，弹簧的伸长距离与其所受的外力成正比，但绝不能由此得出"弹簧的压缩距离与其产生的弹力成反比"的结论。众所周知，在上述成反比的关系式 $x = k \dfrac{1}{y}$ 中，其分母 y 不可以为零。如果弹性阻力装置的阻力（x）与动电极和静电极之间的距离（y）符合成反比的关系，则动电极和静电极之间的距离（y）就永远不能为零。但按照涉案专利说明书中的记载，动、静电极最终应当是贴合在一起的，由此完成启动过程。因此，权利要求 1 中的技术特征"弹性阻力装置的阻力与动电极和静电极之间的距离成反比"的描述是错误的，或者说是一般的弹簧装置无法提供的技术特性。

该专利申请文件就是这样带着诸多严重的实质性缺陷递交给了国家知识产权局。

遗憾的是，这些缺陷在专利审查中也并未完全被审查员发现和予以纠正。

2. 审查员在实质审查过程中存在的问题

（1）审查员既然在"一通"中明确认定使用压缩弹簧的技术方案在说明书中没有记载，权利要求书 4 的技术方案得不到说明书的支持，这就意味着该专利不能保护采用"压簧"的技术方案，只能保护采用"拉簧"的技术方案，应当将采用"压簧"的技术方案从权利要求书中清除出去。在通知书中，审查员除了要求申请人删除了原权利要求 4 外，还应当要求申请人对权利要求 1 作适应性修改，即将其中的"弹性阻力装置"这一上位概念修改为其下位概念"拉簧"，并纠正其设置位置（改为"在动电极与凹腔内环侧壁之间设有弹性阻力装置"），从而使权利要求 1 的保护范围与说明书公开的范围一致。然而审查员并未就权利要求 1 向申请人提出任何审查意见。

话说回来，假若当初审查员对其权利要求 1 进行了严格的审查把关，在后续的专利侵权诉讼中，人民法院或许不会作出上述的审判，至少不会得出相同侵权的结论。

---

[1] 辞海编辑委员会. 辞海［M］. 缩印本. 上海：上海辞书出版社，1989：300.

（2）该专利涉及一种电机的软启动装置，说明书中说得很明确，其发明目的就在于改变电机启动过程中的电流，以"实现最佳启动过程控制"。"弹性阻力装置的阻力与动电极和静电极之间的距离成反比"正是对该"启动过程控制"的具体限定，既然明确写入权利要求1中，就应当视为权利要求1的一个重要的技术特征。然而对该技术特征所存在的严重技术错误，审查员亦未发现和纠正。

审查员没有要求申请人对原权利要求1进行任何修改，使之又带着诸多严重的缺陷被授予专利权而流入社会，给技术市场带来了混乱，为其后的专利侵权纠纷埋下了隐患。

3. 对人民法院在审理该专利侵权纠纷中所持观点的讨论

根据《专利法》第五十九条的规定，人民法院在审理专利侵权案件时，应当以授权文本中的权利要求的内容为准来确定其保护范围，无论一审法院还是二审法院在审理中都坚持了该原则，这一点无疑是正确的。虽然被告生产的产品与涉案专利所公开的技术方案（实施例）存在实质性区别，❶ 但由于授权文本中所存在的缺陷和错误，阴差阳错致使该产品恰好落入了涉案发明专利的权利要求的保护范围内。

就此而论，人民法院依据权利要求1的文字内容所作的认定和判决也是可以理解的。

然而，对于被告所提出的"根据禁止反悔原则，权利要求1中的'弹性阻力装置'不应当包含'压力弹簧'这一阻力装置，故被控侵权产品未落入涉案专利的保护范围"这一争辩意见，一、二审法院均认为该案不适用禁止反悔原则的判决意见，笔者对此持有异议。

《法释2009》第六条规定：

"专利申请人、专利权人在专利授权或者无效宣告程序中，通过对权利要求、说明书的修改或者意见陈述而放弃的技术方案，权利人在侵犯专利权纠纷案件中又将其纳入专利权保护范围的，人民法院不予支持。"

为了进一步明确禁止反悔原则在专利侵权案件中的适用范围，最高人民法院在其（2009）民提字第20号判决书中表示了如下的判决意见：

"专利权人在专利授权程序中通过对权利要求、说明书的修改或者意见陈述而放弃的技术方案，无论该修改或者意见陈述是否与专利的新颖性或者创造性有关，在侵犯专利权纠纷案件中均不能通过等同侵权将其纳入专利权的保护

---

❶ （1）被告产品采用的是压簧而非拉簧；（2）压簧的位置是在动、静电极之间，而非在动电极与环形容器的内壁之间；（3）为使动、静电极最终能够贴合在一起，被告在压簧的放置方面也采用了某些特殊的技术措施。

范围。"

也就是说，专利权人的放弃行为，不仅仅是与专利的新颖性或者创造性有关，为使其专利申请获得授权，通过对权利要求、说明书的修改或者意见陈述而放弃的技术方案，也不能重新纳入其专利权的保护范围。

用最高人民法院的上述司法解释来衡量该案，其结论应当是显而易见的。专利权人在专利授权前进行的意见陈述以及对权利要求4的删除，表明其为了克服审查员"得不到说明书支持"的审查意见而放弃了采用压簧的技术方案。得不到说明书支持的技术方案不应当写入权利要求书中，自然也不应当受到专利的保护，这是毫无疑义的。如果认为该方案虽然从权利要求4中被删除，但仍然存在于权利要求1中，这显然是十分荒谬的，逻辑上是讲不通的。

还应当指出的是，《法释2009》第四条还规定：

"对于权利要求中以功能或者效果表述的技术特征，人民法院应当结合说明书和附图描述的该功能或者效果的具体实施方式及其等同的实施方式，确定该技术特征的内容。"

虽然该规定是针对"功能性限定"而言的，但笔者认为对权利要求中"上位概念"的解读也适合该规定，因为"功能性限定"和"上位概念"都属于对一些具体实施方式的概括。

尽管该案权利要求1中依然保留了"弹性阻力装置"这一上位概念，形式上将"压簧"也包含在内，但依据上述原则，按照说明书及其附图的描述，该"弹性阻力装置"也应当仅仅解释为"拉簧"及其等同物，而不应当包括"压簧"。如上所述，在该软启动装置中，"压簧"并非"拉簧"的"等同物"。

总之，在该案中，通过专利审查档案可知，使用压缩弹簧的技术方案已被明确地排除在涉案发明专利的保护范围之外。人民法院对涉案专利权利要求1保护范围的认定，以及判定被告的产品构成相同侵权的结论值得商榷。

4. 被告诉讼代理人的失误

很显然，被告方的代理人在解读涉案专利的权利要求1时并没有发现其中所存在的严重矛盾和错误。

以"弹性阻力装置的阻力与动电极和静电极之间的距离成反比"这一技术特征为例，被告生产的无刷自控电机软启动器采用的是普通的压缩弹簧，显然不可能具备该技术特征。既然该技术特征是该专利权利要求1的一个必要技术特征，就不应当被忽略。笔者认为，仅此一点，根据"全面覆盖"的原则，被告的产品就不应当构成专利侵权。

如果被告方的代理人能够将上述意见向人民法院陈述，相信人民法院也不至于无视该技术特征的存在，或许能够得出对被告有利的判决意见。

结束语

上述案例涉及了专利申请文件撰写、专利审批、专利侵权判定、专利无效审查以及专利代理环节的诸多问题，可谓一个不可多得、十分有意义的案例。它给了我们诸多启示。

专利文件属于法律文书，对撰写有着较高的要求，而权利要求书更应该是一份经过字斟句酌的法律文件，社会公众通过权利要求书来确定专利保护的范围，以尊重他人的权利，约束自己的行为。专利申请文件的撰写质量对专利申请能否授权，授权之后能否被维持，以及能否获得合理的保护，都有着至关重要的影响，稍有闪失就也可能导致全盘皆输。西方有一句格言："细节是恶魔。"此话在该案例中得到充分印证，申请人正是由于在撰写细节上的无知和错误，导致了专利被无效的后果。正因为如此，我们才主张申请人将撰写工作交由专利代理人来承担，尤其是重要的发明创造一定要选择可靠的专利代理人进行代理。

从公开的信息看，该专利的申请未经专利代理人代理，这对申请人是一个教训。对专利代理人而言，也应当从该案中汲取教训：撰写工作如履薄冰，一定要认真、仔细；在无效程序中对案件的分析、答辩一定要抓住要点——低水平的代理工作会使不该输的案件输掉，高水平的代理工作则可以力争不该输的案子不输。

审查员承担着重要的社会责任，肩负着申请人和社会公众之间的利益平衡。审查员的工作失误将会导致技术市场的混乱，对专利权人或社会公众的合法利益造成严重损害。

人民法院和专利复审委员会承担着把好最后一道关口的责任，以确保社会的公平、公正和正义。这就需要人民法官和专利复审委员会的审查员不仅有高尚的职业道德，而且要有精深的业务素质，深刻、全面地理解和把握有关的法律规定。

该案中，由于审查员的工作失误，一件有严重缺陷的法律文件进入技术市场，导致了技术市场的混乱，给人民法院的审理工作也带来了麻烦。专利复审委员会的无效审查决定起到了"拨乱反正"的作用，使得这件不合格的专利无法继续存在于技术市场，应当受到称赞。

该案中损失最大的是申请人，申请人经千辛万苦而获得的技术成果，最终却落得个鸡飞蛋打的结果，是很可惜的。

（二十二）一封律师函引发的思考

国内某公司曾收到国外一家律师事务所的警告函，称该公司生产和销售的一款擦玻璃机器人产品（以下简称"涉案产品"）侵犯了该国某专利权人的专利，要求该公司立即停止专利侵权行为，并作出相应的经济赔偿。所称的专利侵权行为（产品销售或许诺销售）涉及日本、韩国和欧洲三地。

针对上述律师函，该公司进行了分析并致函回复，告知日方律师涉案产品并未落入上述专利的保护范围内，在上述国家或地区均不存在专利侵权行为。

双方观点泾渭分明。在此不妨就该案所涉及的技术问题以及相关的法律问题略作分析，或许对进一步理解专利侵权判断的一些基本原则会有所裨益。

1. 基本案情

该律师函涉及 JP3892462B2、KR10 - 898579 以及 EP1559358 三份专利（以下简称"涉案专利"），第一份为日本专利，后两份为以该日本专利为优先权的韩国及欧洲专利。

涉案专利涉及一种用于清洁玻璃表面的可移动机器人，其基本结构如图 3 - 32（机器人横截面示意图）所示：

该机器人包括内框架 31、外框架 21、行走轮 33 和吸附件 12，吸附件吸附在玻璃上，行走轮安装在内框架 31 上，清扫装置安装在外框架 21 上对玻璃表面进行清扫，内、外框架均安装在中心轴上，相互之间可以自由旋转。工作时行走轮带动机器人沿直线行走，需要转弯时，借助内框架两侧行走轮的转速差使内框架 31 绕中心轴旋转 90°，而外框架保持原状态不变（即内框架相对外框架旋转 90°），从而使机器人转向 90°行走。

图 3 - 32

三份涉案专利的说明书内容基本相同，均公开了同一个实施例；其权利要求 1 的内容也大致相同。

其日本专利的权利要求 1 为：

本擦窗装置由吸附在窗玻璃上的吸附部，安装在四方形的外框框架上的清扫装置，与在上述外框框架内可以旋转的内侧框架上安装的行驶部组成，其特征是上述外框框架与上述内侧框架在各自的中央部可以旋转。

欧洲专利的权利要求 1 为：

1. A window wiper（1）comprising：a sticking unit（10）which is adapted to adhere to a windowpane（w）in a window frame when in use；a wiping unit（20）which is fitted in a rectangular outer frame（21）；and a running unit（30）which is fitted in a inner frame（31）turnable in the outer frame（21），the center of each frame being freely journaled.

韩国专利的权利要求 1 的英译文为：

A suction cleaning unit for cleaning the inside of the outer frame，Wherein the outer frame and the inner frame are provided with a running portion provided in an inner frame which can be pivoted And is rotatably installed at a central portion thereof.

该公司涉嫌侵权产品也是一种擦玻璃机器人，其结构如图 3 - 33、图 3 - 34 所示。

图 3 - 33　　　　　　　　　　　图 3 - 34

图 3 - 33 是涉案产品的俯视示意图，图 3 - 34 是其横截面示意图。图中标号 12 为移动模块（相当于涉案专利的内框架），标号 11 为功能处理模块（相当于涉案专利的外框架），116 为吸盘，121 为行走轮，111′为轴承，内、外框架借助轴承 111′相互连接并可以相对旋转。

涉案专利三份权利要求书虽然文字表述有所不同，但内容基本相同。权利要求 1 的最后一句话——"其特征是上述外框框架与上述内侧框架在各自的中央部可以旋转"是该专利的发明点之所在，也是该案双方争辩的要点之一。

2. 思考一——如何理解"在各自的中央部可以旋转"

"上述外框框架与上述内侧框架在各自的中央部可以旋转"的文字含义不清楚，对于该技术特征存在两种不同的理解：

一种理解是将该权利要求理解为一种结构性限定，即所述的"中央部"是指内、外框架中一个明确的中央部件，内、外框架均以该中心部件为轴心进行旋转。

另一种理解是其限定的是内、外框架的旋转状态，"中央部"系指一个虚拟的旋转中心，即内、外框架均环绕该虚拟中心进行旋转。

很显然，如果按照上述第一种理解，由于涉案产品不具有所述的"中央部"，故涉案产品的结构未落入该技术特征的范围；但如果按照上述第二种理解，由于涉案产品的内、外框架均环绕同一中心轴旋转，故就字面而言，涉案产品将落入上述技术特征所限定的范围内。

《专利法》第五十九条第一款规定："发明或者实用新型专利权的保护范围以其权利要求的内容为准，说明书及附图可以用于解释权利要求的内容。"

《法释2009》第三条第一款也明确规定："人民法院对于权利要求，可以运用说明书及附图、权利要求书中的相关权利要求、专利审查档案进行解释。说明书对权利要求用语有特别界定的，从其特别界定。"

当对权利要求书的理解产生疑问时，应当从说明书及其附图中寻求解释。该专利的说明书中仅公开了一个实施例，如图 3 – 33、图 3 – 34 所示，其内、外框架的中心部都存在一个旋转连接件（轴承），内、外框架均通过轴承与其中心轴旋转连接。从图 3 – 32 中还可以看出外框架（21）的旋转连接点位于内框架（31）的旋转连接点的上方。

显然，根据说明书给出的实施例，应当采用上述第一种理解方式来解释权利要求 1 中的最后一个技术特征，即所述的"中央部"是指内、外框各自的中央部件（轴承），内、外框架均依靠该中心部件进行旋转，或者说内、外框架的旋转连接点是在中心轴上。此外，欧洲专利中的"journaled"一词以及韩国专利中的"is rotatably installed at a central portion thereof"也与上述第一种理解相符。

由于涉案产品的内框架（12）不存在所述的"中央部"，其旋转连接点也不是在内框架的中心，而是在内框架的外圆周处，即轴承（111'），故涉案产品的结构不具有涉案专利"内侧框架在其中央部可以旋转"的结构，不构成相同侵权（字面侵权）。

3. 思考二——是否构成等同侵权

在专利侵权案件中，排除了字面侵权之后，尚需对是否构成等同侵权作出判断。

众所周知，判断某技术特征是否等同，一般着眼于"功能、方式、效果"

（function，way，effect）三方面进行比较判断。如《法释2009》第十七条第二款规定：

"等同特征是指与所记载的技术特征以基本相同的手段，实现基本相同的功能，达到基本相同的效果，并且本领域的普通技术人员无须经过创造性劳动就能够联想到的特征。"

不妨依照上述规定对涉案专利与涉案产品进行一下比较。尽管两者均依靠轴承的方式实现了内、外框架之间的自由旋转，但两者旋转连接点的位置有所不同。如上所述，涉案专利旋转连接点被设置在中心轴上，该连接点位于行走装置及清洁装置的上方；而涉案产品的旋转连接点不是设置在中心轴上，而是在内、外框架之间，即内框架的外侧、外框架的内侧，位于行走装置及清洁装置的侧方。这两种不同的设置方式导致了技术效果方面的明显差异。具体体现在下述几个方面：

（1）涉案专利设置了两个轴承，而涉案产品仅依靠一个轴承连接，简化了结构，缩小了体积，使产品结构更加紧凑、合理。

（2）涉案产品将支撑点设置在侧面，使内、外框架之间的结合范围沿径向加大了，其稳定性要高于中心轴处的连接。

（3）涉案专利使用两个轴承则借助于中心轴实现间接相连，而涉案产品的内、外框架之间仅通过一个轴承实现直接连接，直接相连的稳定性显然高于间接相连的稳定性，故涉案产品可有效防止外框架的摆动及行走时的偏移。

（4）更重要的是，涉案专利内、外框架的连接点设置在中心轴上，两个轴承在内框架的上方叠置，致使其总体高度必然要高于内框架的高度。而涉案产品的轴承被设置在内、外框架之间，可以降低机器人的整体高度。而降低了机器人的高度就意味着其重心的降低——这对于垂直运行在玻璃表面的擦窗机器人尤其重要，可以减小其从玻璃上落下的可能性。

因此，就涉案专利最后一个技术特征（内、外框架旋转连接的位置）而言，两者在实施方式及技术效果方面均存在实质性差异，涉案产品的方案要优于涉案专利，属于一种创新，不构成"等同侵权"。

4. **思考三——是否侵犯在美国的专利权**

该专利在美国也享有专利权，由于涉案产品尚未进入美国市场，故该纠纷尚未涉及美国专利。之所以要把美国专利也放在一起讨论，是因为专利权人在美国专利中对其权利要求1改换了一种限定方式，以扩大该专利的保护范围。我们不妨分析一下这种修改是否奏效。

美国专利的权利要求1被限定为：

1. A window wiper comprising: a sticking unit which is adapted to adhere to a window pane in a window frame when in use; a wiping unit which is mounted on the sticking unit and fitted in a rectangular outer frame; and a running unit which is mounted on the sticking unit and fitted in an inner frame turnable in the outer frame, said inner and outer frames being freely rotatable with respect to each other such that said running unit serves to cause said inner frame to rotate.

其最后一个技术特征被改为"内、外框架相互之间可以自由旋转，从而使行走单元带动内框架旋转"。很显然，专利权人在这里回避了具体结构特征的限定，而采用"功能性限定"的方式进行限定。这种"功能性限定"方式是否可以将涉案产品纳入其保护范围？我们不妨也略作分析。

诚然，在美国的权利要求书中可以使用"功能性限定"。美国专利法第116条第2款规定："权利要求中构成整体的某个技术特征也可以通过实现某特定功能的装置或步骤来表述，而不限定实现该功能的结构、材料或动作。"（An element in a claim for a combination may be expressed as a means or step for performing a specified function without the recital of structure, material, or acts in support thereof.）

权利要求1中的最后一个技术特征"内、外框架相互之间可以自由旋转，从而使行走单元带动内框架旋转"就属于这种不涉及具体结构而"通过实现某特定功能"来限定的技术特征。

就字面而言，"功能性限定"的确扩大了专利的保护范围，似乎将所有实现该功能的技术方案均纳入其中。然而，权利要求中保护范围的扩大应当是合理的，不应当背离"以公开换保护"的基本原则。对此美国专利法第116条第2款又进一步规定："这种权利要求应当被理解为覆盖了其说明书中所公开的相应的结构、材料或动作及其等同物。"（such claim shall be construed to cover the corresponding structure, material, or acts described in the specification and equivalents thereof.）

因此，美国承认"功能性限定"在权利要求书中的使用，但并非囊括了实现该功能的所有方式，其限定的范围应当与说明书所公开的实施例及其等同物相适应。

由于在美国的专利说明书中仅仅公开了同一个实施例，所以，这种"功能性限定"的涵盖范围也仅限于该实施例及其等同物。如上所述，涉案产品的结构与该实施例存在本质性差异，两者之间既不相同也不等同，故涉案产品也不在该"功能性限定"的保护范围内。对于美国专利而言，涉案产品不构成侵权。

5."功能性限定"与实施例的公开

实际上，该国内公司在涉案产品进入市场之前已经就此申请了专利。分析该专利申请，或许对进一步理解"功能性限定"在权利要求书中所起的作用会有所帮助。

如上所述，擦玻璃机器人的一个关键技术是如何实现机器人的转向。涉案专利与涉案产品都采用了内、外框架相对旋转的技术方案，虽然涉案产品的专利申请日迟于涉案专利，但其属于独立研发的技术，技术效果明显优于涉案专利，在市场上具有更强的竞争力。

涉案产品的专利申请号为201220390753.4。在该公司研发部门及知识产权管理部门向专利代理公司提交的材料中，针对内、外框架的结合方式，除了涉案产品中所使用的技术方案之外，还包括另外两种替代的实施方式。

一种替代方式是在外框架（功能处理模块）11 设开孔 111，将内框架（移动模块）12 可旋转地嵌设在所述开孔 111 内。即在内框架的外周和外框架的内周分别设置凹槽和凸缘，通过凹槽和凸缘实现内、外框架的活动连接。另一种替代方式是对上述方式的改进，如图 3 - 35 所示。为了使内、外框架旋转灵活，对两个插接端的结构进行了改进。在第二插接端 113 的上插接头 1131 的中部设置滚珠 13，滚珠 13 的上下端面突出于上插接头 1131 的上下端面，与第一插接端 123 的上插接头 1231 的下表面以及下插接头的上表面接触。通过滚珠 13 减小内、外框架之间的摩擦。

图 3 - 35

这样，在其专利说明书中就公开了三个实施例。在该申请的权利要求 1 中，采用"通过连接结构使得移动模块（内框架）12 相对于功能处理模块（外框架）11 自由旋转"的方式对三个实施例进行了概括。"连接结构"属于一种功能性的"上位概念"，也可以被视为"功能性限定"。其限定范围应当涵盖了说明书所公开的上述三个实施例及其等同物。为了进一步解释所述"连接结构"的含义，在其从属权利要求中对三种实施方式的具体结构又分别进行了限定。

虽然涉案产品的专利申请与上述美国专利都采用了"功能性限定"对内、

外框架的连接方式进行了限定，但两者的效果却不相同。由于美国专利的说明书中仅公开了一个实施例，故专利权人不可能通过使用"功能性限定"的方式获得比公开内容更多的保护；涉案产品的专利申请在公开了多个实施例的基础上，通过使用"功能性限定"对说明书中所公开的三个实施例进行了概括，使之保护范围更为合理、更加清楚，这才体现了"功能性限定"的作用。

相比之下，可以进一步体会到"功能性限定"在权利要求书中的使用，目的仅仅是一种概括手段而已，它可以为申请人的合理保护提供一种方便，但不可以成为获取额外利益的手段，否则不符合"以公开换保护"的基本原则。

（二十三）关于独立权利要求的引用问题❶

由于"一件专利申请应当限于一项发明或者实用新型"❷，而"一项发明或者实用新型应当只有一个独立权利要求"❸，故一件专利申请应当只包含一个独立权利要求。

然而，鉴于发明人在同一个"发明构思"的基础上可能提出多项发明创造（例如"一种加工设备及其加工方法"或"一种产品及其加工方法"），由于它们之间"在技术上相互关联，包含了一个或者多个相同或相应的特定技术特征"，❹ 故该多项发明具有"单一性"，在申请专利时可以作为一件专利申请提出，通常称为"合案申请"。于是这种"合案申请"的权利要求书中就包含了多个并列的独立权利要求。

受欧美国家的影响，我国专利申请人在合案申请中也会采用"引用其他独立权利要求"❺ 的方式进行撰写在后的独立权利要求，例如：

2. 一种如权利要求1所述设备的加工方法，其特征在于……（写入有关该类设备加工方法的技术特征）

上述撰写方式在专利申请时经常被采用，在专利审查及专利侵权审判案件中也经常会遇到。正确地理解这种引用关系的本质以合理确定其权利要求的保护范围，对专利文件的撰写、审批以及专利侵权案件的审判都具有重要的意义。

"合案申请"的本质是将多项发明"打包"申请，"包"内的东西是各自独

---

❶ 该文首次发表于2017年。

❷ 见《专利法》第三十一条第一款 。

❸ 见《专利法实施细则》第二十一条第三款。

❹ 见《专利法实施细则》第三十四条。

❺ "引用其他独立权利要求"的称谓见《专利审查指南2010》，《欧洲专利局审查指南》称之为"reference to another claim"。这种称谓在形式上与从属权利要求的"引用"（reference）相混同，但两者的内涵却截然不同。为了尊重习惯，本文仍沿用了《专利审查指南2010》的称谓。

立的，与将其各自独立提出申请之间并不存在实质性区别，只是申请的方式不同而已。申请方式的不同不应当对其专利保护带来任何实质性的影响。

曾遇到了几个案例，下自国家知识产权局专利局的审查意见通知书，上至最高人民法院的民事裁定书，都涉及独立权利要求的引用问题。案中有些审查员和法官的观点颇令人感到意外，迫使笔者不得不认真对此作些考证和分析，并略谈一己之见。

【案例1】❶

该案涉及一件发明专利申请的实质审查案件。

该发明专利申请，名称为"一种晶体硅棒的切割装置及其切割方法"。其权利要求书包含两项独立权利要求，权利要求1为：

1. 一种晶体硅棒的切割装置，该装置包括……（具体结构从略）

权利要求8为另一项独立权利要求：

8. 采用权利要求1所述的切割装置对晶体硅棒进行切割的方法，该方法包括：……（具体加工步骤从略）

在"一通"中，审查员以一篇与该申请在技术上无关的对比文件为依据认为该申请的权利要求1～7不具备创造性（本文先不谈该问题），而对其"方法"的权利要求8～10未作评述（默认了其新颖性及创造性）。为了尽快获得授权，申请人将保护的重点放在"加工方法"上，将原权利要求8改写为权利要求1。

1. 一种对晶体硅棒进行切割的方法，该方法包括：……（具体操作步骤同原权利要求8）

针对该修改，审查员在"二通"中表达了如下审查意见：

"申请人提交的修改后的权利要求1－3是以原权利要求8－10为基础的，原权利要求8要求保护一种采用权利要求1所述的切割装置对晶体硅棒进行切割的方法，而修改后的权利要求1要求保护一种对晶体进行切割的方法，很显然，修改后的权利要求1中缺少了权利要求1所述的切割装置所包含的技术特征，扩大了该权利要求的保护范围，不予接受。"

申请人经多次与审查员电话沟通，向审查员陈述了与之不同的意见。最终，审查员给出了权利要求1的修改建议 原权利要求书中有关"切割装置"的技术内容必须写入该"方法"的权利要求1中。该内容除了涉及原权利要求1（有关切割装置）的必要技术特征，还包括原权利要求2～7中的附加技术特征。

---

❶ 该案例来自申请号为CN201610315596.3的专利申请，由国家知识产权局专利局专利审查协作江苏中心进行实质审查。

只有如此修改才有可能予以授权。

很明显，审查员的观点是：由于原权利要求8（切割方法）引用了权利要求1（切割装置），所以该"切割方法"应当包含所述"切割设备"的全部技术特征，甚至包括未被引用的从属权利要求的结构特征。

【案例2】

该案涉及一件专利无效宣告请求案件。

一件有关光触摸屏及其触摸笔的专利，其权利要求书中包括多个独立权利要求。其中的两个独立权利要求如下所示。

1. 光触摸屏，其特征在于：包括……（具体结构从略）以及

7. 根据权利要求1所述的光触摸屏与其配套的接触式触摸笔，其特征在于：包括开关和发光元件，开关控制发光元件的发光情况；开关与接触式触摸笔的触摸端连接，触摸端在触摸触摸板时触发开关，发光元件发光，在触摸板上形成光点。

针对权利要求7，无效宣告审查决定认为：

"虽然在权利要求7中限定了该接触式触摸笔可与权利要求1所述的光触摸屏配套使用，但是所述限定对要求保护的触摸笔本身没有带来影响，只是对触摸笔的用途或使用方法的描述，其对该触摸笔是否具有新颖性、创造性的判断不起作用。因此，权利要求7的限定范围仅在于'包括开关和发光元件，开关控制发光元件的发光情况；开关与接触式触摸笔的触摸端连接，触摸端在触摸触摸板时触发开关，发光元件发光，在触摸板上形成光点'。"

专利权人不服该决定的意见而提起行政诉讼，认为"被诉决定关于权利要求7与权利要求1所述的触摸屏配套使用没有带来影响的认定不当"。

就此，北京知识产权法院一审认为：

"虽然在权利要求7中限定了该接触式触摸笔可与权利要求1所述的光触摸屏配套使用，但这仅是对触摸笔的用途或使用方法的描述，没有对要求保护的触摸笔本身带来影响。且权利要求7要求保护的触摸笔本身也没有记载或体现于权利要求1中的光触摸屏配套使用的特定结构特征"，故不支持专利权人的有关主张。

专利权人不服一审法院的判决提起上诉，北京市高级人民法院支持了一审法院的判决意见。

【案例3】

该案涉及一件专利侵权审判案件。

名称为"生产中口径直缝双面埋弧焊钢管的机组及钢管成型方法"的发明

专利涉及无缝钢管的加工装置及其方法，系对现有技术中钢管成型装置及方法的改进。现有的机组焊接钢管时其钢管管体成型口向上，焊接位置在管顶，管体初成型机组有对辊成型或排辊成型，缺点是成型时管体变形量是固定的，不能进行调整，管体成型后易形成桃形尖。

该发明的发明点在于将焊接钢管时其钢管管体成型口向上改为成型口垂直向下。其权利要求书包括两项独立权利要求。

1. 生产中口径直缝双面埋弧焊钢管的机组，包括下横梁（5），下横梁（5）的两端分别固定在两边的基础座（6）上，两个机架（7）分别固定在两边的基础座上，其特征是：下横梁（5）的两端各装一个蜗轮蜗杆减速箱（1），两个蜗轮蜗杆减速箱分别通过对轮连杆与装在下横梁中部的蜗轮蜗杆减速机（4）连接，下箱体（17）和上箱体（18）均装在两个机架上，并可以上下滑动，下箱体下面固定有两个推进连接总成（3），两个推进连接总成都有自己的连接丝杠（2）与其下方相对应的蜗轮蜗杆减速箱（1）的蜗轮连接，下辊座（12）装在下箱体上并与连接板（16）连接，下辊座（12）上装有依次相啮合的摆动连接齿轮（11）、大齿轮（10）和小齿轮（9），小齿轮（9）与装在下辊座下部的蜗轮蜗杆减速机（8）有对轮连杆相连；下箱体的两端分别装有蜗轮蜗杆减速机（13），连接丝杠（14）一端安装在蜗轮蜗杆减速机（13）的蜗轮上，另一端与固定在连接板（16）上的推进连接总成（15）连接；在上箱体（18）上方的机架（7）上装有蜗轮蜗杆减速箱（19），两边机架上的蜗轮蜗杆减速箱之间有上横梁（23），上横梁中部装有蜗轮蜗杆减速机（20），蜗轮蜗杆减速机有对轮连杆分别与两边的蜗轮蜗杆减速箱（19）相连，上箱体上面固定有两个推进连接总成，两个推进连接总成都有自己的连接丝杠与其上方相对应的蜗轮蜗杆减速箱的蜗轮连接，上箱体两端有蜗轮蜗杆减速机，蜗轮蜗杆减速机的蜗轮上装有连接丝杠，连接丝杠另一端与固定在上辊座（22）上的连接总成连接；上箱体中部装有上辊（21），上辊（21）两侧的上箱体内装有上辊座（22）。

2. 按照权利要求1所述的生产中口径直缝双面埋弧焊钢管的机组对钢管进行成型的方法，其特征是：将卷板在生产线上连续成型，成型合口垂直向下，钢管边成型边焊接内焊，保证内焊在水平位置上焊接，同时开好外焊坡口，按定尺寸切下钢管。

被控侵权的设备属于同类设备，但其结构中缺少涉案专利权利要求1中的一个技术特征——"下辊座上装有依次相啮合的摆动连接齿轮、大齿轮和小齿轮，小齿轮与装在下辊座下部的蜗轮蜗杆减速机有对轮连杆相连"（以下简称"特征A"），而以"更换不同曲率半径的轧辊"（以下简称"特征B"）取代之，以实现类似的功能。

由于缺少上述技术特征，一、二审法院均认为被诉侵权设备不仅不侵"设备"的专利权，而且不侵"方法"的专利权。

专利权人不服一、二审判决向最高人民法院提起再审，其理由之一是：

"涉案专利权利要求2是方法专利，是独立权利要求，方法专利的保护范围不可能限定在某一设备上。原一、二审判决认为权利要求1的钢管成型设备装置不侵权，则钢管成型方法专利就不侵权是错误。"

最高人民法院表达了如下裁定意见：

"关于被诉钢管成型方法是否侵权的问题。

……在确立并列独立权利要求的保护范围时，基于所存在的引用关系，被引用的独立权利要求的特征均应当予以考虑。"❶

用于被诉侵权设备不包含"特征A"，故裁定书认定"被诉侵权方法不落入权利要求2的保护范围，不构成侵权"。

以上三个案例涉及不同的法律程序，但都与独立权利要求之间的引用问题有关。

在案例1中，审查员认为，由于"切割方法"的权利要求引用了"切割设备"的权利要求，所以"切割方法"的权利要求就必然包含了"切割设备权利要求"的所有技术特征。

在案例2中，专利复审委员会认为，虽然在权利要求7中限定了该接触式触摸笔可与权利要求1所述的光触摸屏配套使用，但是所述限定对要求保护的触摸笔本身没有带来影响，对该触摸笔是否具有新颖性、创造性的判断不起作用。一、二审法院支持了专利复审委员会的意见。

在案例3中，一、二审法院及最高人民法院均认为，在确立并列独立权利要求的保护范围时，基于所存在的引用关系，被引用的独立权利要求的特征均应当予以考虑，缺少其一个技术特征即不构成侵权。

除此之外，"星河公司诉润德公司排水管道专利侵权"一案也遇到类似问题，南京市中级人民法院及江苏省高级人民法院先后对此案作出了观点不同的判决，❷西安市中级人民法院的姚建军法官也就该案发表了议论。❸

针对存在引用关系的独立权利要求，如何确定其包含的内容及保护范围，

---

❶ 参见最高人民法院（2015）民申字第3189号民事裁定书。

❷ 参见江苏省高级人民法院（2012）苏知民终字第0021号民事判决书。

❸ 姚建军. 论多项独立权利要求之间的对应关系与基本定理［J］. 人民司法应用，2016（2）：38-40.

上述几个案例中体现了两种截然相反的观点。对此，不妨以《专利审查指南2010》作为判断是非的标准进行分析讨论。

引发争议的源头可能是《专利审查指南2010》第二部分第二章的规定："对于这种引用另一权利要求的独立权利要求，在确定其保护范围时，被引用的权利要求的特征均应予以考虑，而其实际的限定作用应当最终体现在对该独立权利要求的保护主题产生了何种影响。"该规定包含了两方面的内容：一是被引用的权利要求的特征均应予以考虑；二是应当考虑的内容是其对该独立权利要求的保护主题产生了何种影响。

在案例3中，最高人民法院的裁决书仅仅引用了该规定前半部分的内容，即"在确立并列独立权利要求的保护范围时，基于所存在的引用关系，被引用的独立权利要求的特征均应当予以考虑"；案例1中审查员没引用任何规定，但在审查独立权利要求8时，认为权利要求8包含了权利要求1的全部技术特征，不仅如此，甚至包含了其从属权利要求2~7的技术特征，这与裁定书的观点相比，有过之而无不及。

《专利审查指南2010》规定的第一句话（"在确定其保护范围时，被引用的权利要求的特征均应予以考虑"）很重要，关键在于如何理解其中的"应予以考虑"。

在日常生活中"考虑"一词有时会被赋予"考虑在内"的意义，即"包含"的意思。例如，"确定一项权利要求的保护范围时，不仅要考虑特征部分的特征，还要考虑前序部分的特征。"这句话意味着在确定权利要求的保护范围时，前序部分的特征及特征部分的技术特征均应当被考虑（包含）在内。

从最高人民法院的裁定书不难看出，其法律依据就是《专利审查指南2010》中的上述第一句话。而其中的"予以考虑"一语就被理解为"考虑在内"——其在判定被控侵权设备是否构成"方法"侵权时，除了对比了权利要求2的"方法"技术特征之外，还对权利要求1的"设备"技术特征逐一进行了对比。由于被控侵权设备缺少权利要求1的一个结构特征（以"特征B"取代了"特征A"），而认定为不构成"方法"侵权。

《专利审查指南2010》上述规定中的"予以考虑"一词究竟是何含义？在此被理解为"考虑在内"（"包含"）是否妥当？

我们不妨先借助字典查证一下"考虑"的本义。在《现代汉语词典》中"考虑"一词被解释为："思索问题，以便做出决定"。鉴于《专利审查指南2010》对《欧洲专利局审查指南》的依赖关系，笔者还查看了《欧洲专利局审查指南》的相应规定。

《欧洲专利局审查指南》C 部第三章第 3.8 节❶有如下规定：

3.8 Independent claims containing a reference to another claim

A claim may also contain a reference to another claim even if it is not a dependent claim as defined in Rule 43（4）. One example of this is a claim referring to a claim of a different category（e. g. "Apparatus for carrying out the process of claim 1..."，or "Process for the manufacture of the product of claim 1...").

In all these examples，the examiner should carefully consider the extent to which the claim containing the reference necessarily involves the features of the claim referred to and the extent to which it does not.

笔者将其大意理解为：

"引用（参照）另一个权利要求的独立权利要求

一项权利要求可以包含对另一项权利要求的引用关系，即使该权利要求并非 Rule 43（4）所定义的从属权利要求。其中的一个例子是一项权利要求对另一项不同类型权利要求的引用（例如'实行权利要求 1 所述方法的设备……'或者'如权利要求 1 所述产品的制造方法……'）。

在所有这些例子中，审查员应当仔细地考虑带有引用关系的权利要求必然涉及被引用的权利要求中的哪些技术特征以及不涉及哪些技术特征。"

在《欧洲专利局审查指南》的上述规定中，有两个词很重要。

一是"reference"。依据字典，可以将之译为"引用"，也可以译为"参照"。汉语中"参照"比"引用"更上位些，除了包含"引用"的关系，还可能包含其他关系。虽然《欧洲专利局审查指南》在独立权利要求之间以及从属权利要求与独立权利要求之间同样使用了"reference"一词，但所不同的是在后者明确规定该"reference"包含了被参照权利要求的全部技术特征，❷从而将两者的内涵明显区别开来。

另一个是"consider"。其中文翻译即"考虑、细想"，《专利审查指南 2010》即采用了"consider"的中译文（"考虑"）。在英-英辞典中对 consider 一词的解释是"to think about something carefully，espesially before making a choice or decision"（仔细地思考某件事，尤其是在作出选择或决定之前）。

可见，无论汉语中的"考虑"（思索问题，以便作出决定）还是英文中的

---

❶ 见 Guidlines 2010 complete en。

❷ 见 Guidlines 2010，Part F Chapter IV - 7，Any claim which includes all the features of any other claim is termed a" dependent claim". Such a claim must contain，if possible at the beginning，a reference to the other claim，all features of which it includes。

"consider"（仔细地思考某件事，尤其是在作出选择或决定之前），都是指作出决定之前的"思索"过程，"思索"是为下一步选择或决定作准备。

所不同的是《欧洲专利局审查指南》中对"考虑"的"内容"作了明确规定，即应当区分被引用权利要求中哪些技术特征对引用的权利要求构成影响、哪些技术特征不构成影响；而《专利审查指南2010》则是以"结果"的形式对该独立权利要求的保护主题产生了何种影响进行了说明。

可见《专利审查指南2010》中的"考虑"不等于日常生活中所说的"考虑"。"予以考虑"不同于"考虑在内"，前者涉及一个过程，而后者则表示了一个结果。《专利审查指南2010》中的上述第二句话（而其实际的限定作用应当最终体现在对该独立权利要求的保护主题产生了何种影响）也很重要，在解读《专利审查指南2010》的上述规定时，不应当忽略了这一句话。其中引入了"保护主题"这个概念。《专利审查指南2010》中并未对"保护主题"这一概念作出正面的解释，但可以从侧面理解"保护主题"的含义及其与保护范围的关系。

《专利审查指南2010》第一部分第二章第7.4节对权利要求的撰写部分有如下规定："前序部分应写明要求保护的实用新型技术方案的主题名称和实用新型主题与最接近的现有技术共有的必要技术特征……"

可见"主题名称"是组成独立权利要求的一部分。"主题"涉及专利保护的客体，是一句话的主语。而"技术特征"则限定了该客体的技术构成。权利要求中的主题可以包含修饰语（例如用途的限定，即"用于……的"），就保护范围而言，这些修饰语有可能对"保护主题"产生影响，也可能不产生影响。对此，《专利审查指南2010》第二部分第二章第3.1.1节作了进一步解释：

"例如，主题名称为'用于钢水浇铸的模具'的权利要求，其中'用于钢水浇铸'的用途对主题'模具'具有限定作用；对于'一种用于冰块成型的塑料模盒'，因其熔点远低于'用于钢水浇铸的模具'的熔点，不可能用于钢水浇铸，故不在上述权利要求的保护范围内。然而，如果'用于……'的限定对所要求保护的产品或设备本身没有带来影响，只是对产品或设备的用途或使用方式的描述，则其对产品或设备例如是否具有新颖性、创造性的判断不起作用。例如，'用于……的化合物X'，如果其中'用于……'对化合物X本身没有带来任何影响，则在判断该化合物X是否具有新颖性、创造性时，其中的用途限定不起作用。"

这段话的含义包括以下内容。

（1）在考虑权利要求的保护范围时，应当对写入权利要求中的内容作具体分析（并非不加分析地一概而论）。

（2）即使明确写入权利要求书中的内容也未必对"保护主题"构成影响。

（3）独立权利要求中所引用内容（独立权利要求中的一句话）可以被看作保护主题的一个修饰语（相当于"用于…… 的"），只不过该修饰语不是一个词语（特征）而是被引用权利要求的整句话（全部技术特征）。所以，在考虑保护范围时，被引用的技术特征也应当根据其是否对"保护主题"构成影响进行区分。具体说，如同"'用于…… 的化合物 X'，其中'用于……'对化合物 X 本身没有带来任何影响"一样，"用于……设备的方法 Y"中的"用于……设备的"一般也不会对该方法 Y 本身带来任何影响。

至于技术特征的种类对"保护主题"的影响，《专利审查指南 2010》第二部分第二章第 3.2.2 节中又作了如下规定：

"权利要求的主题名称还应当与权利要求的技术内容相适应。产品权利要求适用于产品发明或者实用新型，通常应当用产品的结构特征来描述。特殊情况下，当产品权利要求中的一个或多个技术特征无法用结构特征予以清楚地表征时，允许借助物理或化学参数表征；当无法用结构特征并且也不能用参数特征予以清楚地表征时，允许借助于方法特征表征……

方法权利要求适用于方法发明，通常应当用工艺过程、操作条件、步骤或者流程等技术特征来描述。"

《专利审查指南 2010》第二部分第二章第 3.1.1 节规定："在类型上区分权利要求的目的是为了确定权利要求的保护范围。通常情况下，在确定权利要求的保护范围时，权利要求中的所有特征均应当予以考虑，而每一个特征的实际限定作用应当最终体现在该权利要求所要求保护的主题上。例如，当产品权利要求中的一个或多个技术特征无法用结构特征并且也不能用参数特征予以清楚地表征时，允许借助于方法特征表征。但是，方法特征表征的产品权利要求的保护主题仍然是产品，其实际的限定作用取决于对所要求保护的产品本身带来何种影响。"

也就是说，一般情况下，"产品（设备）"应当用其结构特征予以限定，而"方法"则用其步骤等特征进行限定。在特殊情况下，"方法"特征可能对"产品"或"设备"这一保护主题构成影响，但这并不意味着所有情况下都可以用"方法"特征限定"设备"，更不意味着可以用"结构特征"限定"方法"。

就属性及逻辑关系而言，"产品"（或"设备"）中的结构特征属于具象、下位的范畴，而"方法"中的步骤等特征则属于抽象、上位的范畴。用一个"抽象的概念"限定一个"具象的概念"（例如用"方法"限定"产品"或产品的某一结构）比较容易理解；但很难想象如何用一个下位的"具象概念"来限定一个上位的"抽象概念"（例如用"结构特征"限定"方法"）。针对这一点，案例 3 的裁定书理应对其"机组"中的"特征 A"是如何对"钢管进行成型的方法"构成影响的作出具体说明。

如前所述，该裁定书在引用《专利审查指南 2010》的上述规定时，仅仅引用了其第一句话的内容，而并未提及其第二句话（"而其实际的限定作用应当最终体现在对该独立权利要求的保护主题产生了何种影响上"），也未就其设备中的"特征 A"是如何影响"方法"这一保护主题作任何分析评述。对照《专利审查指南 2010》，这不能不说是该裁定书的一个缺憾。

专利的再审案件必然引起大家的关注。再审的申请人可能期望借此讨一个"说法"，还一个公道；而广大社会公众更关心的则是该"说法"的推论过程以及得出结论的依据，希望从中获得一些指引和启迪。就此而言，最高人民法院在给出一个结论的同时，对作出该结论的具体理由作出充分说明，无疑是很重要的。

上述案例中有二个与"方法"及其"设备"有关。为了进一步理解"方法"与"设备"之间的关系，不妨再援引《专利审查指南 2010》第二部分第六章第 2.2.1 节中的下面一段话：

"对于方法与为实施该方法而专门设计的设备独立权利要求的组合……'专门设计'的含义并不是指该设备不能用来实施其他方法，或者该方法不能用其他设备来实施。"

在"方法"引用了"设备"的情况下并且在考虑"方法"的保护范围时，如果将被引用设备的结构特征也考虑在内，无疑就意味着该方法权利要求只保护借助该特定结构的设备来实施的方法，或者说"该方法不能用其他设备来实施"（案例 3 的结论就属于这种情况），这是否与《专利审查指南 2010》的上述规定相冲突？在"设备"受到保护的情况下，再保护一种必须依赖该特定结构的设备才能实施的"方法"，对专利权人来说有何实际意义呢？

如本部分开头所述，权利要求书中之所以采用引用的方式撰写独立权利要求，是出于"合案申请"的需要，具体说是为了表明各权利要求之间具有"单一性"。众所周知，早先各国判断"单一性"的标准并不统一。这种撰写方式很可能是基于"单一性"的考虑，即通过引用关系来表明所述的独立权利要求之间具有技术上的关联性——对此笔者并未作专门考证，只是推测而已。

20 世纪末美国、欧洲和日本曾就单一性问题签署了一份"三方协议"，以"是否具有相同或相应的特定技术特征"作为判断是否具有"单一性"的标准。

该标准继而被 PCT 及世界主要国家及组织所采用。新标准主要依据权利要求中的技术特征对单一性进行判断，而不注重其撰写形式。但出于习惯，这种撰写方式依然被保留了下来。现今，这种引用关系除了从形式上表示独立权利要求之间在技术上的关联性之外，没有其他任何实际意义。相反，却容易引起人们对这种引用关系的误解。为此，《专利审查指南 2010》第二部分第六章第 2.2.1 节作了如下规定：

"不同类独立权利要求之间是否按照引用关系撰写，只是形式上的不同，不影响它们的单一性。例如，与一项产品 A 独立权利要求相并列的一项专用于制造该产品 A 的方法独立权利要求，可以写成'权利要求 1 的产品 A 的制造方法……'也可以写成'产品 A 的制造方法……'"

目前，在我国的专利审查和专利审判案件中，一些人却将这种"形式上的不同"视为"实质上的不同"，由于引用关系的存在而导致对其权利要求保护范围的误解。

面对这种现实情况，笔者建议：在《专利审查指南 2010》中对从属权利要求中的"引用"与独立权利要求之间的"引用"在用词上加以区分。例如，将后者改称为"参照"，如果维持两者的称谓不变，至少用解释的方式加以区分。例如，将从属权利要求对某权利要求的"引用"解释为"以某权利要求为基础的……"而将独立权利要求之间的"引用"明确解释为"与某权利要求相对应的……"以表示两者之间存在技术特征相对应的关系。

在澄清和统一对"独立权利要求引用问题"认识的同时，还应当提醒有关人士注意：

（1）今后在撰写此类独立权利要求时，尽量避免使用"引用方式"；在翻译国外专利申请文件时，对采用"引用方式"权利要求的翻译最好也作适当调整，否则以后在中国会遭遇误解、埋下隐患。

（2）对于已经采用"引用方式"撰写独立权利要求的申请人或专利权人来说，则需要做好应对的准备。最高人民法院的这份裁定书势必会持续发酵，对各级人民法院的法官以至某些专利审查员产生指导性影响，此类问题在今后类似案件的审判或审查过程中难免还会遭遇到。

（二十四）"功能性特征"的使用与解释❶

"功能性特征"（可以称为"功能性限定"）在专利的权利要求书中被广泛

---

❶ 该文首次发表于 2013 年。

使用，但对于如何使用及解释权利要求中的"功能性特征"，业界至今仍存在不同观点。

为了解决"功能性特征"的解释问题，不妨从"功能性特征"的源头进行梳理。具体说，首先回顾什么是"功能性特征"，为什么要使用"功能性特征"，以及实践中如何使用、审查及解释"功能性特征"。

1. 关于"功能性特征"

"功能性特征"在不同技术领域的权利要求书中都有应用，其内容和形式存在某些差异，但本质是相同的。为了便于讨论，不妨以"机械产品"为例进行分析。

对一个机械产品进行描述或限定，通常可以采取两种方式：一是采用具体的结构特征进行限定，二是采用该结构特征所实现的功能或效果进行限定。例如既可以将一个水杯限定为"由杯体、杯把和杯盖组成的容器"，还可以将其限定为"一个可以盛水的容器"。如果不限定具体结构，在权利要求中仅仅要求保护"一种可以盛水的容器"是不允许的，因为这属于纯功能性的权利要求，专利不保护纯功能；如果说明书的实施例中公开了水杯和水壶两种容器，则权利要求中可以用"一个盛水的容器"对水杯和水壶这两者进行概括。此时权利要求中"盛水的容器"并非包含现有技术中所有可以盛水的容器，而仅指说明书所公开的"水杯和水壶"及其等同物。

针对"功能性特征"美国专利法第 116 条第 2 款作了如下规定：

"权利要求中用于表示组合关系的某个技术特征可以通过实现某特定功能的装置或步骤来表述，而不限定实现该功能的结构、材料或动作。这种权利要求应当被理解为覆盖了其说明书中所公开的相应的结构、材料或动作及其等同物。"

（An element in a claim for a combination may be expressed as a means or step for performing a specified function without the recital of structure, material, or acts in support thereof, and such claim shall be construed to cover the corresponding structure, material, or acts described in the specification and equivalents thereof.）

"这种权利要求应当被理解为覆盖了其说明书中所公开的相应的结构、材料或动作及其等同物"这句话很重要。它意味着权利要求中使用的"功能性特征"被赋予了特定含义，所概括的仅仅是说明书中所公开的实施方式及其等同物。这是使用"功能性特征"的初衷，也是讨论"功能性特征"的基础。

在我国的《专利审查指南 2010》中，也允许使用"功能性特征"。其第二部分第二章第 3.2.1 节规定如下：

"通常，对产品权利要求来说，应当尽量避免使用功能或者效果特征来限定发明。只有在某一技术特征无法用结构特征来限定，或者技术特征用结构特征限定不如用功能或效果特征来限定更为恰当，而且该功能或者效果能通过说明书中规定的实验或者操作或者所属技术领域的惯用手段直接和肯定地验证的情况下，使用功能或者效果特征来限定发明才可能是允许的。"

根据上述规定，可以将"功能性特征"理解为权利要求中"使用功能或者效果特征来限定"的技术特征。在实践中，权利要求中的"功能性特征"一般用于对说明书所公开的多个实施例或多种实施方式进行概括。这种概括通常涉及两种情况。

第一种情况是通过功能性的语言对本领域技术人员公知内容进行概括。例如在机械领域中只要提到"连接元件"，本领域技术人员都知道它包含了螺钉、螺栓、铆钉、销钉等零件，并知晓它们的结构及其使用方式。在权利要求中可以用"连接元件"对说明书所公开的螺钉、螺栓、铆钉、销钉等已知元件进行概括。同样，"用于过滤液体的过滤器"也可以用于对现有技术中某些已知过滤器进行概括。

在美国将这类属于公知其结构（has a known structural meaning in the art）的功能性特征称作"公知结构的功能性特征"。❶ 为了便于对"功能性特征"作出"解释"，美国将该类属于公知其结构的特征排除于"功能性特征"之外。

北京市高级人民法院于2013年10月9日发布的《专利侵权判定指南》第16条第3款中也作了类似规定：

"下列情形一般不宜认定为功能性技术特征（1）以功能或效果性语言表述且已经成为所属技术领域的普通技术人员普遍知晓的技术名词一类的技术特征，如导体、散热装置、黏结剂、放大器、变速器、滤波器等⋯⋯"

在我国的《专利审查指南2010》中，将具有公知结构的功能性词语（例如"连接元件""弹性元件"等）归入"上位概念"（generic disclosure），即属于功能性的"上位概念"。

第二种情况是采用"功能性特征"对说明书中所公开的多种特定实施方式进行概括。假如说明书所公开的多个实施例具有相同或相应的"特定技术特征"，"属于一个总的发明构思"，申请人可以通过一件专利申请对所述的实施例进行保护。基于"单一性"的要求，在撰写权利要求书时，申请人应当将该"特定技术特征"写入独立权利要求中。当所述的"特定技术特征"可以用结构特征进行概括时，通常应当以结构特征的形式予以概括；如果无法用结构特

---

❶ 35 U. S. C. § 112 Supplementary Examination Guidelines.

征来概括这些实施例所共有的"特定技术特征",而这些实施例却具有相同的功能时,则可以使用功能性特征来限定,即以该"功能性特征"作为多个实施例共同的"发明构思"。

以上两种情况都属于用功能特征来限定的技术特征,只不过它们概括的内容有所不同。前者涉及公知常识,而后者则涉及说明书所公开的特定实施例。

欧洲专利局也允许在权利要求中使用"功能性特征"(functional features),所不同的是将"功能性特征"与"效果特征"(result to be achieved)作了明确区分,并针对两者的使用《欧洲专利局审查指南》F部中分别作出了具体规定。其主要包括如下几个要点。

(1)将"功能性特征"定义为:权利要求中以功能形式对说明书所给出的实施方式以及本领域技术人员由此可以想到的实施方式的概括。

(2)权利要求中允许使用"功能性特征"进行限定,但必须满足"清楚"的要求,"使本领域技术人员仅凭权利要求的措辞就可以清楚权利要求中每一个特征的含义",即本领域技术人员仅凭权利要求即可知晓如何实现该功能。

(3)一般情况下权利要求中不允许用"效果"来限定发明的保护范围,"只有当该发明只能采用该方式限定,或者采用其他方式不如该方式可以更准确地限定保护范围时,同时对于本领域技术人员来说,该效果借助于试验或说明书的说明或公知常识,无须付出过度的工作即可以直接且明确得到证实时,才允许使用效果限定的方式"。❶

欧洲专利局的规定显然与美国专利局的上述规定有所不同。

2. "功能性特征"在我国的使用

"功能性特征"在我国的专利文件中经常被使用。我们不妨以2011年全国专利代理人资格考试试题(以下简称"试题")的撰写实务题为例作进一步说明。

该试题的要求之一是根据所给出的现有技术以及发明人的技术方案撰写一份权利要求书,使其权利要求1满足"单一性"的要求。

案情简介如下:

图3-36是现有技术中一种即时冲泡的饮料瓶,其瓶盖部设置装有调味材料的容置腔室6,隔挡片5将调味材料密封在该腔室内。瓶盖的顶部1由柔性材料制成,其下方设有尖刺部7,饮用前下压顶部1,其尖刺部可刺穿隔挡片,使调味材料进入瓶内与饮用水混合。该饮料瓶的缺陷是饮用前一旦误压顶部1,

---

❶ 详见本书本章"(二十五)《欧洲专利局审查指南》中的'功能性特征'及其对我们的启示"。

有可能导致尖刺部 7 意外刺穿隔挡片，使调味材料提前进入瓶内。

7尖刺部　　　　　　　　1顶壁
6容置腔室　　　　　　　2侧壁
4环状凸缘　　　　　　　3内螺纹
5隔挡片

图 3－36

为解决上述技术问题，发明人在说明书中提供了两个实施例。

其一是在瓶盖上方设置一盖栓 2，盖栓 2 通过螺纹与瓶盖结合在一起（见图 3－37）。饮用时旋转盖栓 2 即可使其下部的尖刺部刺穿隔挡片，但盖栓 2 受压时却不会导致尖刺部下移（可称为"内外螺纹机构"）。

其二是在盖栓 2 的下方设置一可移除的卡环 8（见图 3－38），使用前只需将卡环 8 移除即可使盖栓 2 下移并刺穿隔挡片（可称为"可移除的环状部件"）。

3容置腔室　　　　　　2盖栓
6中空套管　　　　　　1瓶盖本体
4隔挡片

8卡环　　　　　　　2盖栓
7弹簧　　　　　　　1瓶盖本体
4隔挡片　　　　　　3容置腔室

图 3－37　　　　　　　　　　　图 3－38

为了满足"单一性"的要求，必须从两个实施例中找出一个两者共有的，而且能够区别于现有技术的"特定技术特征"，并将其写入权利要求1中。

由于两个实施例采用的技术手段（"可移除的环状部件"和"内外螺纹机构"）不同，显然无法从结构特征入手概括出两者相同的"特定技术特征"。但由于"可移除的环状部件"和"内外螺纹机构"具有相同的功能——在瓶盖受压时可以限制瓶盖栓向隔挡片方向运动，故可以将"设有限制瓶盖栓受压时向隔挡片方向运动的机构"这一"功能性特征"作为这两个实施例区别于现有技术的"特定技术特征"。

该试题的参考答案是：考生在撰写权利要求书时，可以将"设有限制瓶盖栓受压时向隔挡片方向运动的机构"这一"功能性特征"作为对两个实施例中的"可移除的环状部件"和"内外螺纹机构"的概括写入权利要求1中，以满足"单一性"的要求。该试题可以视为权利要求中"功能性特征"具体应用的一个诠释。

3.《专利审查指南2010》对"功能性特征"的解释

对于权利要求书中使用"功能性特征"的原因，在《中国专利法详解》一书中作了如下说明：

"申请人之所以采用功能性特征，一般是**希望如此撰写的权利要求能够覆盖实现该功能的所有方式，从而使其权利要求具有更宽的保护范围**"。❶

据此，《专利审查指南2010》第二部分第二章第3.2.1节作出了如下规定：

"对于权利要求中所包含的功能性特征的技术特征，**应当理解为覆盖了所有能够实现所述功能的实施方式**。"

上述两句话无疑是相互呼应的，即《专利审查指南2010》的上述规定对《中国专利法详解》中所述的申请人使用"功能性特征"的动机给予了确认。对此笔者并不认同。原因有以下几个方面。

（1）"以公开换保护"是专利制度的基本原则，以"有限的公开"换取"无限的保护"不符合该原则。"功能性特征"只不过为申请人提供了一种方便撰写的方式，便于申请人在权利要求书中对说明书所公开的多种实施方式进行概括，其目的绝非让申请人借助"功能性特征""覆盖实现该功能的所有方式，从而使其权利要求具有更宽的保护范围"。故"功能性特征"也不应当理解为对覆盖实现该功能的**所有方式**的概括，而仅仅是对现有技术中本领域技术人员公知的或说明书所公开的**有限方式**的概括。

---

❶ 尹新天. 中国专利法详解［M］. 北京：知识产权出版社，2012：587.

以上述试题为例，就实现"限制瓶盖栓受压时向隔挡片方向运动的机构"这一功能而言，说明书中仅仅公开了"可移除的环状部件"和"内外螺纹机构"两种实施方式，并未（也不可能）公开实现该功能的所有方式。权利要求书中之所以使用"限制瓶盖栓受压时向隔挡片方向运动的机构"一语，目的仅在于以功能的形式对上述两种实施方式进行概括，绝非借此将其说明书未公开的其他实施方式也纳入其内。

如果申请人"**希望**"以两个实施例的公开换取对所有实施方式的保护，这种"**希望**"显然是不合理的。同样，将这种对两个实施例的概括"**理解**为覆盖了所有能够实现所述功能的实施方式"，也是不合理的，因为这种"希望"和"理解"都违背了"以公开换保护"的原则。

（2）《专利审查指南2010》第二部分第二章第3.2.1节已明确规定："纯功能的权利要求得不到说明书的支持，因而是不允许的。"如果将"功能性特征"的技术特征"理解为覆盖了**所有**能够实现所述功能的实施方式"，则该"功能性特征"即相当于一个"纯功能的技术特征"，"纯功能的技术特征"与"纯功能的权利要求"本质上是相同的，它们所保护的都是一种功能，因而都得不到说明书的支持。

4. 人民法院对"功能性特征"的解释

2009年颁布的《法释2009》中的第四条规定：

"对于权利要求中以功能或者效果表述的技术特征，人民法院应当结合**说明书和附图描述的该功能或者效果的具体实施方式及其等同的实施方式**，确定该技术特征的内容。"

从中不难看到上述美国专利法第116条第2款的影子。众所周知，我国的专利体系基本上借鉴于欧洲专利公约，与美国的专利法体系存在若干差异。美国专利法第116条第2款的规定与美国的专利体系相适应，并不意味着其同样适合于中国的专利法体系。

在人民法院审理侵犯专利权纠纷案件时，"结合说明书和附图描述的该功能或者效果的具体实施方式及其等同的实施方式，确定该技术特征的内容"实际上就是让法官脱离权利要求书而以说明书和附图所记载的内容来作为专利侵权判断的依据。这与我国以权利要求中的技术特征作为判断依据的通常做法并不相容，而且缺乏可操作性。❶ 该做法还有悖于我国《专利法》第五十九条"专利权的保护范围以其权利要求书的内容为准"的基本原则。

---

❶ 张荣彦. 关于"功能性限定"（续）：疑惑与建议 [J]. 中国专利与商标，2014（2）.

　　由此可见，如果将美国有关"功能性特征"的规定照搬进中国，难免带来"水土不服"的后果。

　　2016 年制定的《法释 2016》中的第八条对《法释 2009》第四条进行了修改，将其修改为：

　　"功能性特征，是指对于结构、组分、步骤、条件或其之间的关系等，通过其在发明创造中所起的功能或者效果进行限定的技术特征，但本领域普通技术人员仅通过阅读权利要求即可直接、明确地确定实现上述功能或者效果的具体实施方式的除外。

　　与说明书及附图记载的实现前款所称功能或者效果不可缺少的技术特征相比，被诉侵权技术方案的相应技术特征是以基本相同的手段，实现相同的功能，达到相同的效果，且本领域普通技术人员在被诉侵权行为发生时无需经过创造性劳动就能够联想到的，人民法院应当认定该相应技术特征与功能性特征相同或者等同。"

　　在该条文中对"功能性特征"作出了明确定义，将"以功能或者效果表述的技术特征"划分为"仅通过阅读权利要求即可直接、明确地确定实现上述功能或者效果的具体实施方式"的和通过阅读权利要求无法确定实现该功能或者效果的具体实施方式的两类，并将前者排除在"功能性特征"之外。据此，所述的"功能性特征"仅涉及以功能或者效果进行限定、通过阅读权利要求**无法确定**实现该功能或者效果的具体实施方式的技术特征。

　　通过该条文第二款还可以进一步看出，实现该"功能性特征"不可缺少的技术特征可以从其说明书及附图中选取出来。

　　与《法释 2009》第四条相比，《法释 2016》第八条对其作了如下修改：

　　一是通过定义的方式缩小了"功能性特征"的范围，将"本领域普通技术人员仅通过阅读权利要求即可直接、明确地确定实现上述功能或者效果的具体实施方式"者排除于"功能性特征"之外。

　　二是将判断"功能性特征"侵权的依据由"说明书和附图描述的该功能或者效果的具体实施方式及其等同的实施方式"改为"说明书及附图记载的实现前款所称功能或者效果不可缺少的技术特征"。

　　将判断依据由"说明书和附图描述的具体实施方式"细化为"不可缺少的技术特征"无疑是一种进步，克服了以说明书及附图作为专利侵权判断依据的问题。

　　然而细读《法释 2016》第八条，笔者仍存有如下疑虑：

　　（1）如上所述，所述的"功能性特征"属于权利要求中虽写入了功能或者效果，但未写明实现该功能或者效果的具体实施方式的技术特征，而该功能却是可以用技术特征的形式予以表征的技术特征。根据该定义，笔者首先想到：如果权利要求中只写明功能或效果，而未写明实现该功能或者效果的具体实施方式，用《专利法》第二十六条的标准衡量，这种权利要求是否满足"清楚"的要求？笔者认为，对于专利侵权案件来说，"清楚"与否应当以该"功能性特征"是否可以作为专利侵权的判断依据为标准。如果人民法院必须借助说明书及附图对"功能性特征"作进一步解释，就意味着权利要求中的该"功能性特征"无法直接作为判断依据，应当属于"不清楚"的技术特征。

既然可以通过"说明书及附图记载的实现该功能或者效果不可缺少的技术特征"将该"功能性特征"限定清楚，为何在专利授权之前不要求申请人将该技术特征写入权利要求中，而将一份"不清楚"的权利要求授予专利权，留待人民法院对其作进一步"解释"？

（2）将含义不清楚的权利要求授予专利权固然与人民法院无关，但在之后的民事及行政诉讼中，人民法院却有权力对该权利要求的合法性表明自己的态度，借此表达人民法院对《专利法》相关问题的理解。在审理专利侵权纠纷时，面对"不清楚"的权利要求通过"解释"的方式予以补救，固然可以解决审理案件的燃眉之急，但长此以往，难免使专利审查机关误认为人民法院认可了这类权利要求存在的合法性，并对社会公众产生误导。

（3）按照法律程序，一件专利的权利要求书应当是以权利人的请求为基础，经专利审查机关审查后确立的一份法律文件。在专利授权之后，法官以"说明书及附图记载的实现前款所称功能或者效果不可缺少的技术特征"来"解释"其中的"功能性特征"，并将其作为专利侵权判断的依据，作用无异于将该技术特征纳入了授权后的权利要求中。这种"解释"既体现不出权利人的主观意愿，也缺少与现有技术作客观对比的基础。就操作层面而言，针对同一个功能或效果，脱离了与现有技术的对照，对"必要技术特征"的选择存在多种可能性，法官之间意见难免产生分歧。即使意见统一，未必是权利人意志的表达。

（4）《法释2009》第五条规定："对于仅在说明书或者附图中描述而在权利要求中未记载的技术方案，权利人在侵犯专利权纠纷案件中将其纳入专利权保护范围的，人民法院不予支持。"在该第五条的规定中，权利人将"仅在说明书或者附图中描述而在权利要求中未记载的技术方案""纳入专利权保护范围"时，无疑是以"不可缺少的技术特征"的形式纳入的；而在《法释2016》第八条中，所述"不可缺少的技术特征"无疑是对"在说明书或者附图中描述而在权利要求中未记载的技术方案"的归纳。虽然两者的行为主体不同，但法律后果是相同的——人民法院可以用"说明书及附图记载的实现前款所称功能或者效果不可缺少的技术特征"来解释"功能性特征"，而权利人却不可以将"仅在说明书或者附图中描述而在权利要求中未记载的技术方案""纳入专利权保护范围"。其间是否体现了对"州官"与"百姓"的不同标准？

除此之外，笔者还想到：如果权利要求中的"功能性特征"不清楚，该权利要求就不应当被授予专利权。授权后让人民法院通过司法解释的方式进行弥补，实际上是迫使人民法院采用越俎代庖的方式承担了审查机关授权不当的后果。**如果权利要求"清楚"了，人民法院也就无须"解释"了**。因此，确保授权时"功能性特征"满足"清楚"的要求才是解决问题的根本。

为了确保权利要求中"功能性特征"及"效果特征"满足"清楚"的要求，《欧洲专利局审查指南》中作出了若干具体规定（详见本章之五的"（二十五）《欧洲专利局审查指南》中的'功能性特征'及其对我们的启示"），这些规定值得我们学习和借鉴。

其中的一项重要的规定是："就功能性限特征而言，确保其在权利要求中的保护内容清楚是最为重要的。因此，**必须做到使本领域技术人员仅凭权利要求的措辞就可以清楚权利要求中每一个特征的含义。**"

不难发现，《欧洲专利局审查指南》中的"**本领域技术人员仅凭权利要求的措辞就可以清楚权利要求中每一个特征的含义**"与《法释2016》第八条中"**本领域普通技术人员仅通过阅读权利要求即可直接、明确地确定实现上述功能或者效果的具体实施方式**"虽然措辞有所不同，但含义是相同的。两者的区别在于前者被用作欧洲专利局"功能性特征"的授权条件，而后者则用于我国人民法院的司法解释。两者涉及不同的程序，似乎缺乏可比性，但相同概念的使用却为两者的结合提供了可能性。

如果把上述两项规定相结合，就会出现一个有意思的现象：假如将《欧洲专利局审查指南》的上述规定用于我国的《专利审查指南2010》，则授权文本中使用"功能性特征"时就应当"确保本领域技术人员仅凭权利要求的措辞就可以清楚其含义"。以此为基础，该"功能性特征"便属于"本领域普通技术人员仅通过阅读权利要求即可直接、明确地确定实现上述功能或者效果的具体实施方式"的技术特征。按照《法释2016》第八条的规定，该"功能性特征"将不属于第八条中所称的"功能性特征"。

上述推理似乎有些绕，其实质印证了前文所强调的一种逻辑关系：如果按照《欧洲专利局审查指南》的标准进行审查，确保权利要求中的"功能性特征"含义"清楚"，则人民法院就无须进行"解释"了。将不清楚的权利要求授予专利权是审查机关的工作疏忽。在审理专利侵权案件时，人民法院有权依法对该疏忽作出评判，但无须为该疏漏行为的后果买单。

5. "功能性特征"的审查

如上所述，为了满足单一性的要求，申请人可以采用功能性的方式对说明书所公开的多种实施方式进行概括，并将其作为"区别于现有技术的特定技术特征"写入权利要求中。于是，权利要求中所使用的"功能性特征"便被赋予了特定的含义，它所概括的仅仅是说明书所公开的有限的实施方式，而并非实现该功能的所有实施方式。实践中，这种撰写方式经常被申请人采用，而且已经得到审查员的认可。

审查员在对发明专利进行实质审查时，对于权利要求中的"功能性特征"至少要进行两方面的审查，一是审查该"功能性特征"与现有技术的关系，例如判断该技术特征是否具有新颖性、创造性，二是审查该"功能性特征"与说明书之间的关系，例如该"功能性特征"能否得到说明书的"支持"等。下面将分别以"能否得到说明书支持"及"新颖性"的审查为例，对权利要求中功能性特征的审查问题进行讨论。

（1）关于"功能性特征"能否得到说明书支持的审查。审查员在审查"功能性特征"能否得到说明书支持时，对比的对象是说明书。基于使用"功能性特征"的初衷以及说明书对权利要求的"解释"作用，权利要求书中的"功能性特征"便具有了特定的含义。故应当按照"功能性特征"的特定含义与说明书进行对比。只要说明书中针对"功能性特征"公开了多种实施方式，或者虽然仅公开了一种实施方式，但本领域技术人员由此可以想到其他替代方式，权利要求书中就可以使用"功能性特征"对该多种实施方式进行概括。如果说明书对这些实施方式作了充分公开，使本领域技术人员可以实施，则该"功能性特征"便可以得到说明书的"支持"。这符合"以公开换保护"的基本原则。

反之，如果将"功能性特征"解读为"覆盖了所有能够实现所述功能的实施方式"，要想得到说明书的支持，说明书必须公开"所有能够实现所述功能的实施方式"。这对于申请人来说显然是不可能做到的。实践中，任何理智的审查员都不会采用这种标准进行审查。因为这体现了对"功能"的保护，违背了使用"功能性特征"的初衷。

因此，在审查"功能性特征"能否得到说明书支持时，应当以"功能性特征"的特定含义与说明书进行对比，该"功能性特征"被解读为"说明书和附图描述的该功能或者效果的具体实施方式"以及本领域技术人员能够想到的实施方式。

（2）关于"新颖性"的审查。审查员在审查"功能性特征"的"新颖性"时情况会有所不同。此时对比的对象为现有技术，需要得出的结论是该"功能性特征"是否被现有技术公开。这时"功能性特征"应当按照其一般含义与现有技术进行对比，否则，不同含义的概念之间就失去了可比性。具体说，审查员在检索过程中，只要发现现有技术中公开了与该"功能性特征"有关的实施方式，不管该实施方式与说明书中所公开的实施方式是否相同，只要能够实现与之相同的功能和效果，权利要求中的"功能性特征"便被视为落入现有技术的范畴，不具有"新颖性"。很显然，此时"功能性特征"是以一般含义与现有技术进行对比的，即该"功能性特征"被解读为"覆盖了所有能够实现所述功能的实施方式"。

不妨继续以上述"试题"为例作进一步说明。

在该试题所涉及的专利中，权利要求中借用"限制瓶盖栓受压时向隔挡片方向运动的机构"这一功能性特征对说明书中所公开的"可移除的环状部件"和"内外螺纹机构"两种实施方式进行了概括。然而，如果着眼于现有技术，不排除还存在其他方式同样可以实现"限制瓶盖栓受压时向隔挡片方向运动"的功能。如果经审查员检索，发现现有技术中存在任何一种方式可以实现该功能，这说明采用"限制瓶盖栓受压时向隔挡片方向运动的机构"来防止隔挡片被意外刺穿的"发明构思"已经属于现有技术，则不能将其视为区别于现有技术的"特定技术特征"。因此在与现有技术进行对比时，"限制瓶盖栓受压时向隔挡片方向运动的机构"这一功能性特征应当按照其一般含义进行解读，而不应当局限于说明书所公开的"可移除的环状部件"和"内外螺纹机构"这两种实施方式。

经审查员检索，可能出现以下几种情况。

（1）如果在现有技术中未发现任何采用"限制瓶盖栓受压时向隔挡片方向运动的机构"来防止隔挡片被意外刺破的现有技术，这说明该专利申请通过"限制瓶盖栓受压时向隔挡片方向运动的机构"来保护隔挡片这一"发明构思"未被现有技术所公开，属于申请人"对现有技术作出贡献的技术特征"。此时可以将"限制瓶盖栓受压时向隔挡片方向运动的机构"视为区别于现有技术的"特定技术特征"。由于"可移除的环状部件"和"内外螺纹机构"这两种实施方式具有相同的"发明构思"，符合《专利法》第三十一条第一款（一件发明或者实用新型专利申请应当限于一项发明或者实用新型。属于一个总的发明构思的两项以上的发明或者实用新型，可以作为一件申请提出。）及《专利法实施细则》第三十四条（依照《专利法》第三十一条第一款规定，可以作为一件专利申请提出的属于一个总的发明构思的两项以上的发明或者实用新型，应当在技术上相互关联，包含一个或者多个相同或者相应的特定技术特征，其中特定技术特征是指每一项发明或者实用新型作为整体，对现有技术作出贡献的技术特征。）的规定，故可以将该两种实施方式作为一件专利申请提出，符合"单一性"的要求。

（2）假如对比文件中公开了试题中利用"可移除的环状部件"来实现"限制瓶盖栓受压时向隔挡片方向运动"的实施方式，此时权利要求 1 中的"限制瓶盖栓受压时向隔挡片方向运动的机构"这一功能性特征便已经被现有技术公开，失去了新颖性。因为在该专利申请中"可移除的环状部件"属于权利要求中"限制瓶盖栓受压时向隔挡片方向运动的机构"中的一种，或者说"可移除的环状部件"在"限制瓶盖栓受压时向隔挡片方向运动的机构"的涵盖范围内，因而"可移除的环状部件"的公开将影响"限制瓶盖栓受压时向隔挡片方向运动的机构"这一"功能性特征"的新颖性。这一点可能比较容易理解。

（3）如果对比文件中公开了一个采用其他方式来实现"限制瓶盖栓受压时向隔挡片方向运动"的实施例，该方式不同于说明书中的"可移除的环状部件"以及"内外螺纹机构"。此时应当如何评价"限制瓶盖栓受压时向隔挡片方向运动的机构"的新颖性？

若将权利要求中的"限制瓶盖栓受压时向隔挡片方向运动的机构"解读为其特定含义（仅仅是对"可移除的环状部件"和"内外螺纹机构"两种实施方式的概括），则该对比文件所公开的实施方式并未落入权利要求中"限制瓶盖栓受压时向隔挡片方向运动的机构"的范围之内。故不会影响权利要求中"限制瓶盖栓受压时向隔挡片方向运动的机构"的新颖性。但是，由于"功能性特征"属于一个包含了若干"具体概念"的"一般概念"，在对权利要求中的"一般概念"进行新颖性审查时，《专利审查指南 2010》作出了特殊的规定。

《专利审查指南 2010》第二部分第三章第 3.2.2 节针对权利要求中"一般（上位）概念"的使用作出如下规定：

"如果要求保护的发明或者实用新型与对比文件相比，其区别仅在于前者采用一般（上位）概念，而后者采用具体（下位）概念限定同类性质的技术特征，则具体（下位）概念的公开使采用一般（上位）概念限定的发明或者实用新型丧失新颖性。例如，对比文件公开某产品是'用铜制成的'，就使'用金属制成的'同一产品的发明或者实用新型丧失新颖性。"

按照该规定，即使权利要求中的"一般（上位）概念"被赋予特定的含义，仅包括说明书中所公开的有限的具体（下位）概念，但在审查新颖性时，该"一般（上位）概念"却被解读为其一般含义，即涵盖了其全部具体（下位）概念。由此来判断权利要求中所使用的"一般（上位）概念"是否被现有技术公开。

《专利审查指南 2010》的上述规定借鉴了《欧洲专利局审查指南》的有关规定。查看一下《欧洲专利局审查指南》的原文，可能更有助于对所述"一般概念"的理解。

《欧洲专利局审查指南》G 部第六章第 5 节（2017 年版）的规定如下：

5. 一般性概念的公开与具体实施方式　在判断新颖性时应当注意，一般性概念的公开通常不会破坏落入其下属具体实施方式的新颖性，但一种具体实施方式的公开却可以影响权利要求中该一般性概念的新颖性。例如，铜的公开可以影响金属这种一般性概念的新颖性，但不能影响铜以外的其他金属的新颖性。一种铆钉的公开可以影响紧固装置的新颖性，但不能影响铆钉以外的其他紧固装置的新颖性。(5. Generic disclosure and specific examples　In considering novelty, it should be borne in mind that a generic disclosure does not usually take away the novelty of any specific example falling within the terms of that disclosure, but that a specific disclosure does take away the novelty of a generic claim embracing that disclosure, e. g. a disclosure of copper takes away the novelty of metal as a generic concept, but not the novelty of any metal other than copper, and one of rivets takes away the novelty of fastening means as a generic concept, but not the novelty of any fastening other than rivets.)

与我国《专利审查指南 2010》不同的是：《欧洲专利局审查指南》的上述规定系针对"一般概念"而言的，并未以括弧的形式将其专门指向所谓的"上位概念"，这是两者的区别之一。此外，《欧洲专利局审查指南》中特意列举了两组例子对"一般性概念"与"具体实施方式"作进一步说明。除了"金属"和"铜"的例子之外，还列举了"紧固装置"和"铆钉"的例子。采用两组例子对同一个概念进行重复说明显然有其用意，因为"金属"和"紧固装置"分别代表了两类不同属性的"一般性概念"。与"金属"不同的是，"紧固装置"是以"功能"的方式对其具体实施方式的概括。

众所周知，《欧洲专利局审查指南》以其用词严谨著称，被审查员尊称为他们的"圣经"。这种重复举例的用意无非阐明所述的"一般概念"除了包括"金属"类的概念之外，还包括"紧固装置"这类"以功能的方式进行的概括"。

如同"紧固装置"一样，"功能性特征"也是以功能的方式对若干具体实施方式进行的概括，符合"一般概念"与"具体实施方式"的关系，故在审查"功能性特征"的新颖性时也应当采用上述规定。上述"新颖性"的审查原则用《专利审查指南2010》的话概括就是："具体（下位）概念的公开使采用一般（上位）概念限定的发明或者实用新型丧失新颖性。"用《欧洲专利局审查指南》的话概括就是："一种具体实施方式的公开可以影响权利要求中该一般性概念的新颖性。"

据此，在审查"限制瓶盖栓受压时向隔挡片方向运动的机构"这一功能性特征的"新颖性"时，如果对比文件中公开了一个采用其他方式来实现"限制瓶盖栓受压时向隔挡片方向运动"的实施例，即使该方式不同于说明书所公开的实施方式，仍然可以影响"限制瓶盖栓受压时向隔挡片方向运动的机构"的新颖性。

接下来，假如审查员检索的结果属于上述（2）和（3）两种情况，由于权利要求中的"限制瓶盖栓受压时向隔挡片方向运动的机构"这一功能性特征已经被现有技术公开，说明书中"可移除的环状部件"和"内外螺纹机构"两个技术方案便失去了区别于现有技术的"特定技术特征"，因而缺乏单一性。此时申请人必须将该两个技术方案作分案申请，或者对权利要求进行改写，使之满足单一性的要求。

（4）综上，不难看出，在实质审查的过程中，对权利要求中的"功能性特征"存在两种不同的解读：在进行新颖性审查时，应当将其"理解为覆盖了所有能够实现所述功能的实施方式"；而在"审查该功能性限定是否得到说明书的支持"（《专利法》第二十六条第三款）时，则应当将其"视为仅包含说明书所公开的实施方式"。

在《专利审查指南2010》中并未作上述区分，第二部分第二章第3.2.1节规定是：

"对于权利要求中所包含的功能性限定的技术特征，应当理解为覆盖了所有能够实现所述功能的实施方式。对于含有功能性限定的特征的权利要求，应当审查该功能性限定是否得到说明书的支持。"

就其字面而言，"对于含有功能性限定的特征的权利要求，应当审查该功能性限定是否得到说明书的支持"固然没错，但以"对于权利要求中所包含的功能性限定的技术特征，应当理解为覆盖了所有能够实现所述功能的实施方式"为前提显然难以实现。不加任何前提，将"功能性特征""理解为覆盖了所有能够实现所述功能的实施方式"与其后文所规定的"纯功能性的权利要求得不到说明书的支持，因而也是不允许的"恰恰是自相矛盾的。

如果《专利审查指南2010》能够依据审查内容的不同对"功能性特征"作出不同的解读，不仅可以为权利要求中使用的"功能性特征"正名，而且可以消除其与人民法院司法解释之间的冲突。

（二十五）《欧洲专利局审查指南》中的"功能性特征"及其对我们的启示❶

1. 前　言

最高院2016年出台的《法释2016》第八条与《法释2009》第四条相比有了如下改变：

（1）对"功能性特征"作出了明确定义。

（2）将"木领域普通技术人员仅通过阅读权利要求即可直接、明确地确定实现上述功能或者效果的具体实施方式"明确排除于"功能性特征"之外。

（3）对"功能性特征"的解释由原来的"说明书和附图描述的该功能或者效果的具体实施方式及其等同的实施方式"修改为"说明书及附图记载的实现前款所称功能或者效果不可缺少的技术特征"，从字面上消除了《法释2009》中第四条与第五条（对于仅在说明书或者附图中描述而在权利要求中未记载的技术方案，权利人在侵犯专利权纠纷案件中将其纳入专利权保护范围的，人民法院不予支持）之间的矛盾。

对此，笔者仍然心存两个疑问。

在解读权利要求中的功能性特征时，以"说明书及附图记载的实现前款所称功能或者效果不可缺少的技术特征"作为对比依据，其实质及后果无异干将"实现该功能或者效果不可缺少的技术特征"纳入专利的保护范围。未经专利审查、将仅记载在说明书中而未记载在权利要求书的"不可缺少的技术特征"纳入权利要求书中，是否符合当事人"请求原则"以及权利要求的授权程序？

在《法释2009》第五条中，当权利人将"仅在说明书或者附图中描述而在权利要求中未记载的技术方案""纳入专利权保护范围"时，无疑是以"技术特征"的形式纳入的；而《法释2016》第八条中所述的"技术特征"无疑是对"仅在说明书或者附图中描述而在权利要求中未记载的技术方案"的归纳，所以人民法院的"解释"与权利人的"纳入"其后果应当是相同的。相比之下，《法释2016》第八条与《法释2009》第五条是否体现了对"州官"与"百姓"

---

❶　该文首次发表于2017年。

的双重标准？

疑问之外是一种理解。追根溯源，最高人民法院之所以要对权利要求中的"功能性特征"作出上述解释，是由于法院面对一个含义不清的"功能性特征"不得已而为之的结果。如果权利要求中"功能性特征"的含义清楚，人民法院也就无须多此一举。因此如何确保权利要求中的"功能性特征"满足"清楚"的要求才是避免人民法院作出上述"解释"的根本。

2014年，笔者曾就"功能性限定"的使用及解释问题发表过一些看法。文中除了对《法释2009》中第四条与第五条之间的矛盾提出疑惑之外，还建议"在《专利审查指南2010》中明确规定：当申请人采用功能性限定时，必须在权利要求书中对实现该功能的各具体实施方式分别作出限定"，以避免人民法院事后再对该"功能性限定"进行解释。❶

基于上述疑惑，笔者研读了2017年11月版《欧洲专利局审查指南》中与"功能性特征"相关的章节（F部第四章），现将有关内容引述如下，并略表个人的浅见。笔者对这些规定的理解未必准确，观点难免偏颇。为了更客观地反映《欧洲专利局审查指南》的观点，特附上原文及其出处，供读者查证以得出自己的结论。

2. 《欧洲专利局审查指南》的有关规定

《欧洲专利局审查指南》F部涉及专利申请文件的撰写，其第四章涉及权利要求部分。该章系依据欧洲专利公约第84条（权利要求书限定了寻求专利保护的范围，应当清楚、简明而且得到说明书的支持）对权利要求书撰写提出的要求。

需要说明的是，在我国《专利审查指南2010》以及最高人民法院的《法释2016》中，对"功能性特征"和"效果特征"并未以加区分，将它们捆绑在一起作为同一个概念作出了统一规定；而《欧洲专利局审查指南》则将"功能性特征"（functional features）与"效果特征"（result to be achieved）进行了区分，并对其分别作出了规定。至于《欧洲专利局审查指南》为何将"功能性特征"与"效果特征"进行区分，读过下文自然可以知道答案。

根据欧洲专利公约第84条的要求，任何一项权利要求必须满足"清楚及支持"的要求。故《欧洲专利局审查指南》第四章第4.5节首先针对所有的权利要求提出了如下要求：

4.5 基本技术特征 权利要求所限定的保护范围必须清楚，这意味着一项

---

❶ 张荣彦. 关于"功能性限定"（续）：疑惑与建议［J］. 中国专利与商标，2013（2）：86－89.

权利要求不仅能够让人读懂其技术要点，而且必须清楚地限定该发明的全部基本技术特征，如果独立权利要求缺少基本技术特征则不符合清楚及支持的要求。(4.5 Essential features　The claims, which define the matter for which protection is sought, must be clear, meaning not only that a claim must be comprehensible from a technical point of view, but also that it must define clearly all the essential features of the invention. A lack of essential features in the independent claim（s）is therefore to be dealt with under the clarity and support requirements.)

何为"基本技术特征"？该章第4.5.2节作了如下解释：

4.5.2 基本技术特征的定义　权利要求中的基本技术特征是指为解决说明书所述技术问题、实现其技术方案的技术效果所必需的技术特征，因此独立权利要求应当包含说明书明确记载的、实现该发明所必需的所有的技术特征。(4.5.2 Definition of essential features　Essential features of a claim are those necessary for achieving a technical effect underlying the solution of the technical problem with which the application is concerned, the problem usually being derived from the description, The independent claim（s）should therefore contain all features explicitly described in the description as being necessary to carry out the invention.)

将上述两项规定结合起来可知：独立权利要求必须清楚地限定该发明说明书明确记载、实现该发明所必需的所有的技术特征。这是对各类独立权利要求提出的一项基本要求。

《欧洲专利局审查指南》认为"功能性特征"与"效果特征"是两类不同性质的技术特征，故分别对其做出了不同的规定。

（1）针对"功能性特征"。

① 在该章第2.1节"技术特征"中规定：

并非所有的技术特征都必须以结构特征的形式来描述。只要本领域技术人员无需创造性劳动就可以毫无困难地提供某些实现该功能的具体方式，便可以使用功能性特征（参见本章第6.5节）。(It is not necessary that every feature should be expressed in terms of a structural limitation. Functional features maybe included provided that a skilled person would have no difficulty in providing some means of performing this function without exercising inventive skill（see F－IV, 6. 5）.)

该规定给出了功能性特征使用的条件，即只要能够确保"本领域技术人员无须创造性劳动就可以毫无困难地提供某些实现该功能的具体方式"，便可在权利要求中使用功能性特征。其中的"某些"意味着不止一个，故功能性特征应当与多种实施方式相关。

② 该章第 6.5 节 "功能性特征的定义" 对权利要求中功能性特征的定义作出了如下规定和说明：

权利要求可以采用功能性的术语，即以功能性特征的形式对一个技术特征作概括性的限定。即使说明书中仅给出了一个实施例，但只要本领域技术人员由此可以想到实现该功能的其他替代方式，就可以使用功能性限定（参见本章第 2.1 节及第 4.10 节）。例如权利要求中的 "终点位置探测装置" 可以得到使用限位开关的唯一实施例的支持。很明显，本领域技术人员都清楚，还可以采用 "光电管" 或 "应变仪" 等来代替限位开关。一般来说，如果整个说明书给人的印象是一种功能是通过一种特定的方式来实现的，由此不会联想到使用其他替代方式，权利要求采用这种方式撰写，以便将实现该功能的其他方式或者所有方式都包括在内是不允许的。此外，如果说明书仅仅以含糊的方式宣称还可以用其他方式来实现，但未足够清楚地说明具体是如何实现的，则属于公开不充分。（A claim may broadly define a feature in terms of its function, i. e. as a functional feature, even where only one example of the feature has been given in the description, if the skilled person would appreciate that other means could be used for the same function (see also F – IV, 2. 1 and 4. 10). For example, " terminal position detecting means" in a claim might be supported by a single example comprising a limit switch, it being evident to the skilled person that e. g. a photoelectric cell or a strain gauge could be used instead. In general, however, if the entire contents of the application are such as to convey the impression that a function is to be carried out in a particular way, with no intimation that alternative means are envisaged, and a claim is formulated in such a way as to embrace other means, or all means, of performing the function, then objection arises. Furthermore, it may not be sufficient if the description merely states in vague terms that other means may be adopted, if it is not reasonably clear what they might be or how they might be used. ）

《欧洲专利局审查指南》将功能性特征定义为："权利要求可以采用功能性的术语，即以功能性特征的形式对一个技术特征作概括性的限定。" 通过其下文的解释可以进一步看出：a. 功能性特征是以功能的形式、以概括的方式对技术特征的限定；b. 所述的 "技术特征" 仅限于说明书所给出的实施方式以及本领域技术人员由此可以想到的实施方式。因此，权利要求书中的功能性特征就是以功能的形式对说明书所给出的实施方式以及本领域技术人员由此可以想到的实施方式的概括。

③ 对于功能性特征而言，确保其含义 "清楚" 是最为重要的。为了满足权

利要求"清楚"的要求，在该章第4.1节"权利要求的清楚"针对功能性特征的使用又作了进一步规定：

就功能性限定而言，确保其在权利要求中的保护内容清楚是最为重要的。因此，应当尽可能做到使本领域技术人员仅凭权利要求的措辞就可以清楚该用语的含义。参见本章第4.2节。（The clarity of the claims is of the utmost importance in view of their function in defining the matter for which protection is sought. Therefore, the meaning of the terms of a claim should, as far as possible, be clear for the person skilled in the art from the wording of the claim alone, see also F – IV, 4.2.）

由此可见，所谓"清楚"就是使本领域技术人员仅凭权利要求的措辞就可以清楚该"功能性特征"的含义。

④关于如何解释权利要求中的功能性特征，笔者在《欧洲专利局审查指南》中尚未查到专门作出的解释。但该章第4.2节"权利要求的解释"针对权利要求中的"用语"作了如下一般性的解释：

应当按照所属技术领域中通常的理解来确定权利要求中各用语的含义及其涵盖范围，除非在特殊情况下，说明书通过明确定义的方式或其他方式赋予该用语一个特定的含义。一旦这种特定的含义被采用，审查员应当尽可能要求对权利要求进行修改，从而做到仅通过权利要求本身即可清楚其含义。（Each claim should be read giving the words the meaning and scope which they normally have in the relevant art, unless in particular cases the description gives the words a special meaning, by explicit definition or otherwise. Moreover, if such a special meaning applies, the examiner should, so far as possible, require the claim to be amended whereby the meaning is clear from the wording of the claim alone.）

这就意味着对权利要求中的用语可能作出两种解释：一是依据所属技术领域中通常的理解，二是依据说明书所赋予的特殊含义。

"功能性特征"也属于权利要求中的一种"用语"，故应当按照上述规定进行解释。当功能性特征具有通常的含义时，应当按照所属技术领域中通常的理解进行解释；当其被用作对说明书所给出的实施方式以及本领域技术人员由此可以想到的实施方式进行概括时，该"功能性特征"便被赋予了特定的含义，此时应当按照其特定含义进行解释（基于"清楚"的要求，该特定含义是什么，权利要求本身应当解释清楚）。

（2）针对"效果特征"。与"功能性特征"有所不同，一般情况下不允许在权利要求中使用"效果"来限定发明的保护范围，但有两种情况除外。该章

第4.10节"所实现的技术效果"对该两种情况分别作出了如下说明和规定。

①第一种情况是所述的"效果"不相当于发明"要解决的技术问题"，而且除了采用"效果特征"进行限定之外，无法用其他方式进行限定的情况。

权利要求所限定的范围必须如同发明所允许的范围一样。一般来说，在权利要求中试图用所产生的效果来限定发明的保护范围是不允许的，尤其是当该效果仅仅相当于对所述技术问题所提出的要求时。然而，当该发明只能采用该方式限定，或者采用其他方式不如该方式可以更准确地限定保护范围时，同时对于本领域技术人员来说，该效果借助于试验或说明书的说明或公知常识，无须付出过度的工作即可以直接且明确得到证实时，才允许使用效果限定的方式。（The area defined by the claims must be as precise as the invention allows. As a general rule, claims which attempt to define the invention by a result to be achieved should not be allowed, in particular if they only amount to claiming the underlying technical problem. However, they may be allowed if the invention either can only be defined in such terms or cannot otherwise be defined more precisely without unduly restricting the scope of the claims and if the result is one which can be directly and positively verified by tests or procedures adequately specified in the description or known to the person skilled in the art and which do not require undue experimentation.）

②第二种情况是当"效果"相当于发明"要解决的技术问题"时，虽然也允许使用"效果特征"进行限定，但权利要求中必须记载实现该效果所必需的基本技术特征。具体规定如下：

然而，如果用效果对产品进行限定，而该效果又相当于该申请要解决的技术问题时，则与上述情况有所不同。依据判例法，独立权利要求必须写明与发明主题有关的全部技术特征，以符合欧洲专利公约第84条的要求。以及

……

一项专利的技术贡献体现在为解决申请中所述技术问题而提供的技术特征组合上，因此，如果独立权利要求中采用了效果的方式对产品进行限定，而且该效果又对应于专利申请中所要解决的技术问题，则权利要求中必须记载实现该效果所必需的基本技术特征。（However, these cases have to be distinguished from those in which the product is defined by the result to be achieved and the result amounts in essence to the problem underlying the application. It is established case law that an independent claim must indicate all the essential features of the object of the invention in order to comply with the requirements of Art. 84.

...

The technical contribution of a patent resides in the combination of features which solve the problem underlying the application. Therefore, if the independent claim defines the product by a result to be achieved and the result amounts in essence to the problem underlying the application, that claim must state the essential features necessary to achieve the result claimed.）

（3）"功能性特征"与"效果特征"是两类不同的技术特征。通过上述分析不难看出，《欧洲专利局审查指南》对"功能性特征"与"效果特征"的使用要求并不相同，故它们属于两类不同性质的技术特征，不能混为一谈。为此，在该章第 4.10 节"所实现的技术效果"对此作了进一步明确。

应当注意，上述采用效果方式进行限定与采用功能性特征进行限定的要求是不同的。（It should be noted that the above – mentioned requirements for allowinga definition of subject – matter in terms of a result to be achieved differ from those for allowing a definition of subject – matter in terms of functional features.）

这也就回答了前述"《欧洲专利局审查指南》为何将功能性特征与效果特征进行区分"的问题。

笔者根据自己的理解，将《欧洲专利局审查指南》的上述规定归纳为以下几个要点：

①"功能性特征"与"效果特征"是两类不同的技术特征：一般情况下，在权利要求中不允许用所产生的效果来限定发明的保护范围，只有在特殊情况下才被允许；而"功能性特征"则不同，只要本领域技术人员能够提供某些实现该功能的具体方式，而且仅凭权利要求的措辞就可以清楚该功能的含义，即可使用"功能性特征"。故不应当将两者混为一谈。

②"功能性特征"的定义可以埋解为：以功能的形式对说明书所给出的实施方式以及本领域技术人员由此可以想到的实施方式的概括。

③只要能够确保"本领域技术人员无需创造性劳动就可以毫无困难地提供某些实现该功能的具体方式"便可在权利要求中使用功能性特征。

④当权利要求中使用"功能性特征"时，必须满足"清楚"的要求。应当使本领域技术人员"仅凭权利要求的措辞就可以清楚该用语的含义"，即提供"实现该功能的具体方式"。

⑤权利要求中一般应当记载实现所述功能及效果所必需的基本技术特征。但对于"效果特征"来说，如果所述的"效果"不等同于发明"要解决的技术问题"，而且无法用其他技术特征来限定，则可以不写入基本技术特征。

⑥对"功能性特征"的解释。当功能性特征具有通常的含义时，应当按照

所属技术领域中通常的理解进行解释；当其被用作对说明书所给出的实施方式以及本领域技术人员由此可以想到的实施方式的概括时，则被赋予了特定的含义，此时应当按照其特定含义进行解释。而该特定含义应当"仅通过权利要求本身即可清楚"。

3. 与我国《专利审查指南 2010》的对照

我国的《专利审查指南 2010》基本上是参照《欧洲专利局审查指南》制定的，针对"功能性限定"所作的规定也不例外。《专利审查指南 2010》第二部分第二章虽然对《欧洲专利局审查指南》的上述内容作了参考和引用，但仔细对比一下就会发现，《专利审查指南 2010》并未将《欧洲专利局审查指南》的内容完整、准确地引入。为了便于对照，现将《专利审查指南 2010》第二部分第二章第 3.2.1 节中的三段相关内容引述如下。

通常，对产品权利要求来说，应当尽量避免使用功能或者效果特征来限定发明。只有在某一技术特征无法用结构特征来限定，或者技术特征用结构特征限定不如用功能或效果特征来限定更为恰当，而且该功能或者效果能通过说明书中规定的实验或者操作或者所属技术领域的惯用手段直接和肯定地验证的情况下，使用功能或者效果特征来限定发明才可能是允许的。

对于权利要求中所包含的功能性限定的技术特征，应当理解为覆盖了所有能够实现所述功能的实施方式。对于含有功能性限定的特征的权利要求，应当审查该功能性限定是否得到说明书的支持。如果权利要求中限定的功能是以说明书实施例中记载的特定方式完成的，并且所属技术领域的技术人员不能明了此功能还可以采用说明书中未提到的其他替代方式来完成，或者所属技术领域的技术人员有理由怀疑该功能性限定所包含的一种或几种方式不能解决发明或者实用新型所要解决的技术问题，并达到相同的技术效果，则权利要求中不得采用覆盖了上述其他替代方式或者不能解决发明或实用新型技术问题的方式的功能性限定。

此外，如果说明书中仅以含糊的方式描述了其他替代方式也可能适用，但对所属技术领域的技术人员来说，并不清楚这些替代方式是什么或者怎样应用这些替代方式，则权利要求中的功能性限定也是不允许的。另外，纯功能性的权利要求得不到说明书的支持，因而也是不允许的。

将上述规定与《欧洲专利局审查指南》的相关内容进行对照，笔者存在以下几点看法，提供有关人士参考。

《专利审查指南 2010》上述第一段疑似引自《欧洲专利局审查指南》第4.10 节。《欧洲专利局审查指南》对"功能性特征"与"效果特征"作了区分，第4.10节是针对"效果特征"所作的规定。其原文是：

4.10　所实现的技术效果　　然而，当该发明只能采用该方式限定，或者采用其他方式不如该方式可以更准确地限定保护范围时，同时对于本领域技术人员来说，该效果借助于试验或说明书的说明或公知常识，无需付出过度的工作即可以直接且明确得到证实时，才允许使用效果限定的方式。

《欧洲专利局审查指南》的上述规定显然是针对"效果特征"而言的，在《专利审查指南2010》中，该规定被用作"功能性特征"的使用前提，无疑是张冠李戴，从而与《欧洲专利局审查指南》形成如下差异：

（1）两者的使用前提不同：《欧洲专利局审查指南》对功能性特征并未曾提出"尽量避免使用"的要求，"只要本领域技术人员无需创造性劳动就可以毫无困难地提供某些实现该功能的具体方式，便可以使用功能性特征"。

（2）在《欧洲专利局审查指南》中"对于本领域技术人员来说，该效果借助于试验或说明书的说明或公知常识，无需付出过度的工作即可以直接且明确得到证实时，才允许使用效果限定的方式"显然也是针对效果特征而言的。

《专利审查指南2010》将之用于功能性特征（通过说明书中规定的实验或者操作或者所属技术领域的惯用手段直接和肯定地验证的情况下，使用功能特征来限定发明才可能是允许的）究竟想表达一种什么要求？令人费解。

《专利审查指南2010》上述第二段中的第一句话（对于权利要求中所包含的功能性限定的技术特征，应当理解为覆盖了所有能够实现所述功能的实施方式）在《欧洲专利局审查指南》及美国专利法中均找不到任何出处和依据。为何作出这种规定？《中国专利法详解》一书作出的解释是："申请人之所以采用功能性特征，一般是希望如此撰写的权利要求能够覆盖实现该功能的所有方式，从而使其权利要求具有更宽的保护范围。"❶然而保护"覆盖了所有能够实现所述功能的实施方式"无异于对"纯功能"的保护。这与上述第三段话中的"纯功能性的权利要求得不到说明书的支持，因而也是不允许的"无疑自相矛盾。

《专利审查指南2010》上述第二段中的第二句话（对于含有功能性限定的特征的权利要求，应当审查该功能性限定是否得到说明书的支持）无疑是正确的。然而，以"对于权利要求中所包含的功能性限定的技术特征，应当理解为覆盖了所有能够实现所述功能的实施方式"作为前提，功能性特征要想得到说明书的支持，其说明书中必须公开"所有能够实现所述功能的实施方式"。这显然是不可能做到的。

---

❶　尹新天. 中国专利法详解［M］. 北京：知识产权出版社，2012：587.

《专利审查指南 2010》上述第二段中的第三句话（如果权利要求中限定的功能是以说明书实施例中记载的特定方式完成的，并且所属技术领域的技术人员不能明了此功能还可以采用说明书中未提到的其他替代方式来完成，或者所属技术领域的技术人员有理由怀疑该功能性限定所包含的一种或几种方式不能解决发明或者实用新型所要解决的技术问题，并达到相同的技术效果，则权利要求中不得采用覆盖了上述其他替代方式或者不能解决发明或实用新型技术问题的方式的功能性限定）疑似出自《欧洲专利局审查指南》第 6.5 节中的"如果整个说明书给人的印象是一种功能是通过一种特定的方式来实现的，由此不会联想到使用其他替代方式，权利要求采用这种方式撰写，以便将实现该功能的其他方式或者所有的方式都包括在内是不允许的"（if the entire contents of the application are such as to convey the impression that a function is to be carried out in a particular way, with no intimation that alternative means are envisaged, and a claim is formulated in such a way as to embrace other means, or all means, of performing the function, then objection arises.）这句话，但掺杂了若干撰写者自己的理解。

《欧洲专利局审查指南》中的"in such a way as to embrace other means, or all means, of performing the function, then objection arises"这句话很关键。

其中的"以这种方式"（in such a way）显然指"功能性方式"。其后的"将其他方式或全部方式都包括在内"（as to embrace other means, or all means, of performing the function）应当是"以这种方式"（in such a way）撰写的状语，整句话应当理解为"采用这种方式撰写，以便将实现该功能的其他方式或者所有的方式都包括在内是不允许的"。

然而在《专利审查指南 2010》中"a claim is formulated in such a way as to embrace other means, or all means, of performing the function, then objection arises"这句话却被译作"不得采用覆盖了上述其他替代方式或者不能解决发明或实用新型技术问题的方式的功能性限定"。其中"覆盖了上述其他替代方式或者不能解决发明或实用新型技术问题的方式"显然被用作成"功能性限定"的定语。于是"功能性限定"便具有了"覆盖了上述其他替代方式"的属性。或许正是出于对该属性的认知，才衍生出"对于权利要求中所包含的功能性限定的技术特征，应当理解为覆盖了所有能够实现所述功能的实施方式"这句话。换句话说，《专利审查指南 2010》之所以将"功能性特征""理解为覆盖了所有能够实现所述功能的实施方式"，其根源或依据或许正是出自对《欧洲专利局审查指南》中"a claim is formulated in such a way as to embrace other means, or all means, of performing the function, then objection arises"这句话的误读。

以上只不过是笔者的推测。"对于权利要求中所包含的功能性限定的技术特征，应当理解为覆盖了所有能够实现所述功能的实施方式"这一规定究竟出自何处，恐怕只有撰写者才能够解释清楚。

最重要的是，在《欧洲专利局审查指南》中特别强调"就功能性限定而言，确保其在权利要求中的保护内容清楚是最为重要的"，并且在多个章节中对如何确保去"清楚"作出具体规定。而在《专利审查指南2010》中却未对此作出任何引用和借鉴。

试问，以《专利审查指南2010》现行规定为审查标准，是否可以确保权利要求中的"功能性限定"是"清楚"的？如果授权后权利要求中的"功能性限定"都是"清楚"的，人民法院在审理专利纠纷案件时为何还要再对"功能性特征"作出多余的"解释"？

按照《法释2016》第八条，功能性特征是可以用"说明书及附图记载的实现前款所称功能或者效果不可缺少的技术特征"来解释的。既然如此，审查过程中为何不要求申请人将这些"实现该功能或者效果不可缺少的技术特征"记载在权利要求书中，而将其留给人民法院作为"解释"的依据？

4. 案例分析

针对"电池外壳的制造方法"的无效宣告请求案是与"功能性限定"有关的一个典型案例。专利复审委员会对此案先后作出的3份无效审查决定曾在业内引起过争议。之前笔者也曾就此案中"限位装置"的解释问题发表过一些意见。❶ 以下先对该案的案情略作介绍。

该案涉及一种制造电池外壳的冲压方法，其权利要求1为：

一种电池外壳的制造方法，其特征在于，包括以下步骤：制备预定长度的管通；用模具把所述管通向两边拉伸成所要求形状的筒体；在筒体的两端部通过焊接、粘接或机械变形方法加上两底板形成一筒形密封电池外壳，所述模具包括斜楔形上模和下模，所述下模主要由斜楔形滑块和限位装置组成。

关于"限位装置"，其说明书中仅记载有一句话："如图3所示，在本发明的实施例中，所用的模具包括上模301和下模，上模301为一斜楔，下模主要由斜楔形滑块302和限位装置303组成。"其说明书附图3示出了限位装置303的结构（参见图3-39）。

不妨以《欧洲专利局审查指南》的上述规定作为依据，对该案的权利要求1略作分析和评述。

---

❶ 张荣彦. 关于"功能性限定"（续）：疑惑与建议 [J]. 中国专利与商标，2014（2）.

图 3 - 39　　"电池外壳的制造
方法"无效宣告案

该申请的说明书中除了"下模主要由斜契型滑块 302 和限位装置 303 组成"的描述之外，未对"限位装置"作任何具体说明。参照图3 - 39可知权利要求 1 中所述的"限位装置"并非现有技术中公知的"限位装置"，而是申请人对标号为 303 部件的一个命名。部件 303 与公知的"限位装置"之间不存在任何对应关系，本领域技术人员脱离了附图 3 的解释不可能知道该"限位装置"究竟是何结构，可见该专利中的"限位装置"属于一个具有特定含义的用语。如果"限位装置"具有明确的技术含义，在上述无效宣告请求案件中，请求人与专利权人之间就不会由此产生争执，专利复审委员会及人民法院也无须用图 3 - 39 对其进行解释了。

据此，我们可以从以下几个角度对权利要求 1 作出评述。

（1）由于该专利申请"整个说明书给人的印象是一种功能是通过一种特定的方式来实现的，由此不会联想到使用其他替代方式，权利要求采用这种方式撰写，以便将实现该功能的其他方式或者所有的方式都包括在内是不允许的"。

（2）由于权利要求 1 中未提供实现"限位"功能的具体方式，故不满足"本领域技术人员凭借所提供的实现该功能的具体方式、无需创造性劳动就可以实现该功能，便可以使用功能性特征"的条件，故不可以使用"限位装置"这一功能性特征。

（3）由于在该专利申请中"限位装置"不具有一般的含义，而具有其附图所示的特定含义，授权前"审查员应当尽可能要求对权利要求进行修改，从而做到仅通过权利要求本身即可清楚其含义"。

基于上述分析，上述权利要求 1 在未作必要的修改之前，不符合欧洲专利公约第 84 条（即《专利法》第二十六条第四款）有关"清楚"的规定，不能被授予专利权。

该案是一件发明专利，申请号为 00114037．X，于 2003 年 9 月 17 日被授予专利权，2016 年 1 月 22 日终止。

授权后，2003 年 12 月 3 日一位请求人曾向专利复审委员会提出过无效宣告请求。在审查过程中，由于权利要求 1 中的"限位装置"含义不清，为便于技术特征的对比，专利复审委员会便依据图 3 - 39 将"限位装置"解释为"具有

U 形结构的固定结构，该 U 形结构的两臂的内壁可以限制斜楔形滑块的运动极限位置"❶，该"解释"在行政诉讼中得到人民法院的支持，专利权得以维持。

其后，又有两位请求人先后于 2005 年 9 月 27 日和 2009 年 12 月 28 日就此案向专利复审委员会提出过无效宣告请求。对于权利要求 1 中的"限位装置"，两个合议组均采纳了第一次无效宣告请求中的解释意见，并在此基础上维持该专利有效。❷

专利复审委员会的上述审查决定曾引起了社会的争议，并由此引发了业界对"功能性限定解释"问题的讨论。在此背景下，最高人民法院在《法释 2009》第四条中针对"功能性限定"作出了前述的解释，并于 2016 年在《法释 2016》中对此作出了修正。

至今讨论仍然没有一个明确的结论，《专利审查指南 2010》与司法解释的冲突依然存在。很显然，上述的讨论仅涉及"功能性限定的解释"问题，对问题的根本——如何防止"功能性限定"不清楚的问题却很少触及。

5. **结 语**

众所周知，中国《专利法》的制定参照了欧洲专利公约，中国《专利法》第二十六条第四款（有关权利要求的"清楚与支持"）与欧洲专利公约第 84 条的内容完全一致。现有《专利审查指南 2010》更是拷贝了《欧洲专利局审查指南》的若干相关规定。

笔者认为，基于上述渊源关系、我国在"功能性限定"的审查及使用中所存在的问题，进一步认真学习《欧洲专利局审查指南》的有关规定，将其重要内容引入我国的《专利审查指南 2010》，不仅是必要的，而且是可行的。

在欧洲专利局接受过培训的审查员都知道，欧洲专利局的审查员将《欧洲专利局审查指南》比作"圣经"。这部"圣经"是德、法、英等国家上百年实践经验的积累。我们在学习借鉴时，如果缺乏谦虚严谨的态度，一部好经也可能被念歪。

---

❶ 参见专利复审委员会第 6990 号无效宣告审查决定。
❷ 参见专利复审委员会第 15071 号及第 15072 号无效宣告审查决定。

第四章
与撰写及审查有关的案例介绍

一、专利申请文件撰写示例

在本书的第一章中，已经根据《专利法》的有关要求从正反两个方面对专利申请文件撰写的问题作了初步介绍。为了加深读者的感性认识，便于专利申请文件的撰写，下面将就专利申请文件的撰写介绍两个具体的示例。

其中的实用新型案例，说明书的技术内容比较简单，权利要求书的撰写也不复杂，可供缺少撰写经验的读者参考。相比之下发明专利的申请案例就有些复杂，该申请实际上包括了发明人的多项发明创造，由于他们具有相同的发明构思，所以可以将其归为一项专利申请提出。对于技术内容比较丰富的发明创造，在撰写时可以参考该案例。

（一）实用新型专利申请文件撰写示例

权利要求书

1. 一种柔性企口钢筋混凝土管，它包括管体（1）、插口端（2）、承口端（3）和柔性密封圈（8），其特征在于：所述承口端（3）设有一加强钢圈（4）。

2. 如权利要求1所述的柔性企口钢筋混凝土管，其特征在于：在管体（1）靠近插口端（2）的部位还设置另一加强钢圈（5）。

3. 如权利要求1或2所述的柔性企口钢筋混凝土管，其特征在于：所述的加强钢圈（4或/和5）被设置在其混凝土的内部。

4. 如权利要求1或2所述的柔性企口钢筋混凝土管，其特征在于：所述的加强钢圈（4或/和5）的宽度为60~160毫米。

5. 如权利要求1或2所述的柔性企口钢筋混凝土管，其特征在于：所述的橡胶密封圈（8）被设置在插口端（2）的外表面。

6. 如权利要求1或2所述的柔性企口钢筋混凝土管，其特征在于：所述管件的直径为600~3000毫米。

7. 如权利要求2所述的柔性企口钢筋混凝土管，其特征在于：在管件的插口端（2）与管体（1）相邻接的环状表面（7）上还设置一橡胶垫圈。

说　明　书

一种柔性企口钢筋混凝土管

技术领域

本实用新型涉及一种建筑构件，具体说涉及一种埋置在地下的钢筋混凝土管材。

背景技术

钢筋混凝土管材的生产及其在排水工程中的应用历史长久、技术成熟，尤其是大口径钢筋混凝土管材，其经济指标及实际使用效果比其他管材具有独到之处。

混凝土管包括刚性接口和柔性接口两种，刚性接口管形分平口及企口，柔性接口管形分承插口及钢套环接口。刚性接口的施工过程复杂，施工工期长，材料使用多，在地震设防地区使用还需要特殊处理。现行工程中刚性接口的管形逐年减少。

现有技术中的承插口钢筋混凝土的承口端一般呈喇叭口状（如图1和图2所示）由于管外径的变化给管材的生产及安装都带来许多不便。

还有一种钢筋混凝土管采用双插口式及钢承口式，通过一个钢制承口部件将钢筋混凝土管的两端连接在一起，并采用柔性密封，即依靠安装在管口端部的橡胶密封圈实现管内流体的密封，其密封圈直接与钢制承口部件的内壁相结合。

这种钢筋混凝土虽然克服了管径不均匀的缺陷，但由于其钢制承口位于管口的外部，直接与土层接触，所以很容易被腐蚀，钢制承口一旦被腐蚀，就会导致管体的密封失效，引起管内的流体外泄。即使对钢制承口作防腐处理，其使用年限也低于混凝土的年限。

此外，现有技术中的钢筋混凝土管材都不能实现顶管管材（安装时不需要开挖沟槽，在一定深度处将管材直接向土层顶进）与开槽安管管材（安装时需先开挖沟槽，再将管材从地面放入沟内）的直接连接。在分别采用顶管和安管两种施工方法施工同一条管道时，其结合处必须用检查井联结，其施工难度大、成本高。

发明内容

针对现有技术中钢筋混凝土管材所存在的缺陷，为了提高管道的密封性能、延长管道的使用年限，提高排水工程使用钢筋混凝土管的工程质量及施工效率，本实用新型提供了一种新型的柔性企口钢筋混凝土管。

本实用新型的柔性企口钢筋混凝土管，除了包括管体、插口端、承口端和柔性密封圈之外，还包括一设置在承口端的加强钢圈。

对于混凝土顶管而言，除了上述加强钢圈之外，还可以在管体靠近插口端的部位加设另一加强钢圈。

所述的加强钢圈可以被设置在承口端混凝土内部，也可以被设置在其混凝土的外表面。

所述的加强钢圈的宽度可以为 60～160 毫米，所述管件的直径为 600～3000 毫米。

采用本实用新型的钢筋混凝土管件，可以避免施工过程对基础的扰动和破坏，使安装更加便捷。而且更利于管件的生产、码放和运输。

管件的端部增设了加强钢圈，可以提高管口抵抗外力的强度，安装时保护管口不被损坏。

由于本实用新型中顶管和安装管的几何尺寸和接口形式完全一致，这样就为顶管和安管的共同施工创造了有利条件。对于本实用新型的安装管来说，在土质好的条件下可以采用半开槽顶进的施工方法，既保护基础，又减少打砂基环节，减少土方的挖掘、运输和回填，大大提高工作效率，节省施工成本。

附图说明

图 1 是现有技术中的一种企口钢筋混凝土管的结构及其连接方式的示意图；

图 2 是现有技术中双插口、钢承口的结构示意图；

图 3 是本实用新型安装管的一个实施例的结构示意图；

图 4 是本实用新型顶管的一个实施例的结构示意图；

图 5 是本实用新型的顶管连接部位的结构示意图。

具体实施方式

图 3 和图 4 是本实用新型的两个优选实施例。

如图 3 所示，本实用新型的柔性企口钢筋混凝土管安装管包括管体（1）、插口端（2）和承口端（3）。为了在不改变管件直径的情况下提高承口端（3）的强度，本实用新型在承口端（3）外侧设有一加强钢圈（4）。该加强钢圈的作用不同于现有技术中的钢制承口，它不与管件插口端的柔性密封圈直接接触，不起密封作用，只是在管件安装时对承口端起保护作用，防止安装时承口端的破损。

由于设置了加强钢圈4，在不增加混凝土管件承口端直径的情况下就可以确保管件安装工作的顺利进行，既节省了混凝土管件的原料，又保证了管件直径的均匀不变，为管件的制造和安装均带来益处。

根据国家标准，钢筋混凝土管件的壁厚与管件的直径成一定比例，随管件直径的减小，其壁厚可相应减小。对于小管径的管件，由于壁厚较小，制作均匀壁厚的企口管更加困难。如果整体增加管件的壁厚，势必增加用料、提高成本；

如果仅增加其承口端的壁厚，则势必造成管件壁厚的不均匀。而采用本实用新型的技术方案，由于加强钢圈4的加强作用，即使直径为1000毫米的钢筋混凝土管件（其壁厚较薄）也可以制作出管径均匀的柔性企口钢筋混凝土管。

由于本实用新型中的加强钢圈4的主要作用是在管件安装时保护承口端，所以在安装之后的长期使用过程中，即使加强钢圈4被腐蚀，对钢筋混凝土管件的密封和使用也不会造成任何影响。

图4所示的是本实用新型的另一种柔性企口钢筋混凝土管件，即钢筋混凝土顶管。该管件的结构与图3所述的安装管的结构相类似，所不同的是在靠近管件插口的外壁处还设置了一加强钢圈5。当从管件的插口端进行推顶时，该加强钢圈5可以对插口端起到保护作用，防止插口端的破坏。

图5是图4所示的顶管连接部位的结构示意图。标号6表示的是承口端与插口端的结合部。为了实现密封，在插口端2的适当部位可以加设橡胶密封圈8，安装后使之与承口端的内侧形成密封接触，对于安装管来说也是如此。

为了便于顶管的安装，在顶管的插口端2与管体1相邻接的环状表面7上可以设置一橡胶垫圈，顶进时对插口端起到保护作用。

在图3和图4所示的实施例中，加强钢圈4和5被设置在管件的外表面。如果将其设置在承口端3混凝土的内部，该钢圈同样可以起到加强作用，同时还可以延缓地层对钢圈的腐蚀作用。

加强钢圈的厚度与宽度可根据管件的尺寸及安装、使用条件而定，加强钢圈的宽度可以为60～160毫米。

说 明 书 附 图

图 1

图 2

图 3

图 4

图 5

说 明 书 摘 要

本实用新型涉及一种建筑构件，具体说涉及一种埋置在地下的钢筋混凝土管材。现有技术中的承插口钢筋混凝土的承口端一般呈喇叭口状，由于管外径的变化给管材的生产及安装都带来许多不便。针对现有技术中钢筋混凝土管材所存在的缺陷，本实用新型提供了一种新型的柔性企口钢筋混凝土管。本实用新型的柔性企口钢筋混凝土管，除了包括管体、插口端、承口端和柔性密封圈之外，还包括一设置在承口端的加强钢圈。对于混凝土顶管而言，除了上述加强钢圈之外，还可以在管体靠近插口端的部位加设另一加强钢圈。采用本实用新型的技术方案可以提高管道的密封性能，延长管道的使用年限，提高排水工程使用钢筋混凝土管的工程质量及施工效率。

说 明 书 摘 要 附 图

（二）发明专利申请文件撰写示例

权 利 要 求 书

---

1. 一种陶瓷阀片组件，包括一个动片（1）和一个定片（2），该动片（1）的直径小于定片（2）的直径，在一拨杆的作用下该动片（1）可以相对于定片（2）沿圆周方向转动及沿径向平行移动，所述的定片（2）上开设有四个通孔（A、B、C、D），所述的动片（1）上开设有两个凹槽（E、F），其特征在于：所述定片上的通孔（A）与通孔（C）大致呈圆弧形，它们相对一条直径（O5O6）对称设置，而且通孔（A）的中心线（O1O2）与通孔（C）的中心线（O3O4）之间的夹角大约呈90°，通孔（B）设置在通孔（A）的附近，通孔（D）设置在通孔（C）的附近，动片（1）上凹槽（E）的位置及形状与定片（2）上的通孔（A、B）相对应，动片（1）上凹槽（F）的位置及形状与定片（2）上的通孔（C、D）相对应，当动片（1）和定片（2）组合在一起时，凹槽（E）可以将通孔（A、B）相互连通或相互断开，凹槽（F）可以将通孔（C、D）相互连通或相互断开。

2. 如权利要求1所述的陶瓷阀片组件，其特征在于：定片（2）上的通孔（B）沿径向设置在通孔（A）的内侧，通孔（D）则沿圆周方向设置在通孔（C）附近，与通孔（C）和通孔（A）位于同一环形带上，通孔（D）对应的圆心角小于通孔（C），通孔（A）和（C）对应的圆心角略小于90°，动片（1）上的凹槽（E）大致为圆形，它位于动片的圆心附近，凹槽（F）的形状也为圆弧形，其径向宽度及所对的圆心角能全覆盖通孔（C）和通孔（D），并位于动片（1）的周边附近，凹槽（F）的曲率半径与通孔（A、C）曲率半径大致相同。

3. 如权利要求2所述的陶瓷阀片组件，其特征在于：所述动片的直径约为27毫米，定片的直径约为32毫米，通孔（A）和（C）的径向宽度约为3.2～3.5毫米、它们所对应圆心角的度数均约为74°，通孔（A）和（C）内侧边距其圆心的距离约为6.3～6.5毫米，通孔（A）和（C）之间的周向间隔约为3毫米，通孔（D）的径向宽度约为3.5～3.8毫米、所对应圆心角的度数约为40°～45°，其内侧边距圆心的距离约为6.2～6.5毫米，通孔（D）与通孔（C）之间的周向间隔约为2毫米；通孔（B）呈椭圆形，其长轴约为8.2毫米，短轴约为4.9毫米，它与通孔（A）之间的间距约为1.5毫米；凹槽（E）的直径约为10毫米，其圆心距动片圆心距离约为2毫米；凹槽（F）所对应的圆心角约为132°，其平均宽度约为3.2～3.5毫米，凹槽（E）与凹槽（F）之间的平均间距约为 6～6.3 毫米。

4. 如权利要求1所述的陶瓷阀片组件，其特征在于：定片（2）上的两个通孔（B、D）也是沿对称轴（O5O6）对称的圆弧形，它们距离圆心的尺寸与通孔（A和C）距离圆心的尺寸大致相同；动片（1）上的两个凹槽（E、F）均为圆弧形，且处于同一圆环带上，它们的曲率半径与通孔（A和C）曲率半径大致相同，凹槽（E）离动片的圆心较近，凹槽（F）离动片的圆心较远。

5. 如权利要求4所述的陶瓷阀片组件，其特征在于：所述动片的直径约为27毫米，定片的直径约为32毫米，通孔（A）和（C）内侧边距其圆心的距离约为6.3～6.5毫米，通孔（A）和（C）之间的周向间隔约为3毫米，通孔（B）和（D）的径向宽度约为3.5～3.8毫米、所对应的圆心角各约为40°，其内侧边距圆心的距离约为6.2～6.5毫米，它们与通孔（A）和（C）在圆周方向的间隔约为2毫米；凹槽（E）的中心宽度约为3.2～3.5毫米、所对应的圆心角约为124°，其内侧边中心处离动片的圆心约为4.5～4.8毫米；凹槽（F）中心处的径向宽度约为3.2～3.5毫米、所对应的圆心角约为109°，其内侧边中心处离动片的圆心约为8.5～8.8毫米。

6. 一种冷热水混合阀，包括手柄（12）、陶瓷阀芯、阀体（14）和设置在陶瓷阀芯下方的冷热水混合腔，经调节后的冷、热水分别独立进入该混合腔，其特征在于：该冷热水混合阀芯中装有如权利要求1所述的陶瓷阀片组件。

7. 如权利要求6所述的冷热水混合阀，其特征在于：所述的陶瓷阀片组件为权利要求2所述的陶瓷阀片组件。

8. 如权利要求6所述的冷热水混合阀，其特征在于：所述的陶瓷阀片组件为权利要求4所述的陶瓷阀片组件。

9. 如权利要求7或8所述的冷热水混合阀，其特征在于：所述的冷热水混合腔内设有一射流泵，压力较高的水经过陶瓷阀芯从射流泵的喷水孔喷出，压力较低的水经陶瓷阀芯被吸入射流泵的吸入室。

10. 如权利要求7或8所述的冷热水混合阀，其特征在于：所述的冷热水混合腔内设有一感温器（21）和一驱动杆（22），还包括一调温弹簧（23）和一调温滑套（24），所述的感温器（21）可以驱动所述的调温滑套（24）在冷热水混合腔内移动，从而对冷、热水的出水流量进行调节。

11. 如权利要求7或8所述的冷热水混合阀，其特征在于：所述的冷热水混合腔内设有一感温器（21）和一驱动杆（22），还包括一调温弹簧（23）和一调温盘（31），所述调温盘（31）的端部呈锥形，位于压力较高的水的出口附近，感温器（21）可以驱动所述的调温盘（31）在冷热水混合腔内移动，从而对压力较大的水的流量进行调节，并对压力较低的水的抽吸力进行调节。

说　明　书

一种陶瓷阀片组件及装有该组件的冷热水混合阀

技术领域

本发明涉及一种陶瓷阀片组件及装有该组件的冷热水混合阀门。该陶瓷阀片组件和阀门特别适用于冷热水的混合、启闭及其水温和流量的调节，尤其适用于冷热水供水压差较大的情况，例如在太阳能热水器系统中作为冷热水混合阀门使用。

背景技术

现有技术中的冷热水混合阀有多种形式。专利号为 96193815.3 号的中国发明专利中公开了一种"恒温水龙头混合阀"，这种阀门兼具开关和流量调节的功能。该阀门陶瓷阀芯的定片上开设有三个通孔，动片的直径小于定片的直径，动片可以在定片上旋转和平行移动，其冷热水是在阀芯内相混合的。其恒温调节是通过对单一水流（冷水）的流量进行调节实现的，无法对冷热水的流量同时进行调节，如果在冷热水压差较大的情况下使用，容易产生冷热水之间的串水现象。该阀门的阀芯我们称之为"异径、三孔阀芯"。

为了解决冷热水压差较大时容易发生串水的问题，专利号为 00237225.8 的实用新型专利中公开了一种"陶瓷片式射流混合阀"。该阀门利用陶瓷阀芯进行调温，即通过阀芯对冷热水的流量分别进行调节，经调节的冷热水各自从阀芯中独立流出。借助于射流原理实现冷热水的混合，从而减小了冷、热水之间的压差。

该阀门的缺点是其动片与定片的直径是相同的，两者之间只能相对转动，因此这种结构的阀门不具有温度记忆功能，使用时当水温调节合适之后，一旦将阀门关闭，重新开启后必须再次对温度进行调节，而且该阀门只能调温但不能控制水流的流量。

该阀门的阀芯包括一个动片和一个定片，其定片上开有五个通孔，动片上开有两个凹槽，定片和动片直径相同，两者之间只能相对旋转而不能相对平移。这种阀芯我们称之为"同径、五孔阀芯"。

针对上述阀门所存在的缺陷，本发明人曾发明了一种新型的"负压式冷热水单柄混合阀"，并于 2003 年授予实用新型专利权，其专利号为 02255800.4。

该阀门对上述阀芯作了实质性改进，将上述"同径、五孔阀芯"中的等径改为异径，将定片中的五孔改为四孔。利用这种陶瓷阀芯可以同时对冷、热水的流量及进水比例进行调节，不仅解决了水流量可调的问题，而且可以使冷热水分别从陶瓷阀芯中流出。由于冷热水分别独立从陶瓷阀芯中流出，便可借助射流部件对冷、热水的进水压力进行调节，从而解决了冷、热水之间的串水问题，也使温度调节更趋稳定。

这种阀门特别适用于冷热水压差较大的情况，例如在太阳能热水器系统中使用。这种阀门的不足之处是：

由于其阀芯的定片中所开设的四个通孔和动片中所开设的两个凹槽均为圆心对称式结构，所以其水流的开关及流量调节只能通过动片的左右旋转来实现，而温度的调节则只能通过手柄的上下移动来实现。由于其手柄上下移动的角度一般比较小（角度只有10°左右），调温的幅度就受到限制，其结果是很难实现对水温的精确控制。加之上述调节方式与现有技术中传统的调节方式正好相反（现有的混合阀一般以手柄上下移动的方式来开关水流及对水流进行流量调节，以手柄的左右旋转来调节水流温度），在使用中也带来诸多不便。

该阀门的阀芯被称为"异径、四孔、圆心对称阀芯"。

发明的内容

本发明是针对现有技术，尤其是针对本发明人02255800.4号专利中所存在的问题作的进一步改进。

如上所述，现有技术中的陶瓷阀芯及其冷热水混合阀尚存在某些缺陷，无法满足人们的正常需要。为了使冷热水混合阀兼具水流开关、水量调节和水温调节的功能，同时使该阀门可以在冷热水压差较大的情况下正常调温而不发生串水现象、操作时仍保持现有冷热水混合阀的操作习惯，本发明对"异径、四孔、圆心对称阀芯"作了进一步改进。

02255800.4号专利中所存在的各种缺陷，主要是由于该阀门中阀芯的特定结构造成的，即动片中的凹槽和定片中的通孔均为圆心对称式分布。本发明人经过研究发现：采用这种中心对称结构的定片和动片，无论怎样改变其通孔或凹槽的位置及形状，都难以克服上述专利中所存在的缺陷。

据此，本发明对上述阀芯的阀片作了彻底改进，设计了一种具有独特结构的陶瓷阀片组件。该陶瓷阀片组件包括一个动片和一个定片，该动片的直径小于定片的直径，在一拨杆的作用下该动片可以相对于定片沿圆周方向转动及沿径向平行移动，所述的定片上开设四个通孔，所述的动片上开设有两个凹槽，所述定片上的两个通孔，例如作为低压水出口的通孔与作为高压水进口的通孔，也是实际上的比例调温孔，大致呈圆弧形，它们沿一条直径对称设置，而且该两通孔的中心线之间的夹角大约呈90°，而另外两个通孔，例如作为低压水进口的通孔设置在作为低压水出口的通孔附近，作为高压水出口的通孔设置在作为高压水进口的通孔附近，动片上两个凹槽的位置及形状分别与定片上的两组通孔相对应，当动片和定片组合在一起时，可以分别将它们相互连通或相互断开。

采用这种陶瓷阀片组件，通过动片相对于定片所作的转动和/或平行移动，可以实现对水流的开和关、对冷热水水量的调节以及对混合水的恒温控制。

本发明还提供了一种新型的冷热水混合阀，该阀门包括一阀体、一手柄、一陶瓷阀芯和设置在陶瓷阀芯下方的冷热水混合腔，在该阀门的阀芯中采用了上述陶瓷阀片组件。

由于该陶瓷阀片组件可以使经调节后的冷热水分别独立从阀芯中流出，即冷热水不是在陶瓷阀芯内进行混合，而是在离开阀芯之后，在阀门的混合腔内进行混合的，这样就有可能借助于阀体中的射流泵实现对冷热水压差的调节。借助于恒温元件，还可以对混合水的温度作进一步的恒温控制。

采用本发明的陶瓷阀片组件，不仅可以完成水流的开和关以及实现对冷热水水量的调节，而且可以使冷、热水分别从陶瓷阀芯中流出。

采用本发明的冷热水混合阀，不仅可以对混合水的水温进行调节，而且借助于射流元件可以对冷热水的压差进行调节，防止压力较高的水串入压力较低的水道中。借助于恒温元件，还可以对混合水的温度作进一步的恒温控制。如果在太阳能热水器系统中使用该阀门，还可以使冷水经该阀门直接进入太阳能热水器水箱，无须借助任何其他进水系统即可完成太阳能热水器的上水功能。

附图说明

图1是现有技术中"异径、四孔、圆心对称阀芯"式陶瓷阀芯中定片与动片的结构示意图。

图2是本发明中的陶瓷阀片组件被组装到一陶瓷阀芯中时的结构示意图。

图3是本发明陶瓷阀片组件第一个实施例中的陶瓷动片结构示意图。

图4是本发明陶瓷阀片组件第一个实施例中的陶瓷定片结构示意图。

图5是本发明陶瓷阀片组件第一个实施例中的陶瓷动片与陶瓷定片配合关系的示意图。

图6是本发明陶瓷阀片组件第一个实施例中的陶瓷动片与陶瓷定片组合在一起时沿图7中A－A线的剖视图。

图7是本发明陶瓷阀片组件第一个实施例中的陶瓷动片与陶瓷定片组合在一起时沿图6中B－B线的剖视图。

图 8 是本发明陶瓷阀片组件第一个实施例中的陶瓷动片与陶瓷定片组合在一起时不同位置关系的示意图。

图 9 是本发明陶瓷阀片组件第二个实施例中的陶瓷动片的结构示意图。

图 10 是本发明陶瓷阀片组件第二个实施例中的陶瓷定片的结构示意图。

图 11 是本发明陶瓷阀片组件第二个实施例中的陶瓷动片与陶瓷定片配合关系的示意图。

图 12 是本发明冷热水混合阀第一个实施例的结构示意图。

图 13 是沿图 12 中 B－B 线的剖视图。

图 14 是本发明冷热水混合阀第二个实施例中冷热水混合腔的结构示意图。

图 15 是本发明冷热水混合阀第三个实施例中冷热水混合腔的结构示意图。

具体实施方式

以下结合附图对本发明的五个具体实施例作详细说明。

附图 1 是本申请人在 02255800.4 号实用新型专利中所公开的一种"异径、四孔、圆心对称阀芯"式陶瓷阀芯的结构示意图。从图中可以看出其定片中的通孔（虚线所示）及动片中的凹槽（实线所示）均匀圆心对称式结构。

附图 2 是本发明的陶瓷阀片组件被组装到一陶瓷阀芯中时的结构示意图。该阀芯包括动片 1、定片 2、底盘 3、密封垫圈 4、拨盘 5、支架 6、壳体 7、拨杆 8 和销轴 9。通过拨杆 8 的转动和上下拨动可以使动片与定片之间的相对位置产生变化。

1. 陶瓷阀片组件的第一个实施例

附图 3—8 表示了在本发明第一个陶瓷阀片组件实施例中定片与动片的结构及其配合关系。

如图 3 和图 4 所示，陶瓷阀片组件的定片 2 上开设有四个通孔 A、B、C、D，陶瓷阀片组件的动片 1 上开设有两个凹槽 E、F，所述定片上的两个通孔，即作为低压水（例如热水）出口的通孔 A 与作为高压水（例如冷水）进口的通孔 C，也是实际上的比例调温孔，大致呈圆弧形，它们沿一条直径 O_5O_6 对称设置，而且通孔 A 的中心线 O_1O_2 与通孔 C 的中心线 O_3O_4 之间的夹角大约呈 90°，作为低压水（例如热水）进口的通孔 B 设置在通孔 A 的附近，即沿径向设置在通孔 A 的内侧，作为高压水出口的通孔 D 则沿圆周方向设置在通孔 C 附近，即与通孔 C 位于同一圆环形带上。

动片 1 上的凹槽 E 大致为圆形，它位于动片的圆心附近。凹槽 F 的形状则为圆弧形，其径向宽度及所跨的圆心角能全覆盖通孔 C 与通孔 D，并位于动片

1 的周边附近，凹槽 F 的曲率半径与通孔 A、C 曲率半径大致相同。

为了在定片 2 底面将四孔尤其是孔 A、C 之间便于隔开密封，可采用传统做法将孔 A、C 由与动片 1 的贴合面向底面外圆周边沿斜向开通，以留足密封垫圈的宽度。

如图 5—8 所示，动片 1 上凹槽 E 的位置及形状与定片 2 上的通孔 A、B 相对应，而动片 1 上凹槽 F 的位置及形状则与定片 2 上的通孔 C、D 相对应。当动片 1 和定片 2 组合在一起时，凹槽 E 可以将通孔 A、B 相互连通或相互断开，凹槽 F 可以将通孔 C、D 相互连通或相互断开。

图 8 表示了本发明陶瓷阀片组件第一个实施例中的定片与动片的各种位置关系。其中虚线表示动片及其凹槽的轮廓，实线表示定片及其通孔的轮廓。

在该实施例中，A 为热水出口，B 为热水进口，C 为冷水进口，D 为冷水出口。当然，如果水源中热水的进水压力大于冷水的进水压力，则可以将其冷热水的进口互换。另外，根据需要，有时低压水的进出口可以互换，高压水的进出口也可以互换。

从图 8 中可以看出，随着动片在定片上的转动和移动，从定片的通孔中流出的冷热水的量就会发生变化。这种变化既包括对冷热水比例的调节（全冷水、冷热水各半、全热水），也包括对冷热水流量的调节（全开启、部分开启、关闭）。

当该陶瓷阀芯用于太阳能热水器中时，图 8 中所示的"注水"位置可以实现向太阳能热水器注入冷水的功能，无须再设置其他的独立注水系统。以下是该实施例的一个优选技术方案。

在一通用外径为 35 毫米的阀芯中，其动片的直径为 27 毫米，定片的直径为 32 毫米，通孔 A 和 C 的径向宽度约为 3.2 ~ 3.5 毫米、它们所对应圆心角的度数均为 74°，通孔 A 和 C 内侧边距其圆心的距离约为 6.3 ~ 6.5 毫米，通孔 A 和 C 之间的周向间隔约为 3 毫米；通孔 D 的径向宽度约为 3.5 ~ 3.8 毫米、所对应圆心角的度数约为 40° ~ 45°，其内侧边距圆心的距离约为 6.2 ~ 6.5 毫米，通孔 D 与通孔 C 之间的周向间隔约为 2 毫米。

通孔 B 呈椭圆形，其长轴约为 8.2 毫米，短轴约为 4.9 毫米，它与通孔 A 之间的间距约为 1.5 毫米；凹槽 E 的直径约为 10 毫米，其圆心距动片圆心距离约为 2 毫米；凹槽 F 所对应的圆心角约为 132°，其平均宽度约为 3.2 ~ 3.5 毫米，凹槽 E 与凹槽 F 之间的平均间距约为 6 ~ 6.3 毫米。

对于通用外径为 40 毫米的阀芯，则将上述阀芯结构尺寸按适当的比例（约 1.15 倍）放大即可。

应当说明的是，无论定片上的通孔 A、B、C、D，还是动片上的凹槽 E、F，其具体尺寸都是可以在一定范围内变化的，本领域技术人员根据陶瓷阀片的尺寸及所需的流量，可以对它们进行选择。只要能够完成冷热水的开启、断开及流量调节等功能即可。

另外，定片上的四个通孔 A、B、C、D，其中 A、B 为一组，C、D 为另一组，它们各对应一种水源。每组中的一个通孔为进水孔时，另一个通孔则为该水源的出水孔。

2. 陶瓷阀片组件的第二个实施例

图9—11公开了本发明第二个陶瓷阀片组件实施例中定片和动片的具体结构及其配合关系。与第一个实施例不同的是定片 2 上的两个通孔 B、D 也是沿对称轴 O_5O_6 对称的圆弧形，它们距离圆心的尺寸与通孔 A 和 C 距离圆心的尺寸大致相同；动片 1 上的两个凹槽 E、F 均为圆弧形，且在同一圆环带上，它们的曲率半径与通孔 A 和 C 曲率半径大致相同，凹槽 E 离动片的圆心较近，凹槽 F 离动片的圆心较远。

采用这种轴对称结构的陶瓷阀片组件，同样可以实现本发明的发明目的。这种陶瓷阀片组件的工作过程与实施例一基本相同，在此不再作详细描述。

以下是该实施例的一个优选技术方案。在一通用外径为 35 毫米的阀芯中，所述动片的直径约为 27 毫米，定片的直径约为 32 毫米，通孔 A 和 C 内侧边距其圆心的距离约为 6.3～6.5 毫米，通孔 A 和 C 之间的周向间隔约为 3 毫米；通孔 B 和 D 的径向宽度约为 3.5～3.8 毫米、所对应的圆心角各约为 40°，其内侧边距圆心的距离约为 6.2～6.5 毫米，它们与通孔 A 和 C 在圆周方向的间隔约为 2 毫米；凹槽 E 的中心宽度约为 3.2～3.5 毫米、所对应的圆心角约为 124°，其内侧边中心处离动片的圆心约为 4.5～4.8 毫米；凹槽 F 中心处的径向宽度约为 3.2～3.5 毫米、所对应的圆心角约为 109°，其内侧边中心处离动片的圆心约为 8.5～8.8 毫米。

对于通用外径为 40 毫米的阀芯，则将上述陶瓷阀片组件结构尺寸按适当的比例（约 1.15 倍）放大即可。

与上述实施例一样，无论定片上的通孔 A、B、C、D，还是动片上的凹槽 E、F，其具体尺寸都是可以在一定范围内变化的，本领域技术人员根据陶瓷阀片的尺寸及所需的流量，可以对它们进行选择。只要能够完成冷热水的开启、断开及流量调节等功能即可。

另外，定片上的四个通孔 A、B、C、D，其中 A、B 为一组，C、D 为另一组，它们各对应一种水源。每组中的一个通孔为进水孔时，另一个通孔则为该水源的出水孔。

3. 冷热水混合阀的第一个实施例

如图 12 所示，该实施例中的冷热水混合阀使用了本发明的陶瓷阀片组件，该陶瓷阀片组件被放置在一陶瓷阀芯内，除此之外该阀门还包括压丝 10、装饰帽 11、手柄 12、顶丝 13、阀体 14，它们都是现有技术混合阀中的通用部件。冷热水混合腔位于陶瓷阀芯的下方阀体内，在该腔室内设有一射流泵，该射流泵包括喷嘴 15、喉管和扩散管 16、调节丝杆 17、调节螺套 18、O 形密封环 19、开口挡圈 20 等，P 是阀体 14 下部射流泵的吸入室。该射流泵可以采用现有技术中通用的射流泵，通过对调节丝杆 17 和调节螺套 18 的调节，可以调节喷嘴 15 的开度。

采用了本发明的陶瓷阀芯后，可以使经调节后的冷水和热水分别独立进入混合腔，压力较高的水（例如冷水）由通道 D1 进入射流泵的喷嘴端，而压力较低的水（例如热水）经通道 A1 被吸入射流泵的喉管和扩散管 16 中混合流出。当冷热水的压差较大时，借助于射流泵的喷射作用，压力较低的水很容易被吸入混合腔，压力较高的水也不会反串入压力较低的水中，而且当高压冷水源压力发生变化时，对低压热水的吸入量也随之变化，有稳定温度的作用。这种阀门特别适合在太阳能热水器系统中使用。

图 13 中的四个孔 A1、B1、C1、D1 分别与陶瓷阀芯中的通孔 A、B、C、D 相连通。其中，孔 A1、C1、D1 可位于定片 2 的孔 A、C、D 的下面，直接与之连通，而孔 B1 则可通过定片 2 底面开盲槽或通过底盘 5 的槽孔与孔 B 连通。

该实施例的一个简单形式是取消阀体 14 左侧的调节机构，如调节丝杆 17、调节螺套 18、O 形密封环 19、开口挡圈 20、保留右侧的喷嘴 15、喉管和扩散管 16、或仅保留喷嘴 15，热水孔 A1 开在喷嘴出水的通道内，此种结构应用在高压水（如冷水）源压力已经确定、喷嘴直径可据以确定的情况下。

4. 冷热水混合阀的第二个实施例

图 14 涉及本发明冷热水混合阀的第二个实施例。它表示了该实施例中冷热水混合腔的具体结构。

该实施例中的冷热水混合阀也使用了本发明的陶瓷阀片组件，与上一个实施例不同的是，在该实施例的阀门中，用一感温器 21 代替了上述实施例中的射流泵。所述的感温器是市场上可以买到的各种感温器，例如蜡介质温度传感器。该感温器可以对混合水温度的变化作出反应，其轴向长度可以发生变化。在驱动杆 22 和调温弹簧 23 的联合作用下，可以使调温滑套 24 产生轴向移动，从而对冷热水进口 G、H 的开度进行调节，使混合水的水温保持稳定。图中标号 25

是一O形密封环，26是带外丝扣的弹簧座，27是安全弹簧，28是挡块，29是挡圈，30是弹簧座，R为该阀门的冷热水混合腔室。

5. 冷热水混合阀的第三个实施例

图15涉及本发明冷热水混合阀的第三个实施例，它表示了该实施例中冷热水混合腔的另一种结构。

该实施例中也使用了本发明的陶瓷阀片组件。在该实施例的阀门中，同样也设有一感温器21和驱动杆22，还包括一调温弹簧23、一安全弹簧27、一挡块28、一弹簧座30，与上一个实施例不同的是其调温弹簧23和安全弹簧27被设置在阀体14同侧位置。除此之外还设置了一调温盘31和一感温器撑座32。所述调温盘31的右端部呈锥形，其直径大于通道直径，位于压力较高的水的出口附近，Q为阀体下部的高压水射流通道。感温器21可以驱动该调温盘31作轴向移动，以改变高压水流的流量及喷射力，并调节对低压水的抽吸力，最终实现对混合水的恒温控制。该阀门除了具有对混合水进行恒温控制的功能之外，还具有抽吸低压水流、防止串水的作用。

在该实施例中，感温器21以螺纹连接的方式被安装在混合腔内，借助于其端部的凹槽S以及另一端的调温弹簧23，可以从其端部对感温器21的轴向位置以及调温盘31的初始状态进行预调节。

本发明的陶瓷阀芯及装有该阀芯的冷热水混合阀可以用于各种冷热水混合系统，除了可用于承压式热水器外，更适合于冷热水进水压力相差较大的系统，例如太阳能热水器及敞开式电热水器等。

说 明 书 附 图

图 1　　　　　　　　　　图 2

图 3　　　　　　　　　　图 4

图 5

图 6

图 7

图 9

图 8

图 10　　　　　　　　　　　　图 11

图 12

图 13

图 14

图 15

说 明 书 摘 要

本发明涉及一种陶瓷阀片组件及采用该陶瓷阀片组件的冷热水混合阀，所述的陶瓷阀片组片包括一个陶瓷动片和一个陶瓷定片，该动片的直径小于定片的直径，在拨杆的作用下该动片可以相对于这片沿圆周方向转动及沿径向平行移动，所述的定片上开设有四个通孔，其中至少两个通孔是沿一条直径对称设置的。所述的混合阀不仅可以对混合水的水温进行调节，而且可以对冷、热水的压差进行调节，防止压力较高的水串入压力较低的水中。借助于混合阀内的一恒温元件，还可以对混合水的温度作进一步的恒温控制。如果在太阳能热水器系统中使用该阀门，还可以使冷水经该阀门直接进入太阳能热水器，无须借助任何其他进水系统即可完成太阳能热水器的上水功能。

说 明 书 摘 要 附 图

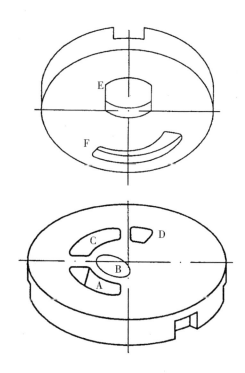

二、对两件发明专利申请案的剖析

（一）无接口 F4 玻纤环形带的制造工艺

[原申请文件]

权 利 要 求 书

1. 一种无接口 F4 玻纤环形带的制造工艺，其特征在于：该工艺过程如下：

（a）平纹玻纤圆筒布的编织：以无碱60 支或160 支玻纤纱为原料在编织机上编织成厚度为 0.10 ~ 0.27 毫米的、规格为 16 × 18 ~ 16 × 22 的平纹玻纤圆筒布；

（b）脱蜡处理：将上述圆筒布在高温炉内温度控制在300℃ ~ 360℃ 之间以行程速度 2 厘米/秒送进炉内进行脱蜡；

（c）分切：按宽度 300 ~ 1500 毫米进行分切；

（d）F4 预制液浸渍及烘干：将分切后的平纹玻纤圆筒布放在两个直径相等、中心距平行的可转动的不锈钢辊上进行涨紧，控制周长尺寸，温度控制在120℃ ~ 180℃，圆筒布的行程线速度为 0.1 ~ 0.5 厘米/秒，浸渍次数为 4 ~ 6 圈的周长，同时烘干；

（e）高温烧结成型：卸去 F4 预制液，将设备温度调整到 320℃ ~ 380℃，行程线速度为 0.5 厘米/秒，烧结时间控制在 2 分钟内；

（f）分切：取下烧结后的 F4 玻纤制品，按需要带宽进行分切。

2. 如权利要求 1 所述的无接口 F4 玻纤环形带的制造工艺，其特征在于：所述的 F4 预制液的投料比：用固体含量为 60% 的 F4 分散乳液加蒸馏水 20% ~ 25% 稀释后以 5/10000 的比例加入 OBS，即制成 F4 预制液。

3. 如权利要求 1 或 2 所述的无接口 F4 玻纤环形带的制造工艺，其特征在于：分切后的平纹玻纤圆筒布在进行 F4 预制液浸渍前利用相同的设备进行硅橡胶溶液浸渍，设备温度控制在 80℃ ~ 160℃，圆筒布旋转的行程线速度为 0.2 ~ 0.5 厘米/秒，浸渍次数为 1 圈的周长，并同时烘干。

4. 如权利要求 3 所述的无接口 F4 玻纤环形带的制造工艺，其特征在于：所述的硅橡胶溶液的投料比：将 50% 含量的硅橡胶、二甲苯溶剂再添加二甲苯使浓度降到 10% ~ 15%，即制得硅橡胶溶液。

5. 如权利要求 1 所述的无接口 F4 玻纤环形带的制造工艺，其特征在于：脱蜡处理的最佳温度为 340℃。

6. 如权利要求 1 所述的无接口 F4 玻纤环形带的制造工艺，其特征在于：高温烧结的最佳温度为 360℃。

说 明 书

无接口 F$_4$ 玻纤环形带的制造工艺[1]

本发明涉及无接口环形带的制造工艺[2]。

F$_4$ 玻纤环形带是封口机热合封口必不可少的传动带。随着包装业的发展，多功能自动封口机的工作任务越来越繁重，因此它迫切需要高寿命、耐高温的传动带，而有接口的环形带在接口处易伸长，最终断裂，且不耐高温，当温度达到 220℃~250℃ 使用 5 分钟后就出现磨损而断裂现象，因此提供一种无接口 F$_4$ 玻纤环形带是封口行业的迫切需求，过去由于没有合理的制造工艺，无接口 F$_4$ 玻纤环形带的制造一直是空白[3]。

本发明的任务是针对现有技术的不足而提供一种合理、成熟的制造工艺和由此工艺而制得的一种高寿命、耐高温的无接口 F$_4$ 玻纤环形带[4]。

本发明所述的无接口 F$_4$ 玻纤环形带的制造工艺是：

（a）平纹玻纤圆筒布的编织：以无碱 60 支或 160 支玻纤纱为原料在编织机上编织成厚度为 0.10~0.27 毫米的、规格为 16×18~16×22 的平纹玻纤圆筒布；

（b）脱蜡处理：将上述圆筒布在高温炉内温度控制在 300℃~360℃ 之间以行程速度 2 厘米/秒送进炉内进行脱蜡；

（c）分切：按宽度 300~1500 毫米进行分切；

（d）F$_4$ 预制液浸渍及烘干：将分切后的平纹玻纤圆筒布放在两个直径相等、中心距平行的可转动的不锈钢辊上进行涨紧，控制周长尺寸，温度控制在 120℃~180℃，圆筒布的行程线速度为 0.1~0.5 厘米/秒，浸渍次数为 4~6 圈的周长，同时烘干；

（e）高温烧结成型：卸去 F$_4$ 预制液，将设备温度调整到 320℃~380℃，行程线速度为 0.5 厘米/秒，烧结时间控制在 2 分钟内；

（f）分切：取下烧结后的 F$_4$ 玻纤制品，按需要进行分切。

按上述工艺制得的圆筒布是 F$_4$ 玻纤环形带[5]。

如果在浸渍 F$_4$ 溶液前先进行硅橡胶溶液浸渍，利用相同的设备，将设备温度控制在 80℃~160℃，圆筒布旋转的行程速度为 0.2~0.5 厘米/秒，浸渍次数为 1 圈周长，并同时烘干，其他工艺同前，那么制得的圆筒布为 F$_4$ 硅玻纤环形带。F$_4$ 硅玻纤环形带比 F$_4$ 玻纤环形带弹性好，不管怎样扭转都不会产生断裂现象。

硅橡胶溶液的投料配比：将 50% 含量的硅橡胶、二甲苯溶剂（市场购得）

再添加二甲苯使浓度降到 10% ~15%，即制得硅橡胶溶液，预先配制待用。

F_4 预制液的投料配比：用固体含量为 60% 的 F_4 分散乳液（市场购得）加蒸馏水 20% ~25% 稀释后以 5/10000 的比例加入 OBS，即制成 F_4 预制液，预先配制待用。

F_4 和玻纤都是耐高温的材料，F_4 不仅耐高温，同时具有特强的防黏性，所以充分浸渍 F_4 预制液将是影响环形带质量的关键。

影响环形带质量的主要参数是脱蜡处理的温度和高温烧结温度。脱蜡处理的温度太低，使玻纤布有残留蜡，在浸渍 F_4 预制液时就无法渗透，直接造成 F_4 浸渍的均匀性和厚薄不均，为了弥补此缺陷，往往采用多次浸渍，也避免不了厚薄不均和结块现象，故直接影响使用效果和寿命。脱蜡温度太高，虽然蜡全部去除，但容易造成玻纤高温后的脆裂，容易折断，故脱蜡的最佳温度为 340℃。

高温烧结温度太低，环形带的色泽透明粗糙，使 F_4 的分子结构没充分聚合，且局部有脱丝现象，造成玻纤丝和 F_4 分离，降低使用寿命。太高的话，色泽发黑，F_4 的分子结构部分造成破坏，玻纤变硬而脆裂，柔软性降性，容易断裂，亦影响使用寿命，故以 360℃ 为最佳温度。

按本发明的制造工艺所制得的环形带克服了有接口环形带经常断裂的缺陷，其寿命要比有接口的提高 4~5 倍，且耐温高，为塑料封口包装行业提高了产品质量和生产率，减少了大量的配件成本，本发明工艺合理、简单，能保证产品质量。

下面以实施例来说明本发明的制造工艺。

实施例 1

首先按要求配制硅橡胶溶液和 F_4 预制液。

将已编织好的平纹玻纤圆筒布放在温度恒定在 300℃ 的高温炉设备中进行脱蜡处理，脱蜡行程速度为 2 厘米/秒；脱蜡后分切；然后将分切后的圆筒布放在两个直径相等、中心距平行的不锈钢辊上涨紧，控制周长尺寸，设备温度调至 140℃，以行程线速度 0.3 厘米/秒进行硅橡胶浸渍 1 圈；卸去硅橡胶浸渍液，在同样设备上将设备温度调至 150℃，以行程线速度 0.2 厘米/秒进行 F_4 预制液浸渍 4~8 圈，烘干；卸去 F_4 预制液，在同样设备上将温度调至 360℃，行程线速度为 0.5 厘米/秒进行烧结，烧结时间控制在 2 分钟内；最后取下烧结的 F_4 硅玻纤环形带按需要宽度进行分切。

按此工艺制作的环形带由于脱蜡温度偏低，玻纤布上有残留蜡，因此在浸渍 F_4 乳液中残留蜡处就难以渗透，造成浸渍的厚薄不匀，甚至有结块现象，故对产品的寿命有一定的影响。

实施例2

将已编织好的平纹玻纤圆筒布放在温度恒定在360℃的高温炉设备中进行脱蜡处理，脱蜡行程速度为2厘米/秒；脱蜡后的分切、硅橡胶溶液浸渍、F_4预制液浸渍、烘干、高温烧结、分切等工序重复实施例1，各参数亦相等。

按此工艺制得的环形带由于脱蜡温度偏高，虽然圆筒布上的蜡全部去除，但玻纤受高温影响引起脆裂，容易折断，这同样影响它的使用寿命。

实施例3

将已编织好的平纹玻纤圆筒布放在温度恒定在340℃的高温炉设备中进行脱蜡处理，脱蜡行程速度为2厘米/秒；脱蜡后的分切、硅橡胶溶液浸渍、F_4预制液浸渍、烘干、高温烧结、分切等工序重复实施例1，各参数亦相等。

按此工艺制得的环形带由于脱蜡温度适中，使硅橡胶溶液浸渍、F_4预制液浸渍均匀，厚薄一致，烧结后的色泽相当一致，无表面F_4的结块。

实施例4

将实施例1的脱蜡温度恒定在340℃，高温烧结温度调至320℃，其余各工序和各参数全部同实施例1一致。

此例由于高温烧结温度偏低，制得的环形带色泽透明、粗糙，浸渍后F_4的分子结构没有彻底聚合，而且局部有脱丝现象，引起玻纤丝和F_4分离，降低使用寿命。

实施例5

将脱蜡温度恒定在340℃，高温烧结温度调至380℃，其余各工序和各参数按实施例1。

此例制得的环形带由于烧结温度偏高，结果是色泽发黑，部分F_4结构遭到破坏，变硬而脆裂，柔软性降低，容易断裂，降低使用寿命。

实施例6

将脱蜡温度恒定在340℃，高温烧结温度调至360℃，其余各工序和各参数按实施例1进行。

此例制得的环形带由于烧结温度适中，结果是色泽透明光滑，表面平整，F_4分子结构最佳聚合于玻纤上，不容易剥离，弹性好，增加了使用寿命。

说 明 书 摘 要

本发明公开的无接口玻纤环形带的制造工艺，其以无碱80支或160支玻纤纱进行编织成平纹玻纤圆筒布，经脱蜡处理后分切预制，然后在浸渍设备两个直径相等、中心距平行的不锈钢辊上涨紧，并在一定温度条件下进行硅橡胶、F4预制液浸渍、烘干，然后进行高温烧结成型，最后按一定宽度尺寸进行分切。按本工艺制作的无接口环形带，耐温高，具有特强的防黏性、弹性，与有接口的相比，寿命提高4~5倍，耐温高达330℃，可大大减少封口机的配件成本[6]。

[对原专利申请文件的评析]

1. 权利要求书

（1）从原始说明书所公开的技术内容看，该申请实际上包含了两项发明。一是发明了一种新式结构的产品——无接口的聚四氟乙烯玻纤环形带；二是发明了一种制备该无接口的聚四氟乙烯玻纤环形带的工艺。

二者相比，前者的保护价值甚至更大一些。但遗憾的是，在原申请的权利要求书中，申请人仅仅要求保护该环形带的制造工艺，并未对该环形带本身要求保护。如果根据申请人对现有技术状态的了解，在其申请日之前不存在这种新式结构的环形带，则首先应当对该产品提出保护。在实质审查过程中，有关产品的权利要求能否被批准，将取决于审查员的检索和审查。但是，根据"请求原则"，申请人如果不首先提出对该产品进行保护的请求，则该产品是肯定不会得到保护的。

当一项发明构思包含了两项或两项以上的发明时，作为申请人往往把注意力集中在其研制过程中耗费精力最多的方面，并站在开发研究的立场上看待所作的发明。

具体说，该申请的发明人在研制过程中，其主要精力可能集中在如何制造出一种经久耐用的环形带上。但是，一旦这种制造方法被研究成功，发明人实际上获得了两项成果——一是制备方法，二是由该方法所制备的产品（如果该产品是新的）。按照传统的评价科技成果的观点，往往重视前者而容易忽略后者。而作为专利保护来说，"产品"与该产品的"制造方法"分别属于两项类别不同的发明，只要它们之间具有相同的发明构思，完全可以将这两项发明作为同一件专利申请提出。如果该产品能够获得专利保护，则他人无论用何种方法来制得相同结构的环形带，都将构成侵权；而如果仅仅保护制造该产品的方法，而未要求对该产品进行保护或者该产品未获得专利权，则他人只有在使用该方法时才构成侵权，此时对该产品的保护范围仅限于采用该方法所直接生产的产品（《专利法》第十一条第一款），二者之间差别甚大。

因此，当申请人的一项发明构思包含着产品和制造该产品的方法这样两项发明时，首先应当考虑对这两项发明同时提出保护，尤其是不能忽视对产品的保护。

完成一项发明与将所完成的发明用专利的方式进行保护并不是一回事，二者之间有着本质的区别。在专利申请的实践中，不少申请人甚至专利代理人往往忽视了这种差别，从而使某些原本可以受到专利保护的技术主题未能获得专利权，这对申请人来说，无疑是一种损失。

所幸的是在该申请的原始说明书中，申请人在对其制造方法进行描述的同时，已经将该产品的结构特征作了充分的公开，从而使日后的修改——对该环形带本身也进行保护成为可能。

（2）权利要求1的撰写存在的问题。

①用"F_4"表示"聚四氟乙烯"不规范，要想使权利要求书清楚地表述请求保护的范围，对权利要求中的每个技术特征的描述必须清楚，故应当用"聚四氟乙烯"代替"F_4"。

②要想使一项独立权利要求获得最大的保护范围，其手段之一便是在其中记载尽可能少的技术特征，换句话说，只要写入那些能达到该发明目的的必要技术特征即可。

与现有技术中生产聚四氟乙烯玻纤环形带的方法相比，该发明方法的主要改进在于采用了一种无接口的玻纤圆筒织物作为芯层，先对该圆筒织物作整体处理，然后按要求进行分切。

制备环形带的工艺主要包括对芯层圆筒织物的脱蜡处理、分切、聚四氟乙烯液的浸渍及烘干、高温烧结、二次分切等。至于每个步骤的具体工艺参数，往往涉及一个较宽的范围，而且属于公知技术，没有必要将它们很具体地写入独立权利要求中，可以在其后的从属权利要求中对最佳工艺参数作进一步限定。

此外，步骤"d"涉及对织物进行聚四氟乙烯的浸渍，很明显，可以采用多种方式来实现对玻纤织物的浸渍，它们均可以实现该发明的目的。原权利要求1中"将分切后的平纹玻纤圆筒布放在两个直径相等中心距平行的可转动的不锈钢辊上涨紧，控制周长尺寸，温度控制在120℃~180℃，圆筒布的行程线速度为0.1~0.5厘米/秒，浸渍次数为4~6圈的周长，同时烘干"这一具体浸渍方式可能是一种优选的处理方式，但却不是必需的方式，将该具体工艺条件写入独立权利要求中，只能造成保护范围的缩小。

由于权利要求1中写入了若干非必要技术特征，使该制造工艺的保护范围变得非常小。他人只要删除或改变其中的某些特征，便可产生一种有别于权利要求1的技术方案，此时同样可以实现该发明的目的，而又避开了权利要求1的保护范围。

（3）权利要求3是对权利要求1或2所述的制造工艺的进一步限定，即在进行聚四氟乙烯液浸渍之前进行硅橡胶溶液的浸渍。作为"方法"而言，应写明与该方法相关的步骤及工艺参数，不应涉及其设备特征，该权利要求中用"利用相同的设备"对硅橡胶浸渍工艺进行限定不妥，应当删除。

（4）权利要求4中"将50%含量的硅橡胶、二甲苯溶剂再添加二甲苯使浓度降到 10% ~ 15% 即制得硅橡胶溶液"一技术特征表达得不清楚,应修改为"将硅橡胶含量为 50% 的原料及二甲苯溶剂相混合,使硅橡胶浓度达到 10% ~ 15%,即制得硅橡胶溶液"。

2. 说明书及摘要

[1] 发明名称应当清楚、简明地反映发明的主题和类型。如果将"环形带"也作为保护对象写入权利要求书中,则在发明名称中应包括"聚四氟乙烯玻纤环形带"这一技术主题,而"无接口"这一涉及环形带区别技术特征的特征,不应写入发明名称中,这样才能使之与有关"环形带"的独立权利要求的第一句话相对应,故可将发明名称改为"一种聚四氟乙烯玻纤环形带及其制造工艺"。

[2] 所属技术领域应具体写明该环形带的应用领域,以便与普通的环形带,例如传送带或三角皮带相区别。可将之写为"本发明涉及一种供塑料封口机用的聚四氟乙烯玻纤环形带及其制造工艺"。

[3] 由于该发明涉及聚四氟乙烯玻纤环形带的制造工艺,在背景技术部分,除了对现有技术中的环形带进行必要介绍之外,还应对环形带的制造工艺进行必要的描述。当一件发明专利申请含有两项或两项以上的发明,例如产品及该产品的制造方法时,在背景技术部分应对二者的现有技术状况分别进行描述。关于这一点,在实际申请文件中常常被忽略。对现有技术状态的描写与独立权利要求的撰写有直接的关系,它往往关系到选择哪些技术特征写入独立权利要求中去,以及将这些技术特征细化到何种程度。以该环形带的制造工艺为例,聚四氟乙烯玻纤环形带的制造已是一种现有技术,而该发明的工艺仅仅是在此基础上的改进,如果申请人在说明书中对现有技术的工艺作了必要的介绍,则在独立权利要求中就不必对二者的共同特征作过于具体的限定。

由于日本专利申请 JP 平 2 - 261942 是审查员在检索中发现的一篇与该专利申请最相关的对比文件,申请人应当依据该对比文件对其背景技术进行修改。

[4] 如果申请人将"环形带"也作为保护对象写入权利要求书中,在说明书的发明目的部分及技术方案部分都应含有该"环形带"的内容。

[5] 在原始说明书中虽然未对该聚四氟乙烯玻纤环形带的具体结构作正面描述,但"以无接口的环形玻纤布为芯层,外层涂覆聚四氟乙烯"这一重要技术特征已经隐含在说明书中,故可以作为撰写一个有关该"环形带"的独立权利要求的基础。并应据此对说明书的有关部分作相应修改。

[6] 摘要中应包含"环形带及其制造方法"两个技术主题,并包括这两个技术主题的主要技术特征。

[修改文本]

权 利 要 求 书

1. 一种聚四氟乙烯玻纤环形带，它以玻纤布为芯层，外层涂覆聚四氟乙烯，其特征在于：所述的玻纤布是无接口的环形织物。

2. 一种生产如权利要求1所述的聚四氟乙烯玻纤环形带的制造工艺，其特征在于：该工艺包括：

（a）玻纤圆筒布的编织；

（b）玻纤圆筒布的脱蜡处理；

（c）按需要宽度对玻纤圆筒布进行分切；

（d）用聚四氟乙烯预制液对玻纤圆筒布浸渍并烘干；

（e）高温烧结成型；

（f）按需要宽度对烧结后的聚四氟乙烯玻纤制品进行二次分切。

3. 如权利要求2所述的聚四氟乙烯玻纤环形带的制造工艺，其特征在于：所述的玻纤圆筒布的编织是以60支或160支玻纤纱为原料，在编织机上编织成厚度为0.10~0.27毫米的、规格为16×18~16×22的平纹玻纤布。

4. 如权利要求2或权利要求3所述的聚四氟乙烯玻纤环形带的制造工艺，其特征在于：所述的脱蜡处理是在高温炉内进行的，其温度为300℃~360℃，行程线速度2厘米/秒；高温烧结成型是在除去聚四氟乙烯预制液后进行的，其温度为320℃~380℃，行程线速度为0.5厘米/秒，烧结时间为2分钟内。

5. 如权利要求2或权利要求3所述的聚四氟乙烯玻纤环形带的制造工艺，其特征在于：所述的聚四氟乙烯预制液的投料比为：用固体含量为60%的聚四氟乙烯分散乳液加蒸馏水20%~25%稀释后以5/10000的比例加入OBS，即制成聚四氟乙烯预制液。

6. 如权利要求2或3所述的聚四氟乙烯玻纤环形带的制造工艺，其特征在于：在浸渍聚四氟乙烯预制液时，先将分切后的玻纤圆筒布放在两个直径相等、中心距平行的可转动的钢辊上进行涨紧、控制周长尺寸，圆筒布的行程线速度为0.1~0.5厘米/秒，浸渍次数为4~6圈的周长，并同时烘干，烘干温度为120℃~180℃。

7. 如权利要求2所述的聚四氟乙烯玻纤环形带的制造工艺，其特征在于：分切后的平纹玻纤圆筒布在进行聚四氟乙烯预制液浸渍前进行硅橡胶溶液浸渍，并同时进行烘干，烘干温度控制在80℃~160℃，圆筒布旋转的行程线速度为0.2~0.5厘米/秒，浸渍次数为1圈的周长。

8. 如权利要求 7 所述的聚四氟乙烯玻纤环形带的制造工艺，其特征在于：所述的硅橡胶溶液的投料比为：将硅橡胶含量为 50% 的原料及二甲苯溶剂相混合，使硅橡胶浓度达到 10%～15%，即制得硅橡硅溶液。

9. 如权利要求 4 所述的聚四氟乙烯玻纤环形带的制造工艺，其特征在于：脱蜡处理的温度为 340℃。

10. 如权利要求 4 所述的聚四氟乙烯玻纤环形带的制造工艺，其特征在于：高温烧结的温度为 360℃。

说　明　书

一种聚四氟乙烯玻纤环形带及其制造工艺

技术领域

　　本发明涉及一种供塑料封口机热合封口使用的聚四氟乙烯玻纤环形带及其制造工艺。

背景技术

　　聚四氟乙烯玻纤环形带是封口机热合封口时所采用的一个重要部件。随着塑料包装业的迅速发展，热合封口机的使用量越来越大，在现今使用的热合封口设备中，所采用的聚四氟乙烯玻纤环形带多为具有搭接口的，该环形带接口处的厚度相当于其他部位厚度的2倍，使用时接口部位应力集中，很容易发生断裂，影响使用寿命。

　　目前使用的这种聚四氟乙烯玻纤环形带一般是先将聚四氟乙烯玻纤平幅织物进行分切，然后涂覆聚四氟乙烯，并进行高温热处理，最后将一定长度的条带两端黏合在一起。

　　日本专利申请JP平2-261942公开了一种环形带及其制造方法，这种环形带不存在搭接部分，采用斜接口的形式将带的两端相对接，然后将两层或两层以上的环形带叠合在一起，使它们的接口位置相互错开200毫米。这种环形带的性能较上述环形带虽说有所改进，但依然存在薄弱环节，当使用温度超过200℃时，黏结面就会产生脱胶分离，降低环形带的使用寿命。

发明内容

　　本发明的目的在于提供一种无接口形式的聚四氟乙烯玻纤环形带及其制造工艺，该环形带的横截面均匀一致，从而具有更好的使用性能和更长的使用寿命。

　　本发明所述的聚四氟乙烯玻纤环形带以玻纤布为芯层，外层涂覆聚四氟乙烯，其特征在于所述的玻纤布是无接口的环形织物。

　　本发明所述无接口聚四氟乙烯玻纤环形带制造工艺包括：

　　（a）玻纤圆筒布的编织；

　　（b）玻纤圆筒布的脱蜡处理；

　　（c）按需要宽度对玻纤圆筒布进行分切；

　　（d）用聚四氟乙烯预制液对玻纤圆筒布浸渍并烘干；

（e）高温烧结成型；

（f）按需要宽度对烧结后的聚四氟乙烯玻纤制品进行二次分切。

所述的玻纤圆筒布的编织可以是以60支或160支玻纤纱为原料在编织机上编织成厚度为0.10~0.27毫米、规格为16×18~16×22的平纹玻纤布。

所述的玻纤圆筒布的脱蜡处理是在高温炉内进行的，其温度为300℃~360℃，行程线速度为2厘米/秒。所述在高温烧结成型是在除去聚四氟乙烯预制液后进行的，其温度为320℃~380℃，行程线速度为0.5厘米/秒，烧结时间为2分钟内。

所述的聚四氟乙烯预制液的投料比为：用固体含量为60%的聚四氟乙烯分散乳液（市场购得）加蒸馏水20%~25%稀释后以5/10000的比例加入OBS（由上海三爱富股份有限公司提供），即制成聚四氟乙烯预制液，预先配制待用。

在浸渍聚四氟乙烯预制液时，先将分切后的玻纤圆筒布放在两个直径相等、中心轴平行的可转动的钢辊上进行涨紧、控制周长尺寸，圆筒布的行程线速度为0.1~0.5厘米/秒，浸渍次数为4~6圈的周长，并同时烘干，烘干温度为120℃~180℃。

如果在浸渍聚四氟乙烯溶液前先进行硅橡胶溶液浸渍，利用相同的设备，圆筒布旋转的行程线速度0.2~0.5厘米/秒，浸渍次数为1圈周长，并同时烘干，温度控制在80℃~160℃，其他工艺同前，那么制得的圆筒布为聚四氟乙烯硅玻纤环形带。聚四氟乙烯硅玻纤环形带比聚四氟乙烯玻纤环形带弹性好、寿命长、不容易产生断裂现象。

硅橡胶溶液的投料比为：将硅橡胶含量为50%的原料及二甲苯溶剂（市场购得）相混合，使硅橡胶浓度达到10%~15%，即制得硅橡胶溶液，预先配制待用。

聚四氟乙烯和玻纤都是耐高温的材料，聚四氟乙烯不仅耐高温，同时具有良好的防黏性，所以充分浸渍聚四氟乙烯预制液将是影响环形带质量的关键。

影响环形带质量的主要参数是脱蜡处理温度和高温烧结温度。脱蜡处理的温度太低，使玻纤布有残留蜡，在浸渍聚四氟乙烯预制液时就无法渗透，直接造成聚四氟乙烯浸渍的均匀性和厚薄不均，为了弥补此缺陷，即使采用多次浸渍，也避免不了厚薄不均和结块现象，故直接影响使用效果和寿命。脱蜡温度太高，虽然蜡全部去除，但容易造成玻纤高温后的脆裂，容易折断，故脱蜡的最佳温度为340℃。

高温烧结温度太低，环形带的色泽透明、粗糙，使聚四氟乙烯的分子结构没充分聚合，且局部有脱丝现象，造成玻纤丝和聚四氟乙烯分离，降低使用寿命。烧结温度太高的话，产品色泽发黑，聚四氟乙烯的分子结构部分造成破坏，玻纤变硬而脆裂，柔软性降低，容易断裂，亦影响使用寿命，故以360℃为最佳温度。

按本发明的制造工艺所制得的环形带不具有任何接口，它克服了有接口环形带经常断裂的缺陷，其寿命要比有接口的提高4~5倍，且耐温高，为塑料封口包装行业提高了产品质量和生产率，减少了大量的配件成本。本发明工艺合理、简单，能保证产品质量。

具体实施方式

下面以实施例来说明本发明的制造工艺。

实施例1

首先按要求配制硅橡胶溶液和聚四氟乙烯预制液。

将已编织好的平纹玻纤圆筒布放在温度恒定在300℃的高温炉设备中进行脱蜡处理，脱蜡行程线速度2厘米/秒；脱蜡后分切；然后将分切后的圆筒布放在两个直径相等，中心距平行的钢辊上涨紧，控制周长尺寸，烘干温度调至140℃，以行程线速度0.3厘米/秒进行硅橡胶浸渍1圈，除去硅橡胶浸渍液，在同样设备上将烘干温度调至150℃，以行程线速度0.2厘米/秒进行聚四氟乙烯预制液浸渍4~8圈；除去聚四氟乙烯预制液，在同样设备上将温度调至360℃，行程线速度为0.5厘米/秒进行烧结，烧结时间控制在2分钟内；最后取下烧结的聚四氟乙烯硅玻纤环形带按需要宽度进行二次分切。

按此工艺制作的环形带由于脱蜡温度偏低，使玻纤布上有残留蜡，因此在浸渍聚四氟乙烯乳液中残留蜡处就难以渗透，造成浸渍的厚薄不匀，甚至有结块现象，故对产品的寿命有一定的影响。

实施例2

将已编织好的平纹玻纤圆筒布放在温度恒定在360℃的高温炉设备中进行脱蜡处理，脱蜡行程线速度2厘米/秒；脱蜡后分切、硅橡胶溶液浸渍并同时烘干、聚四氟乙烯预制液浸渍并同时烘干、高温烧结、分切等工序重复实施例1，各参数亦相等。

按此工艺制得的环形带由于脱蜡温度偏高，虽然圆筒布上的蜡全部去除，但玻纤受高温影响引起脆裂，容易折断，这同样影响它的使用寿命。

实施例3

将已编织好的平纹玻纤圆筒布放在温度恒定在340℃的高温炉设备中进行

脱蜡处理，脱蜡行程速度为2厘米/秒：脱蜡后的分切、硅橡胶溶液浸渍并同时烘干、聚四氟乙烯预制液浸渍并同时烘干、高温烧结、分切等工序重复实施例1，各参数亦相等。

按此工艺制得的环形带由于脱蜡温度适中，使硅橡胶溶液浸渍、聚四氟乙烯预制液浸渍均匀，厚薄一致，烧结后的色泽一致，无表面聚四氟乙烯的结块。

实施例 4

将实施例1的脱蜡温度恒定在240℃，高温烧结温度调至320℃，其余各工序和各参数全部同实施例1。

此例由于高温烧结温度偏低，制得的环形带色泽透明、粗糙，浸渍后聚四氟乙烯的分子结构没有彻底聚合，而且局部有脱丝现象，引起玻纤丝和聚四氟乙烯分离，降低使用寿命。

实施例 5

将脱蜡温度恒定在340℃，高温烧结温度调至380℃，其余各工序和各参数按实施例1。

此例制得的环形带由于烧结温度偏高，结果是色泽发黑，部分聚四氟乙烯结构遭到破坏、变硬而脆裂，柔软性降低，容易断裂，降低使用寿命。

实施例 6

将脱蜡温度恒定在340℃，高温烧结温度调至360℃，其余各工序和各参数按实施例1进行。

此例制得的环形带由于烧结温度适中，结果是色泽透明光滑、表面平整，聚四氟乙烯分子结构最佳聚合于玻纤上，不容易剥离，弹性好，增加了使用寿命。

说 明 书 摘 要

　　本发明涉及一种供塑料封口机使用的聚四氟乙烯玻纤环形带及其制造工艺。该环形带以玻纤圆筒布织物为芯层，外涂聚四氟乙烯涂层。其制造方法为将编织好的聚四氟乙烯筒布进行脱蜡处理，然后进行硅橡胶、聚四氟乙烯预制液的浸渍和烘干，并进行高温烧结，最后分切成预定尺寸，这种聚四氟乙烯玻纤带不带接口，耐高温、使用寿命长，与现有的有接口带相比，使用寿命可提高4～5倍。

（二）密封装置❶

该案例原专利申请文件的撰写主要存在四个方面的问题：

（1）原独立权利要求 1 缺少实现本发明目的的必要技术特征；

（2）从属权利要求引用关系不当或者权利要求中出现引用附图的语句，致使该权利要求未清楚地表达其请求保护的范围；

（3）权利要求中出现了一些不允许的功能性限定；

（4）说明书八个部分的撰写不符合中国《专利法实施细则》第十八条以及审查指南相应部分的规定。

[原申请文件]

权　利　要　求　书

1. 一种用于圆筒式滤清器中的密封装置，该滤清器包括一个呈圆筒状的外壳、一个端盖及一个滤清元件，所述的外壳具有纵轴线，并带有一个封闭端和一个敞开端，所述的端盖设置在外壳的敞开端，所述的滤清元件安装在外壳之内，所述的滤清器适合于用螺纹形式连接到一块安装板上，所述的密封装置包括：

一个环状垫圈，它安装在端盖的环状凹槽座内，该垫圈上设有一圆周沟槽；

所述的端盖包括一个固位装置，它伸入所述垫圈的沟槽内，将垫圈保持在槽内。

2. 如权利要求 1 所述的密封装置，其特征在于：所述的固位装置与所述垫圈上的沟槽松动地配合，使所述的垫圈既可保留在所述的端盖凹槽中，又可在安装过程转动滤清器时相对端盖自由转动。

3. 如权利要求 1 所述的密封装置，其特征在于：垫圈的断面形状如说明书图 2 所示，即截面大致呈矩形，具有一对轴向延伸的相对表面和一对径向延伸的相对表面，所述的圆周沟槽在所述的垫圈的一个轴向延伸面上形成。

4. 如权利要求 1 所述的密封装置，其特征在于：所述的垫圈大致是对称的。

5. 如权利要求 4 所述的密封装置，其特征在于：所述的垫圈横截面大致呈矩形，它有一对轴向延伸的相对表面和一对径向延伸的相对表面，所述的圆周

---

❶ 该案例首次出版于《发明和实用新型专利申请文件撰写案例剖析》一书，因具有代表性及典型性，故收录于此。该案例中引用的法律法规为当时有效的法律文件，故此说明。——编辑注

沟槽在垫圈的一个轴向延伸面上形成。

6. 如权利要求1或2所述的密封装置，其特征在于：所述的固位装置与所述端盖成一体。

7. 如权利要求6所述的密封装置，其特征在于：所述的固位装置为与端盖成一体的、沿圆周方向间隔的、径向朝外延伸的舌片。

8. 如权利要求6或7所述的密封装置，其特征在于：所述的固位装置为一个自环状凹槽内侧壁径向向外延伸的环状凸部，它伸入垫圈的沟槽内。

9. 如权利要求1所述的密封装置，其特征在于：垫圈的边缘可以阻止装配过程中存留空气。

10. 如权利要求9所述的密封装置，其特征在于：垫圈的边缘是圆形的。

11. 如权利要求1所述的密封装置，其特征在于：所述垫圈的内径大于环状凹槽内壁外表面的直径。

12. 如权利要求1所述的密封装置，其特征在于：所述垫圈的外径小于所述环状凹槽外侧壁内表面直径。

13. 如权利要求1所述的密封装置，其特征在于：所述垫圈的内径大于环状凹槽内侧壁外表面的直径，且垫圈的外径小于环状凹槽外侧壁内表面的直径。

14. 如权利要求1所述的密封装置，其特征在于：垫圈轴向延伸的内表面与环状凹槽的内侧壁相互隔开。

15. 如权利要求1所述的密封装置，其特征在于：垫圈轴向延伸的外表面与环状凹槽的外壁相互隔开。

16. 如权利要求1所述的密封装置，其特征在于：垫圈轴向延伸的内表面和外表面分别与环状凹槽的内侧壁和外侧壁相互隔开。

17. 一种圆筒式滤清器的密封装置，所述滤清器包括一个大致为圆筒状的外壳、一个端盖及一个滤清元件，所述的外壳具有纵轴线，并带有一个封闭端和一个敞开端，所述的端盖设置在敞开端，所述的滤清元件安装在外壳之内，所述的滤清器适于用螺纹形式连接到一块安装板上，所述的密封装置包括：

一个大致对称的环状垫圈，它安装在端盖的凹槽座内，垫圈的截面大致为矩形，它具有一对轴向延伸的相对表面和一对径向延伸的相对表面，垫圈的一个轴向延伸表面上具有一圆周沟槽；

所述端盖包括与其成一体的固位装置，它伸入垫圈的沟槽内，将垫圈保持在凹槽内；其中，垫圈轴向延伸的内、外表面分别与环状凹槽的内、外侧壁隔开，使垫圈既可被保持在端盖的凹槽内，又可在安装过程转动滤清器时相对端盖自由转动。

说　明　书

密封装置

本发明涉及一种密封装置，具体说，涉及一种液体密封装置。

众所周知，圆筒式滤清器常用于内燃机的润滑系统中，这类滤清器通常包括一个外部容器和一个用来封闭中空圆筒状滤清元件的端盖。在滤清器的端盖和安装该滤清器的发动机机体或连接板或类似物件之间，需采用一个环状密封垫圈，从而使这些元件之间获得有效的密封。通常，在该端盖上所形成的环状凹槽内安装一个具有矩形横截面的垫圈，然后再将该凹槽的一侧或两侧的壁面卷曲，将密封圈封装在凹槽内。

这类密封垫圈的缺点是，垫圈相对端盖的转动受到阻碍。尽管垫圈在装配前预先经过了润滑，但是，一旦垫圈与密封基面相对接触之后，在滤清器旋转至最终工作位置时，垫圈会受到剪切变形力。垫圈所受的这种内部剪切力会导致垫圈移动，并使密封失效。

采用这种密封垫圈的滤清器，还存在装配过程中垫圈与端盖之间存留空气的可能性。所存留的空气像一个弹簧，一旦空气逸出，会使作用于该垫圈的有效外加力矩减小。这样，会使滤清器因振动而松脱，甚至可能导致滤清器离开其安装位置。另外，由于这种垫圈是一种上下不对称的结构，无论对垫圈的制造还是安装都带来不便。

因此，本发明提供了一种圆筒式滤清器的密封装置，这种圆筒式滤清器包括：一个带有封闭端和敞开端的外壳，在其敞开端装有一个端盖，滤清元件装在外壳内。该滤清器以螺纹的方式连接在一块安装板上。本发明的滤清密封装置由环状垫圈组成，该环状垫圈安放在端盖的环状凹槽座内。该垫圈的内表面上具有一个圆周沟槽。设置在端盖上的固位装置伸进该垫圈的沟槽内，将垫圈保持在槽内。

以下结合附图对本发明的几个优选实施方式进行具体描述。

图1示出了本发明所提供的圆筒式滤清器（8）。该滤清器（8）包括一个外壳或容器（10），其一端由一个与之成一体的端壁（12）封闭。外壳（10）的另一端设有加强板（14）及环形端盖（16）。用点焊或类似方式将端盖（16）的内周边固定到加强板（14）的下侧面，而端盖（16）的外周边则用不渗漏流体的滚轧缝或接合点（18）与容器（10）的下端固定在一起，垫圈（20）最好由腈橡胶或类似耐油的弹性材料制作，将其安放在端盖（16）下侧的环状凹槽（22）内，关于这一点，将在下文详述。当滤清器（8）安装在滤清器的安装座

上，例如一台内燃机上时，将形成一个油进口腔（图中未示出），垫圈（20）对该油进口腔起到密封作用。

加强板（14）的中心处设有内螺纹套（24），该螺纹套（24）适于拧入一个带外螺纹的杆（图中未示出）。该外螺纹杆具有一中心通道，使来自滤清器（8）的油经过该通道而流出，加强板（14）还具有一组进口（26），来自进口腔需进行过滤的油液经进口（26）而流入滤清器（8）的内部，中空圆筒状滤清元件（28）安装在容器（10）内，并通过支承结构（30）安装在加强板（14）上方的某一位置上。这样，经进口（26）流进滤清器（8）的油径向向外地流到容器（10）和滤清元件（28）之间的空间，在该空间内又沿轴向朝端壁（12）的方向流动，此后再沿径向向内流动，当油液穿过滤清元件（28）时，便流入了多孔的中心管（32）内，并得到滤清，中心管（32）内的油经过内螺纹套（24）从滤清器（8）流出，再由上述外螺杆中的中心通道流回到发动机中。

采用合适的部件，例如设置在该滤清元件（28）端部和容器（10）的端壁（12）之间的片簧（34），可将滤清元件（28）固定在容器（10）内的一个合适位置上。片簧（34）推压滤清元件（28），使其靠在支承结构（30）上。通常，滤清器（8）在靠近加强板（14）处还设置有止回阀（36），以防止发动机停止工作时通过滤清器的油回流，压力安全阀（38）设置在支承结构（30）内，该阀可在滤清元件（28）阻塞时形成旁路，使油仍能流过滤清器（8）。

如图2所示，垫圈（20）设置在端盖（16）的环状凹槽（22）内。垫圈（20）最好带有圆角，以减少该滤清器安装时可能在凹槽（22）内存留过多的空气，业已发现，要想实现这一目的，半径约为0.05英寸的圆角是适宜的。

端盖（16）的环状凹槽（22）处设有固位装置，该装置伸入垫圈（20）内表面的沟槽（44）中，从而将垫圈（20）保持在凹槽（22）内。在图1和图2所示的实施方式中，凹槽（22）的内侧壁（42）的末端处径向朝外形成夹角，构成环状凸部（46），该凸部伸入垫圈（20）的沟槽（44）内。这样，在滤清器的安装与操作过程中，垫圈（20）就不会从凹槽（22）内脱出。

尽管环状凸部（46）伸进沟槽（44）内，但并不紧贴住垫圈（20），垫圈（20）和凹槽（22）之间留有间隙。

在一个优选的实施方式中，垫圈（20）的内径与凹槽（22）内侧壁（42）的直径大体相等，而垫圈（20）的外径比凹槽（22）外侧壁（40）的直径约小0.025英寸。在该实施方式中，沟槽（44）的深度约为0.025英寸，而该环状凸部（46）的直径比凹槽（22）内侧壁（42）的直径约大0.050英寸。最好垫圈（20）的外周与凹槽（22）外侧壁（40）之间以及垫圈（20）的内周与凹槽（22）内侧壁（42）之间都有间隙。在另一优选实施方式中，垫圈（20）的内径比凹槽（22）内侧壁（42）的直径约大 0.03 英寸，而该垫圈的外径比凹槽（22）外侧壁（40）的直径约小 0.025 英寸，沟槽（44）的深度也约为 0.025 英寸，环状凸部（46）的直径比凹槽（22）内侧壁（42）的直径约大 0.050 英寸。

这样，在安装过程中，当滤清器（8）转动时，垫圈（20）可以在凹槽（22）内自由转动，从而减小了作用于垫圈（20）上的剪切力。由于环状凸部（46）与沟槽（44）充分接触，从而避免了垫圈（20）沿轴向从凹槽（22）中脱出。垫圈（20）和凹槽（22）之间的间隙与垫圈（20）上圆角的作用相结合，使滤清器（8）安装时在垫圈（20）与凹槽（22）间的任何气体得以逸出。

沟槽（44）最好位于垫圈（20）内表面的中央处附近，如图 2 所示，垫圈（20）大体对称。尽管垫圈（20）小于凹槽（22）的尺寸，但是，将垫圈制成大致为"B"字的形状，有助于环状凸部（46）将垫圈（20）卡在凹槽（22）内。这种则称垫圈（20）的优点是，在垫圈（20）装进凹槽（22）之前，不需作安装面的选择。

图 3 示出了另外一个实施方式，在该实施方式中，端盖（16）上凹槽（22）的内侧壁（42）上沿圆周间隔设置了一组径向向外延伸的舌片（48），这些舌片（48）都伸进沟槽（44）中，从而将垫圈保持在凹槽内。

本发明的密封装置在操作时能将垫圈保持住，在安装过程中允许垫圈在凹槽内自由转动。这种密封装置不需对安装面进行选择，而且可以消除空气存留在装置内的缺陷。

以上所述的仅是本发明的优选实施方式。应当指出，对于本领域的普通技术人员来说，在不脱离本发明原理的前提下，还可以作出若干变型和改进，这些也应视为属于本发明的保护范围。

说 明 书 附 图

图 1

图 2

图 3

说 明 书 摘 要

本发明涉及一种密封装置，该装置可用在圆筒式滤清器中。该滤清器包括一个一端封闭一端敞开的外壳、设在敞开端的端盖及安装在外壳内的滤清元件。该滤清器可用螺纹连接到安装板上，密封装置包括安装在端盖上环状凹槽内的垫圈。这种密封装置在安装时能自由转动。

[对原专利申请文件的评析]

1. 权利要求书

（1）权利要求1涉及一种用于圆筒式滤清器的密封装置，作为一项独立权利要求，应当符合中国《专利法实施细则》第二十一条第二款的规定，即从整体上反映发明的技术方案，记载为达到发明目的的必要技术特征。

在该申请的说明书中，虽然申请人未正面明确提出该发明的发明目的，但从其对背景技术所作的分析以及后述的技术方案中可以得知，解决垫圈安装过程中存在的剪切应力问题应是该发明的一个主要目的。但权利要求1中所记载的技术方案无法实现上述目的，所记载的技术特征只能保证将垫圈保持在端盖的凹槽内，而不能使垫圈在安装过程中自由转动，从而消除剪切作用力的产生，只有当垫圈与凹槽之间存在运动间隙时，才能实现上述目的。因此，原权利要求1缺少达到该发明目的的必要技术特征，不符合中国《专利法实施细则》第二十一条的上述规定。

（2）权利要求2的限定部分与本发明的上述发明目的直接有关，是实现本发明目的的必要技术特征，应写入权利要求1。此外，这些技术特征属于一种功能性的限定，垫圈"在安装过程转动滤清器时，相对端盖自由转动"是对该技术方案所达到的技术效果的描述，但缺少具体明确的技术特征。

《审查指南2001》第二部分第二章节3.2.2节规定："通常，对产品权利要求来说，应当尽量避免使用功能或者效果特征来限定发明，只有某一技术特征无法用结构特征来限定，或者技术特征用结构特征限定不如用功能或效果特征来限定更为清楚，而且该功能或者效果能够通过说明书中充分规定的实验或者操作直接和肯定地验证时，使用功能或者效果特征来限定发明才是允许的。"

权利要求2限定部分的技术特征显然不属于上述情况，因为从说明书所公开的技术方案看，这些效果特征完全可以，也应该用具体的技术特征来取代。

（3）权利要求3中"垫圈的断面形状如说明书附图2所示"一句，属于对说明书附图的直接引用，不符合2001年修改的中国《专利法实施细则》第二十条第三款的规定："除绝对必要的外，不得使用'如说明书……部分所述'或者'如图……所示'的用语。"

此外"截面大致呈矩形，具有一对轴向延伸的相对表面和一对径向延伸的相对表面"属于垫圈的一个重要结构特征。从说明书所公开的技术内容可以得知：无论对现有技术还是对该发明，这种大致呈矩形的横截面形状都是唯一的形状。如果将该技术特征写入权利要求3中，则意味着在权利要求1的技术方案中，其垫圈的形状不是或者有可能不是矩形截面，这显然与说明书所公开的内容不相符，因此，应将该技术特征写入权利要求 1 的前序部分。

在撰写独立权利要求时，有些技术特征虽然是构成一项技术方案的必要特征，但它与现有技术完全相同，而且与其发明目的没有直接的关系。例如一项发明涉及一种照相机，其发明点在于对照相机的快门机构作了改进，照相机的其他部分与现有技术相同，这时，其独立权利要求可以写作"一种照相机，它具有一个快门机构，其特征在于：……"这时，照相机的其他构件，例如镜头并未被写入该权利要求中去，但这绝非意味着镜头不是组成该照相机的必要技术特征，而是意味着其镜头与现有技术的镜头相同，在独立权利要求的前序部分中省略了，省略并不意味着不存在。但如果在该权利要求的从属权利要求中将该技术特征写入，例如，将权利要求 2 写作：如权利要求 1 所述的照相机，其特征在于它还包括一个镜头。这时，将意味着权利要求 1 中所述的照相机不带有或者可能不带有镜头，这显然与该发明的技术方案相矛盾，故权利要求 2 不能被允许。如果申请人想把镜头这一技术特征写入权利要求书中，则只能将其写入权利要求 1 的前序部分。

基于同样理由，在本发明中，表达垫圈的横截面为矩形的形状技术特征只能写入权利要求 1 的前序部分。

（4）权利要求 4 中"所述的垫圈大致是对称的"这一技术特征不够清楚和准确，它没有指明对称的方向。依照说明书的记载，应将其改为"垫圈的横截面沿径向上下对称"。从而使该权利要求符合 2001 年修改的中国《专利法实施细则》第二十条第一款的规定："清楚、简要地表达请求保护的范围"。

（5）如前面第 3 点所述，权利要求 5 限定部分的特征，即对垫圈横截面形状及其外表面的限定应写入权利要求 1 的前序部分，在对权利要求 1 作了这种修改之后，权利要求 5 即没有存在的必要。

（6）权利要求 7 是对权利要求 6 的引用，"固位装置与端盖成一体"这一技术特征已写入权利要求 6 中，故应将该技术特征从原权利要求 7（见修改后的权利要求 5）中删除。

（7）从形式上看，权利要求 8 引用了权利要求 6 或 7，而权利要求 6 又引用了权利要求 1 或 2，这种引用关系不符合 2001 年修改的中国《专利法实施细则》第二十二条第二款的规定。

从技术内容上看，根据说明书的记载，该密封装置中的"固位装置"有两种不同的实施方式，一是"一个自环状凹槽内侧壁径向向外延伸的环状凸部"，二是"与端盖成一体的，沿圆周方向间隔的、径向朝外延伸的舌片"，两者属于并列的技术方案，故权利要求 8 不能对权利要求 7 进行引用，否则将会导致技术方案上的矛盾。

（8）权利要求9限定部分也属于一种功能性限定，它仅仅记载了其效果特征，如同以上对权利要求2的分析，该效果特征应采用具体结构特征来表示。

（9）权利要求10限定部分的技术特征是产生权利要求9技术效果的具体结构特征，可以用之取代权利要求9，但"垫圈的边缘是圆形的"这一描述不够准确，应修改为："垫圈的角部是圆形的"。为对本发明更好地加以保护，此从属权利要求改写成新权利要求3和7，前者引用权利要求1或2，后者引用权利要求6。

（10）如同以上对权利要求1的分析，为实现该发明的发明目的，权利要求1中至少应当包括使垫圈在安装过程中可以自由转动的具体技术特征。根据说明书的记载，能够实现该目的的技术方案有两个：一个是使垫圈的外直径小于凹槽外侧壁的直径，而其内直径又与凹槽内侧壁的直径大致相同；另一个是使垫圈的外直径小于凹槽外侧壁的直径，同时其内直径又大于凹槽内侧壁的直径。权利要求11和12的技术特征均不完整，它们只对内、外径中的一个尺寸作了限定，与说明书所公开的技术方案不符，而且，在不对内、外径作出同时限定的情况下，也难以保证其发明目的的实现，因此，权利要求11和12应当删除。

（11）权利要求13实际上相当于上述的第二种技术方案，根据中国《专利法实施细则》第二十条第一款的规定，为了"清楚并简要地表达请求保护的范围"，可以将说明书中所描述的两种方案归纳为："垫圈的外直径小于端盖环状凹槽外侧壁的直径，而垫圈的内直径等于或大于环状凹槽内侧壁外表面的直径。"由于该技术特征是实现本发明目的的必要技术特征，应将其补入权利要求1中，而将权利要求13删除。

（12）权利要求14～16实际上就是权利要求11～13所达到的一种技术效果，不存在任何新的技术特征，因此，从属权利要求14～16的保护范围实质上与从属权利要求11～13的保护范围完全相同，应当删除。

（13）从形式上看，权利要求17是该发明的第二个独立权利要求，该权利要求实际上涉及该发明的一种优选的技术方案。该方案中除了包含实现该发明目的的全部必要技术特征之外，还包括了"一个大致对称的环状垫圈"和"与端盖成一体的固位装置"这两个技术特征。该技术方案完全可以用一个从属权利要求的形式来表达，从而使权利要求书更为"清楚、简要"。修改后的权利要求4中引用权利要求2的部分，实际上就相当于该技术方案。

（14）在说明书的一个优选实施方式中，分别对垫圈、凹槽以及固位装置的尺寸作了具体限定，为了更有效地对该发明进行保护，不妨以该实施方式为依据撰写一个新的从属权利要求，如修改后的权利要求8。

（15）该发明的发明点在于对现有滤清器的密封装置进行改进，在选择专利保护的主题时，选择"密封装置"作为保护客体是十分合适的。为了获得最大的保护范围，在权利要求1中应尽量避免写入与该密封装置无关的技术特征。原权利要求1中记载了若干有关圆筒式滤清器的结构特征，这将导致保护范围的缩小，修改后的权利要求1已删去这些结构特征。

如果该密封装置与圆筒式滤清器的结合要求滤清器结构本身或其结合本身作相应的改进，从而给滤清器本身带来了实质性的进步，不妨将"带有这种密封装置的滤清器"作为该发明的第二个技术主题进行保护。由于说明书中已经对滤清器的有关结构作了很详细的公开，这种补充也是有基础的。但就本发明来说，该滤清器本身结构除密封装置外无任何其他改进，因而不应将滤清器作为第二个主题进行保护。这里需要注意的是，如果权利要求书中增加了"滤清器"这一主题，说明书中的发明名称、技术领域、背景技术、发明目的以及技术方案部分都需作相应的修改。

2. 说明书

（1）名称

本发明是专用于圆筒式滤清器中的密封装置，而原发明名称"密封装置"过于笼统，未体现其特定的应用领域，因此未清楚、简明地反映该发明的主题。应将发明名称改为"圆筒式滤清器中的密封装置"。这样修改后，也满足了与权利要求书中所要求保护的主题名称相一致的要求。

（2）所属技术领域

原说明书中所属技术领域部分所提到的"涉及一种液体密封装置"与其权利要求中要求保护的主题不一致，概括得过于上位，根据《审查指南2006》第二部分第二章第2.2.2节的规定，该技术领域应当是发明直接所属或者直接应用的具体技术领域，而不是上位的或者相邻的技术领域，也不是发明本身，因此，将技术领域写作"涉及一种圆筒式滤清器的密封装置"为宜。

（3）背景技术

说明书原背景技术部分只写明与该发明最为相关的背景技术状况，未写明该有关技术的出处。根据中国《专利法实施细则》第十八条的有关规定，在背景技术部分应指明反映这些背景技术的有关文件，因此在修改后的说明书这一部分给出了反映此现有技术状况的德国专利申请公开文件的公告号。

（4）发明目的

原说明书中缺少"发明目的"这一部分。根据审查指南第二部分第二章

2.2.4节的有关规定，在说明书的背景技术之后，应当用正面的、尽可能简洁的语言客观而有根据地反映发明要解决的技术问题。

根据说明书背景技术中对现有技术状况的分析以及结合实施方式对本发明所作的说明，可以得知该发明针对以下三个问题进行了改进：

①在安装过程中垫圈承受内部剪切作用力的问题；

②在安装过程中出现存留空气的问题；

③垫圈不规则形状给其制造和安装带来不便。

如果将以上三个问题同时写入该发明的一个发明目的内，则权利要求1的技术方案必须包括能解决上述三个问题的全部必要技术特征，这样，将会使保护范围变窄。通过阅读权利要求书及说明书可以得知，申请人是将上述问题中的第一个问题作为主要问题来解决的，其他两个问题都是在解决了第一个问题的基础上对该发明所作的进一步改进。这时，在撰写发明目的时就不应将上述三个问题混为一谈，而应分清主次，从而使权利要求1有可能获得最大的保护范围。

具体地说，有两种方式可供选择：一种是仅仅将解决第一个问题作为该发明的发明目的，即写作"本发明的目的在于消除垫圈安装过程中所承受的剪切作用力的问题"。第二和第三个问题的解决，可以放在该发明所取得的有益效果部分进行叙述，即针对某些优选的实施方式，阐明其可以消除安装过程中存留空气的问题以及解决安装不便的问题。另一种方式是将解决第一个问题作为该发明的主要目的，其余两个作为该发明的第二和第三个目的。但这时应当注意，无论在说明书还是权利要求书中，与后两个目的有关的技术方案必须以第一个发明目的为基础；也就是说，在撰写权利要求书时，应将与第二、三个目的有关的权利要求写作与第一个发明目的有关的权利要求（例如权利要求1）的从属权利要求。正如审查指南第二部分第二章2.2.4节所规定的："一件专利申请的说明书可以包括一个或者多个发明或者实用新型的目的……说明书所写明的每个目的应当与一个总的发明构思相关。"

（5）技术方案

原说明书技术方案部分与原权利要求1一样，缺少实现发明目的的必要技术特征。应当根据新修改的权利要求1对这一部分作相应修改，使之成为一个能够实现该发明目的的技术方案。

此外，修改后的说明书中在这一部分还简要写明两个实现其另两个目的的优选实施方式，即相应于新修改的权利要求2和4的两个技术方案。

（6）有益效果

原说明书将本发明的有益效果写在说明书的末尾，不符合中国《专利法实施细则》第十八条规定的八个部分的顺序。为此，在修改后的说明书中将这部分内容提前，写在"技术方案"之后。此外，为了更清楚地写明本发明的有益效果，更具体地通过对技术方案技术特征的分析来说明其有益效果。

（7）图面说明

原说明书中缺少图面说明这一部分。按照中国《专利法实施细则》第十八条的规定，说明书中有附图的，在结合附图描述具体实施方式之前应集中对所有附图作出说明。因此，在修改后的说明书中，在此处集中给出三幅附图的图面说明。

（8）具体实施方式

原说明书这一部分共存在五个问题：

①这一部分一开始写明图1为本发明所提供的滤清器，显然与本发明的主题不符。因为本发明是用于滤清器中的密封装置，不是滤清器本身，故在修改后的说明书中改为"图1是一种采用本发明密封装置的滤清器的局剖侧视图"。

②根据审查指南第二部分第二章2.2.8节的规定，说明书中的附图标记不加括号，而原说明书中的附图标记全部带有括号，因此在修改后的说明书中有关附图标记的括号应全部删除。

③说明书中出现了英制计量单位，不符合审查指南第二部分第二章2.1.1节的有关规定：应当使用国家法定计量单位。即长度单位不得用英寸，应将其换算成国家法定计量单位厘米。如果需要，可在其后括号内注明相应的英制单位。

④说明书中"片簧34"中的附图标记"34"在附图中未予标明，不符合中国《专利法实施细则》第十九条第三款的规定：附图中未出现的附图标记不得在说明书文字部分提及。这有两种修改办法，一种是在附图中补标上附图标记34，另一种是将说明书中片簧之后的附图标记34删去。在修改的说明书中采用了后一种办法。

⑤与前面权利要求4中所指出的问题一样，说明书中描述"垫圈20大体对称"时未指明对称的方向，以致造成描述不够清楚。应修改为"垫圈20的横截面大体沿径向上下对称"。

（9）说明书摘要

说明书摘要主要存在两个问题：其一是未写明本发明的主要技术特征，即与原权利要求1一样缺少实现发明目的的必要技术特征；其二是缺少摘要附图。

[修改文本]

权 利 要 求 书

1. 一种用于圆筒式滤清器中的密封装置，它包括一个环形垫圈和一个位于滤清器端盖上、用于安放此环形垫圈的环状凹槽，环形垫圈的横截面大致呈矩形，包括一对径向延伸的表面和一对轴向延伸的表面，其特征在于：在此垫圈的轴向内侧面上设有一圆周沟槽，滤清器端盖的环状凹槽内侧壁上设有一个伸入到垫圈沟槽内的固位装置，将垫圈保持在凹槽内，所述固位装置与垫圈沟槽呈松动配合，垫圈的外直径小于端盖环状凹槽外侧壁的直径，而垫圈的内直径则等于或大于环状凹槽内侧壁外表面的直径。

2. 如权利要求 1 所述的密封装置，其特征在于：所述垫圈横截面的形状沿径向上下对称。

3. 如权利要求 1 或 2 所述的密封装置，其特征在于：所述垫圈的角部是圆形的。

4. 如权利要求 1 或 2 所述的密封装置，其特征在于：所述固位装置与所述端盖成一体。

5. 如权利要求 4 所述的密封装置，其特征在于：所述固位装置是多个沿环形凹槽内侧壁圆周方向间隔设置的、径向向外延伸的舌片。

6. 如权利要求 4 所述的密封装置，其特征在于：所述固位装置是一个自其环状凹槽内侧壁沿径向向外延伸的环状凸部。

7. 如权利要求 6 所述的密封装置，其特征在于：所述垫圈的角部是圆形的。

8. 如权利要求 7 所述的密封装置，其特征在于：所述垫圈的圆角半径为 0.127 厘米，垫圈中沟槽深度为 0.064 厘米，端盖上环状凸部的直径比其内侧壁直径大 0.127 厘米，垫圈的内直径比端盖凹槽的内侧壁直径大 0.076 厘米，垫圈的外直径比端盖外侧壁的直径小 0.064 厘米。

说 明 书

圆筒式滤清器中的密封装置

本发明涉及一种密封装置，具体地说，涉及一种圆筒式滤清器的密封装置。

众所周知，圆筒式滤清器常用于内燃机的润滑系统中。这类滤清器通常包括一个外部容器和一个用来封闭中空圆筒状滤清元件的端盖。在滤清器的端盖和安装该滤清器的发动机机体或连接板或类似物件之间，需采用一个环状密封垫圈，从而使这些元件之间获得有效的密封。通常，在该端盖上所形成的环状凹槽内安装一个具有矩形横截面的垫圈，然后再将该凹槽的一侧或两侧的壁面卷曲，将密封圈封装在凹槽内。在德国专利申请公开说明书 DE‒3222815A 中，对这种密封装置作了详细描述。

这类密封垫圈的缺点是，垫圈相对端盖的转动受到阻碍。尽管垫圈在装配前预先经过了润滑，但是，一旦垫圈与密封基面相对接触之后，在滤清器旋转至最终工作位置时，垫圈会受到剪切变形力。垫圈所经受的这种内部剪切力会导致垫圈移动，并使密封失效。

采用这种密封垫圈的滤清器，还存在装配过程中垫圈与端盖之间存留空气的可能性，所存留的空气像一个弹簧，一旦空气逸出，会使作用于该垫圈的有效外加力矩减小。这样，会使滤清器因振动而松脱，甚至可能导致滤清器离开其安装位置。另外，由于这种垫圈是一种上下不对称的结构。无论对垫圈的制造还是安装都带来不便。

本发明针对现有技术中所存在的上述问题提供了一种供圆筒式滤清器用的密封装置，其主要目的在于：该装置一方面可以将垫圈保持在端盖的凹槽内，另一方面在安装时又可使垫圈相对端盖自由转动，从而避免了内部剪切作用力的产生。

本发明的另一个目的在于使垫圈在安装时不需要对其安装面进行选择，以便于垫圈的加工和安装。

本发明还有一个目的，即解决垫圈安装过程中，端盖凹槽中会存留空气的问题。

本发明的上述目的是这样实现的：提供一种用于圆筒式滤清器的密封装置，它包括一个环形垫圈和一个位于滤清器端盖上、用于安放此环形垫圈的环状凹槽，所述垫圈的横截面大致呈矩形，包括一对径向延伸的表面和一对轴向延伸的表面，在垫圈的轴向内侧面上设有一圆周沟槽，滤清器端盖的环状凹槽内侧壁上设有一个伸入到垫圈沟槽内的固位装置，将垫圈保持在凹槽内，所述的固位装置与所述垫圈沟槽呈松动配合，垫圈的外直径小于端盖凹槽外侧壁的直径，而垫圈的内直径则等于或大于凹槽内侧壁外表面的直径。

在一个优选实施方式中，将垫圈的角部制成圆形。

在另一个优选的实施方式中，将垫圈的横截面形状制成沿滤清器的径向上下对称的形状。

采用本发明的密封装置，在操作过程中能将垫圈保持在端盖的凹槽内，由于垫圈与凹槽之间留有间隙，在安装过程中，垫圈可以在凹槽内自由转动，从而避免了剪切应力的产生；由于垫圈为对称结构，便于制造，而且安装时不需对其安装面进行选择；垫圈的圆形角部可以防止在垫圈与端盖之间存留空气。

以下结合附图对本发明的几个优选实施方式进行具体描述：

图1是一种采用本发明密封装置的滤清器的局部侧视图；

图2是图1所示滤清器的密封装置的局部放大图；

图3是本发明密封装置的另一实施方式的端部视图。

图1示出了采用本发明密封装置的圆筒式滤清器8，该滤清器8包括一个外壳或容器10，其一端由一个与之成一体的端壁12封闭，外壳10的另一端设有加强板14及环形端盖16。用点焊或类似方式将端盖16的内周边固定到加强板14的下侧面，而端盖16的外周边则用不渗漏流体的滚轧缝或接合点18与容器10的下端固定在一起，垫圈20最好由腈橡胶或类似耐油的弹性材料制作，将其安放在端盖16下侧的环状凹槽22内，关于这一点，将在下文详述。当滤清器8安装在滤清器的安装座上，例如一台内燃机上时，将形成一个油进口腔（图中未示出），垫圈20对该油进口腔起到密封作用。

加强板14的中心处设有内螺纹套24，该螺纹套24适于拧入一个带外螺纹的杆（图中未示出）。该外螺纹杆具有一中心通道，使来自滤清器8的油经过该通道而流出，加强板14还具有一组进口26，来自进口腔需要进行过滤的油液经进口26而流入滤清器8的内部，中空圆筒状滤清元件28安装在容器10内，并通过支承结构30安装在加强板14上方的某一位置上。这样，经进口26流进滤清器8的油径向向外流到容器10和滤清元件28之间的空间，在该空间内又沿轴向朝端壁12的方向流动，此后再沿径向向内流动，当油液穿过滤清元件28时，便流入了多孔的中心管32内，并得到滤清，中心管32内的油经过内螺纹套24从滤清器8流出，再由上述外螺纹杆中的中心通道流回到发动机中。

采用合适的部件，例如设置在该滤清元件28端部和容器10的端壁12之间的片簧可将滤清元件28固定在容器10内的一个合适位置上。片簧推压滤清元件28，使其靠在支承结构30上。通常，滤清器8在靠近加强板14处还设置有止回阀 36，以防止发动机停止工作时通过滤清器的油回流。压力安全阀 38 设置在支承结构 30 内，该阀可在滤清元件 28 阻塞时形成旁路，使油仍能流过滤清器 8。

如图 2 所示，垫圈 20 设置在端盖 16 的环状凹槽 22 内。垫圈 20 最好带有圆角，以减少该滤清器安装时可能在凹槽 22 内存留过多的空气，业已发现，要想实现这一目的，半径约为 0.127 厘米的圆角是适宜的。

端盖 16 的环状凹槽 22 处设有固位装置，该装置伸入垫圈 20 内表面的沟槽 44 中，从而将垫圈 20 保持在凹槽 22 内。在图 1 和图 2 所示的实施方式中，凹槽 22 的内侧壁 42 的末端径向朝外形成夹角，构成环状凸部 46，该凸部伸入垫圈 20 的沟槽 44 内。这样，在滤清器的安装与操作过程中，垫圈 20 就不会从凹槽 22 内脱出。

尽管环状凸部 46 伸进沟槽 44 内，但并不紧贴住垫圈 20。垫圈 20 和凹槽 22 之间留有间隙。

在一个优选实施方式中，垫圈 20 的内径与凹槽 22 内侧壁 42 的直径大体相等，而垫圈 20 的外径比凹槽 22 外侧壁 40 的直径约小 0.064 厘米。在该实施方式中，沟槽 44 的深度约为 0.064 厘米，而该环状凸部 46 的直径比凹槽 22 内侧壁 42 的直径约大 0.127 厘米。最好垫圈 20 的外周与凹槽 22 外侧壁 40 之间以及垫圈 20 的内周与凹槽 22 内侧壁 42 之间都有间隙。在另一优选实施方式中，垫圈 20 的内径比凹槽 22 内侧壁 42 的直径约大 0.076 厘米，而该垫圈的外径比凹槽 22 外侧壁 40 的直径约小 0.064 厘米，沟槽 44 的深度也约为 0.064 厘米，环状凸部 46 的直径比凹槽 22 内侧壁 42 的直径约大 0.127 厘米。

这样，在安装过程中，当滤清器 8 转动时，垫圈 20 可以在凹槽 22 内自由转动，从而减少了作用于垫圈 20 上的剪切力。由于环状凸部 46 与沟槽 44 充分接触，从而避免了垫圈 20 沿轴向从凹槽 22 中脱出。垫圈 20 和凹槽 22 之间的间隙与垫圈 20 上圆角的作用相结合，使滤清器 8 安装时在垫圈 20 与凹槽 22 间的任何气体得以逸出。

沟槽 44 最好位于垫圈 20 内表面的中央处附近，如图 2 所示，垫圈 20 的横截面大体沿径向上下对称。尽管垫圈 20 小于凹槽 22 的尺寸，但是，将垫圈制成大致为"B"字的形状，有助于环状凸部 46 将垫圈 20 卡在凹槽 22 内。这种对称垫圈 20 的优点是：在垫圈 20 装进凹槽 22 之前，不需作安装面的选择。

图 3 示出了另外一个实施方式，在该实施方式中，端盖 16 上凹槽 22 的内侧壁 42 上沿圆周间隔设置了一组径向向外延伸的舌片 48，这些舌片 48 都伸进沟槽 44 中，从而将垫圈保持在凹槽内。

以上所述的仅是本发明的优选实施方式。应当指出，对于本领域的普通技术人员来说，在不脱离本发明原理的前提下，还可以作出若干变型和改进，这些也应视为属于本发明的保护范围。

（"说明书附图"相同为节省篇幅此处从略，可参见350页原专利申请文件的"说明书附图"。）

说 明 书 摘 要

本发明涉及一种供圆筒式滤清器使用的密封装置，它包括一个环形垫圈和一个位于滤清器端盖上、用于安放此垫圈的环状凹槽，此垫圈横截面大致为矩形，在其轴向内侧面上设有一道沟槽，端盖环状凹槽内侧壁上设置了一个可伸入此沟槽内的固位装置，此垫圈与凹槽间留有间隙，使垫圈在凹槽内可自由转动，从而避免在安装过程产生剪切力。垫圈角部制成圆形、且垫圈大致沿径向上下对称，可消除安装过程中存留过多的空气，且不需对安装表面进行选择。

说 明 书 摘 要 附 图

三、复审及无效案例评析

（一）预应力钢捻线的防锈涂膜形成加工方法及其装置——"技术特征"的认定及权利要求书的撰写

1. 案情简介

该案涉及一项发明专利的无效宣告请求案。该专利的名称为"预应力钢捻线的防锈涂膜形成加工方法及其装置"，专利号为 93108019.3。

该专利包括两项发明（生产钢捻线的"方法"和"装置"），其授权公告的两项独立权利要求如下：

1. 一种预应力钢捻线的防锈涂膜形成加工方法，其特征在于：上述方法包括下列步骤：将预应力钢捻线依次按所定长度倒捻，上述预应力钢捻线具有芯线和多根围绕着芯线的侧线，当调整芯线长度时，使上述相邻的被倒捻的预应力钢捻线沿径向远离扩开维持装置，在上述每根测线和芯线的表面施加合成树脂粉体；加热熔化上述施加的合成树脂；冷却上述被涂覆的合成树脂，将被涂覆上合成树脂的侧线绕着涂覆上合成树脂的芯线再捻合以形成捻合的预应力钢捻线。

3. 一种预应力混凝土钢捻线的防锈涂膜形成加工装置，其特征在于：上述装置具有一缓解装置，对经所定长度的芯线和绕着芯线的多根侧线暂时性地缓解；二涂饰装置，将倒捻的合成树脂粉体涂覆在每根测线和芯线的表面上，三加热装置，用于加热和融化施加在所有侧线和芯线上的合成树脂；四冷却装置，用于冷却涂有合成树脂的侧线和芯线；五缓闭装置，用于绷紧并将涂有合成树脂的侧线围绕着涂有合成树脂的芯线捻合六一芯线长度调整装置，设置在缓解装置和缓闭装置之间，上述芯线长度调整装置具有一个固定滑轮和一个在给定的方向上弹簧偏置的可动滑轮。

针对上述发明专利，请求人于 2002 年 1 月 17 日向专利复审委员会提出宣告该专利权无效的请求，其理由是该专利的权利要求不具备新颖性和创造性，请求宣告本专利全部无效。

所提供的证据为三份专利文献：

WO 9208551（下称证据 1）；

平 2－242989A（下称证据 2）；

US 3972304（下称证据 3）。

请求人认为：

该专利的权利要求 1 和权利要求 2 所述的加工方法已完全被证据 1 公开，权利要求 1 不具备新颖性，更不具备创造性；该专利权利要求 3 所述的加工装置与证据 1 相比结构基本上相同，两者的区别仅在于该专利的权利要求 3 中的"芯线长度调整装置具有一个固定滑轮和一个在给定的方向上弹簧偏置的可动滑轮"，而定滑轮与动滑轮组成的滑轮组是现有技术中经常使用的组件，因此与证据 1 相比该专利的权利要求 3 也不具备创造性。

专利权人则认为：

（1）采用本专利方法制成的预应力捻线与证据 1 中的捻线相比，其结构完全不同。本专利说明书公开的产品中，其芯线与外层线之间没有相互连接，其外部形状如同涂覆树脂之前一样，从而使该钢捻线具有很好的挠性和对混凝土的附着力，而证据 1 和证据 2 中的产品其侧线的外围用合成树脂填充和涂覆，不具备本专利的性能。（见图 4 - 1。）

证据 1 中的产品结构（剖面）　　本专利一实施例中的产品结构（剖面）

图 4 - 1

（2）上述产品结构和性能方面的差异是由于制造方法的不同而造成的，具体说本专利权利要求 1 所述的方法与证据 1 所述的方法相比存在以下区别：

① 本专利的权利要求 1 中存在"调整芯线长度时，使上述相邻的被倒捻的预应力钢捻线沿径向远离扩开维持装置"这一技术特征，而在证据 1 中不存在该技术特征。

② 本专利在钢捻线重新捻合之前存在一个"冷却"的过程，即"冷却上述被涂覆的合成树脂"，而证据 1 中则不存在该技术特征。

针对被请求人的上述观点，请求人表示了不同意见，请求人认为：

（1）该专利的权利要求 1 和权利要求 2 涉及一种钢捻线的加工方法，权利要求 3—6 涉及加工该钢捻线的装置，它们均不涉及钢捻线的结构及其性能，故在评价该专利权利要求 1—6 的创造性时，产品的结构特征不应当予以考虑。

（2）在证据1中虽然未明确记载"冷却被涂覆的合成树脂"这一过程，但在其芯线与侧线的树脂涂覆之后至重新捻合之前，必然存在一个冷却的过程，因为树脂涂覆是在高温下进行的，而重新捻合是在较低的温度条件下进行的，其间至少存在一个自然冷却的过程。所以该专利的"冷却被涂覆的合成树脂"这一技术特征实际上也已经被证据2所公开。

（3）证据1中的锥形出口16起到了调整芯线与侧线长度的作用，所不同的是该专利在涨紧芯线的同时，通过一滑轮组将多余的芯线加以储存，而在证据1中只是将芯线通过锥形出口进行涨紧，而并未对多余的芯线作进一步处置。

在上述事实的基础上，合议组依法作出了无效审查决定。

2. 决定的理由及结论

（1）无效审查决定的理由及结论。合议组认为：

① 该专利的权利要求书包括6项权利要求，其中的权利要求1和权利要求2涉及"加工方法"，权利要求3—6涉及"加工装置"。"产品""加工方法"和"加工装置"涉及不同的发明主题，就该发明而言，其说明书中所公开的"产品"与权利要求书中所要求保护的"方法"及"装置"之间并不存在必然的、唯一性的联系。例如，采用该专利权利要求1所述的方法，如果选用不同的工艺条件（例如不同的冷却温度、时间），则有可能生产出断面结构不同的产品。因此，合议组对被请求人以说明书中一实施例的产品结构来解释其权利要求1所述方法的观点不予支持。

② 证据1公开了一种对钢捻线进行涂覆和填充的方法，与该专利属于相同的技术领域。被请求人认为该专利权利要求1中的步骤三（当调整芯线长度时，使上述相邻的被倒捻的预应力钢捻线沿径向远离扩开维持装置）和五（冷却上述被涂覆的合成树脂）这两个技术特征在证据1中未被公开，即证据1中所使用的加工方法不存在"调整芯线长度"的过程和"冷却被涂覆的合成树脂"的过程，因此与证据1相比该专利的权利要求1具备新颖性和创造性。

合议组认为通过阅读证据1的附图及其说明书可以得知：其出口锥体（16）实际上起到了一种调整芯线与侧线长度的作用，即通过出口锥体对芯线的涨紧作用，可以使"多余"出的芯线保持在钢捻线的打开点与闭合点之间。由于该出口锥体的存在，便可以确保钢捻线在经过出口锥体之后的再捻合过程中，芯线与侧线以适合的长度关系重新捻合在一起。因此，当被倒捻的预应力钢捻线沿径向远离扩开维持装置时，其出口锥体对芯线和侧线的长度关系进行了调整。因此该专利权利要求1中的步骤二实际上已经被证据1所公开。

关于该专利权利要求1中的步骤五。在该权利要求中只是对"冷却"步骤作了笼统的限定，即"冷却上述被涂覆的合成树脂"。其中既未对冷却的具体参数进行限定，也未以产品结构的方式对"冷却"的结果进行限定。本技术领域的技术人员都明白，在对钢捻线进行热涂覆之后，冷却的速度及冷却的最终温度对重新捻合之后的钢捻线结构会有直接的影响。如果冷却效果好、最终温度低，在重新捻合时芯线与侧线之间会形成一明显的隔离层；反之，两者间的隔离层将不明显。由于该专利的权利要求1中对冷却工艺未作具体限定，所以该权利要求实际上包括了上述两种情况，既包括强制冷却的情况（隔离层可能很明显），也包括自然冷却的情况（隔离层可能不明显）。

在证据1中，对打开的钢捻线进行树脂涂覆之后要经过一定的时间之后才能重新捻合。通常涂覆过程是在较高的温度下进行的，而重新捻合是在较低的温度下进行的，所以两者之间必然存在一个温度差，即使不对其进行强制冷却，自然冷却的过程也是必然存在的。因此该专利权利要求1中的步骤五实际上也已经被证据1公开。

尽管该专利权利要求1中的六个步骤均分别被证据1所公开，但两者间的步骤顺序却有所不同：该专利是先施加合成树脂粉末后加热；而证据1中则先对钢捻线进行加热后涂覆合成树脂。由于存在这种区别，两者应视为不同的加工方法。所以该专利的权利要求1与证据1相比具备新颖性。但由于这种区别并未导致技术效果方面的明显差异，该区别不具有突出的实质性特点和显著进步，故与证据1相比该专利的权利要求1不具备创造性。

③ 权利要求3涉及一种预应力混凝土钢捻线的防锈涂膜形成加工装置。其中的芯线长度调整装置具有一个固定滑轮和一个在给定的方向上弹簧偏置的可动滑轮。该技术特征在证据1—3中均不存在。请求人认为"定滑轮与动滑轮组成的滑轮组是现有技术中经常使用的组件，因此与证据1相比该专利的权利要求3也不具备创造性"。

合议组对请求人的上述主张不予支持：虽然定滑轮与动滑轮组成的滑轮组是现有技术中经常使用的组件，但这种滑轮组通常是用来吊装重物的。在该专利中，采用一滑轮组与一张紧弹簧相配合，用来收拢多余的芯线，其功能与现有技术中的滑轮组完全不同。

由于在请求人所提供的证据1—3中，并未公开"芯线长度调整装置具有一个固定滑轮和一个在给定的方向上弹簧偏置的可动滑轮"这一技术特征，而该技术特征又为该加工设备带来了明显的技术效果，故该专利的权利要求3与请求人所提供的证据1—3相比具备创造性。

以上述结论为基础，合议组又对该专利的权利要求2、4、5、6进行了审查。合议组于 2002 年 11 月 1 日作出第 4574 号无效宣告审查决定：

宣告 93108019.3 号发明专利的权利要求 1—2 无效，以权利要求 3—6 为基础维持该专利的专利权有效。

（2）行政诉讼程序。被请求人对专利复审委员会作出的上述决定不服，遂向北京市第一中级人民法院提起诉讼。经审理，法院认为：

① 关于芯线调整问题，证据 1 对芯线的调整不仅基于芯线与侧线扩离与闭合存在的长度差，而且由于芯线与侧线存在涂覆层，在复捻的过程中芯线与侧线之间的长度配合关系会发生改变，就需要进行调整。在证据 1 中，出口锥体对芯线的涨紧作用即长度的调整作用，是始终存在的，故芯线调整这一技术特征已被证据 1 所公开。

② 关于冷却的问题，证据 1 虽未明确冷却这一技术特征，但在生产过程中必然存在自然冷却的过程，而该专利虽然提出冷却的技术特征，但却未对冷却的具体参数进行限定，故其应当包括强制冷却和自然冷却两种情况。

③ 专利复审委员会认为："产品"是独立于"加工方法"和"加工装置"之外的另一类发明，"产品"与相关的"方法"及"装置"之间并不存在必然的、唯一性的联系。本院同意专利复审委员会的上述观点。

2003 年 12 月 16 日北京市第一中级人民法院作出了维持专利复审委员会上述无效审查决定的判决。

在规定的期限内专利权人未提起上述，北京市第一中级人民法院的该判决生效。

3. **评 析**

该案涉及三个主要的法律问题。

（1）创造性问题。在评价一项技术方案是否具备创造性时，不仅要看组成该技术方案的技术特征是否属于现有技术的范畴，还要看现有技术中是否给出了将该技术特征引入该技术方案的启示或教导，以及引入该技术特征是否为了解决同样的技术问题。

该专利的权利要求 3 涉及一种预应力混凝土钢捻线的防锈涂膜形成加工装置。该专利权利要求 3 所述的加工装置与证据 1 相比结构基本上相同，两者的区别仅在于该专利的权利要求 3 中的"芯线长度调整装置具有一个固定滑轮和一个在给定的方向上弹簧偏置的可动滑轮"。虽然定滑轮与动滑轮组成的滑轮组是现有技术中经常使用的组件，但这种滑轮组通常是用来吊装重物的。在该专利中，采用一滑轮组与一涨紧弹簧相配合，用来收拢多余的芯线，其功能与现有技术中的滑轮组完全不同。由于在请求人所提供的证据 1—3 中均未公开"芯线长度调整装置具有一个固定滑轮和一个在给定的方向上弹簧偏置的可动滑轮"这一技术特征，而该技术特征又为该专利的加工设备中带来了明显的、不同于现有技术的技术效果，具有非显而易见性，故该专利的权利要求3与请求人所提供的证据1—3相比具备创造性。

（2）"方法"与"产品"之间的关系。在一份合案申请的专利文件中，"产品"是独立于"加工方法"和"加工装置"之外的另一项发明，虽然它们在技术上相互关联，包含相同或相应的特定技术特征，但"产品"与相关的"方法"之间的关系并非唯一的。具体说，一项有关"方法"的发明，在其权利要求所限定的保护范围内（由实现该方法的工艺步骤来限定），一般存在多种技术方案可供选择（例如对某一工艺步骤中具体工艺参数的选择），而这些不同的选择将直接影响产品的结构和性能（例如在该专利权利要求1的技术方案中，选择不同的冷却工艺，其钢捻线涂覆层的结构会截然不同）。

虽然在该专利的说明书中记载了有关钢捻线"产品"的技术内容，但是在其权利要求书中并未将该产品作为保护对象，也未采用"产品的结构"方式对其"方法"进行限定。在无效程序中，被请求人试图以说明书中所公开的"某一具体产品的结构特征"对其"方法"进行限定和解释，以形成与现有技术的区别，这显然已经超出了说明书对权利要求书进行解释的范围，是不能被接受的。

（3）关于"冷却"的问题。一项专利的保护范围应当以其权利要求的内容为准。在该专利的权利要求1中虽然记载了"冷却"这一技术特征，但却并未对该冷却所采取的方式及冷却的工艺参数作任何具体限定，故该"冷却"应当理解为一般意义上的冷却，即包括了强制冷却和自然冷却两种情况。

证据1虽未明确记载冷却这一过程，但从其说明书所公开的技术方案可以得知：在其钢捻线的生产过程中确实存在着由高温到低温的自然冷却的过程。在这种情况下，应当认为该专利权利要求1中的"冷却"这一技术特征已经被证据1所公开。

虽然该专利说明书实施例部分记载了一项很重要的发明内容：在钢捻线复捻之前，通过冷却的方式使芯线与外层线的涂覆层固化，从而使制成的预应力钢捻线其外部形状仍如同涂覆树脂之前一样，芯线与外层线之间没有相互连接，这样，所制成的钢捻线既具有很好的挠性又具有良好的对混凝土的附着力。而且该技术内容也并未被该案无效请求人所提供的证据所公开。但是，遗憾的是该技术内容并未体现在其权利要求书中。该专利最终之所以未能实现对上述发明内容的保护，是由于权利要求书的撰写存在以下失误：

① 未对"产品"提出保护请求。相对于"方法"而言，对产品的保护可能更为直接，保护范围可能会更大，因为同样的产品往往可以采用不同的方法制得，产品被保护了，采用任何方法制得的该产品都将构成侵权。在该专利说明书的实施例中对钢捻线的产品结构已经作了充分具体的公开，而且该产品的性能与现有技术中同类产品的性能存在明显不同，如果申请人在权利要求书中加入一个有关该产品的权利要求，那么仅凭无效请求人所提供的上述证据尚无法将其无效掉。

② 对"方法"的保护并不充分。在该专利的权利要求1中虽然记载了"冷却"这一技术特征，但并未对该冷却的具体实施方式及工艺参数作出任何具体的限定，从而体现不出该技术特征与证据1中所公开的自然冷却之间的区别。申请人之所以按照上述方式撰写权利要求1可能有其具体原因。假如申请人考虑到对于不同规格的产品来说，其工艺参数可能会不同，通过工艺参数对冷却条件作出进一步限定比较困难，此时应当考虑通过其他方式对"冷却"作进一步限定。例如可以在权利要求1中再增加"通过冷却使芯线与外层线的涂覆层完全固化"这一技术特征，借助于"产品的结构或性能"对"方法"作出进一步限定，这种限定也将是合法、有效的；假如由于申请人对现有技术的状态不够了解，误认为"冷却"的工艺在现有技术中未曾被采用，"冷却"属于申请人的发明点，从而写出了上述的权利要求1，那么至少在其从属权利要求中还应当对该冷却的条件或效果再作进一步限定。不作进一步限定，就意味着不寻求对该技术方案进一步的保护，其后果是：一旦权利要求1被无效掉，说明书中所公开的这一部分发明内容将不会对该专利的维持提供任何帮助。

这也就是笔者在本书权利要求书的撰写部分所特别强调的"说明书所公开的优选实施例一定要在权利要求书中得到体现"的原因。对于专利代理人来说，应当汲取该案上述的经验教训。

(二) 棕纤维弹性材料及生产方法——关于"修改超范围"及"公开不充分"的问题

1. 案情简介

名称为"棕纤维弹性材料及生产方法"的发明专利，在其原始申请的说明书中只公开了棕丝弹性材料的制备方法，而且仅公开了一个有关该制备方法的实施例。该实施例为：

把适量棕片或棕板放入温度为40℃左右、含碱量为10%左右的水溶液中浸泡20小时后捞出，经轧辊、梳理，得到棕丝，然后将其切成100毫米长，制绳。经制绳机制绳后放置在100℃的环境内保持5～6分钟，取出分解，这时棕丝均呈卷曲状，用气体将卷曲状的棕丝吹至成片机内，棕丝则呈三维方向均匀发布，棕丝与棕丝之间有接触点并呈网状，这时喷上胶液，使接触点胶接后放入100℃的环境内干燥，最后将其热压、切割，放入模具内在100℃左右的环境中保持10分钟，取出即得棕丝纤维弹性材料。

在实质审查过程中，申请人修改了说明书，增加了有关"棕丝产品"的技术内容，并将其写入了权利要求书中。

在其授权公告的文本中，新增加的有关"产品"的权利要求为：

1. 一种棕纤维弹性材料，其特征在于：这种弹性材料所用的棕丝长度为60～200毫米，棕丝呈三维方向均布，棕丝与棕丝之间的交点有黏胶。

针对上述发明专利，请求人向专利复审委员会提出宣告该专利权无效的请求。

请求人认为：

（1）该专利的修改不符合《专利法》第三十三条的规定。在该专利的申请公开文本中，其权利要求书只要求保护"棕纤维弹性材料的生产方法"，但在其审定文本的权利要求书中却增加了另一个独立权利要求——"一种棕纤维材料"。除此之外还在其说明书中增加了"本发明所指的产品是这样构成的，这种弹性材料所用的棕丝长度为60～200毫米，棕丝呈三维方向均布、棕丝与棕丝之间的交点有黏胶"这一段文字。

请求人的观点是：上述修改超出了该专利申请原始公开的范围。因为在原始公开的说明书中，仅仅公开了有关"棕纤维弹性材料的生产方法"的技术内容，而且所公开的生产方法均包括"对棕丝进行卷曲"的工艺步骤。按照该步骤制造出的棕丝，其结构必然是卷曲的。但是在该专利的审定文本中，不仅增加了有关其产品——"棕纤维弹性材料"的权利要求，而且所涉及的棕丝产品均未包括"棕丝是卷曲的"这一技术特征，致使所增加的"棕丝产品"除了包括卷曲的棕丝之外，还包括非卷曲的棕丝产品。

由于原始说明书中并未记载有关棕丝产品的技术内容，更未给出用非卷曲的棕丝也可以制成该棕丝产品的教导，故授权文本中的保护范围要大于原始公开的范围，不符合《专利法》第三十三条的规定。

（2）授权文本中的权利要求1并未包括"棕丝是卷曲的"这一技术特征，基于上述相同的理由，该权利要求得不到原始说明书的支持，不符合《专利法》第二十六条第四款的规定。

（3）在该专利的说明书中并未公开该专利产品的性能指标及该性能指标的

测试方法，致使本领域普通技术人员无法去选择合理的工艺参数，从而无法完成该发明；说明书中未限定所使用的碱、胶的种类，也未限定配胶量、喷胶方式、铺棕层数及纤维密度等，致使技术人员无法选择合理的工艺参数以完成发明目的。因此该专利不符合《专利法》第二十六条第三款的规定。

专利权人则认为：本专利授权文本中所增加的内容均隐含在原始公开的说明书和权利要求书中，即属于本领域普通技术人员可以从原始公开的内容中直接推出的，并未超出原始公开的范围，故所增加的内容均符合《专利法》第三十三条的规定；请求人所主张的"该专利不符合《专利法》第二十六条第三款的规定"缺乏证据支持，本领域普通技术人员根据说明书所公开的内容完全可以实施该方法并生产出相应的产品。

2. 决定的理由及结论

（1）无效审查决定的理由及结论。经审理合议组认为：

① 在该专利的授权文本中增加了一个有关"棕纤维弹性材料"的权利要求，并在说明书中增加了一些有关该产品结构的说明。

对此，合议组的观点是：虽然在该专利的原始说明书中未专门对棕纤维弹性材料提出保护，也未直接对该产品的结构作专门的说明，但是由于"产品"与"方法"之间存在一定的关联性，在公开一种方法的同时，与该方法相对应的产品结构往往也就被公开了。本领域普通技术人员通过阅读该"加工方法"所能够理解到的有关"产品"的内容，应当认为已经被隐含在说明书中了，或者说已经被说明书所公开。因此，在该专利的授权文本中虽然增加了"棕纤维弹性材料"的技术内容，但只要该内容与所公开的方法有直接的关联性，被隐含在原始说明书中，就应当被允许。

② 请求人认为：a. 在该专利的说明书中并未公开该专利产品的性能指标及该性能指标的测试方法，致使本领域普通技术人员无法去选择合理的工艺参数，从而无法完成该发明；b. 说明书中未限定所使用的碱、胶的种类，也未限定配胶量、喷胶方式、铺棕层数及纤维密度等，致使技术人员无法选择合理的工艺参数以完成发明目的。因此该专利不符合《专利法》第二十六条第三款的规定。

对此合议组认为：根据《专利法》第二十六条第三款的规定，说明书所公开的程度，应当以所属技术领域的技术人员能够实现为准。《专利审查指南2010》第二部分第二章第2.1.3节规定："所属技术领域的技术人员能够实现，是指所属技术领域的技术人员按照说明书记载的内容，不需要创造性的劳动，就能够再现该发明或者实用新型的技术方案，解决其技术问题，并且产生预期的技术效果"。《专利审查指南 2010》第二部分第四章第 2.4 节进一步规定："如果所要解决的技术问题能够促使本领域的技术人员在其他技术领域寻找技术手段，他也应具有从该其他技术领域中获知该申请日或优先权日之前的相关现有技术、普通技术知识和常规试验手段的能力。"

"测试方法"并非该专利的发明点，对纤维制品性能的测试方法属于本领域或相关技术领域的公知技术，采用该公知技术完全可以对产品的性能进行测定，从而指导技术人员对工艺参数的选择；所使用的碱、胶的种类，以及配胶量、喷胶方式、铺棕层数及纤维密度等也都不是该专利所要解决的技术要点。在该专利的说明书中未对其作出具体限定，意味着存在多种选择。对纤维的碱处理、胶黏合、喷胶方法等均属于纤维技术领域的成熟技术，即使缺少进一步的说明，也并不妨碍本技术领域的技术人员对该技术方案的实施，其间不需要付出任何创造性的劳动。况且请求人未提出任何具体证据来证明该专利对于本技术领域的技术人员是无法实施的。因此，该专利符合《专利法》第二十六条第三款的规定。

根据上述理由，专利复审委员会作出了维持该发明专利权有效的审查决定。

（2）行政诉讼程序。当事人对专利复审委员会作出的上述决定不服，遂向北京市第一中级人民法院提起行政诉讼。经审理，北京市第一中级人民法院作出了撤销专利复审委员会上述决定的判决。

专利复审委员会不服北京市第一中级人民法院作出的上述判决，遂向北京市高级人民法院提起上诉。

经审理，北京市高级人民法院作出二审判决，二审判决认为：

① 专利复审委员会依职权认定所属技术领域的技术人员在了解了"以卷曲棕丝为原料生产弹性材料"这一技术方案之后，完全可以直接地、毫无疑义地联想到"以非曲棕丝为原料生产弹性材料"这一技术方案，并进而得出结论，该专利符合《专利法》第三十三条及第二十六条第四款的规定。对于专利复审委员会的认定及结论，本院不持异议。

② 该专利虽未公开该专利产品的性能指标，也未具体限定所用碱、胶的种类及配胶量、喷胶方式、铺棕层数、纤维密度等，但上述内容并非该案争议专利所要解决的技术要点，而是本领域或相关领域的公知技术和公知常识。未公开上述内容，不会妨碍本领域普通技术人员实施该技术方案，而且也无须本领域普通技术人员付出创造性劳动，故该专利符合《专利法》第二十六条第三款之规定。

二审的判决结果是：撤销北京市第一中级人民法院的一审判决，维持专利复审委员会的上述无效审查决定。

3. 评　析

该案的技术内容并不复杂，专利申请文件的撰写更是简单。正是由于简单，才导致了在实质审查过程中对申请文件的补充修改，进而引起后续程序中对"修改超范围"和"公开不充分"问题的争议。

对该专利的无效审查涉及三个主要的法律问题。

（1）申请人在实质审查过程中对说明书及权利要求书的修改是否超范围的问题。

（2）说明书是否"充分公开"的问题。

（3）如何对待无效审查过程中专利权人自认的问题。

对于上述的前两个问题，关键在于要站在本领域普通技术人员的立场进行判断。按照《专利审查指南2010》给出的基本原则，在判断什么是原始申请文件所记载的内容时，除了说明书及权利要求书中明确记载的内容之外，还应当包括那些本领域普通技术人员通过阅读说明书能够唯一地、毫无疑义推导出的内容。

举个简单的例子：当介绍一种包饺子的方法（把面擀成圆皮，把馅放在圆皮上，再将圆皮对折后封边）时，该饺子的结构（外层是面皮，周边被捏合，内有馅）同时也就被公开了，后者可以被视为隐含在前者的公开内容中；权利要求书与说明书之间的关系也是如此，即权利要求的保护范围有可能大于说明书中所记载的技术方案的范围，其大于的部分应当是本领域普通技术人员通过阅读说明书而可以想到的内容，权利要求中"上位概念"及"功能性限定"的使用就是其具体体现。如果采用这种判断原则来处理该专利中"棕丝制备方法"与"棕丝产品"，以及"棕丝"与"卷曲棕丝"之间的关系，答案应当是比较明确的。专利复审委员会对该案的决定以及二审法院的判决意见就体现了这种判断原则的具体应用。

对于一项方法发明，不可能要求申请人将涉及该方法的全部内容均写入说明书中，该技术方案是否充分公开、是否能够实施，不是针对一个外行人而言的，而是应当以本领域普通技术人员为标准。该案的说明书中虽然未对所用碱、胶的种类及配胶量、喷胶方式、铺棕层数、纤维密度等作出具体限定，但它们均属于本领域或相关领域的公知技术和公知常识。不公开上述内容，不会妨碍本领域普通技术人员实施该技术方案。因此，该专利"公开不充分"的无效理由也不能成立。

关于如何对待无效审查过程中专利权人"自认"的问题，目前尚存在争议。在本书的第三章笔者已经结合该案对"自认"的问题发表了 些观点，在此就不再重复。

（三）多功能浴室取暖器——关于说明书是否"清楚"的问题

1. 案情简介

该案涉及一件名称为"多功能浴室取暖器"实用新型专利，其授权公告的权利要求书如下：

1. 一种包括有风门（1）、风筒（2）电机（4）、外壳（7）、内壳（8）、陶瓷发热元件（11）、面罩（12）、灯座（13）、照明灯（14）的多功能浴室取暖器，其特征在于：该多功能浴室取暖器的外壳（7）与内壳（8）为夹层结构，外壳（7）、内壳（8）及轴流式风叶（6）构成取暖器的内循环通道，电机（4）为双轴电机，在电机（4）的双轴上，设置有离心式风轮（3）和轴流式风叶（6）。

2. 根据权利要求1所述的多功能浴室取暖器，其特征在于：所述的照明灯（14）为高效节能灯，安装在电机轴下方的灯座（13）内。

3. 根据权利要求1所述的多功能浴室取暖器，其特征在于：所述的面罩（12）上，设置有灯光片（15），灯光片（15）正对着照明灯（14）。

针对该专利权，请求人于2002年1月31日向专利复审委员会提出无效宣告请求，其理由是该实用新型专利不具备《专利法》第二十二条第二款和第三款所规定的新颖性和创造性。请求人同时提交了下列证据：

证据1：美国专利US3765398，公开日为1973年10月16日。

证据2：美国专利US2809627，公开日为1957年10月15日。

证据3：日本专利JP特开平8-189707，公开日为1996年7月23日。

证据4：日本专利JP特开平9-264558，公开日为1997年10月7日。

证据5：日本专利JP特开平10-141702，公开日为1998年5月29日。

证据6：96243680.1号实用新型专利说明书，申请日是1996年10月18日，授权公告日为1998年9月2日，专利权人是杭州科源机电自控研究所。

该案安排了口头审理。双方当事人均委托代理人参加了口头审理。口头审理中请求人没有按照口头审理通知书的要求提交所提外文证据的中文译文，专利权人当庭提出质疑，合议组当庭告知请求人由于没有提交外文证据的中文译文，不符合《专利法实施细则》和《专利审查指南2010》的有关规定，所提外文证据视为未提交。请求人当庭表示接受，并承认证据6是他人向专利局提出的专利申请，其申请日早于该专利的申请日，公开日晚于该专利的申请日，因此仅能用于评价该专利的新颖性。由于证据6不足以破坏该专利的新颖性，又无法用于评价其创造性，因此要求合议组仅对该专利是否符合《专利法》第二十六条第三款的规定进行审查。口头审理中双方当事人就该专利是否符合《专利法》第二十六条第三款的规定充分陈述了意见。

2. 决定的理由及结论

请求人认为该专利的说明书不符合《专利法》第二十六条第三款的规定，其具体是指：一是说明书和权利要求书中的"双轴电机"含义不清楚；二是说明书第2页第7行中描述"风门（1）设置于风筒（2）的出口处，为单向开启"，在说明书第2页倒数第7行中描述："离心式风轮（3）吸排风的方向与安装在风筒（2）上的风门（1）的开启方向相反"，请求人认为这两处关于风门工作方式的表述显然互相矛盾。请求人认为"双轴电机"应理解为具有两根轴的电机，然而迄今为止，在普通的有关电机的技术书籍和文献中，尚未发现一台电机有两根输出轴。因此本领域的技术人员对此无法理解，无法实现该发明。

图 4 - 2

合议组认为，该专利的说明书和权利要求书出现的"双轴电机"，其在说明书中的相应说明为："在取暖器内，设置了双轴电机，其两端分别安装有轴流式风叶和离心式风轮"（说明书第1页第17—18行）；"在电机4的双轴上，设置有离心式风轮（3）和轴流式风叶（6）"（说明书第2页第5行）；"由于离心式风轮（3）与轴流式风叶（6）同轴安装"等（说明书第2页倒数第8行）。根据说明书的这些文字说明，结合图4-2，可以清楚地看出，这里所说的"双轴电机"其含义是指电机的一根输出轴两端分别安装有离心式风轮和轴流式风叶，其含义在该专利中是唯一的、清楚的，"双轴电机"的用语不会使阅读了该说明书的技术人员无法理解该专利。说明书中关于风门的工作方式的表述中确有不准确的地方，但通过整个说明书的描述，结合该专利的发明目的，可以清楚地知道，该专利用于采暖时，风是向浴室内吹的，而排风时显然是向室外排出的，因此其风门叶片的开启方式也显然是排风时向外开启，而采暖时闭合。说明书中表述的不准确不足以导致本领域的技术人员不能理解和实现该专利的技术方案。因此合议组认为说明书对技术方案进行了清楚完整地说明，因此符合《专利法》第二十六条第三款的规定。

由于请求人所提的无效请求理由不能成立，故维持该实用新型专利权有效。

3. 评　析

在该案中，请求人以该专利的说明书不符合《专利法》第二十六条第三款的规定作为无效请求的一个理由。所依据的具体事实是：专利权人在说明书中引入了"双轴电机"这一概念，而"双轴电机"是一个不清楚的概念，这一概念的引入导致了说明书不清楚的后果。

"清楚"与"不清楚"是相对而言的。针对不同的阅读主体采用不同的判断标准，就同一事实其判断结果会有所不同。在判断一份专利说明书是否清楚时，其判断主体及判断标准应当如何确定？

"双轴电机"并非所属技术领域的正规技术术语，是专利权人杜撰出的一个词汇。如果按照其字面含义来理解，"双轴电机"应该是一种具有两根轴的电机。两根轴的电机如何工作？本领域的技术人员不得而知，申请人在说明书的文字部分也未作专门说明。但从其说明书附图中可以看出，该专利所称的"双轴电机"实际上只包含一根转轴，只不过该转轴穿出电机的两个端面，而且其两端均装有工作部件，即一端装有轴流式风叶，另一端装有离心式风轮。

《审查指南2006》第二部分第二章第2.1.1节对于说明书的撰写作了如下规定："说明书应当使用发明或者实用新型所属技术领域的技术术语。说明书的用词应当准确的表达发明或者实用新型的技术内容，不得含糊不清或者模棱两可，以致所属技术领域的技术人员不能清楚、正确地理解该发明。""双轴电机"这一概念的使用显然与上述规定不符，不属于规范性的撰写方式，无效请求人以此为由请求宣告该专利无效也是事出有因。

《专利法》第二十六条第三款规定："说明书应当对发明或者实用新型作出清楚、完整地说明，以所属领域的技术人员能够实现为准。"

根据上述条款的规定，在无效宣告程序中判断说明书是否清楚的主体应当是"所属技术领域的技术人员"，而判断是否清楚的标准应当是能否"能够实现"该发明。

尽管"双轴电机"这一概念的引入导致了该专利说明书中的某些内容不清楚，但通过阅读说明书全文及其附图，所属技术领域的普通技术人员尚能够理解该专利所称"双轴电机"实际上是一种什么样结构的电机，并不影响其"实现"该发明。因此该案合议组的结论是："说明书中表述的不准确不足以导致本领域的技术人员不能理解和实现该专利的技术方案"，由于"说明书对技术方案进行了清楚完整地说明，因此符合《专利法》第二十六条第三款的规定"。

关于专利说明书是否"清楚"的问题，在我国的《专利审查指南2010》中所作的规定比较简单。而在《欧洲专利局审查指南》以及《PCT 国际检索和初步审查指南》中均作了更为详细的规定。下面引用 PCT（与 EPO 基本相同）的有关内容，或许有助于对这一问题的理解：

（1）必须对发明作出清楚、完整地说明，足以使所属领域的技术人员能够实施该发明，其目的是：a. 确保所属领域的技术人员能够实施该发明；b. 使读者能够理解发明人对所属领域所作的贡献。

对于"读者"一词，《PCT 国际检索和初步审查指南》还作了如下定义：读者具有所属领域的一般背景知识和技术水平。

上述内容 b 在我国的《专利审查指南 2010》中未作规定。由于专利说明书除了供国家知识产权局的审查员审批用之外，还是供社会公众阅读的重要文献，所以《欧洲专利局审查指南》以及《PCT 国际检索和初步审查指南》中提出这一要求还是具有一定实际意义的。

（2）说明书应当清楚、明确，避免使用不必要的技术行话。可以采用公认的术语，也可以采用鲜为人知的或特别编造的技术术语；但是，必须对其进行适当的定义，而且不存在与之等同的、公认的概念。

以该案为例，如果申请人在引入"双轴电机"这一术语的同时，在其说明书中又对"双轴电机"的含义作出了具体的定义或解释，譬如，该专利所称的双轴电机是指这样一种电机：其转轴伸出电机的两个端面，而且其两端均装有工作部件。这样，便可以消除"双轴电机"带来的混淆和误解，使说明书更为清楚。

通过以上分析可以看出，《专利法》第二十六条第三款所称的"清楚"具有其特定的标准。说明书中某些字句或者局部内容的不清楚不一定必然导致整个说明书的不清楚。关键看这种不清楚是否影响了本技术领域技术人员对发明的实施。

在无效宣告程序中，以不符合《专利法》第二十六条第三款为由提出无效宣告请求的案件屡见不鲜。如果申请人在撰写专利说明书时，以普通"读者"为阅读对象，尽量杜绝表述不清楚的缺陷；而社会公众在评价一份专利说明书是否"清楚"时，以"本领域普通技术人员""能够实施"为标准，那么这类无效宣告请求的案件将会减少。这种减少将意味着撰写水平及诉讼水平的提高。

（四）自动支票打字机——如何理解现有技术给出的"启示"

1. 案情简介

该复审请求涉及一件名称为"自动支票打字机"的实用新型专利，如图 4-3所示，该专利授权公告的权利要求书如下：

1. 一种自动支票打字机，它由下列部分组成：机座，字轮转动机构，打字机构，微处理机；支票的传动定位装置，支票压紧定位装置，上述字轮转动机构中有带中文大写数字和阿拉伯数字的字轮，其特征在于：上述打字机构中，击打在字轮的凸出来的字符上的字锤的上表面具有两组互相相交的尖凸纹，每一组中的各条尖凸纹互相平行，使得字锤的上表面与凸出来的字符之间的接触（中间隔着支票）为点接触。

2. 如权利要求 1 所述的自动支票打字机，其特征在于，上述字锤的上表面上的尖凸纹的纹路的方向可以是任意的，两组尖凸纹相交的角度在 60°到 90°的范围内。

3. 如权利要求 1 或 2 所述的自动支票打字机，其特征在于：上述各条尖凸纹的与纹路方向垂直的断面轮廓上的顶角在 30°到 80°之间，最好是 60°。

4. 如权利要求 1 或 2 所述的自动支票打字机，其特征在于：上述每一组尖凸纹中各条尖凸纹之间的间隔一般为 0.4~0.8 毫米之间，最好是 0.6 毫米。

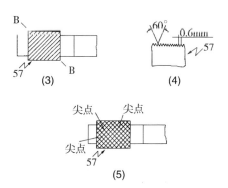

图 4-3　该专利字锤示意图

请求人于 1999 年 11 月 16 日向国家知识产权局提出撤销专利权请求❶，其理由是：该实用新型专利不具备创造性，并提供如下两份附件作为证据：

证据 1：日本公开特许公报昭—164182 复印件，公开日 1984 年 9 月 17 日。

证据 2：ZL93206312.8 号中国实用新型专利说明书复印件，公开日 1994 年 5 月 25 日。

经审查，国家知识产权局撤销审查组于 2002 年 5 月 30 日作出了审查决定，认为撤销请求的理由不成立，维持该实用新型专利权继续有效。理由是：对于本领域的普通技术人员而言，将证据 1 及证据 2 结合得到该专利权利要求 1 所

---

❶　根据 1992 年修改的《专利法》，在专利权被正式授予之前存在一撤销程序。

要求保护的技术方案并非显而易见，故该专利权利要求 1 具备创造性，相应从属权利要求 2—4 也具备创造性。

请求人对维持专利权的审查决定不服，于 2002 年 9 月 25 日向专利复审委员会提出了复审请求，其理由是：撤销决定引用的理由不正确，证据 2 披露了该专利权利要求 1 前序部分的技术特征，证据 1 披露了权利要求 1 特征部分的特征。证据 1 及证据 2 属相同领域，本领域的技术人员将证据 1 及证据 2 结合得到权利要求 1 所要求保护的技术方案无须创造性的劳动，故该专利不具备创造性。

2. 决定的理由及结论

该专利涉及一种自动支票打字机，通过阅读说明书可知，其通过将打字机的字锤和字轮上凸出来字符的线接触改为点接触，从而在保证支票上打出的字迹清晰的前提下，降低字锤的击打力，并且提高字轮和打字机的整体寿命。

合议组认为证据 2 是该专利最接近的对比文件，该证据涉及一种自动支票打字机，并具体披露了以下技术特征：该支票打字机包括机座、字轮转动机构、打字机构、微处理机、支票的传送定位装置以及支票压紧定位装置，其中字轮转动机构中带中文大写数字和阿拉伯数字的字轮（参见证据 2 说明书第 2 页第 5—16 行，附图 1—3）。将该专利的权利要求 1 和证据 2 相比，两者的区别之处体现在特征部分，即在该专利的打字机构中，击打在字轮的凸出来的字符上的字锤的上表面具有两组互相相交的尖凸纹，每一组中的各条尖凸纹互相平行，字锤的上表面与凸出来的字符之间的接触（中间隔着支票）为点接触。而证据 2 却未公开打字机构的具体结构。证据 1 涉及一种"手动小票打字装置"，通过阅读说明书并结合附图 4 - 4（b）以及图 4 - 4（c）、图 4 - 4（d）可知：

图 4 - 4 证据 1 字锤示意图

在该装置的打字机构中，击打在字盘（对应于该专利权利要求 1 的字轮）凸出来的字符上的字盘齿形板（对应于权利要求 1 的字锤上表面）可以是具有两组互相相交的尖凸纹结构,其中每一组中的各条尖凸纹相互平行。

通过上面的描述可知,证据2及证据1披露了该专利权利要求1的全部技术特征,但是据此尚不能确定该专利的权利要求1相对于证据1及证据2的结合是否具备创造性。还需判断由证据1及证据2的结合得到该专利权利要求1所要求保护的技术方案对本领域的技术人员来说是否显而易见,对此,《审查指南1993》第二部分第四章第3.2.1.1节之(3)中规定:"在判断过程中,要确定的是现有技术整体上是否存在某种技术启示,即现有技术中是否给出了将区别特征应用到最接近的现有技术以解决其存在的技术问题的启示……下述情况,通常认为现有技术中存在上述技术启示:……(iii)所述区别技术特征为另一篇对比文件中披露的技术手段,该技术手段在该对比文件中所起的作用与该区别特征在要求保护的发明中为解决该重新确定的技术问题所起的作用相同。"

证据1中虽然未就字盘齿形板采用"两组互相相交的尖凸纹"结构所能起到的作用予以说明。但是根据力学常识 P = F/S 可知,在压强不变的情况下,面积与压力成正比。在此压力对应于击打力,面积对应于打字时字锤和字轮上凸出字符的接触面积,压强则决定了所打出字符的清晰程度。当打字结构采用"两组互相相交的尖凸纹"结构时,字盘齿形板与字盘上凸出字符之间的接触必然为点接触,当打字结构采用"一组平行的尖凸纹"结构时,字盘齿形板与字盘上凸出字符之间的接触必然为线接触。对应于同一字符,线接触的接触面积比点接触的接触面积大,故若在票据(支票)上打出同等力度的字符,采用"点接触"比采用"线接触"所需的击打力小。即当采用"两组互相相交的尖凸纹"结构时,客观上具有在保证小票上打出的字迹清晰的前提下,降低字锤击打力的作用。同时随着字锤击打力的减小,字盘以及打字机的整体寿命能够得以提高。由此可见,证据1给出了将区别特征(打字机构的结构)应用到最接近的现有技术(证据2)的技术启示。

鉴于证据1及证据2所属领域相近,在证据2的基础上结合证据1得到权利要求1所要求保护的技术方案对于本领域的技术人员而言是显而易见的,无须付出创造性的劳动,该专利的权利要求1相对于证据1及证据2不具备实质性特点和进步,不具备创造性。

从属权利要求2限定部分的特征是:上述字锤的上表面上的尖凸纹的纹路的方向可以是任意的,两组尖凸纹相交的角度在60°~90°的范围内。由图4-4(c)可明显看出两组尖凸纹相互垂直,落入"60°~90°"的范围。当打字结构采用两组尖凸纹结构时,由于字锤和字轮为点接触,故两组尖凸纹的纹路方向可任意设定对本领域的普通技术人员而言是显而易见的。同时由说明书中也无法看出对两组尖凸纹的纹路方向以及相交的角度所作的限定能够带来意想不到的技术效果，故在权利要求1不具备创造性的情况下，权利要求2同样不具备创造性。

从属权利要求3限定部分的特征是：上述各条尖凸纹的与纹路方向垂直的断面轮廓上的顶角为30°～80°，最好是60°。从属权利要求4限定部分的特征是：上述每一组尖凸纹中各条尖凸纹之间的间隔一般为0.4～0.8毫米，最好是0.6毫米。上述特征是本领域的普通技术人员根据具体情况，如支票上字迹的大小等可具体设定的，无须付出创造性的劳动。如在该专利的说明书对现有技术的描述中就指出"由于支票上字迹尺寸很小，这种尖凸纹的纹路很细，一般都在0.6毫米左右"。同时说明书中也未就上述特征能够带来意想不到的技术效果予以说明，故在权利要求1及权利要求2不具备创造性的情况下，权利要求3及权利要求4同样不具备创造性。

专利复审委员会决定：撤销该实用新型专利权。

3. 评　析

该专利权利要求1的全部技术特征已分别被证据1和证据2公开了，对此，无论是撤销审查组还是双方当事人均无异议。在判断权利要求1是否具备创造性时之所以产生两种不同的结论，其分歧点在于：将证据1与证据2相结合是否显而易见，或者说在证据1或证据2中，是否给出了将两者相结合的启示。

如果在证据1中明确写明："本发明的目的在于改进打字机的字盘齿形板，使之在打出清晰字体的同时，适当降低击打力，从而可以增加打字机以及字轮的寿命"或"本专利的字盘齿形板可以用于各种打字机，包括自动支票打字机"；或者在证据2中明确写明："本实用新型的自动支票打字机可以采用现有技术中的各类结构的字锤"，问题可能会简单得多，因为以上的描述可以被视为把证据1和证据2相结合的一种启示。但在该案中，这种启示并不存在。

然而，以上这种明确的启示不存在，是否就意味着将据1与证据2相结合是"非显而易见"的呢，或者说对于本领域普通技术人员来说不可能将两者相结合呢？恐怕还不能这样说。

判断创造性时所谓的"启示"，除了以上所述的"明示"之外，还应当包括"暗示"——即本领域普通技术人员通过阅读该对比文件所能直接理解到的内容。在一份专利文件中，其中所公开的技术方案往往涉及若干技术特征（其中包括与现有技术相同的技术特征和区别技术特征），其中的每一个"技术特征"都会对该技术方案带来一定的"技术效果"，这应当是一个常识。但一份专利文件中往往不会对每一个技术特征（尤其是与现有技术相同的技术特征）

的功能、效果都一一进行说明。另外，一项专利文件中所记载的"发明目的"（或"技术效果"），往往会随着对"最接近的现有技术"的进一步了解而发生变化。这就是申请人在专利的审查阶段可以根据审查员检索到的对比文件修改其发明目的或技术效果的原因。在专利审查阶段，只要其新增加的"技术效果"或新确定的"发明目的"与其技术方案中所公开的技术特征之间存在必然的联系，是本领域普通技术人员能够理解的，这种修改就是被允许的。

以上这种"技术特征"与"技术效果"（发明目的）之间的对应关系，同样适用于创造性的判断。在此不妨再次借用本书前面所谈到的例子：

一件专利文件涉及一种鞋垫，其发明目的是改进鞋垫的透气性，其技术方案中也记载了改进透气性的技术特征。但从说明书中可以得知，该鞋垫中还含有一种公知的除臭剂。如果申请人在专利审批阶段将其发明目的（或技术效果）修改（或增加）为"消除异味"，应当是允许的；如果申请人还发现该除臭剂具有治疗脚气的作用，但在原说明书中未曾予以说明，申请人事后欲将其"发明目的"或"技术效果"修改为"治疗脚气"则是不允许的。这是因为：即使不明言，"除臭剂具有消除异味的功效"对于"技术人员"来说也是公知的；而"除臭剂"与"治疗脚气"之间并不存在这种已知的、必然的关联性，这可能是申请人的新发现。

将上述专利文件作为另一件有关鞋垫专利的现有技术，用来评价其创造性时，由于"除臭剂"与"消除异味"之间存在关联性，即只要看到该除臭剂，就可以联想到它具有消除异味的功效。或者说从消除鞋垫异味的问题出发，看了该对比文件之后，就会联想到用该除臭剂来消除鞋垫的异味。所以此时所谓的"启示"是存在的。而由于该对比文件中未对除臭剂与"治疗脚气"之间的关系进行说明，本领域普通技术人员在看到对比文件中的除臭剂之后不可能联想到"治疗脚气"的问题，故从消除鞋垫异味的问题出发，即使看到该对比文件，也不可能联想到采用该除臭剂的技术方案。所以这时"启示"也就不存在了。

就该案而言，证据1中虽然未就字盘齿形板采用"两组互相相交的尖凸纹"结构所能起到的作用予以说明。但是对于打字机来说，以较小的击打力获得较清晰的打印字迹是人们对这类产品所期望的性能，这是不言而喻的。而根据力学常识可知，当打字结构采用"两组互相相交的尖凸纹"结构时，字盘齿形板与字盘上凸出字符之间的接触必然为点接触，而采用"点接触"比采用"线接触"所需的击打力要小。即当采用"两组互相相交的尖凸纹"结构时，客观上具有在保证小票上打出的字迹清晰的前提下，降低字锤击打力的作用。随着字锤击打力的减小，字盘以及打字机的整体寿命能够得以提高。因此，对于本领域普通技术人员而言，将证据1与证据2相结合的启示是客观存在的。或者说，以证据2的技术方案为基础，从"降低字锤击打力提高字盘以及打字机的整体寿命"这一问题出发，看到证据1所公开的技术内容之后，本领域普通技术人员很容易想到可以采用"两组互相相交的尖凸纹"结构的技术方案。所以，采用"问题－方案"（problem－solution approach）的创造性判断方法，可以认定该专利相对于证据1和证据2不具备创造性。

（五）固结山体滑动面提高抗滑力的施工方法——关于"功能性限定"问题

1. 案情简介

该无效宣告请求案涉及名称为"固结山体滑动面，提高抗滑力的施工方法"的发明专利。专利号为93107836.9。

该专利的权利要求1如下：

1. 一种固结山体滑动面、提高抗滑力的施工方法，其特征在于：在山体开挖前或开挖后，先于设计边坡堑顶附近施钻打孔，再往钻孔内压入水泥浆单液或水泥浆混合液，使浆液通过扩散、渗透而充填岩体、土体中的层面、节理、裂隙、孔隙等空间，浆液凝固后提高岩体、土体的抗剪强度增大抗滑力，使滑动面稳定。

针对上述专利权，请求人于2000年8月31日向专利复审委员会提出无效宣告请求，其理由是该专利不具备创造性。请求人提交了23份附件作为证据。

2. 决定的理由及结论

在判断一项发明专利申请权利要求的创造性时，首先应当将权利要求所要求保护的技术方案与现有技术中最接近的对比文件所公开的技术方案相对比，找出其区别技术特征，进而考察这些区别技术特征的引入对本领域技术人员来说是否是显而易见的，是否带来了有益的效果，如果所述区别技术特征的引入是非显而易见的，能够带来有益的效果，则该权利要求具备创造性；反之，则不具备创造性。

根据请求人提交的"意见陈述书"和口头审理中陈述的意见，请求人的无效理由可以概括为：附件13公开的防治滑坡的措施有"加固岩土体的支挡与锚固工程"及"岩土性质的人工改良"，而在滑坡段常采用的提高稳定性强度的方法是灌浆。附件2公开了灌浆的具体技术方案，因此该发明的权利要求与附件13和附件2的结合相比，不具备创造性。

合议组认为：该专利权利要求1可以分为两部分，前一部分为发明的技术主题和采取的技术措施，后一部分是"使浆液通过扩散、渗透而充填岩体、土体中的层面、节理、裂隙、孔隙等空间，浆液凝固后提高岩体、土体的抗剪强度增大抗滑力，使滑动面稳定"，该部分所描述的是在采取了前述技术措施后所达到的技术效果，并非技术措施，不属于构成权利要求1所述技术方案的具体技术特征。

该专利权利要求1与附件13相比，其技术主题的表述略有不同，该专利为"固结山体滑动面、抗滑力的施工方法"，附件13为"防治滑坡的措施"，对本领域技术人员而言，其实质是相同的，都是为了防止山体滑动（滑坡）的发生。为防治滑坡，附件13所采取的措施是"灌浆"，但没有公开灌浆过程，该专利权利要求1不同于附件13的区别特征在于具体记载了灌浆的步骤，即在山体开挖前或开挖后，先于设计边坡堑顶附近施钻打孔，再往钻孔内压入水泥浆单液或水泥浆混合液。附件2具体公开了一种灌浆方法，其步骤为打管入土、冲洗管、试水、压力灌浆、拔管，灌浆材料可以是纯水泥浆，灌浆材料中还可以有如氯化钙或水玻璃的速凝剂。权利要求1与附件13和附件2的结合相比，其区别仅在于权利要求1具体限定了钻孔的位置在边坡堑顶的附近。

合议组认为：本领域技术人员在阅读了附件13和附件2后，不需付出创造性劳动就能将附件2的灌浆方法应用到要开挖或已开挖的山体上以防止滑坡，并且，要防止哪里滑坡就会在哪里钻孔，不会在其他地方钻孔，此外，将附件2的灌浆方法应用到防治滑坡上的技术效果也是可以预见的。因此，合议组认为，权利要求1与附件13和附件2的结合相比，不具备创造性。故宣告93107836.9号发明专利的权利要求1无效。

3. 评　析

该案的合议组认为：在该专利权利要求1中，"使浆液通过扩散、渗透而充填岩体、土体中的层面、节理、裂隙、孔隙等空间，浆液凝固后提高岩体、土体的抗剪强度增大抗滑力，使滑动面稳定"所描述的是一种技术效果，并非技术措施，不属于构成权利要求1所述技术方案的具体技术特征，在评价权利要求1的新颖性及创造性时不予考虑。

由于该专利的说明书中仅公开了一个实施例，上述限定是该实施例的直接技术效果，由于用权利要求1的前半部分完全可以把要求保护的技术方案描述清楚，所以后半部分的限定就是多余的了，应当从其权利要求书中删除。如果不删除，该限定对其保护范围也不产生任何影响，在评价权利要求的新颖性、创造性时不应当予以考虑。

我们知道，以技术效果的方式对其技术方案进行限定属于"功能性限定"

中的一种。在权利要求书中，采用"功能性限定"的方式对其技术方案进行限定并非绝对禁止。那么究竟什么情况下"功能性限定"不能被允许，什么情况下才可以被允许呢？

针对权利要求中使用"功能性限定"的问题，《审查指南1993》中作了如下规定：

（1）"对于说明书中具有某一技术特征的技术方案仅给出一个实施例，而且权利要求中该特征是用功能来限定的情形，如果所属技术领域的技术人员能够明了此功能还可以采用说明书中未提到的其他方式来完成的话，则权利要求中用功能限定该特征的写法是允许的。如果说明书中描述的功能是以一种特定方式完成的，没有说明其他替代方式，而权利要求却概括了本领域技术人员不能明了的完成该功能的其他方法或者全部方法，则是不允许的。"（见《审查指南1993》第二部分第二章第3.2.1节。）

（2）"对产品权利要求来说，应当尽量避免使用功能或效果特征来限定发明。只有在某一技术特征无法用结构特征来限定，或者技术特征用结构特征不如用功能或效果特征来限定更为清楚，而且该功能或者效果能通过说明书中充分规定的实验或者操作直接和肯定地验证的情况下，使用功能或者效果特征来限定发明才是允许的。"（见《审查指南1993》第二部分第二章第3.2.2节。）

该案涉及一种固结山体滑动面、提高抗滑力的施工方法，在其说明书中仅公开了一个实施例，即在山体开挖前或开挖后，先于设计边坡堑顶附近施钻打孔，再往钻孔内压入水泥浆单液或水泥浆混合液，压浆后钻孔中插入钢筋束、钢索或钢轨以形成钢筋混凝土锚杆，压浆钻孔可设一排或多排，孔距为3～4米。钻孔深度为钻至侧沟脚的层面倾角线下0.5～1.5米。水泥与水的配合比为1:0.8至1:1.2。浆液中可加入粉煤灰或石灰粉为添加剂，加入氯化钙或水玻璃为速凝剂。

对照《审查指南1993》的上述规定，该专利权利要求1中所采用的功能性限定应当属于第一种情况中的"不允许"部分。即权利要求中所概括的技术效果（功能限定）是以一种特定方式完成的，说明书中没有说明其他替代方式，本领域技术人员不能明了完成该功能的其他方法或者全部方法。这时，如果用前述的功能性限定来确定权利要求1中的保护范围，势必导致保护范围不合理的扩大。因此，在权利要求1中所作的功能性限定是不允许的。如果这种限定已经存在于授权的权利要求书中，在确定其保护范围及评价其创造性时，该技术特征也不应当予以考虑。

为了进一步说明问题，我们不妨设想一下：如果该专利的申请人针对不同的地质条件研究出了不同的技术方案，并在说明书中以不同的实施例的方式予以公开，例如根据山体的土质及疏松情况，除了采用不同的压浆钻孔孔距、钻孔深度，以及不同的浆液成分。虽然这些技术方案各不相同，但其共同的技术特征（技术效果）是"使浆液通过扩散、渗透而充填岩体、土体中的层面、节理、裂隙、孔隙等空间，浆液凝固后提高岩体、土体的抗剪强度增大抗滑力，使滑动面稳定"（现有技术中也存在对岩体、土体进行灌浆的方案，但其目的及方案与该专利不相同，例如其目的是强化土层的毛细管作用，以便于流体的集聚）。这时，如果采用上述功能性限定（以技术效果对技术方案进行概括以区别于现有技术）应当是可以被接受的。因为此时的保护范围与说明书中所公开的内容是相匹配的，而且这种概括方式较其他方式可能更为简明、清楚。

权利要求书是对专利权人权利范围的界定，其范围的大小应当与权利人对现有技术所作的贡献相匹配，并且与说明书所公开的内容相适应。由于功能性的限定有可能导致保护范围的扩大，因此，对待权利要求书中出现的功能性限定应当采取慎重的态度，只有在其能够得到说明书支持、与说明书公开的内容相适应的情况下，这种限定才是被允许的。

（六）多功能多路阀——关于"实用性"

1. 案情简介

2002年1月21日，专利复审委员会作出第4128号无效宣告请求审查决定。该决定涉及申请日为1988年12月3日，名称为"多功能多路阀"的88108122.1号发明专利。

其授权公告时的权利要求1为：

1. 一种由三块多孔平板紧密重叠组成而没有阀腔的多路阀，其三块平板上众多的阀口个个相对，上、下板的外端面上布有多根连通管，上板与下板紧固成一体，下板的外缘是齿轮，经传动使下板与中板发生同轴位移而改变其工况程序，本发明的特征是：

（1）阀芯（4）安置在由阀体由上阀盖（1）、下阀盖（2）和阀圈（3）所组成的阀腔内，阀芯与上述三者之间留有游动间隙（不是紧密接触）；

（2）各阀口开有台阶孔、孔内装有密封圈（7）；

（3）上、下阀盖的内端面上开有把各阀口相互隔离的排泄槽（8）；

（4）排泄槽经排泄孔（23）与排水连通槽（29）相通；

（5）阀芯（4）上的圆孔（22）、（25）内镶嵌有薄板条（6）。

针对上述实用新型专利，请求人于2000年2月17日向专利复审委员会提出宣告该专利权无效的请求，其理由是该专利不具备新颖性、创造性和实用性。在提出无效请求的同时还提交了 6 份证据，以证明该专利不具备新颖性和创造性。在口头审理过程中，请求人还提出该专利不符合《专利法》第二十六条第三款的规定，以其作为新的无效理由。请求人认为该专利权利要求 1 中所述的密封圈必须是特制的，而被请求人在其专利的说明书中未对该密封圈的规格、形状及材质作充分公开，致使本领域普通技术人员无法实施该专利，不符合《专利法》第二十六条第三款的规定。

请求人认为：该专利权利要求 1 中采用薄板条对密封圈进行固定，在剪切力的作用下，在阀门的启闭过程中该薄板条将对密封圈造成损坏，影响其密封效果，故权利要求 1 不具备实用性。

专利权人认为：薄板条是否会损坏密封圈，这取决于它们的形状及材料的选择，例如只要改变薄板条的形状，就可以减小其对密封圈的剪切作用力，本专利不存在缺乏实用性的问题。被请求人还当场展示了本专利产品使用情况的有关资料。

2. 决定的理由及结论

经审查，合议组认为：在阀门的旋转过程中薄板条的确会对密封圈产生剪切力，而且有可能损坏密封圈，但损坏程度的大小将取决于材料及形状的选择（例如可以选择刚性较小的薄板条、强度较大的密封圈，或者选择适当的薄板条形状），只要选择适当，这种现象是可以被消除或减弱的，这种选择对本领域普通技术人员来说不存在任何困难。另外，任何一项发明创造都可能存在缺陷或不足，不能因为某种缺陷或不足的存在而否定其实用性。只要这种缺陷或不足的存在不影响该产品的制造及使用，并能产生一定的积极效果，就符合《专利法》对"实用性"的要求。

由于请求人所提供的证据和事实尚不能证明该专利是不能制造或使用的，故对于请求人认为该专利不具备实用性的主张合议组不予支持。

关于《专利法》第二十六条第三款的问题，合议组认为：对密封圈规格、形状及材质的选择的确会影响密封圈的使用效果和使用寿命，但这种选择只涉及"好"和"坏"的问题，而不涉及"能否实施"的问题。换句话说，本领域普通技术人员在说明书所公开的内容以及现有技术中普通密封圈的基础上，只要对密封圈加以选择，完全可以实现该发明，该专利符合《专利法》第二十六条第三款"所属技术领域的技术人员能够实现"的标准，故该专利不存在"公开不充分"的问题。

基于以上事实，合议组依法作出维持 88108122.1 号发明专利权有效的审查决定。

3. 评　析

在该专利的权利要求 1 中，采用了薄板条 6 对密封圈 7 进行固定的技术方案（见图 4 - 5、4 - 6）。

图 4 - 5

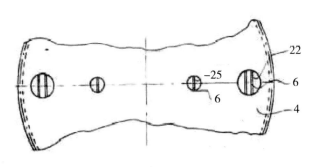

图 4 - 6

对此，请求人认为用薄板条对密封圈进行固定，在剪切力的作用下，在阀门的启闭过程中该薄板条将对密封圈造成损坏，影响其密封效果，故权利要求 1 不具备实用性。

合议组的观点是：用薄板条 6 对密封圈 7 进行支承，一般情况下当阀门旋转时薄板条 6 的确会对密封圈 7 产生剪切力，而且有可能损坏密封圈，但损坏程度的大小将取决于材料及形状的选择，如果选择刚性较小的薄板条、强度较大的密封圈，或者对薄板条的形状进行适当的选择，这种损坏是可以被消除或减弱的。任何一项发明创造都可能存在缺陷或不足，不能因为某种缺陷或不足的存在而否定其实用性。只要这种缺陷或不足的存在不影响该产品的制造及使用，并能产生一定的积极效果，就符合《专利法》对"实用性"的要求。

采用"用薄板条对密封圈进行固定"的技术方案是否影响该专利的实用性？要回答这个问题首先要弄清《专利法》所称的"实用性"究竟是一个什么概念。

《专利法》第二十二条第四款所称的"实用性"是指"该发明能够制造或者使用，并且能够产生积极效果"。

"实用性"，我们也称为"工业实用性"。所谓的"能够制造或者使用"是指一项发明创造能够以产业的形式实施，以区别于只能依赖于个人的技艺实施的方案，同时排除那些违反自然规律、不可能实施的方案。所谓的"能够产生积极效果"并不意味着其技术效果是十全十美、不存在任何缺陷。任何一项新技术方案的产生必然有其特定的技术效果，这种技术效果的出现，有其利也必有其弊。我们不应当因其"弊"的存在或者"弊大于利"而认为其不能够"产生积极效果"。

举个简单的例子：现有技术中已经存在一种以内燃机为动力的插秧机，这种设备省时、省力、效率高。有人发明了一种人力驱动的插秧机，不需要依靠任何机械力。这种插秧机与前者相比的确存在若干缺点，甚至被视为"技术倒退"，即便如此，也不能由此而认定其不能"产生积极效果"。因为这种插秧机的出现，至少具有成本低的优点，而且便于在缺少动力条件的情况下使用，这便是这种人力驱动的插秧机对现有技术作出的贡献，也是其产生的积极效果。

按照上述理解，对于请求人所认定的事实——"用薄板条对密封圈进行固定，在剪切力的作用下，在阀门的启闭过程中该薄板条将对密封圈造成损坏，影响其密封效果"，充其量只能认为它是该专利中所存在的缺陷，而这种缺陷的存在也仅仅是一种可能性而已，并非不可避免。因此，上述事实的存在不能影响该专利的实用性。

至于该专利是否符合《专利法》第二十六条第三款的问题，关键取决于：本领域普通技术人员在说明书所公开的内容以及现有技术中普通密封圈的基础上，能否对密封圈规格、形状、材质以及薄板条的形状、材质进行必要的选择，以确保密封圈能够正常工作，其答案应当是肯定的。因此该专利符合《专利法》第二十六条第三款"所属技术领域的技术人员能够实现"的标准，故该专利不存在"公开不充分"的问题。

（七）新型可逆反击锤式破碎机——说明书"清楚、完整"的标准是"能够实现"

1. 案情简介

2004年3月9日，专利复审委员会作出第6034号无效宣告请求审查决定。本决定涉及申请日为2001年12月4日，名称为"新型可逆反击锤式破碎机"的01272637.0号实用新型专利。

该实用新型的说明书撰写得非常简单。为了便于分析，现将其说明书的全文引用如下：

新型可逆反击锤式破碎机

本实用新型涉及一种破碎机械，属于物料破碎加工机械技术领域。

现行技术中的反击锤式破碎机工作时，物料在机内翻转过程中与反击板及锤头不断撞击，破碎后经出料口篦板筛篦，从而得到符合所需要求的破碎物。此种破碎机的不足之处是由于被加工的物料要求加工后达到的成品颗粒不同，而又无法对反击板进行调整，使出料大于出料口所设的篦孔，因不能通过而堆积在篦板上易形成料堵。

本实用新型的目的是提供一种可调破碎粒度且出料口不会形成料堵的新型可塑反击锤式破碎机。

本实用新型包括壳体、进料口、出料口、转子、锤盘、锤头组件、反击板体、反击板，其特点是反击板体通过上、下油缸连接在壳体上。上述锤头组件延轴向螺旋排列在锤盘上。

本实用新型的优越性：可调式反击板可方便调节物料的破碎粒度和破碎率，满足用户的不同要求，不必在出料口设篦板，直通式出料口可避免出料口的料堵现象；工作过程中，锤头组件的循环式螺旋线排列可减小机腔内转子旋转时产生的风堵现象，降低腔压，达到提高打击效率，减小出料阻力的作用。

现结合附图和实施例对本实用新型作进一步说明。

图中：1 壳体，2 进料口，3 转子，4 锤头组件，5 反击板，6 反击板体，7 上油缸，8 下油缸，9 锤盘，10 出料口。

壳体 1 以轴向中心为界分成两部分，各部分壳体沿轴向两侧分别设置有液压传动装置，各锤头组件 4 的一端分别固定在以转子 3 中轴向固定的锤盘 9 上，且呈循环式螺旋线状排列，转子 3 上方设进料口 2，下方设直通式出料口 10，在破碎工作过程中，物料通过进料口 2 进入机腔并随转子 3 放置并不断与反击板 5 及锤头组件 4 发生撞击而破碎，此时，若调节上油缸 7 或下油缸 8，即可改变反击板体 6 的状态，使反击板 5 与锤头组件 4 之间的间隙发生变化，从而达到撞击破碎力量和程度发生变化，获得不同料度要求的破碎物，物料按一定时间和要求进行破碎后，便可以直通式出料口 10 输出，由于本实用新型的出料口为直通式，故出料口迅速彻底，不会造成机腔内料堵。

其授权公告时的权利要求书为：

"1. 新型可逆反击锤式破碎机，包括壳体、进料口、出料口、转子、锤盘、锤头组件、反击板体、反击板，其特征在于反击板体通过上、下油缸连接在壳体上。

2. 根据权利要求 1 所述的新型可逆反击锤式破碎机，其特征在于锤头组件延轴向螺旋排列在锤盘上。"

2003 年 11 月 10 日请求人向专利复审委员会提出宣告该专利权无效的请求，其理由是该专利不符合《专利法》第二十二条第二款、第三款及第二十六条第三款的规定。同时提交了 8 份相关证据证明其不具备新颖性和创造性。

2. 决定的理由及结论

经审查合议组作出以下决定：

（1）该专利涉及一种反击锤式破碎机。从其说明书中可以看出，该破碎机包括壳体（1）、进料口（2）、出料口（10）、转子（3）、锤盘（9）、锤头组件（4）、反击板体（6）和反击板（5）。反击板体（6）通过上、下油缸（7、8）连接在壳体（1）上。通过说明书附图可以看出，其下油缸（8）与反击板（5）相连接，通过下油缸的伸缩，可以调节反击板与锤头组件之间的间距。但是无论从说明书文字部分还是从说明书附图中均看不出上油缸（7）是如何与壳体相连接并进行工作的。虽然在口头审理过程中专利权人对上油缸（7）与壳体的连接方式以及如何进行工作的情况进行了说明，但这些内容均未记载在该专利的说明书中，本领域的普通技术人员通讨阅读说明书及其附图也不可能得知专利权人所陈述的具体结构及工作过程。

因此，可以认定：该专利的说明书未能对该实用新型作出清楚、完整的说明，以使所属技术领域的技术人员能够实现，故不符合《专利法》第二十六条第三款的规定。

（2）由于从该专利的说明书中无法了解本实用新型的具体技术方案，因而也就无法确认该专利的权利要求 1 和 2 的技术方案究竟是什么。由于缺少具体的对比对象，而且该专利的说明书又存在"公开不充分"的实质性缺陷，所以合议组不再对该专利权利要求 1 和 2 的创造性进行具体评述。宣告 01272637.0 号实用新型专利权无效。

专利权人未向人民法院提起诉讼，第 6034 号无效宣告请求审查决定生效。

3. 评 析

《专利法》第二十六条第三款规定："说明书应当对发明或者实用新型作出清楚、完整的说明，以所属技术领域的技术人员能够实现为准。"

该专利的说明书写得极其简单，附图也只有一幅。不过通过阅读说明书及其附图我们大致还是可以理解该专利要解决的技术问题及其发明构思。在附图中，粉碎机的左侧公开得比较清楚，结合说明书文字部分的描述我们基本上可以理解该破碎机的左侧是如何使"反击板（5）与锤头组件（4）之间的间隙发生变化，从而使撞击破碎力发生变化"的。从其附图中可以明显看出该破碎机的右侧与左侧属于不对称式结构，但却看不出右侧的内部结构。说明书的文字部分也未对其右侧的具体结构及工作方式作任何说明。只是在该案口头审理的过程中，专利权人才对该破碎机右侧的结构作了详细说明。这种内容已经不是本领域普通技术人员通过说明书所公开的技术内容能够毫无疑义推出的。

该专利的破碎机有可能可以被制造出来并正常进行工作的，而且有可能是一项不错的发明创造。之所以被宣告专利权无效，是因为其说明书未对该实用新型作出清楚、完整的说明，以至于所属技术领域的技术人员无法根据说明书所公开的技术内容将该破碎机制造出来。这与《专利法》第二十二条第四款所称的"实用性"存在本质的区别。

回过头看，该专利被无效掉确实有些可惜。究其原因，在于其说明书撰写上的失误。对此我们应当引以为戒。

（八）圆编针织机的伸梭片——关于"修改超范围"

1. 案情简介

2001 年 3 月 20 日，专利复审委员会作出第 2074 号复审请求审查决定。该决定涉及申请日为 1995 年 5 月 29 日，名称为"圆编针织机的伸梭片"的 95106051.1 号发明专利申请。

1999 年 10 月 1 日，中国专利局经实质审查后，驳回了该发明专利申请，驳回的理由是该申请不符合《专利法》第二十二条的规定，不具备新颖性及创造性，所依据的对比文件是 SU 1409700（下称对比文件1）。

其被驳回的权利要求为：

1. 一种圆编针织机的伸梭片，其特征在于：伸梭片（1）上端部分包括片鼻（11）及片鼻槽（12）两侧面，横向开设有相对称的 L 形槽（13），其 L 形槽（13）间的厚度小于伸梭片的整支厚度。

2. 根据权利要求 1 所述的圆编针织机的伸梭片，其特征在于：所述的伸梭片的 L 形槽（13）也可开设成横向倾斜或横向弧形的结构。

在驳回决定中审查员指出：对比文件 1 公开了权利要求 1 中所有的技术特征，故权利要求 1 不具备新颖性；权利要求 2 所增加的技术特征对本领域普通技术人员来说是显而易见的，故权利要求 2 不具备创造性。

请求人对上述驳回决定不服，于 2000 年 3 月 7 日提出复审请求。请求人在陈述复审理由的同时，还提交了新的权利要求书，该权利要求书为：

1. 一种圆编针织机的伸梭片，其特征在于：伸梭片（1）上端部分包括片鼻（11）及片鼻槽（12）两侧面，横向开设有相对称的 L 形槽（13），其 L 形槽间的厚度小于伸梭片的整支厚度，且 L 形槽（13）的开设位置略高于针筒上端针支槽顶面。

请求人在复审请求书中分别以文字和图示的方式说明了该专利申请中的沉

降片与对比文件 1 中的沉降片在结构方面的差别：对比文件 1 中的沉降片，其上端部分"L 形槽的位置过高"，而该发明中的沉降片其上端部分"L 形槽位置则略高于针筒上端针支槽顶面"。

请求人认为：由于上述结构方面的差异，使该专利请求中的沉降片在使用中更优于对比文件 1 中的沉降片，它更有利于棉屑的清除，可以将之完全排出伸梭片外。该申请的这种优点具体体现在修改后的权利要求 1 新增加的技术特征中，即"L 形槽（13）的开设位置略高于针筒上端针支槽顶面"。申请人认为通过这种限定可以与对比文件 1 相区别。

2. 决定的理由及结论

专利复审委员会依法组成合议组审理了该案，于 2000 年 11 月 28 日向请求人发出复审通知书，在复审通知书中指出：

对比文件 1 中公开了一种圆编针织机的沉降片，该沉降片的上端部分也包括片鼻及片鼻槽两侧面，横向也开设有相对称的 L 形槽，其 L 形槽间的厚度小于伸梭片的整支厚度。合议组认为：从该专利申请的说明书中可以看出，该发明排除棉屑的作用是通过设置在伸梭片上端部分的"L 形槽"而得以实现的，原始说明书中并未体现出 L 形槽的开设位置略高于针筒上端针支槽顶面这一技术特征。说明书中所记载的内容是"其横向 L 形槽 13 的位置高于针支槽（21）的顶面缘处"（说明书第 4 页倒数第 2—3 行）、"该伸梭片 1 上的 L 形槽（13）与针支槽 21 顶面缘处恰呈阶梯状，使 L 形槽 13 与针支槽顶面之间有预留的作业距离"（说明书第 5 页第 12—14 行）以及"在编织较密的毛圈组织时，所可能产生的棉屑会顺势掸落于两侧的 L 形槽上，再经前后的作业动作，而可使棉屑完全排出于伸梭片外"（说明书第 3 页第 8—10 行）。由此可见，"L 形槽的开设位置略高于针筒上端针支槽顶面"这一技术特征与原始说明书所公开的内容并不一致，请求人的这种修改得不到说明书的支持，不符合《专利法》第三十三条的规定。

另外，就该技术特征本身而言，"略高于"一词的含义也不清楚，它描述了一种不确定的高度范围，这种不确定的技术特征的引入将导致该权利要求保护范围的不清楚，故该权利要求也不符合《专利法》第二十六条第四款及《专利法实施细则》第二十条第一款的规定。

基于上述理由，合议组认为请求人新修改的权利要求书不能被接受。

由于申请人在其原始说明书中所公开的技术方案（即"其横向 L 形槽 13 的位置高于针支槽 21 的顶面缘处"）已被对比文件 1 公开，故请求人即使以此对权利要求作进一步修改，也难以使该权利要求相对于对比文件 1 具备新颖性和创造性。

2000 年 12 月 26 日，请求人针对上述复审通知书递交了"意见陈述书"，并递交了新的权利要求书。该权利要求书为：

1. 一种圆编针织机的伸梭片，其特征在于：伸梭片（1）上端部分包括片鼻（11）及片鼻槽（12）两侧面，横向开设有相对称的 L 形槽（13），其 L 形槽间的厚度小于伸梭片的整支厚度，且 L 形槽的开设位置与针筒上端针支槽同高。

2. 根据权利要求 1 所述的圆编针织机的伸梭片，其特征在于：所述的伸梭片的 L 形槽也可开设成横向倾斜或横向弧形的结构。

针对请求人的意见陈述，合议组于 2001 年 1 月 8 日再次发出复审通知书，复审通知书中指出：在新修改的权利要求 1 中，申请人用"同高"一词代替了原权利要求 1 中的"略高于"一词，由于原始说明书中并未公开"同高"这一技术特征，故这种修改也超出了原始说明书及权利要求书中所记载的范围，不符合《专利法》第三十三条的规定，该权利要求也不能作为进一步审查的依据。

请求人于 2001 年 3 月 21 日提交了"意见陈述书"，表示仍然坚持 2000 年 12 月 26 日所陈述的意见。

最终，合议组作出维持原驳回决定的复审请求审查决定。

3. **评 析**

1992 年修改的《专利法实施细则》第六十一条第一款规定："请求人在提出复审请求或者在对专利复审委员会的复审通知书作出答复时，可以修改专利申请文件……"但是，请求人在修改专利申请文件时，依然要遵循《专利法》第三十三条的规定，对"申请文件的修改不得超出原说明书和权利要求书的记载的范围"。

图 4-7 是该专利申请中的圆编针织机的伸梭片。根据说明书的记载，其改进之处是将伸梭片 1 的左上方 13 改为厚度渐变的 L 形（剖面），以防止棉屑的堆积。在实质审查阶段，审查员认为与对比文件 1 相比该专利申请的权利要求 1 和 2 不具备新颖性和创造性。

为了使该专利申请的权利要求 1 与审查员所引用的对比文件 1 相区别，请求人在复审阶段对其权利要求 1 先后作了两次修改，第一次修改时，在权利要求 1 中增加了"L 形槽（13）的开设位置略高于针筒上端针支槽顶面"这一技术特征；第二次修改又将其修改为"L 形槽（13）的开设位置与针筒上端针支槽（A1）同高"。

图 4 - 7

查看一下原始申请文件便可以看出：在其说明书、说明书附图及权利要求书中均未公开 L 形槽 13 的开设位置，更未将其与针筒上端针支槽顶面的高度进行过对比。从说明书、说明书附图及权利要求书中也无法唯一地推断出 "L 形槽（13）的开设位置略高于针筒上端针支槽顶面" 及 "L 形槽（13）的开设位置与针筒上端针支槽（A1）同高" 这两个技术特征的存在。因此上述两个技术特征的补入均超出了原始申请文件所记载的范围，权利要求书的这种修改得不到原始说明书的支持，这种修改也违反了《专利法》第三十三条的规定。因此，请求人于 2000 年 3 月 7 日及 2000 年 12 月 26 日所提交的权利要求书均不能作为进一步审查的依据。

（九）滚轮——权利要求书以说明书为依据

1. 案情简介

2001 年 12 月 18 日，专利复审委员会作出第 4060 号无效宣告请求审查决定。本决定涉及申请日为 1999 年 2 月 6 日，名称为 "滚轮" 的 99203361.6 号发明专利。

为了便于理解该专利，现将该专利的说明书及其附图引述如下。

滚 轮

本实用新型是一种矿山提升容器用滚轮。

目前公知的上述场合所使用的滚轮主要有橡胶弹簧式和碟形弹簧式（见煤矿机械设备选型手册和各生产厂产品样本），两种方式的滚轮，其结构及工作原理是：在提升容器上固定若干组滚轮，滚轮沿罐道运行；滚轮为容器提供导向和缓冲；滚轮用有一定强度弹性的耐磨材料制成，滚轮上安装滚动轴承，支座上设有缓冲弹簧。

现有滚轮的缺点是：滚轮磨损后位置的调整困难，缓冲弹簧的预紧力调整也不方便。

为克服上述滚轮的不足之处，本实用新型的目的是提供一种滚轮位置调整方便，弹簧预紧力调整简单的滚轮。

本实用新型的目的可以通过以下的构造来达到：

在弹性体滚轮上安装轴承和轴；轴的一端与一摆杆固定；摆杆一端与底座用销轴连接，另一端通过缓冲弹簧与底座用销轴连接；缓冲弹簧为一复合结构，其上设有弹簧和弹簧预紧力及滚轮位置调整装置。

上述构造的滚轮，为取得更好的使用效果，弹簧采用碟形弹簧，弹簧外设密封装置，密封外壳上同时设弹簧预紧力调节及弹簧悬挂长度调节装置，弹簧悬挂长度调节装置用于调节滚轮位置。

本实用新型相比现有技术有以下优点：

1. 滚轮磨损后的位置调节简单方便；

2. 弹簧预紧力容易调整；

3. 弹簧密封在外壳内，工作可靠，寿命长。

本实用新型以下将结合附图作进一步说明：

图1是本实用新型滚轮的正视图，其中：1-滚轮、2-摆杆、3-支座、4-缓冲托滚。

图2是缓冲弹簧剖视图，其中：5-悬挂孔、6-导杆、7-调整工具孔、8-调整工具孔、9-锁紧螺母、10-螺纹、11-螺纹、12-壳体Ⅰ、13-悬挂孔、14-碟形弹簧、15-壳体Ⅱ、16-导向面、17-弹簧预紧力调整螺母、18-调整工具孔。

本实用新型滚轮的构造及工作原理是：滚轮1通过轴与摆杆2连接，摆杆2通过销轴与支座3及缓冲弹簧4连接，缓冲弹簧4通过销轴与摆杆2及支座3连接。缓冲弹簧由壳体Ⅰ和壳体Ⅱ、碟形弹簧14、锁紧螺母9、弹簧子紧力调整螺母17、导杆6共同组成；通过转动螺母17便可以调整碟形弹簧的预紧力；通过转动壳体Ⅰ可调整弹簧悬挂长度，从而调整滚轮位置，螺母（9）用于锁紧壳体（Ⅰ、Ⅱ）；调整工具孔（7、8、18）用于插入棒状工具以使螺纹相对转动；导向面（16）为导杆（6）运动导向；悬挂孔（5、13）用于与摆杆（2）和支座（3）连接。

图1　　　　　　　　　　图2

其公告时的权利要求如下：

1. 一种矿山提升容器用滚轮，其结构特征为：在弹性体滚轮上安装轴承和轴；轴的一端与一摆杆固定；摆杆一端与底座用销轴连接，另一端通过缓冲弹簧与底座用销轴连接。

2. 根据权利要求1的滚轮，其特征在于：缓冲弹簧为一复合结构，其上设有弹簧和弹簧预紧力及滚轮位置调整装置。

3. 根据权利要求1或2的滚轮，其特征在于所述弹簧采用碟形弹簧，弹簧外设密封装置，密封外壳上同时设弹簧预紧力调节及弹簧悬挂长度调节装置。

针对上述实用新型专利，请求人于2001年9月19日向专利复审委员会提出宣告该专利权无效的请求，其理由是该专利不符合《专利法》第二十二条和第二十六条第三款、第四款以及1992年修改的《专利法实施细则》第二条、第二十条第一款、第二十一条第二款的规定。

所提供的证据是：

（1）CN86200783U（称"证据1"）；

（2）CN97236239.8U（称"证据2"）；

（3）中华人民共和国行业标准（复印件）（称"证据3"）；

（4）煤矿专用设备图册（复印件）（称"证据4"）；

（5）技术转让合同（复印件）（称"证据5"）；

（6）公证书（称"证据6"）；

（7）滚轮图纸一份（复印件）（称"证据7"）；

（8）龚水根证言一份（称"证据8"）。

请求人除了认为该专利的权利要求1、2、3不具备新颖性和创造性之外，还认为：

（1）该专利权利要求2、3中的"复合结构""弹簧预紧力调整装置""滚轮位置调整装置""密封装置"及"弹簧悬挂长度调节装置"在说明书中均未给出具体说明，其具体内涵不清楚，致使保护范围不明确，不符合1992年修改的《专利法》第二十六条第四款及1992年修改的《专利法实施细则》第二十条第一款的规定。

（2）该专利要解决的技术问题是"滚轮位置调整方便，弹簧预紧力调整简单"，而权利要求1中未记载解决该技术问题的技术方案，缺少必要技术特征，不符合1992年修改的《专利法实施细则》第二十一条第二款的规定。

（3）由于该专利的说明书中未对"复合结构""弹簧预紧力调整装置""滚轮位置调整装置""密封装置"及"弹簧悬挂长度调节装置"等作出具体说明，故本领域普通技术人员无法实施该技术方案，该专利不符合1992年修改的《专利法》第二十六条第三款的规定。

对于该专利不符合1992年修改的《专利法实施细则》第二条第二款的问题，请求人未作任何具体说明。

2. 决定的理由及结论

经审查，合议组认为：

该专利权利要求2是权利要求1的从属权利要求，其附加技术特征是："缓冲弹簧为一复合结构，其上设有弹簧和弹簧预紧力及滚轮位置调整装置。"虽然在该专利的权利要求书及说明书中并未对"复合结构"作出明确的限定，但是，通过说明书及其附图的解释，本领域普通技术人员可以理解所谓的"复合结构"就是指滚轮中位于两个销轴之间的整个缓冲弹簧结构。由于该专利只有一个实施例，通过其专利说明书及附图还可以得知：所述的弹簧预紧力调整装置即设置在壳体内部的弹簧预紧力调整螺母（17），而滚轮位置调整装置即"通过转动壳体（Ⅰ）可调整弹簧悬挂长度，从而调整滚轮位置"。

与请求人提供的证据相比，该专利的权利要求1不具备新颖性，而权利要求2和3则具备新颖性和创造性，故专利复审委员会以权利要求2和3为基础维持该实用新型专利权有效。

3. 评 析

该无效宣告请求案涉及1992年修改的《专利法》第二十六条第三款、第四款及1992年修改的《专利法实施细则》第二十条第一款的问题。

　　请求人认为：该专利权利要求 2、3 中的"复合结构""弹簧预紧力调整装置""滚轮位置调整装置""密封装置"及"弹簧悬挂长度调节装置"在说明书中均未给出具体说明，其具体内涵不清楚，致使保护范围不明确，不符合1992 年修改的《专利法》第二十六条第四款及 1992 年修改的《专利法实施细则》第二十条第一款的规定。而且导致本领域普通技术人员无法实施该技术方案，该专利不符合 1992 年修改的《专利法》第二十六条第三款的规定。

　　合议组认为：该专利说明书中只有一个实施例，在该实施例中申请人对滚轮中的每一个部件都作了具体说明，虽然申请人在权利要求书中采用了上位概念的描述方式，但是根据说明书的解释，这些上位概念应当分别给予具体化的理解，其保护范围是明确的，该技术方案本领域普通技术人员也是可以实施的。对于请求人认为该专利不符合 1992 年修改的《专利法》第二十六条第三款、第四款及 1992 年修改的《专利法实施细则》第二十条第一款的主张合议组不予支持。

　　在该专利的说明书中记载了以下内容：

　　（1）"缓冲弹簧为一复合结构，其上设有弹簧和弹簧预紧力及滚轮位置调整装置"；

　　（2）"弹簧外设密封装置，密封外壳上同时设弹簧预紧力调节及弹簧悬挂长度调节装置，弹簧悬挂长度调节装置用于调节滚轮位置"；

　　（3）"通过转动壳体 I 可调整弹簧悬挂长度，从而调整滚轮位置"；

　　（4）"通过转动螺母 17 便可以调整碟形弹簧的预紧力；通过转动壳体 I 可调整弹簧悬挂长度，从而调整滚轮位置"。

　　由此可见该专利权利要求 2、3 中的"复合结构""弹簧预紧力调整装置""滚轮位置调整装置""密封装置"及"弹簧悬挂长度调节装置"这几个技术特征在说明书中均有明确记载。而且所述的"复合结构"就是指"弹簧和弹簧预紧力及滚轮位置调整装置"的组合；"密封装置"就是指"密封外壳"；"弹簧预紧力调整装置"就是指"螺母 17"；而"滚轮位置调整"及"弹簧悬挂长度调节"则是通过"壳体 I 与壳体 II 之间的相对转动"而完成的。

　　因此，上述 5 个技术特征不仅说明书中均有明确记载，而且其技术含义也是清楚、明确的。请求人所称的"（上述技术特征）在说明书中均未给出具体说明""其具体内涵不清楚，致使保护范围不明确""本领域普通技术人员无法实施该技术方案，故不符合 1992 年修改的《专利法》第二十六条第三款及1992 年修改的《专利法实施细则》第二十条第一款的规定"这两个无效理由不能成立。

值得讨论的是该专利的权利要求 2 和 3 是否符合《专利法》第二十六条第四款。

《专利法》第二十六条第四款规定："权利要求书应当以说明书为依据，清楚、简要地限定要求专利保护的范围。"

通过阅读该专利的说明书及其附图我们可以发现，权利要求 2、3 中所述的"复合结构""弹簧预紧力调整装置""滚轮位置调整装置""密封装置"及"弹簧悬挂长度调节装置"这几个较上位的技术特征实际上与说明书中的"弹簧""密封外壳""螺母 17"以及"壳体Ⅰ与壳体Ⅱ"这几个具体结构存在明确的对应关系，相当于为这几个具体结构特征及其组合起了一个别名，这与我们通常所说的"上位概念"与"下位概念"之间的关系还不完全一样。虽然写入权利要求 2 和 3 中的这几个较上位的技术特征其含义并非十分明确，但依靠说明书的解释，可以将其解读为所述的具体结构特征。

可以设想，如果在该专利的说明书中完全未提及"复合结构""弹簧预紧力调整装置""滚轮位置调整装置""密封装置"及"弹簧悬挂长度调节装置"这几个概念，而仅公开了一个具体的实施例中的具体结构，这时在权利要求 2、3 中所出现的这几个技术特征则可以被看作其实施例中各具体结构的上位概念。如果本领域技术人员从实施例中的具体结构无法联想到其他等同的替换方式，则可以认为在缺少足够实施例支持的情况下专利权人不合理地使用了"上位概念"，其后果是权利要求中要求保护的范围大于其说明书所公开的内容，不符合《专利法》第二十六条第四款的规定。

应当说该专利的权利要求书在撰写方面的确存在一些形式方面的缺陷。如果是一项发明专利，在实质审查的过程中审查员可能会要求申请人对其权利要求中的一些技术特征作具体化修改，例如：将"弹簧预紧力调整装置"改为"螺母"、"密封装置"改为"密封壳体"，并对"复合结构""滚轮位置调整装置"及"弹簧悬挂长度调节装置"作出具体说明。该专利属于实用新型，在其专利授权之前并未经过实质审查，所以上述形式方面的缺陷就没有机会得以纠正。在专利授权之后的无效宣告请求程序中，如果因为这类形式方面的缺陷而将其无效似乎有些过于严厉。当然，对这种缺陷的容忍也不能没有一个限度，其底线应当是权利要求的保护范围应当是清楚的，而且能够得到说明书的支持。

（十）专利复审委员会第 3463 号无效宣告请求审查决定评析

2001 年 7 月 25 日，专利复审委员会作出第 3463 号无效宣告请求审查决定。

本决定涉及申请日为 1997 年 9 月 11 日，名称为"接咀机切纸轮"的 97245167.6 号实用新型专利。该无效宣告请求审查决定相关的附图参见位于本部分最后的图 4-8 至图 4-10。

该专利授权公告的权利要求书为：

1. 一种接咀机切纸轮，在轮体（4）上设置有穿线孔（3）和吸风孔（2），并镶嵌有合金刀垫（1），其特征在于合金刀垫的形状是长方体形状，在合金刀垫表面有孔，与合金刀垫下方轮体上的吸风孔接通。

针对上述专利权，请求人于 2001 年 3 月 28 日向专利复审委员会提出宣告该专利权无效的请求，认为该专利不具备《专利法》第二十二条所规定的新颖性和创造性。在提出无效请求的同时还提交了以下证据。

证据 1：CN 93232479.7 号实用新型专利说明书，公开日为 1994 年 11 月 30 日；

证据 2：CN 95233208.6 号实用新型专利说明书，公开日为 1996 年 1 月 17 日。

请求人认为：

证据 1 和 2 与该专利属于相同的技术领域，它们分别公开了该专利权利要求 1 中的全部技术特征。在有了现有技术中的阶梯形刀垫与吸纸小孔的结合以及圆筒状刀垫与吸纸小孔的结合之后，而且在矩形刀垫也存在的背景下，矩形刀垫与吸纸小孔的结合是显而易见的，故该专利不具备新颖性和创造性。

被请求人则认为：

第一，虽然证据 1 图 3 中所示的用于切断水松纸的刀垫（3）为长方形，但其上并没有吸风孔，所以其与该证据中图 1 所示的拐型刀垫的结合并非显而易见，该证据也未给出任何结合的启示。此外，本专利权利要求 1 所述的技术方案产生了"结构合理，加工方便，安装容易，使用过程中能有效吸住水松纸，便于切割，硬质合金刀垫不会下陷和断裂，延长了使用寿命"的技术效果，与证据 1 相比有了长足的进步，因此与证据 1 相比本专利具有创造性。

第二，证据 2 公开的切纸轮是非加热式的，与本专利相比属于结构类型不同、工作条件不同的设备。而且该证据中的切纸轮没有穿线孔，由此得出本专利的技术方案也不是显而易见的，所以与证据 2 相比本专利具有创造性。

第三，证据 2 并没有给出在矩形合金刀垫上设置吸风孔的启承，而且证据 1 和 2 中切纸轮的结构和工作条件根本不同，所以证据 1 和 2 的结合并非显而易见。由于该专利产生了结构合理、加工方便、安装容易、使用过程中能有效吸住水松纸、便于切割、硬质合金刀垫不会下陷和断裂、延长了使用寿命的技术效果，故与证据1、2相比具有技术进步性。

因此，本专利与证据1和2相比具有新颖性和创造性。

经审理，合议组认为：

从该专利的说明书中可以得知，该专利是针对现有技术（证据1）中接嘴机切纸轮的一种拐型刀垫（3）所作的改进。由于现有技术中的拐型刀垫有两个底面，故该刀垫加工困难且与轮体凹槽的配合容易存在间隙，使用中容易发生断裂。该专利通过改变合金刀垫的形状，即用矩形刀垫代替了拐型刀垫，从而简化了加工过程、防止了合金刀垫的断裂、提高了接咀机切纸轮的使用寿命。

证据1是一份公开日在该专利申请日之前的专利，它与该专利属于相同的技术领域，而且涉及相同的产品——接咀机切纸轮。该切纸轮所采用的合金刀垫（3）就是该专利在"现有技术"中所述的"拐型刀垫"。证据1的发明目的是克服现有技术中吸风孔（4）容易磨损的问题，在轮体的吸风孔（4）处也镶嵌了硬质合金条，该硬质合金条除了包括独立的吸风孔硬质合金条（2）外，还包括与合金刀垫结合在一起的硬质合金条，即开有吸风孔的合金刀垫（3）。

从证据1的附图1及说明书的相关部分可以进一步看出：它所要求保护的切纸轮包括一轮体，在轮体上设置有穿线孔和吸风孔（5），并镶嵌有合金刀垫，该合金刀垫（3）的形状是拐型，在合金刀垫表面有孔（5），该孔与合金刀垫下方轮体上的吸风孔（4）接通。

从证据1的附图3及说明书中对现有技术的描述中还可以看出：现有技术中也存在矩形的合金刀垫（2），只是该刀垫上未开设吸风孔（5）。

证据1所要求保护的技术方案与该专利的权利要求1相比，两者之间的唯一区别仅在于其合金刀垫的形状有所不同：该专利的形状是矩形，而证据1中的形状是拐型。

证据2也是一份公开日在该专利申请日之前的专利，它与该专利属于相同的技术领域，而且涉及相同的产品——接咀机切纸轮，只是两者的功能有所区别：该专利的切纸轮有加热功能（带有穿线孔），而证据2中的切纸轮不具有加热功能（不带穿线孔）。

在该证据2中也公开了两种与刀垫有关的技术方案：一种是作为现有技术的矩形刀垫（2）（如附图2所示）；另一种则是该专利文献所采用的圆筒形刀垫（如附图1所示）。前者的矩形刀垫上不带有吸纸小孔，而后者的圆筒形刀垫上则设有吸纸小孔。

通过以上的对比分析可以得知：证据1是一份与该专利最接近的现有技术，与该专利的权利要求1相比，两者的区别仅在于合金刀垫的形状有所不同：该专利采用的是矩形刀垫，而证据 1 所采用的是拐型刀垫。合议组认为，用矩形刀垫代替拐型刀垫是否具有创造性，主要看这种替换对于本领域普通技术人员来说是否很容易想到。

很明显，矩形刀垫相对于拐型刀垫所产生的"技术效果"或"解决的技术问题"是在使用时不容易发生断裂，而且加工比较方便。针对现有技术中拐型刀垫所存在的"技术问题"本领域普通技术人员是否会想到采用矩形刀垫，一是要看现有技术中是否给出了采用矩形刀垫的技术方案，二是看是否给出了矩形刀垫可以解决上述技术问题的教导或启示。由于证据 1 和 2 中均公开了采用矩形刀垫的技术方案，所以采用矩形刀垫已经构成现有技术的一部分。又由于无论根据实践经验还是通过简单的理论分析，本领域普通技术人员都很容易理解与拐型刀垫相比，矩形刀垫存在加工简单、不易断裂的特点，其结构与性能之间存在明显的关联性，所以采用矩形刀垫可以解决上述技术问题也是显而易见的。故用矩形刀垫代替拐型刀垫对于本领域普通技术人员来说是很容易实现的，不需付出任何创造性的劳动。

基于上述理由，合议组认为：该专利与请求人所提供的证据 1 和 2 相比不具备创造性。

【案例评析】

在国家知识产权局 2001 年制定的《审查指南 2001》中，引入了"三步法"判断创造性的新思路，该方法基本上借鉴了欧洲专利局"问题—方案"的创造性判断方法。"三步法"判断的三个步骤是：

（1）确定最接近的现有技术；

（2）确定发明的区别技术特征和其实际解决的技术问题；

（3）判断要求保护的发明对本领域的技术人员来说是否显而易见。

该案合议组在判断该专利权利要求 1 的创造性时，基本上采用了上述判断思路。

证据 1 中与该专利最接近的技术方案同该专利权利要求 1 相比，两者的区别仅在于合金刀垫的形状有所不同——该专利采用的是矩形刀垫，而在证据 1 中与之相对应的是拐型刀垫。合议组认为，用矩形刀垫代替拐型刀垫是否具有创造性，主要看这种替换对于本领域普通技术人员来说是否很容易实现。

由于证据 1、2 的背景技术中均公开了采用矩形刀垫的技术方案，故采用矩形刀垫已经构成该专利现有技术的一部分；矩形刀垫与拐型刀垫相比，具有容易加工、不容易断裂的优点，这是本领域技术人员容易想到的。所以就该案而言，用矩形刀垫代替拐型刀垫以克服对拐型刀垫容易断裂的问题对于本领域普通技术人员来说是显而易见的，不需付出任何创造性的劳动。

在审理该案时被请求人曾提出一个问题：既然上述替换具有明显的优点，替换本身又是显而易见的，那么为什么在先没有人作出这种改进？

首先，如果在先已经有人作出了这种改进，那么该专利就不具有新颖性了；正因为在先没有人作出这种改进，才需要对其创造性进行评价。其次，现有技术中不存在的技术方案并不必然具有创造性，问题的关键在于请求人所强调的"明显的优点"是否超出了本领域技术人员的认识范畴。事实上，该案的证据1中之所以未采用矩形刀垫而采用了拐型刀垫，与发明人的选择意图和价值趋向有关。对于本领域技术人员来说，选择矩形刀垫或拐型刀垫各有利弊，比如拐型刀垫在节省材料、减轻重量等方面就优于矩形刀垫，如果在加工设备适当、加工精度很高的条件下，采用拐型刀垫也可能会表现出比矩形刀垫更多的优越性。所以不能简单地认为某种技术方案在一份对比文件中未被采用就意味着该技术方案是不可行的，而在后再采用该技术方案就是解决了长期未解决的技术难题，就一定具有创造性。

在该案的口头审理中被请求人还认为：采用矩形刀垫并非一种简单的直接替换，改用矩形刀垫后还必须对切纸轮的布线孔作相应的调整，否则会将穿线孔击穿；采用了该专利的矩形刀垫之后，可以将合金刀垫的固定方式由下方固定改为从刀垫的上方用螺栓固定，从而提高了刀垫的紧固性能，并使刀垫的更换更加简单方便。这种效果属于意想不到的效果，所以该专利具有创造性。

从被请求人在口头审理时所提供的接咀机切纸轮的实物上可以看出，其改进后的切纸轮的确对布线孔的位置作了相应的调整，但由于这种调整是发生在切纸轮的轮体上而并非在矩形刀垫上，而且这种结构上的变化并未体现在该专利的说明书及权利要求书中，故这种变化不能作为支持该专利权利要求1具有创造性的依据。从该实物中也可以看出，其合金刀垫的固定方式不同于现有技术的固定方式，前者采用了从合金刀垫的上方用螺栓固定的方式，替代了后者从刀垫的下方进行固定的方式，两者相比前者的安装及拆卸更为方便，我们不否认这种改进是与采用矩形刀垫存在某种联系，也不否认这种结构带来了积极的效果。但是由于这种结构上的变化并未体现在该专利的权利要求书中，或者说被请求人在该专利中所要求保护的技术方案并未包括该实物所示的技术方案，故该理由也不能作为支持该专利具有创造性的依据。

最后，作为介绍，这里将我国创造性判断的标准和方法与国外创造性判断的标准和方法作一个横向比较。关于创造性的判断标准，许多国家采用的是"非显而易见性"这样的标准，比如《欧洲专利公约》第56条规定，如果一项发明与现有技术相比，对所属技术领域的技术人员来说是非显而易见的，则该发明具有创造性。另外，《专利合作条约》（PCT）对此采用了同样的标准。日本《专利法》对创造性标准在表述上采取了另一种表述方式，根据日本专利法第 29 条，一项发明，在专利申请提出之前由所属领域的技术人员容易作出的，则不具备创造性。该标准实际上也是"非显而易见性"的标准。❶ 因此，在判断一项权利要求是否具有创造性时，采用"显而易见性"的判断标准是各国通行的做法。《欧洲专利局审查指南》提出"问题—解决方案"（problem - solution approach）作为创造性判断的一般方法，其步骤是：①确定最接近的现有技术；②确定要求保护的发明所能解决的技术问题；③判断是否显而易见。《USPTO 审查指南》规定判断"非显而易见性"要审查的四个因素：①确定现有技术的范围和内容；②确定现有技术与权利要求的区别；③确定有关技术领域的一般技术水平；④辅助考虑因素。相比较可见，我国创造性判断方法与欧、美的判断方法基本相同。

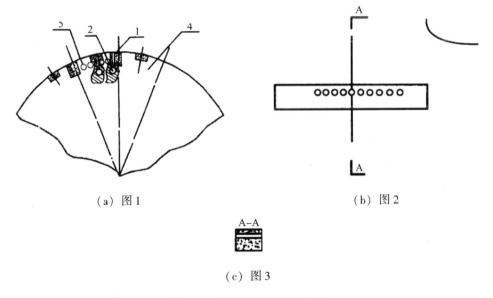

（a）图 1　　　　　　　　　（b）图 2

（c）图 3

图 4 - 8　该实用新型专利附图

---

❶ 《审查指南修改导读》第四章"创造性"。

图 1

图 2

图 3

图 4 - 9　证据 1 附图

图1 图2

图4-10 证据2附图

(十一) 专利复审委员会第1657号复审请求审查决定评析

2000年7月12日，专利复审委员会作出第1657号复审请求审查决定。本决定涉及申请日为1993年11月15日，名称为"采用有桩外壳的压缩机装置"的93114798.0号发明专利申请。该无效宣告请求审查决定相关的附图参见本部分最后的图4-11和图4-12。

1999年5月14日，专利局经实质审查后，驳回了该发明专利申请，驳回的理由是该申请不符合《专利法》第二十二条第三款的规定，不具有创造性，所依据的对比文件是：

对比文件1：USA5141420。

被驳回的权利要求书包括6个权利要求，其中权利要求1为：

一种压缩机，包括：

外壳（12），装在所述的外壳内的压缩机（14），所述的压缩机有一具有一外表面的机箱，和在所述的外壳和所述的机箱之间的至少一个机械连接（3），所述的机械连接包括在所述的机箱（22）上的一个凹槽（42），及可放入凹槽中的所述的外壳（12）的向内变形部分（102），所述的凹槽（42）具有总的为圆柱形内表面，设成与所述的机箱的所述的外表面垂直，所述的内表面与所述的外壳的向内变形部分（92）的配合可操作以抵抗所述的外壳相对所述的机箱（22）的转动运动，其特征在于所述的外壳的向内变形部分（102）具有部分圆柱形表面，所述的部分圆柱形表面（102）与所述的凹槽（42）的总的圆柱形内表面紧密接触。

在驳回决定中，审查员指出："对比文件1公开了一种涡旋压缩机，该压缩机包括外壳14、装入该外壳内的压缩机24，该压缩机有一主轴承26，压缩机主轴承26和外壳14之间有机械连接，该连接包括开设在主轴承上的凹槽和在壳体上设置的向凹槽内变形的部分，而且凹槽有基本上垂直于压缩机主轴承的外表面的面"（见图1左下方所示）。"权利要求1和对比文件1的区别仅仅在于所述的外壳的向内变形部分具有部分圆柱形表面，但是，这种区别技术特征对于本专业的普通技术人员来说，是很容易想到的，……因此不具备专利法第22条第3款规定的创造性。"

请求人对上述驳回决定不服，于1999年7月7日提出复审请求。

请求人认为："按照对比文件1是使外壳先变形再把它放置在凹槽中，而本发明是使外壳就地变形而使外壳的内表面往里突出而形成圆柱形表面。因此使外壳材料部分往里突出来产生圆柱形表面并不是在对比文件1基础上显而易见的。"

专利复审委员会依法组成合议组审理了该案，经合议于2000年5月24日向请求人发出复审通知书，在复审通知书中指出："合议组认为，在对比文件1中，除了其附图1所公开的内容之外，在说明书中并未对其外壳与凹槽的结构及形成方式作任何具体说明，故请求人所陈述的'对比文件1是使外壳先变形再把它放置在槽中'这一观点仅仅是一种断言，缺乏具体依据，合议组对此不予支持。

从对比文件1的附图1中，虽然无法直接看出'外壳向内突出而形成圆柱形表面，该圆柱形表面与凹槽的圆柱形内表面紧密接触'这一技术特征，但是，按照常规的冲压方式，当借助于外力使外壳向内突出时，除了外壳的内表面与凹槽的外缘形成圆形的线接触之外，不能排除外壳内表面与凹槽的圆柱形表面之间会产生某种程度的环形面接触，而且在大多数情况下上述的'线接触'与'面接触'总是同时存在的。这后一种情形正是该专利申请权利要求1所具体限定的（对环形接触面的定性限定）。

此外合议组还注意到，该专利申请附图1中对部位3的描述与对比文件1附图1中的相应部位是完全相同的，从该专利申请的附图1中也看不出其外壳的内表面与凹槽的圆柱形表面之间存在环形的面接触，只有通过附图3的细节放大才能清晰的体现这一技术特征。这进一步证明对比文件1的附图1包含或隐含了该专利申请附图3中所详细描述的技术特征。

因此，参照对比文件1，具体说，参照对比文件1的附图1，本领域普通技术人员很容易联想到该专利申请权利要求 1 所述的技术方案，或者说，权利要求 1 在对比文件 1 的基础上是显而易见的。"

2000 年 6 月 19 日，请求人针对上述复审通知书递交了"意见陈述书"。请求人认为：

"本发明的特点在于使用就地打桩的方法使外壳部分向内突出，'所述的外壳的向内变形部分具有提供使所述的外壳向内部分突出而形成的部分圆柱形表面，所述的部分圆柱形表面与所述的凹槽的总的圆柱形内表面紧密接触'。而在 US 5 141 420 中没有公开、教导或甚至建议过'使外壳部分突入形成圆柱形内表面'。""在普通冲压使外壳产生凹坑时，要避免使外壳突入，因为这会使外壳变弱和/或产生应力集中部分。本发明人发现，如果严格控制外壳的突入量，可使'连接具有更大稳定性'的优点超过了'外壳变弱和/或产生应力集中'的缺点。因此这是本发明特点所在。""并且上述讨论是基于对比文件 1 中采用就地变形的工艺。但是在对比文件 1 中没有提出、建议或暗示使用这一方法。"因此，请求人认为对比文件 1 不能否定本发明的创造性。

合议组充分考虑了请求人的意见，作出如下决定：

（1）该专利申请的权利要求 1 中，强调了其外壳的向内变形部分具有部分圆柱形表面，所述的部分圆柱形表面与所述的凹槽的总的圆柱形内表面紧密接触，这一点在对比文件 1 中并未给出明确的教导，因此，"外壳的向内变形部分具有部分圆柱形表面，所述的部分圆柱形表面与所述的凹槽的总的圆柱形内表面紧密接触"是该专利申请权利要求 1 所述的技术方案与对比文件 1 的主要区别。

（2）虽然在对比文件 1 中也采用了使外壳变形而突入凹槽内部的连接方式，但并未公开"外壳的向内变形部分具有部分圆柱形表面，所述的部分圆柱形表面与所述的凹槽的总的圆柱形内表面紧密接触"这一技术特征，或者说对比文件 1 中存在采用该专利技术方案的"可能性"，但缺乏"必然性"。因此，权利要求 1 所述的技术方案相对于对比文件 1 而言是非显而易见的，即具有突出的实质性特点和显著的进步，符合《专利法》第二十二条第三款的规定，具有创造性。

权利要求 2~6 中也包含了上述技术特征（所述的外壳的向内变形部分具有部分圆柱形表面，所述的部分圆柱形表面与所述的凹槽的总的圆柱形内表面紧密接触），基于同样的理由，权利要求 2~6 也具备创造性。

据此，专利复审委员会撤销了专利局于 1999 年 7 月 7 日对该发明专利申请所作出的驳回决定，发回原审查部门，继续进行审查。

【案例评析】

该专利的权利要求 1 和对比文件 1 的区别仅仅在于所述外壳的向内变形部

分（102）具有部分圆柱形表面（92）（见该专利的附图3），这是专利申请人、实审审查员及复审合议组均认可的一个事实。

实审审查员认为：上述区别技术特征的引入对于本专业的普通技术人员来说是很容易想到的，其理由是对于紧配合而言，面接触比线接触的结合效果要好得多，这是本技术领域的一个公知常识。

在专利复审委员会合议组发出的复审通知书中，基本上采纳了实审审查员的观点。除此之外还认为："从该专利申请的附图1中也看不出其外壳的内表面与凹槽的圆柱形表面之间存在环形的面接触"，"按照常规的冲压方式，当借助于外力使外壳向内突出时，除了外壳的内表面与凹槽的外缘形成圆形的线接触之外，不能排除外壳内表面与凹槽的圆柱形表面之间会产生某种程度的环形面接触，而且在大多数情况下上述的'线接触'与'面接触'总是同时存在的。"因此，该专利附图1所公开的信息与对比文件1附图1所公开的信息是相同的，或者说对比文件1的附图1包含或隐含了该专利申请的技术特征。合议组拟维持实审审查员的驳回决定。

在研究了复审请求人的意见陈述之后合议组改变了观点。复审请求人认为："在普通冲压使外壳产生凹坑时，要避免使外壳突入，因为这会使外壳变弱和/或产生应力集中部分。本发明人发现，如果严格控制外壳的突入量，可使'连接具有更大稳定性'的优点超过了'外壳变弱和/或产生应力集中'的缺点。因此这是本发明特点所在""并且上述讨论是基于对比文件1中采用就地变形的工艺。但是在对比文件1中没有提出、建议或暗示使用这一方法。"

合议组认为，请求人的上述观点可以得到该专利申请说明书的支持：在该说明书第5~6页记载了将外壳压入凹槽内的具体实施方式，其中包括对冲压工具90的尺寸与凹槽42的配合关系的选择，以及确定柱形定位面92与下壳13材料厚度的关系等，这些措施都是为了防止"外壳变弱和/或产生应力集中"的缺点而采取的。

虽然该专利的这种技术思路可能隐含在对比文件1所公开的技术方案中，但对比文件1对此并未给出明确的教导，也未给出任何相关的技术启示。这只能说现有技术仅给出了采用该申请技术方案的"可能性"，但并未给出采用该技术方案的"必然性"。因此权利要求1所述的技术方案相对于对比文件1而言是非显而易见的，即具有突出的实质性特点和显著的进步，符合《专利法》第二十二条第三款的规定，具有创造性。

（a）图1

（b）图2

（c）图3

图 4 – 11 该专利附图

(a) 图1 (b) 图2

(c) 图3

图 4 – 12　对比文件 1 附图

（十二）专利复审委员会第 2535 号复审请求审查决定评析

2002 年 3 月 5 日，专利复审委员会作出第 2535 号复审请求审查决定，涉及申请号为 97203683.0 的实用新型专利，其申请日为 1997 年 1 月 19 日，公告日为 1998 年 12 月 23 日，名称为"一种微风吊扇的吊杆"。该无效宣告请求审查决定相关附图参见本部分最后的图 4-13。

其授权公告时的权利要求 1 为：

1. 一种微风吊扇的吊杆，靠近圆管形杆身（4）下端螺纹头的一侧开有供电源线穿出的窗口（2），靠近吊杆上端的管壁开有相对小孔（5），其特征在于杆身（4）外密贴一绝缘层（3）。

2. 如权利要求 1 所述的微风吊扇的吊杆，其特征在于杆身（4）可镀覆一层锌膜（7）。

3. 如权利要求 1 或 2 所述的微风吊扇的吊杆，其特征在于绝缘层（3）由套入杆身的热收缩塑料软管经加热收缩密贴于杆身外壁的塑料层构成。

4. 如权利要求 1 或 2 所述的微风吊扇的吊杆，其特征在于绝缘层（3）可用内径相近于杆身（4）外径的塑料硬管挤套杆身外形成。

1999 年 3 月 8 日请求人向专利局提出撤销请求，认为上述专利不具备新颖性和创造性。经审查，撤销审查组撤销了该实用新型专利，撤销的理由是该专利不符合《专利法》第二十二条第三款的规定，不具备创造性。所依据的对比文件是：

证据 1：《塑料标准汇编》，中国轻工业出版社，1992 年 12 月出版；

证据 2：ZL 95200389.9 号实用新型专利说明书，1996 年 5 月 8 日公告。

在撤销决定中，审查员指出：

证据 2 是一个微风吊扇吊杆的实用新型专利，该专利权利要求 1 所述的技术方案与证据 2 相比，其区别仅在于"杆身（4）外密贴一绝缘层（3）"。从该专利的发明目的（防漏电）出发，本领域普通技术人员应用本领域的工作经验，无须付出创造性劳动就可以得到权利要求 1 所述的技术方案，故该专利的权利要求 1 不具备创造性。撤销审查组还对该专利的权利要求 2~4 进行了审查，认为与证据 1 和 2 相比，该专利的权利要求 2~4 也不具备创造性。2000 年 8 月 4 日，撤销审查组作出了撤销该专利专利权的决定。

专利权人对上述撤销决定不服，于 2000 年 12 月 24 日提出复审请求。专利权人（下称复审请求人）不同意撤销决定中所述的"从该专利的发明目的（防漏电）出发，本领域普通技术人员应用本领域的工作经验，无须付出创造性劳动就可以得到权利要求 1 所述的技术方案"的观点，复审请求人认为：撤销审查组在评价创造性时对"本领域"的概念适用范围过宽，电扇、金属吊杆、化工绝缘属于不同的行业，属于相距较远的技术领域，将这些行业的现有技术组合在一起应当是"非显而易见"的；另外，本专利实现了防触电的安全功能，具有明显的社会效益和经济效益，取得了商业上的成功，故本专利具有创造性。

经审查，专利复审委员会作出了驳回复审请求，维持原撤销决定的复审决定。决定要点如下：

证据2是一个该专利申请日之前公开的有关微风吊扇吊杆的实用新型专利，该专利权利要求1所述的技术方案与证据2相比，其区别仅在于该专利的微风吊扇其"杆身外密贴一绝缘层"，从该专利的说明书中可以得知，由于在杆身外密贴一绝缘层，可以实现防止触电、使产品的外观更为美观的发明目的。

合议组认为，在微风吊扇的杆身外密贴一绝缘层，的确可以起到防止触电的作用，权利要求1与证据2相比属于不同的技术方案，具有新颖性，可以认为权利要求1是在证据2基础上的一种改进。证据1是一份聚氯乙烯热收缩套管的行业标准，其中公开了该塑料套管的一些用途和性能：将塑料套管套装在圆柱形的芯轴上，可起到防电绝缘的作用，而且该证据中明确记载了该套管可"用于电器、电子元件绝缘包装"。在证据2的基础上借助于证据1的教导，提出该专利权利要求1所述的技术方案对本领域普通技术人员来说不存在任何困难，故权利要求1不具有创造性。

【案例评析】

该案中专利权人不同意撤销决定中所述的"从本专利的发明目的（防漏电）出发，本领域普通技术人员应用本领域的工作经验，无须付出创造性劳动就可以得到权利要求1所述的技术方案"的观点，专利权人认为：撤销审查组在评价创造性时对"本领域"的概念适用范围过宽，电扇、金属吊杆、化工绝缘属于不同的行业，属于相距较远的技术领域，将这些行业的现有技术组合在一起应当是"非显而易见"的；另外，本专利实现了防触电的安全功能，具有明显的社会效益和经济效益，取得了商业上的成功，故本专利具有创造性。

在审查员进行创造性判断时，对比文件所涉及的技术领域的确是要考虑的因素之一。但这种考虑并非意味着不属于该专利所属技术领域的所有对比文件都不能被引用。

首先，就该专利而言，在考虑"所属技术领域"时不应当仅仅着眼于产品本身所属的技术领域，还应当考虑其制造过程中相关的技术领域。虽然电扇产品本身属于电气行业，但是对于电扇制造业来说，除了涉及电气方面的技术之外，还可能涉及若干其他行业的技术，例如机械制造、化工原料、电镀处理等。所以，从这个层面上讲，金属吊杆、化工绝缘均属于与电扇制造相关的行业，认为它们与电扇"属于相距较远的技术领域"的观点不能成立。

其次，还应当考虑对比文件之间的内在关联性。这种关联性体现在两个方面：其一是面对现有技术中微风吊扇所存在的漏电问题，本领域普通技术人员很容易想到"绝缘"的技术；其二是在证据1中已经明确记载该聚氯乙烯热收缩套管"可用于电器、电子元件绝缘包装"，这实际上就将"化工绝缘"技术与解决"漏电"问题直接联系在一起。所以将化工绝缘技术用于电扇技术领域应当是"显而易见"的。

正如《专利审查指南2010》第四部分第六章第4节所规定的：

"对于实用新型专利而言，一般着重于考虑该实用新型所属的技术领域。但是现有技术中给出明确的启示，……可以考虑其相近或相关的技术领域。"

《专利合作条约》（PCT）初审指南第13.11节也明确规定：

"如果发明所基于的以及由最接近的现有技术所引出的问题促使所属领域技术人员到另一技术领域寻找答案，则该技术领域的技术人员是有资格解决该问题的人员。在这种情况下，对该技术解决方案是否具有创造性的评价就要以该专家的知识水平和能力为基准。可能有些情况下，将所属领域技术人员假想成一组人，如一个研究或生产团队，可能比假想成一个人更合适。"

以上两项规定的基本原则是一致的。参照该规定，该案中是否可以将证据1和2相结合来评价该专利的创造性，其答案应当是肯定的。

该专利　　　　　　证据2

图4-13

（十三）专利复审委员会第 4043 号无效宣告请求审查决定评析

2001 年 12 月 6 日，专利复审委员会作出第 4043 号无效宣告请求审查决定，涉及申请日为 1997 年 1 月 27 日，名称为"一种无纺布成型机"的 97207060.5 号实用新型专利。该无效宣告请求审查决定相关附图参见本部分最后的图4 - 14。

其授权公告时的权利要求书为：

1. 一种无纺布成型机，具有箱体（1）、输网帘（10）和导布辊（5），其特征是：箱体内设有圆网鼓（3），其内层为栅格状不锈钢筒体（12），外层为不锈钢丝网（13），圆网鼓一端设有离心风叶（7）与箱体外壳固定的风机座（8）相连，箱体上、下方均设有气流分配板与加热器，在箱体一侧通风口处输网帘的上方固定有冷却辊（9）。

针对上述实用新型专利，请求人于 2001 年 2 月 22 日向专利复审委员会提出宣告该专利权无效的请求，认为该实用新型不具有《专利法》第二十二条所规定的新颖性和创造性。请求人在提出无效请求的同时共提交了 20 份证据，其中包括：

证据12：第 5052197 号美国专利说明书。

被请求人认为：（1）本专利中的不锈钢筒体是栅格状的，而证据 12 中的筒体是穿孔的，两者在结构上是有区别的；（2）证据 12 中的分配板 2 是靠近风机 6 的端板，而本专利则处于圆网鼓侧面的上下两侧；（3）证据 12 中的无纺织物成型设备还附加一内部保护罩，这是本专利所没有的。故本专利无论从结构还是从功能方面看，与证据 12 均不相同，该证据不能构成对本专利的抵触，其缺乏证明效力。

经审查合议组就该专利的创造性认为：

证据 12 是一份美国专利，其公开日为 1991 年 10 月 1 日，可以用作评价该专利创造性的现有技术。

该专利公开了一种与该专利相关的纺织材料处理设备，从其附图及说明书文字部分可以得知，该设备的功能与该专利相同，其结构与该专利相似。具体说，该设备也包括箱体、圆网鼓、不锈钢筒体、不锈钢丝网、离心风叶、气流分配板和加热器。与该专利的权利要求 1 相比，只是输网帘、导布辊和冷却辊在证据 12 中未予以公开。

合议组认为：在一台无纺布成型设备中，输网帘和导布辊是必不可少的，否则纤维网和成型后的网布将无法传送，这对于本领域普通技术人员来说属于公知的技术常识，也是无纺布成型设备中必设的部件，因此可以认为输网帘和导布辊已经隐含在证据 12 中。

至于冷却辊这一结构，虽然在证据 12 中未予公开，但是，正如被请求人在"意见陈述书"中所述："该技术领域中无纺织物成型的热风温度并不高，并不见得一定要用冷却辊或者采用冷却装置。"换句话说，由于热风温度不高，在普通技术人员看来设立与不设立冷却辊之间并不存在实质性差异。当然，也不排除冷却辊的设立有可能带来意想不到的技术效果，但是，从该专利的说明书中看不出该冷却辊所带来的任何特殊效果。故合议组只能以本领域普通技术人员的观点来看待该冷却辊，即冷却辊的存在不能给无纺织物成型机带来实质性特点和进步。因此，与证据 12 相比该专利权利要求 1 所述的技术方案不具备《专利法》第二十二条第三款规定的创造性。

对于被请求人关于创造性的争辩，合议组认为：

被请求人在"意见陈述书"中陈述了该专利与证据 12 之间的下述区别：①该专利中的不锈钢筒体是栅格状的，而证据 12 中的筒体是穿孔的；②证据12 中的分配板是靠近风机 6 的端板，而该专利则处于圆网鼓侧面的上下两侧；③证据 12 中的无纺织物成型设备还附加一内部保护罩，这是该专利所没有的。

对于区别①，合议组认为栅格状与穿孔之间只是通风孔的形状有所不同，其功能是相同的，这种区别不具有实质性特点和进步；对于区别②，合议组认为从证据 12 的附图 1 及说明书第 4 栏第 14～28 行可以看出：标号 2（partition）是一分隔板而并非一分配板（请求人所提供的译文有误），其分配板与该专利一样，也在圆网鼓侧面的上下两侧（只不过未加标号作具体说明）；对于区别③，合议组认为虽然与证据 12 相比该专利省去了"内部保护罩"这一技术特征，但该专利并不是以此作为发明目的，从其说明书中也看不出取消"内部保护罩"所带来的任何优点或特殊技术效果。所以，取消"内部保护罩"之后，除了丧失该保护罩的固有功能之外，并未给该无纺布成型机带来任何附加的技术效果，这种区别的存在并不能使该专利具有创造性。

对于被请求人所陈述的观点合议组不予支持，该专利与证据 12 相比不具备创造性。

【案例评析】

一项权利要求所述的技术方案与一份对比文件相比，在结构方面存在若干区别，此时应当如何判断该技术方案是否具有创造性？

该案所涉及的技术问题并不复杂，通过对这些问题的分析判断，对我们理解和掌握创造性判断的几个基本原则会有所帮助。

第一，对于一台机械设备而言，如果对比文件中未公开的部件属于该设备必不可少的，则应当认为该部件已经被隐含在其中。

在现有技术的无纺布成型设备中，输网帘和导布辊是必不可少的，否则纤维网和成型后的网布将无法传送，这对于本领域普通技术人员来说属于公知的技术常识，因此即使在对比文件中未明确指明输网帘和导布辊的存在，也可以认为输网帘和导布辊已经隐含在证据12中。

第二，如果某一部件的存在对该设备的性能并未带来实质性的影响，即未产生明显的技术效果，则该部件的设置对其创造性无影响。

该案中的冷却辊虽然在证据12中未予公开，但是，由于无纺织物成型的热风温度并不高，所以设立与不设立冷却辊并不存在实质性差异。除非设立冷却辊会产生意想不到的技术效果，但是，这一点并未体现在该专利的说明书中，所以该专利中冷却辊的存在不能给无纺织物成型机带来实质性特点和进步。

第三，如果从某一设备中将某一部件去除，从而导致其相应性能的丧失，则这种简化也不具备创造性。

该案中，权利要求1与证据12相比省去了"内部保护罩"这一技术特征，但该专利并不是以此作为发明目的，从其说明书中也看不出取消"内部保护罩"所带来的任何优点或特殊技术效果。所以，取消"内部保护罩"之后，除了丧失该保护罩的固有功能之外，并未给该无纺布成型机带来任何附加的技术效果，这种区别的存在并不能使该专利具有创造性。

（a）该专利图1　　　　　　　　（b）该专利图2

（c）该专利图3　　　　　　　　（d）证据12

图4-14

第四，具有相同功能的已知手段的等效替换不具有创造性。

《专利审查指南 2010》第二部分第四章第 4.6.2 节规定：

"如果发明是相同功能的已知手段的等效替换，或者是为解决同一技术问题，用已知最新研制出的具有相同功能的材料替代已知产品中的相应材料，或者是用某一公知材料替代公知产品中的某材料，而这种公知材料的类似应用是已知的，且没有产生预料不到的技术效果，则该发明不具备创造性。"

该专利中的不锈钢筒体是栅格状的，而证据 12 中的筒体是穿孔的。栅格状筒体与穿孔状筒体之间只是通风孔的形状有所不同，其功能是相同的，这两种结构在现有技术中都是司空见惯的，因此这种替换不具有实质性特点和进步。

（十四）专利复审委员会第 2003 号复审请求审查决定评析

2001 年 1 月 18 日，专利复审委员会作出第 2003 号复审请求审查决定，涉及申请日为 1995 年 12 月 5 日，名称为"电动车辆用电机防水结构"的 95120546.3 号发明专利申请。该无效宣告请求审查决定相关附图参见本部分最后的图 4 - 15 和图 4 - 16。

1999 年 11 月 5 日，专利局经实质审查后，驳回了该发明专利申请，驳回理由是该申请不符合《专利法》第二十二条第三款的规定，不具备创造性，所依据的对比文件是：

（1）US 4871042（对比文件 1）；

（2）US 5338995（对比文件 2）。

被驳回的权利要求书为：

1. 一种电动车辆用电机防水结构，该电动车辆包括从前管向斜下后方直线延伸的主梁（10）、向下弯曲的中间部（12）以及垂直向上下延伸的座席架（14），在上述弯曲的中间部近旁设置有包含曲轴（56）和马达（52）在内的辅助动力机构，其特征在于，上述马达（52）配置在曲轴（56）的后方，与马达（52）连接的导线通过防水构件连接到辅助动力机构的上部，在该辅助动力机构上设有将马达内部空间与大气连通的连通通路，且在该辅助动力机构的侧面设有开口（110）。

驳回决定认为：

对比文件 1 公开了上述权利要求特征部分中的第一个技术特征——"马达配置在曲轴的后方"；对比文件（2）公开了上述权利要求特征部分中的第二个技术特征——"与马达连接的导线通过防水构件连接到辅助动力机构的上部"；至于上述权利要求特征部分中的第三个技术特征——"在该辅助动力机构上设

有将马达内部空间与大气连通的连通通路，且在该辅助动力机构的侧面设有开口"，虽然未在对比文件1和2中公开，但是在马达上开设开口用于排水是本领域的公知常识，通过设有排水口以使得马达内部空间和大气连通是显而易见的。所以，本领域普通技术人员在对比文件1和2的基础上，结合所属领域的公知常识，即可得出该专利申请权利要求1所述的技术方案，而且它们的结合未产生预料不到的技术效果，故权利要求1不具备创造性。

针对上述驳回决定，请求人于2000年2月3日提出复审请求。请求人在陈述复审理由的同时，还提交了新的权利要求书，该权利要求书为：

1. 一种电动车辆用电机防水结构，该电动车辆包括从前管（8）向斜下后方直线延伸的主梁（10）、向下弯曲的中间部（12）以及垂直向上下延伸的座席架（14），在上述弯曲的中间部近旁设置有包含曲轴（56）和马达（52）在内的辅助动力机构，其特征在于，上述马达（52）配置在曲轴的后方，与马达（52）连接的导线通过防水构件连接到辅助动力机构的上部，在该辅助动力机构上设有将马达内部空间与大气连通的连通通路，且该连通通路沿车辆宽度方向指向地开口于该辅助动力机构的侧面上，该开口（110）位于曲轴（56）的后方。

请求人认为：

（1）在对比文件1中，其马达（22）设置在竖梁的前方，亦处于曲轴的前方，而该专利申请中的马达却设置在曲轴的后方，受到曲轴部件的遮挡，两者是不相同的；由于该专利申请采用了"开口结构"，从而可以以简单的构造实现了排水、防水功能，这种构造及技术构思在对比文件中并未被披露。

（2）由于上述两个技术特征的存在，使得本发明取得了有益的技术效果——"提高了马达的防止来自前方及斜上方雨水，及从地面溅起的水及飞石的能力，以及不用增加零件即可防止水从马达的排水口中逆流入马达中"。故相对于对比文件1和2，新提交的权利要求所述的技术方案具有创造性。

经审查合议组认为：

该专利申请涉及一种电动车辆用电机的防水结构，是对现有技术中防水结构的一种改进。从该申请的说明书中可以看出，该申请是以一种"开放型结构"取代现有技术中的强化密封型结构，从而在马达的制造过程中，不需要高精度的机械加工及密封性检验工序，可大幅度降低成本。

在权利要求1所记载的技术方案中，采用了两个防水措施，一是上述将"马达配置在曲轴的后方"，借助于曲轴对来自前方及斜上方雨水进行阻挡；二是"在该辅助动力机构上设有将马达内部空间与大气连通的连通通路，且该连通通路沿车辆宽度方向指向地开口于该辅助动力机构的侧面上，该开口位于曲轴的后方"，通过这种设置，可以及时将进入马达内的水和湿气排出。

由于该专利申请权利要求 1 中的两个区别技术特征，在审查员所提供的两篇对比文件中并未给出明确的教导，也未给出任何启示或暗示，在缺乏足够证据和理由的情况下，简单认定这类技术特征的采用是本领域普通技术人员的公知常识是缺乏依据的。

据此，合议组作出撤销原驳回决定，发回原审查部门重新审查的复审决定。

【案例评析】

说明书附图是专利文件的一个重要组成部分，本领域普通技术人员通过阅读说明书附图而获得的信息也属于说明书所公开的信息。

在对比文件 1 的附图中，展示了其马达在电动自行车中的位置。从对比文件 1 的附图 1 中可以看出，马达 22 位于竖梁的前方，虽然马达与曲轴间的前后关系难以准确判断，但是，在自行车行进过程中该马达将不会受到曲轴的遮挡，这一点通过附图是可以清楚理解的。另外，在该对比文件的说明书中也找不到有关马达与曲轴相对位置的文字说明。所以根据对比文件 1 的附图和说明书所公开的内容，可以认定在对比文件 1 中马达 22 位于竖梁的前方，但无法认定其"马达配置在曲轴的后方"这一技术特征的存在。

因此，该专利申请权利要求 1 中所记载的第一个技术特征并未被对比文件 1 公开，原驳回决定所作的认定有误。

对于该专利申请权利要求 1 中所记载的第二个技术特征——"在该辅助动力机构上设有将马达内部空间与大气连通的连通通路，且该连通通路沿车辆宽度方向指向地开口于该辅助动力机构的侧面上，该开口位于曲轴的后方"，无论在对比文件 1 或是对比文件 2 中均未给出任何教导或启示。

虽然一般而言，通过开口可以将积存的水分排出是一个公知常识，但是这并不意味着将其应用到本发明所属的技术领域中，即通过设置开口来解决马达的进水问题就是显而易见的。

将某一技术领域的现有技术转用到其他领域中是显而易见还是非显而易见的，除了要考虑在这种转用的过程中是否需要解决某些技术难题之外，还需要考虑这种转用本身是否符合该技术领域的一般习惯。如果这种转用不符合该技术领域的一般习惯，则这种转用就具有其独创性，即具有非显而易见性。对于电动车辆用电机来说，现有技术中的惯用手段是通过强化密封的方式来解决马达的进水问题；而本申请则反其道而行之，以一种开放式结构代替强化密封的结构，即通过设置一条连通通路，使马达内部空间与大气连通，以便将进入马

（a）该专利图 1

（b）该专利图 4

图 4 - 15

（a）对比文件 1

（b）对比文件 2

图 4 - 16

达内部的积水排掉。故就该技术领域而言，这种技术手段的采用就是非显而易见的。

另外，在判断一项权利要求所述的技术方案是否具有创造性时，对比文件除了教导所述权利要求中特征部分的技术特征，还应当教导所述权利要求中前序部分的技术特征，应当将权利要求中所有技术特征所限定的技术方案作为一个整体来判断。

（十五）专利复审委员会第 1414 号无效宣告请求审查决定评析

1999 年 6 月 28 日，专利复审委员会作出第 1414 号无效宣告请求审查决定。该决定涉及申请日为 1992 年 5 月 12 日，名称为"合股管"的 92213914.8 号实用新型专利。该无效宣告请求审查决定相关附图参见本部分最后的图 4－17。

其授权公告时的权利要求书为：

1. 一种合股管，由底座（1）、管柱（2）、管头（3）组成，其特征在于在管头（3）上有金属圈（4）。

2. 根据权利要求 1 所述的合股管，其特征在于金属圈（4）上开有若干个孔（5）。

针对上述实用新型专利，第一请求人于 1997 年 1 月 28 日向专利复审委员会提出宣告该专利权无效的请求，认为该专利不具备《专利法》第二十二条所规定的新颖性和创造性，在提出无效请求的同时提交了以下证据：

证据 1：《纺织器材使用手册》有关页复印件共 6 页（纺织工业出版社，1981 年 1 月出版）；

证据 2：90211491.3 号发明专利申请说明书，公开日为 1990 年 10 月 24 日；

证据 3：《纺织器材》有关页复印件 5 页。

第一请求人认为：

该专利权利要求 1 所述的技术方案已被证据 1 公开，属于公知惯用手段的直接置换，缺乏新颖性；权利要求 2 缺乏创造性。

针对上述实用新型专利，第二请求人于 1997 年 11 月 2 日向专利复审委员会提出宣告该专利权无效的请求，认为该专利不具备《专利法》第二十二条规定的新颖性、创造性。在提出无效请求的同时还提交了以下附件：

证据 4：《纺织器材使用手册》P114～117 复印件共 2 页。

经审查，合议组认为：

第一请求人和第二请求人共提供了 4 份证据，其中证据 1 和证据 4 涉及同一份出版物，只是引用的相关页有所不同；证据 2 涉及一种塑料筒管，其中不包含金属部件；证据3中公开了一种用塑料制成的筒管，同时公开了一种两边盘边缘上包有铜或铁皮箍的木质筒管。在这4份证据当中，证据1中公开了与该专利最相关的现有技术。

该专利权利要求1涉及一种合股管，它由底座、管柱及管头三部分组成，其特征在于管头上带有一金属圈。从其说明书中可以得知，该金属圈的作用是避免毛线与管头摩擦而使管头出现凹槽，从而延长合股管的使用寿命。

证据1中公开了一种纱管，从其图4–24中可以看出，该纱管也包括底座、管柱和管头，而且在管头上带有一铁皮箍。该纱管与权利要求1中所述的合股管相比，其区别仅在于"金属圈"与"铁皮箍"之别。虽然两者采用的术语不同，但是，在纺织行业中，就"圈"和"箍"的定义而言，两者之间并不存在明确的界限，而且"金属圈"与"铁皮箍"在纺纱管中所起的作用是相同的。故合议组认为，就该案而言，铁皮箍与金属圈之间的替换应当属于相同功能的已知手段的等效替换，因为两者间的替换并未导致实质性的变化。根据《专利审查指南2010》第二部分第四章第4.6.2节的规定，与证据1相比，该实用新型权利要求1所述的技术方案不具备创造性。

尽管该专利实施例（参见该专利附图1和2）中所描述的金属圈4的形状和结构与证据1中的铁皮箍有明显区别，但是，这种区别并未体现在权利要求1中。合议组认为，说明书可以用来解释权利要求书，但是这种解释作用并不意味着可以用实施例中的具体结构特征对独立权利要求的保护范围作进一步限定。

第一请求人还认为：从该实用新型的说明书中可以得知，本实用新型中的金属圈4应镶嵌在整个管头3的最大开口部位，该技术特征是实现该实用新型发明目的的一个必要的技术特征。但是，该技术特征并未被记载在该实用新型的权利要求1中，从而使权利要求1所述的技术方案中缺少了对金属圈具体位置的限定，其结果便导致了在权利要求1所述的技术方案中，金属圈的位置是不确定的，除了可以设置在管头的最大开口部位之外，还可以设置在管头的其他部位，致使该权利要求的保护范围超出了说明书所公开的范围。

对此合议组认为：

在权利要求1所述的技术方案中，"在管头（3）上有金属圈（4）"是实现该实用新型发明目的（防止管头因摩擦而出现凹槽）的必要技术特征。而"金属圈4镶嵌在整个管头3的最大开口部位"，只不过是该实用新型实施例中的一种特定设置方式，它是针对管头大致呈球形、纱线与管头的最大直径部位相摩擦这种特定纱管而设置的。作为说明书中的实施例，其作用是"详细写明申请人认为实现发明或者实用新型的优选方式"，不应当将其视为该实用新型的唯一技术方案。也就是说，在权利要求 1 中，除了包括金属圈设置在管头最大开口部位的技术方案之外，还可以包括其他的设置方式，例如，证据 1 中的铁皮箍虽然设置在纱管的整个管头上，但仍然可以起到防止纱管管头磨损的目的，正因为如此，证据 1 影响了权利要求 1 的创造性。

该专利权利要求 2 对权利要求 1 作了进一步的限定，其中的金属圈上开有若干个孔。该附加技术特征在第一请求人和第二请求人所提供的证据 1～4 中均未予以披露。从该实用新型的说明书中可以得知，这些孔的存在有利于金属圈与管头的连接。借助于金属圈上的孔，将金属圈上下的管头部分通过诸如塑料成型工艺（对塑料管头而言）或销孔连接方式连接成一体，与铁皮箍通过夹紧管头外周实现连接的方式具有明显不同的结构及技术效果，由此可以有利于延长合股管的使用寿命。

合议组认为相对于请求人所提供的证据，权利要求 2 具备新颖性和创造性。

【案例评析】

该专利包括两项权利要求。经审查，合议组认为相对于请求人所提供的证据，该专利的权利要求 1 不具备创造性，而权利要求 2 具备创造性。

就权利要求中的技术特征而言，该专利的权利要求 1 和 2 与证据 1 之间都存在区别，为什么同样都存在区别，但却导致了不同的审查结论？关键要看：

（1）这些区别技术特征是否是现有技术中已知的，具体说就是在请求人所提供的证据中是否公开了或暗示这些技术特征的引入；

（2）这些区别技术特征的存在是否带来了新的技术效果。

以上两点也就是判断一项技术方案是否具有"非显而易见性"的关键之所在。

《专利审查指南 2010》第二部分第四章第 4.6.2 节规定：

"如果发明是相同功能的已知手段的等效替换，或者是为解决同一技术问题，用已知最新研制出的具有相同功能的材料替代公知产品中的相应材料，或者是用某一公知材料替代公知产品中的某材料，而这种公知材料的类似应用是已知的，且没有产生预料不到的技术效果，则该发明不具备创造性。"

该专利权利要求 1 与证据 1 之间的主要区别是"金属圈"与"铁皮箍"之别。虽然两者的名称有所不同，但是在纺织行业中"圈"和"箍"都是经常使用的，而且两者在结构上也并不存在明确的界限，就纺纱管而言，"金属圈"与"铁皮箍"所起的作用是相同的。

故合议组认为，就该案而言，铁皮箍与金属圈之间的替换应当属于相同功能的已知手段的等效替换，与证据 1 相比权利要求 1 所述的技术方案不具备创造性。

该专利权利要求 2 的附加技术特征是："金属圈（4）上开有若干个孔（5）。"该附加技术特征在证据 1～4 中均未予以披露，而且从该实用新型的说明书中可以得知，这些孔的存在将有利于金属圈与管头的连接，即在注塑过程中借助于金属圈上的孔，可以将金属圈更牢固的连接在管头上。这与铁皮箍通过夹紧管头外周实现连接的方式相比，一是结构上存在明显区别，二是带来了新的技术效果——通过加强金属圈与管头之间的连接，可以延长合股管的使用寿命。因此权利要求 2 具备创造性。

（a）该专利立体图 1

（b）该专利金属圈 4 结构图

图 4 – 17

四、从专利代理人资格考试看专利申请文件的撰写❶

（一）试　题

1. 指出以下专利申请文件中不符合《专利法》《专利法实施细则》及《专利审查指南 2010》之处，并予以修改❷

说　明　书

GCQ 型高效磁化除垢器[1]

本发明涉及一种锅炉、茶炉中换热设备的附件[2]。

---

❶ 以 1996 年全国专利代理人资格考试为例。

❷ 以下试题中右上角带方括号的序号为不符合规定之处。是本文作者加注的。为了便于在后的"试题分析"中与之相互对应。（对试题所作的分析仅仅是作者本人的观点，不是标准答案，供读者参考。对试题的分析及参考答案都是以 1992 年修改的《专利法》为准。）

· 428 ·

水垢是锅炉、茶炉等换热设备的大敌，为清除水垢，已采用过许多方法，如化学法、离子交换法、电子除垢法等。最近又出现了利用磁场来处理水垢的方法，例如，1991年9月20日公告的CN2089467Y的中国实用新型专利说明书就公开了这样一种利用磁场来处理水垢的"锅炉防垢装置"。这种防垢装置将两对彼此对置的条形磁块或扇形磁块布置在方形管道或圆形管道的同一截面上，这两对磁块相互垂直。这种布置方式说明设计人在磁路设计上的无知，其磁路设计极不合理，技术落后[3]，使部分磁力相互抵消，磁通密度减弱，中心磁通密度更低，此外，对这两对磁块所形成的磁场也未采取任何屏蔽措施，漏磁严重，磁能损耗大。为了达到防垢和除垢效果，管道中心磁通密度至少应达到0.2～0.7特斯拉（此乃标准的国际通用磁通密度单位。——出题者注。）这就需要采用高强度大块磁块，大大增加了成本，且在此管道附近产生的强磁场会影响工作人员的健康。不仅如此，该防垢装置仅在管道的同一截面上布置了两对磁块，这样管道中流过的水仅受到一次磁化作用，作用时间短，磁化效果差，达不到满意的防垢除垢的目的。

本发明的目的在于克服上述已知方法的缺点，提供一种技术先进、效果显著[4]而无副作用的磁化防垢除垢器，这种磁化防垢除垢器不仅能在管道中产生足够的磁通密度，使水很好地磁化，而且结构简单可靠、成本低、无漏磁，不会影响工作人员的身体健康。

本发明的磁化防垢除垢器，包括管道和分别置于其外表面相对两侧的至少两对永磁磁块。它还包括一个外壳，由非导磁材料制成的所述管道穿过所述外壳并与外壳两端连成一体。所述永磁磁块用铁皮包覆（铁皮两端搭接在一起，最好用铁丝将其捆住）固定在管道上，所述外壳外表面上涂有防护漆[5]。

作为本发明的进一步改进，还可以采用权利要求2限定部分的结构[6]，这样磁块与管壁接触紧密，便于固定，磁力线均匀，中间磁通密度与两边磁通密度一致。

作为本发明另一种改进，还可以采用权利要求3限定部分的结构[7]，由于瓦形磁块中间有聚磁作用使磁化更为均匀，对水的磁化更有利。尤其是在相邻两对瓦形磁块之间安放铁制垫圈时可避免各对磁块之间相互干扰。

当对本发明再作进一步改进，采用4～5对永磁磁块时，可以使水流过防垢除垢器时多次切割磁力线，从而可使水全部磁化，避免出现死角或部分水未被磁化的现象。

本发明的磁化防垢除垢器只由几个零件组成，结构简单，价格低廉。因其磁路设计独特合理、技术先进[8]，所以，水磁化效果好，不易结垢，防垢除垢能力强。

下面结合附图对本发明磁化防垢除垢器作进一步详细描述。

图 I [9] 是公知磁化防垢除垢器中条形磁块和扇形磁块的排列布置图；

图 II [10] 是本发明磁化防垢除垢器的主视图及沿其 AA 线的剖视放大图；

图 III [11] 是本发明磁化防垢除垢器另一种实施方式的主视图和沿其 BB 线的剖视放大图。

图 I 所示为前面背景技术部分所提到的中国实用新型专利说明书 CN2089467Y 中所披露的磁化防垢除垢器中磁块排列布置图。在其左图中方形管道的同一管道截面上布置有两对彼此垂直的条形磁块；在其右图中为圆形管道的同一管道截面上布置有两对彼此垂直的扇形磁块。按照这样的布置方式，相邻的异性磁极会使磁力线短路，从而使管道中央部分的磁通密度大大减弱。

在本发明中，为了保证由不锈钢、塑料或钢等非导磁材料[12]制成的管道的中央部分有足够的磁通密度，使两对磁极之间不发生磁力线短路，如图 II 所示，让此两对磁块（3、4）[13]不是布置在同一管道截面上，其中一对磁块（4）安放在另一对磁块（3）的下游。图 II 中，管道（1）的用于安装成对磁块（3、4）的中间管道段（9）为方形管道。第一对磁块（3）以异性磁极相对的方式布置在该方形中间管道段（9）的某一截面的上、下两侧；第二对磁块（4）以同样方式布置在该方形中间管道段（9）中上述截面下游部分的另一截面的左、右两侧，并与第一对磁块（3）紧邻，即第二对磁块（4）的磁场方向与第一对磁块（3）的磁场方向相垂直，且形成的磁场紧接在第一对磁块形成的磁场的下游。为了固定这两对磁块（3、4），分别用铁皮（5）将每对磁块包覆起来固定在管道（1）的方形中间管道段（9）上，可将铁皮两端搭扣在一起，或者用铁丝将其捆住。该铁皮（5）除起固定作用外，还同时起到使磁场均匀、增强中间磁场和一次屏蔽的作用。当采用这样的磁块布置方式和结构时，仍会向管道（1）的四周漏磁，若要保证使用较小的磁块就能产生足够的磁场强度，满足防垢除垢的要求，且不会使漏磁对周围人体造成危害，还必须对此磁化防垢除垢器设置一铁制外壳（2），管道（1）从外壳（2）的两端穿过，并用焊接或其他方法使外壳（2）的两端与管道（1）连成一体。包覆磁块（3、4）的铁皮（5）的外表面与外壳（2）的内壁之间必须留有适当间隙，以保证外壳（2）在保护磁块不受损伤的同时起到二次屏蔽作用，减少磁能损耗，从而保证采用较小的磁块（例如每对磁块形成的磁通密度在0.1特斯拉左右）就能在管道（1）的方形中间管道段（9）的中央部分产生足够的磁通密度，满足防垢除垢的需要。经过二次屏蔽后，在外壳的外面测出的磁场强度接近于零，保证工作人员的健康不受影响。管道（1）露出外壳（2）的两端部分上制有螺纹，用于分别与供水管和锅炉等换热器的进水管相连接。为防止铁制外壳（2）生锈，还可以在铁制外壳（2）的外表面上涂一层防护漆。为了美观，便于辨认和防止假冒，在防护漆的外面绘制有红绿相间的宽条彩色花纹。

图Ⅱ中只示意性地画出两对磁块，实际上可根据水的硬度按上述方法串接多对磁块，即每相邻两对磁块以相互垂直的方式安放，并使每对磁块形成的磁通密度保持在0.1特斯拉左右。如水的硬度在7毫克当量/升以下，使用5对磁块即可达到满意的防垢除垢的目的；若水的硬度更高，可适当增加磁块的对数，如水的硬度为9毫克当量/升，可用9~10对磁块即可获得满意的效果。如果换热器的容量很小，使用时水的流速又较低，使用两对磁块就可。

图Ⅱ所示的磁化防垢除垢器，由于将条形磁块布置在管道的方形外壁上，因而磁块与管壁接触紧密，便于固定，且磁力线排布均匀，中间磁通密度与两边磁通密度一致，因而当水流过管道时磁化均匀。又因有多对磁块相互垂直地串接在一起，避免了多对磁块之间相互干扰，削弱磁通密度，而且因水流过管道时多次切割磁力线，使水全部磁化，避免出现死角或部分水未被磁化。

图Ⅲ是本发明磁化防垢除垢器的另一实施方式，这种防垢除垢器与图Ⅱ所示的防垢除垢器的结构基本相同[14]。图中同样只示意性地表示出两对磁块，实际上可根据需要安放多对磁块，每对磁块的排列方式与图Ⅱ所示的条形磁块的排列方式相同，所不同的是当这种磁块装在直径较大的粗管道上时，因磁块的尺寸较大，为了防止相邻磁块相互吸引而移动位置，可在每对磁块之间加装铁制垫圈（8）。加装垫圈（8）之后又能避免各对磁块之间相互干扰。瓦形磁块具有聚磁作用，可使磁场更均匀，使水的磁化更为理想。但瓦形磁块加工比条形磁块复杂，生产成本高，多半与截面较大的圆形管道配合使用。

本发明的磁化防垢除垢器，因不需要过大的磁通密度，可采用较小的磁块，因而产品制造费用低。使用时，只需要将本发明的防垢除垢器连接在供水管和锅炉、茶炉中换热器的进水管之间即可。为了使水流过磁化防垢除垢器时磁化得更好，水的流速不应过大。

说 明 书 附 图

图 I

图 II

图 III

权 利 要 求 书

1. 一种 GCQ 型高效磁化防垢除垢器[15,16]，包括管道（1）[17]和分别置于其外表面相对两侧的至少两对永磁磁块（3、4），其特征在于：它还包括一个外壳（2），为使结构简单紧凑[18]，由非导磁材料制成的所述管道（1）穿过所述外壳（2），并与外壳两端连成一体[19]。将不超过（5）对的永磁磁块[20]用铁皮（5）包覆（铁皮两端搭接在一起，最好用铁丝将其捆住)[21]固定在管道（1）外表面相对的两侧[22]，为防止生锈，在所述外壳的外表面上涂有防护漆[23]。

2. 按照权利要求1所述的磁化防垢除垢器的管道和磁块[24]，其特征在于：管道（1）位于外壳（2）内的中间管道段（9）的横截面为方形，所述磁块的形状为条形，用铁皮包覆固定在外壳（2）内上述方形中间管道段（9）的外壁上[25]。

3. 按照权利要求2[27]所述的磁化防垢除垢器的管道和磁块[26]，其特征在于：管道（1）的横截面为圆形，所述磁块的形状为瓦形，用铁皮包覆固定在外壳（2）内的圆形管道（1）的外壁上[28]。

4. 按照权利要求2和[29]3所述的磁化防垢除垢器的磁块[30]，其特征在于：上述不超过5对的永磁磁块中任何两对均不在管道（1）的同一截面上，相邻两对磁块之间形成的磁场基本相互垂直[31]。

5. 按照权利要求2和[32]3所述的磁化防垢除垢器，其特征在于：包覆磁块（3、4）的铁皮（5）的外表面与外壳（2）内壁之间留有间隙[33]。

6. 按照权利要求2和[34]3所述的磁化防垢除垢器，其特征在于：管道1上每对磁块之间装有铁制垫圈8。

7. 按照权利要求2和[35]3所述的磁化防垢除垢器，其特征在于：在所述防护漆外表面绘制有红、绿相间的宽条彩色花纹[36]。

8. 按照权利要求1至7[37]所述的磁化防垢除垢器，其特征在于：所述管道（1）的材料是铝合金[38]。

<h1 style="text-align:center">说 明 书 摘 要</h1>

一种 GCQ 型高效[39]磁化除垢器[40]，由不锈钢等非导磁材料制成的管道（1）穿过外壳（2）两端，并与外壳（2）两端连成一体，至少两对永磁磁块（3、4）被铁皮（5）包覆固定在所述外壳内的管道外壁上[41]，所述外壳的外表面上涂有防护漆[42]。

摘 要 附 图[43]

2. 根据审查员的审查意见通知书回答问题

上述第（一）题中所给出的发明专利申请的申请日为 1994 年 8 月 31 日。在该专利申请的实质审查过程中，审查员引用了两篇对比文件：

（1）对比文件 1 是他人向中国专利局提出的发明专利申请，申请日为 1993 年 6 月 2 日，公开日为 1994 年 12 月 3 日，其披露的内容如本发明专利申请案中图 Ⅱ 所示的磁化防垢除垢器，在外壳中由非导磁材料制成的管道部分的横截面为方形，该方形截面管道部分安装了两对磁块，该两对磁块未设置在同一截面上，但形成两个彼此基本垂直的磁场，该两对磁块分别被铁皮包覆住，在外壳内壁和铁皮外表面之间留有间隙，外壳表面上涂有防锈漆。

（2）对比文件 2 是另一件中国实用新型专利说明书，申请日为 1992 年 12 月 7 日，授权公告日为 1993 年 8 月 7 日，其披露的内容与图 Ⅲ 所示的磁化防垢除垢器相近，两者的区别是对比文件 2 中的防垢除垢器没有外壳，两对瓦形磁块分别以异性磁极相对的布置方式固定在管道的对侧，这两对瓦形磁块未设置在同一截面上，且形成两个彼此基本垂直的磁场，该两对磁块分别被铁皮包覆住，在此两对瓦形磁块之间安放有铁制垫圈。

在审查意见通知书中指出：

（1）权利要求 1 和 2 中的全部技术特征已在对比文件 1 中全部披露，故权利要求 1 和 2 无新颖性。

（2）权利要求 3 与对比文件 1 相比，其差别仅是安装磁块的管道部分的横截面形状和磁块的形状不同，而此差别相对于本发明目的来说可以看作是普通技术人员所熟知的惯用手段的直接置换，因而也无新颖性。更何况该区别已在对比文件 2 中披露，因此权利要求 3 至少相对于对比文件 1 和 2 来说不具备创造性。

（3）权利要求 4 和 5 限定部分的特征也在对比文件 1 中披露了，因而也不具备新颖性。

（4）权利要求 6 中限定部分的特征已在对比文件 2 中披露了，而且该铁制垫圈与对比文件 2 中铁制垫圈对实现本发明目的来说所起作用相同，因而权利要求 6 相对于对比文件 1 和 2 来说不具备创造性。

（5）权利要求 7 和 8 限定部分也无实质性内容，因而也无创造性。

您作为专利代理人，在收到这份审查意见通知书时应如何处理？

（1）这份专利申请相对于这两篇对比文件来说有无被批准的可能？并简述理由。

（2）若有可能，是否需要根据审查意见通知书中引用的对比文件修改原权利要求书？并简述理由。

（3）若需修改，请给出修改后的独立权利要求，并说明您在答复审查意见通知书时如何论述新修改的独立权利要求相对于审查意见通知书中引用的两篇对比文件具备新颖性和创造性。

（二）试题分析

1. 申请文件撰写中存在的问题

（以下带方括号的序号与试题中右上角所注号码相对应）

［1］发明名称中含有 3 处错误：

① 不得使用"GCQ 型"一类设备型号的用语。

② 不得使用"高效"一类无具体含义的广告式用语。

③ 应将该除垢器命名为"磁化防垢除垢器"，以便与说明书所公开的内容及

权利要求 1 的第一句话相适应，故该发明名称可写作"一种磁化防垢除垢器"。

[2] 所属技术领域写得太上位，应具体到"利用磁场来对水质进行处理的磁化防垢除垢器"。

[3] "设计人在磁路设计上的无知、其磁路设计极不合理，技术落后"一语有贬低他人之嫌，应删除。

[4] "技术先进、效果显著"无具体技术内容，属宣传式用语，应删除。

[5] 说明书的第五部分——技术方案部分应写明该发明的全部必要技术特征，与独立权利要求相适应。可结合修改后的独立权利要求对该部分进行修改。

[6] 说明书中不得采用"如权利要求所述的"一类引用方式，故"还可以采用权利要求 2 限定部分的结构"应删除，代之以"管道位于外壳内的中间管道段的横截面为方形，所述的磁块的形状为条形"。

[7] 基于同样理由，应删除"还可以采用权利要求 3 限定部分的结构"，代之以"管道的横截面为圆形，所述磁块的形状为瓦形"。

[8] 发明的技术效果和优点部分应结合带来该优点及效果的主要技术特征进行描述，故应增加"因其任何两对磁块都位于管道不同的截面上，相邻两对磁块之间基本相互垂直，磁场之间干扰减弱，所以……"应删除"因其磁路设计独特合理，技术先进"之类语句。

[9] 附图编号应采用阿拉伯数字，故"图 I"应为"图 1"，图 1 中实际包括两幅图，应分作两幅图，并分别予以说明。

[10] 错误及修改方式同 [9]。

[11] 错误及修改方式同 [9]。

[12] 钢应为导磁性材料，将其列入非导磁材料不妥（阅卷时此处未扣分）。

[13] 说明书中出现的附图标号不加括号，应将括号去除（下同）。

[14] 应在"结构基本相同"之后加上"其不同之处在于管道 1 的横截面为圆形，磁块的形状为瓦形"，并在磁块的后面加上标号"6""7"，以与附图标号相对应。

说明书附图中出现的问题有：

① 附图编号应采用阿拉伯数字。

② 将每幅图都单独编号，编为图 1—6。

③ "方形外壁""条形磁块"一类文字说明应删除。

④ 如果说明书部分未将标号 6、7 补入，则应将最后一幅图中的标号 6 和 7 删除。

[15] "GCQ"型一类设备型号不得出现在权利要求中，应删除。

［16］"高效"一词无准确含义，应删除。

［17］"管道1"中的附图标号"1"应用括号括起（下同）。

［18］"为使结构简单紧凑"属于该技术方案的目的及效果，不应写入权利要求中，应删除。

［19］一个权利要求应为一句话，中间不得使用句号，应将"连成一体"后的句号改为逗号。

［20］"不超过5对的永磁磁块"与说明书所公开的内容不相符，应删除或依据说明书内容修改。

［21］权利要求中一般不应采用括号的形式作进一步限定，也不应使用"最好"一类词语，应将"（铁皮两端搭接在一起，最好用铁丝将其捆住）"一语删除（该技术特征亦属实现该发明的非必要技术特征，写入后将缩小其保护范围）。

［22］根据说明书所公开的技术方案，每对永磁磁块应以异性磁极相对的方式放置，而且永磁磁块中的任何两对都应位于管道的不同截面上，且相邻两对磁块之间形成的磁场基本相互垂直。为了减少磁能损耗，并起到二次屏蔽作用，铁皮的外表面与外壳之间应留有间隙。以上技术特征均是实现该发明的发明目的的必要技术特征，均应写入权利要求1中，而"固定在管道1外表面相对的两侧"一语重复，应删去。

［23］"为防止生锈，在所述外壳的外表面上涂有防护漆"属非必要技术特征，应从独立权利要求中去除。

［24］权利要求2所限定的技术主题应当仍是"防垢除垢器"，而不是其"管道和磁块"。

［25］"用铁皮包覆固定在外壳2内上述方形中间管道段9的外壁上"在权利要求1中已存在，应删除。

［26］所限定的技术主题应是防垢除垢器而不是管道和磁块。

［27］权利要求3中的管道为圆形，权利要求2中的管道为方形，故权利要求3不能引用权利要求2，否则在技术上产生矛盾，应引用权利要求1。

［28］基于上述［25］的理由，删除最后一句话。

［29］权利要求4不能同时引用权利要求2和3，应将"和"字改为"或"。

［30］限定的技术主题应是"防垢除垢器"，而不是"磁块"。

［31］该技术特征是实现该发明的必要技术特征，应写入权利要求1中，将该权利要求删除。

［32］应将"和"改为"或"，理由同［29］。

［33］该技术特征是必要技术特征，应写入权利要求1并删除该权利要求。

［34］"和"应改为"或"，该权利要求的附加技术特征为"装有铁制垫圈"，从说明书中公开的技术内容看，该垫圈仅适用于圆形管道，故不能对权利要求2（方形管道）进行引用。

［35］"和"应改为"或"。

［36］该特征属于一种外观色彩的设计，不属于发明专利的保护范围，应删除。

［37］对权利要求"1至7"同时引用不妥，因为其中有若干个多项引用的从属权利要求。应修改为"1至3中任何一项"或"1或2"或"2或3"或"1"。

［38］"铝合金"这一技术特征在说明书中未公开，该权利要求得不到说明书的支持，应将该权利要求删除或将该特征补入说明书中。

［39］应删除"GCQ型"和"高效"。

［40］磁化除垢器应改为"磁化防垢除垢器"。

［41］摘要中应包括主要技术方案，即将权利要求1中的主要技术特征写入。

［42］删除"所述外壳的外表面上涂有防护漆"，改为对效果的简述。

［43］摘要附图应选择其中的一幅图。

［44］附图中的文字部分删除。

2. 对该发明专利申请技术内容的分析

要想对一件专利申请的技术内容有一个全面正确的了解，关键是正确理解说明书的背景技术、发明目的、技术方案三部分。

（1）背景技术

根据申请人的描述，现有技术中的磁化防垢除垢器，将两对彼此对置的条形磁块或扇形磁块放置在方形管道或圆形管道的同一截面上，这两对磁块相互垂直。这种布置方式使部分磁力相互抵消，导致磁通密度的减弱，影响磁化效果。此外，由于对磁场未采取任何屏蔽措施，使漏磁严重，不仅增大磁能的损耗，而且会影响工作人员健康。

（2）发明目的

该申请的发明目的是针对上述现有技术中所存在的两个方面的问题而提出的，因此，它包括以下两个方面：

① 在管道中产生足够的磁通密度，提高水的磁化效果；

② 防止磁泄漏，确保工作人员身体健康。

（3）技术方案

要想同时实现上述两个发明目的，技术方案中至少要包含以下几个技术特征：

①将至少两对永磁磁块以异性磁极相对的方式分别放置在管道的不同截面上，而且相邻两对磁块之间形成的磁场基本相互垂直。

因为只有异性磁极相对才能产生有效的磁场，只有使两对磁块分别置于管道不同截面上才能避免部分磁力的相互抵消，两对磁场相互垂直有利于磁场的均匀化。

②将永磁磁块用铁皮包覆起来，并使铁皮的表面与外壳内壁之间留有间隙。

只有这样才能对磁块进行有效的磁屏蔽，加强磁化效果，同时防止对人体的损害。

以上述的背景技术、发明目的和技术方案为依据，很容易确定该发明的独立权利要求，可以将其写为：

一种磁化防垢除垢器，它包括管道（1）和分别以异性磁极相对的方式置于其外表面相对两侧的两对永磁磁块（3，4），两对磁块之间形成的磁场基本相互垂直，其特征在于它还包括一个外壳（2），由非导磁材料制成的管道（1）穿过该外壳（2），并与外壳的两端连成一体，用铁皮（5）将永磁磁块（3，4）包覆，固定在管道（1）上，使每对磁块分别位于管道（1）的不同截面上，包覆磁块（3，4）的铁皮（5）的外表面与外壳（2）内壁之间留有间隙，在上述两对永磁磁块（3，4）的一侧还可以以同样的方式放置若干对永磁磁块。

需要加以说明的是，根据说明书所公开的内容，该发明中使用的磁块至少为两对，即除了可使用两对磁块之外，还可以使用4~5对或者9~10对的永磁磁块。而申请人所提供的最接近的对比文件中采用的磁块为两对，为了将"两对磁块"这一技术特征写入前序部分，同时又使该独立权利要求包括两对以上磁块的情况，笔者采用了上述的方式对磁块的数量进行限定。若需要对磁块的数量作具体限定，可以在从属权利要求中对所述的"若干对永磁磁块"的数量作进一步限定。

3. 对审查意见通知书的答复

在回答第二部分试题之前，首先应当对该专利申请与审查员所引用的两篇对比文件之间的异同点作简要分析（见表4-3）。

表 4 - 3

	发明专利申请	对比文件 1	对比文件 2
主要技术特征	a. 管道为圆形或方形	管道为方形	管道为圆形
	b. 至少两对磁块	两对磁块	两对磁场
	c. 分别位于不同截面	分别位于不同截面	分别位于不同截面
	d. 铁皮包覆	铁皮包覆	铁皮包覆
	e. 留有间隙	留有间隙	
	f. 带有外壳	带有外壳	
	g. 磁场相互垂直	磁场相互垂直	磁场相互垂直

从表 4 - 3 中不难看出，该发明专利申请与对比文件 1 的主要区别有两点：

（1）管道的截面形状不同，前者除方形外还可以是圆形；而后者仅为方形。

（2）永磁磁块的数量不同，前者为两对以上；后者为两对。

由于对比文件 1 的申请日在该专利申请的申请日之前，公开日却在该申请日之后，故对比文件 1 属于该专利申请的抵触申请，仅可影响该专利申请的新颖性。也就是说，该专利申请的独立权利要求与对比文件 1 相比应具备新颖性。为此，该专利申请的权利要求 1 中必须至少包含"管道为圆形"或者"永磁磁块为两对以上"这两个技术特征中的一个。

对比文件 2 是该专利申请的一份现有技术，对其新颖性及创造性都可构成影响。要想使该专利申请相对于对比文件 2 具备创造性，则至少应包含有"带有外壳"和"留有间隙"这两个技术特征，以提高该防垢除垢器的磁化效果和使用的安全性。

因此，以对比文件 1 和 2 为最相关的对比文件重新撰写权利要求 1 时，其中至少要包括"圆形"或"两对以上磁块"中的一个特征，此外还应包括特征 e 和 f 以及实现该发明的发明目的的其他必要技术特征，并且应以对比文件 2 为依据进行划界。这样，我们就可以写出两个相应的独立权利要求：

1. 一种磁化防垢除垢器，它包括一圆形管道（1）和分别以异性磁极相对的方式置于其外表面相对两侧的两对永磁磁块（3，4），两对磁块之间形成的磁场基本相互垂直，用铁皮（5）将永磁磁场（3，4）包覆并固定在管道（1）上，使每对磁块分别位于管道（1）的不同截面上，其特征在于它还包括一个外壳（2），由非导磁材料制成的管道（1）穿过该外壳（2），并与外壳的两端连成一体，铁皮（5）的外表面与外壳（2）的内壁之间留有间隙。

2. 一种磁化防垢除垢器，它包括管道（1）和分别以异性磁极相对的方式置于其外表面相对两侧的两对永磁磁块（3，4），两对磁块之间形成的磁场基本相互垂直，用铁皮（5）将永磁磁块（3，4）包覆并固定在管道（1）上，使每对磁块分别位于管道（1）的不同截面上，其特征在于它还包括一个外壳（2），由非导磁材料制成的管道（1）穿过外壳（2），并与外壳的两端连成一体，铁皮（5）的外表面与外壳（2）的内壁之间留有间隙，在上述两对永磁磁块（3，4）的一侧还以同样方式放置若干对永磁磁块。

权利要求1由于含有"圆形管道"这一特征，相对于对比文件1具备新颖性；而其特征部分的特征提高了磁化效果和安全性，故相对于对比文件2具备创造性。

权利要求2由于含有多于两对的永磁磁块，与对比文件1相比具备新颖性；其特征部分的特征同样使之相对于对比文件2具备创造性。

采用两个并列独立权利要求的方式对该发明进行限定，在满足新颖性、创造性以及单一性的基本要求的同时，也使该发明获得了最大范围的保护，这两种方案的叠加，仅仅排除了对比文件1所述的技术方案（方形管道＋两对磁块）。（在阅卷过程中，考生只要选择了上述权利要求中的一种就被判为正确。）

如果对上述分析搞清楚了，再来回答试卷中的第1—3题就是水到渠成的事了，不会存在任何困难。

附 录

一、"一种长金属管局部扩径装置"说明书

说 明 书

一种长金属管局部扩径装置

本发明的装置适合较长金属管局部扩径，特别适合薄壁金属管的局部扩径，例如核电站使用的导向管。这种管子有一个以上的部位需要扩径，扩径部位一般说比较短，可以在管子中间或两端，不仅对扩径部位之间的间距精度要求高，而且对管子内径公差也有极高的要求。

金属管材扩径方法和使用的装置早已为人们所知。可以把要扩径的两端塞上塞子后放在一个模子里，然后通入有一定压力的流体，使管壁变形压向模壁而实现扩径，它不适合于长管局部扩径。

美国 4418556 专利文献提出一种长金属管的扩径装置。它由一个可拆式的管状模子和套筒式的夹紧器组成。模子由一个扩径腔和设置在扩径腔两侧的左右两个圆柱形支撑孔组成。一根芯杆装在金属管内，芯杆有一个内通孔可将外部的高压流体引入管内达到扩径的目的。使用这种装置扩径需要克服管子和模子间的摩擦力和管子与密封件间的摩擦力才能使管子向扩径腔收缩滑动顺利地完成扩径变形，这必然要提高流体压力或限制形变速度，容易造成扩径段的壁厚变薄而超公差或管外壁严重划伤和破裂而报废。这种装置只适合在直径不变管子的小扩径量和短扩径段的情况下扩径用。

在 GB1351929 和 GB1349456 文献中报导的管端头扩径用装置为一种多重可滑动的组合模具。压力源直接通入管子内腔，管子在受压扩径过程中沿长度方向收缩并带动组合滑动模具移动。这种模具不适用于长管任意部位地扩径，否则要根据管子长度加大装置长度，这显然会提高生产费用和增加加工的困难。该种装置一套模子只成型一种扩径规格，模具结构复杂，有较长的高压油腔，在扩径过程中，模子和活塞都要相对于环形凸块移动而且密封点多。

本发明的目的要设计和提出一种长金属管的局部扩径装置，在扩径过程中可以较显著降低模子和管子间的摩擦力，使管子在扩径时容易往扩径区滑动，减小扩径时所需要的流体压力、提高成型精度、保证管子的等壁厚、提高形变速度、提高成品率。

本发明的另一个目的是要设计和提出一种长金属管的局部扩径装置，适合较大变形量的扩径。

本发明的第三个目的是要提出一种结构简单、操作方便、成本低的长金属管的局部扩径装置。

本发明的第四个目的是要设计一种扩径装置，可以在一定范围内任意调整扩径区的长度。

最后一个目的是设计一种该装置用的芯杆，可适用于具有两种以上不同直径管坯的扩径及长扩径区的扩径。

本发明的扩径装置包括一套径向剖分的管状组合模、一根芯杆和一套夹紧器。管状组合模由变径模、直段模和移动模组成。变径模包括左（或右）支撑孔和左（或右）变径区。支撑孔的内径稍大于管子的原始外径，变径区的大直径端的尺寸等于和/或小于直段区的直径。直段模有圆柱形内孔作为扩径腔的直段区和移动模的插入区，其内径稍大于管子扩径后的外径，它的一端与变径模的大直径端相配合。移动模包括右（或左）支撑孔和右（或左）变径区，它的部分长度以动配合插入直段模内。使移动模的变径区、直段模的直段区和变径模的变径区构成所需的扩径腔。调节移动模插入直段模内的长度，可得到不同的扩径区长度。变径模、直段模和移动模的内孔是同心的。芯杆的直径稍小于管子原始内径，长度根据扩径区长短选定。芯杆有一内通孔，通孔由连通的水平部分和垂直部分组成。水平通孔的一端与外压力源相联，垂直通孔的一端与芯杆和管子之间的环形空间相通，并把压力流体引入该环形空间。芯杆的两侧有装密封件的环形槽位于扩径腔两侧之外。为了达到较好的密封效果，每侧最好有两个环形槽。

为使本发明适用于具有两种不同直径管坯的扩径，芯杆设计成组合式。组合芯杆由主杆和副杆组成，主杆和副杆的外径分别小于管子相应部分的原始内径。副杆上有环形槽，主杆上有内通孔和环形槽，两者采用可拆式连接，如螺纹连接、销钉连接等。根据管子直径可方便地选择各种直径的主、副杆组成所需的芯杆。

采用由上压块、卡子、V型导轨和螺钉组成的夹紧器位置可变，松紧可调，装拆方便，缩短操作时间，适合批量生产。

本发明的扩径装置中，由于采用有移动模的组合模，可明显地减小在扩径时管子向扩径区滑动所需克服的摩擦力。管子在扩径时，尤其是扩径量较大时，管子向扩径区收缩移动量也较大。用固定式模具管子向里收缩移动须同时克服密封件与管子内壁及模子内壁与管子外壁之间的摩擦力。而带移动模的组合模具中的管子外壁与移动模间是相对静止的，移动模和直段模之间又为动配合，其间摩擦力很小，可忽略不计，故只需克服密封件与管子内壁间的摩擦力，从而可提高形变速度、减小成型压力，避免因移动不及时管子补充不足而导致管子破裂的现象，保证成型精度，可适合较大变形量的扩径加工。延伸率为 25%～30%，抗拉强度为 47～50kg/mm^2 的金属管材最大扩径量可达 10～12mm。以 Zr 合金管为例可将 Φ10mm 的管坯顺利扩至 Φ20mm。

本发明的扩径装置的另一优点是一副模具可用于扩不同扩径区长度的管子。调整移动模中的插入长度即可方便地实现在 10～500mm 范围内不同长度的扩径，并可在长管的任意部位上进行扩径。

在本发明的扩径装置中选用组合芯杆就可适用于具有两种不同直径管坯的扩径。

本发明的扩径装置结构简单，操作方便，成本低，采用上压块式的夹紧器更是装拆方便，缩短更换管坯的时间，适合批量生产。

本发明的扩径装置特别适用于核电站 Zr 合金管的成型，也可用于 Cu 和 Cu 合金，Ti 和 Ti 合金，不锈钢及软态 Nb、Ta 合金或者其他金属或合金管。

通过下列附图，可更好地了解本发明装置的特点。

图 1 为本发明装置中组合模具和芯杆的组合体的剖面图。

图 2 为本发明装置的组合模具和夹紧器的装配图。

图 3 为本发明装置中的组合芯杆。

图 4 为本发明装置中组合模具和组合芯杆的组合体的剖面图。

下面是根据附图来解释发明的实施例。

一、一种金属直圆管的变径装置如图 1 所示。组合模具包括变径模（1）、直段模（2）、移动模（3）。移动模部分插入直段模中，变径模中的变径区

（9）、直段模中的直段区（11）和移动模中的变径区（10）构成变径腔（14）。芯杆（4）插入管子（6）要扩径的部位。位于芯杆两侧凹槽（15）、（16）中的 O 型密封件（5）、（24）分别位于变径模和移动模的支撑孔（12）、（13）上，限定了芯杆和管子间的环形空间。按图 2 所示的相对位置用夹紧器将模具两端固紧，夹紧器包括上压块（17）、卡子（19）、V 型导轨（20）和螺钉（18）。压力流体从芯杆的水平通孔（8）的一端（21）经垂直通孔（7）的端部引入环形空间，将管壁压向扩径腔壁而完成扩径工序。一种 Φ12×0.4mm 的 Zr 合金管，要求在 30mm 长度上扩径到 Φ16×0.4mm。利用该装置扩径成型时，使用压力为 500kg/cm^2，而 US 4418556 报道的固定式模具将 Φ11mm 的管子扩径到 Φ13mm 使用的压力为 800kg/cm^2 左右。四十多根 Zr 合金管扩径表明，没有发生管子破裂现象，无损超声探伤合格，扩径后管子内径公差小于 ±0.03mm。

二、使用例一的同样装置，将移动模固定在一定位置上，对一种 Φ12×0.4mm 的 Zr 合金管扩径到 Φ16×0.4×200mm，可得到同样的效果。

三、要对具有 Φ14 和 Φ10mm 两种直径的管坯在变径段扩径到 Φ16mm，可使用图 3 所示的组合芯杆。组合芯杆包括主杆（22）和付杆（23）。选用 Φ13mm 的付杆和 Φ9mm 的主杆，主、副杆之间用螺纹连接。按图 4 所示的位置将装有芯杆的管坯放在模子内，通入压力流体即可顺利地达到扩径目的。

图 1　　　　　　　　　　　　　　　　图 2

图 3　　　　　　　　　　　　　　　　图 4

二、"汽缸串联四冲程往复式活塞内燃机"说明书

说 明 书

汽缸串联四冲程往复式活塞内燃机

该内燃机名称为汽缸串联四冲程往复式活塞内燃机。它属于内燃机领域。现行的四冲程往复式活塞内燃机为汽缸并联式，这种内燃机各汽缸是按曲轴并列的，它的特征是每一个汽缸有相应的一段曲轴和一个连杆以及相应部分的曲轴箱。这样就使内燃机体积大、重量大、用料多、磨损大，以及能量利用率小寿命短。而我发明的汽缸串联四冲程往复式活塞内燃机是把两个或两个以上汽缸串联而成。这若干个汽缸除连接连杆的一个汽缸外，每一个汽缸的作用相当于并联式内燃机的两个汽缸，并且这若干个串联的汽缸只需一个连杆和一段相应曲轴与曲轴箱。这样就成倍地减少内燃机体积、重量、用料量。同时由于串联的各汽缸在各冲程间的作用力通过活塞和活塞连杆相互抵消，从而大大改善了内燃机的工作性能，降低了连杆、曲轴的承受力，减少轴与轴承间的磨损，延长内燃机的使用寿命和提高能量利用率。另外将此机造成对置式的、可生产出无振动（振动极小）的内燃机。汽缸串联四冲程往复式活塞内燃机推广后，在生产相同功率的条件下将减少用料50%以上，使用内燃机的各种机动车辆、船只将获得体积小、重量小、功率大、寿命长、振动小、能量利用大的动力源，这将给整个社会带来巨大的经济利益，是内燃机的一次革命。

汽缸串联四冲程往复式活塞内燃机结构工作原理如下：

（一）结构参见附图《汽缸串联四冲程往复式活塞内燃机结构示意图》

（二）工作原理（参照示意图论述）以右汽缸室吸气为始。活塞向右运动，右汽缸室处于吸气冲程，左汽缸右室处于压缩冲程，左汽缸左室处于做功冲程。此冲程完成后，活塞向左运动，右汽缸室处于压缩冲程，左汽缸右室处于做功冲程，左汽缸左室处于排气冲程。此冲程完成后，活塞再向右运动，右汽缸室处于做功冲程，左汽缸右室处于排气冲程，左汽缸左室处于吸气冲程。此冲程完成后，活塞再向左运动，右汽缸室处于排气冲程，左汽缸右室处于吸气冲程，左汽缸左室处于压缩冲程。此冲程完成后，各缸室进入下一工作周期循环，往复运动进行正常工作。

附图注释 1、曲轴 2、连杆 3，12、缸套 4，13、机体 5、活塞 6，10，14、进气门 7，9，15、缸盖 8、活塞连杆 11、双向功活塞 16，17，18、排气门 A、左汽缸左室 B、左汽缸右室 C、右汽缸室

三、"眼药水溶液和使该溶液防腐的方法"说明书

说 明 书

眼药水溶液和使该溶液防腐的方法

本发明涉及具有防腐作用的眼药水，具体涉及采用稳定二氧化氯对眼药水进行防腐。本发明还涉及用于眼科器械消毒的组合物，这类组合物至少包含0.02%（重量/体积）的稳定二氧化氯。

鉴于佩带者要改善视力，或由于美观等因此，接触眼镜已越来越广泛地代替了传统的眼镜。接触眼镜会积聚来自眼睛的微生物和细胞碎屑。因此，必须定期地取下眼镜进行清洗，以防止眼睛发炎或受感染，必须通过某些措施对保护眼镜用的溶液进行防腐，以阻止微生物杂质夹带在接触眼镜或眼睛上。消毒制剂是保护接触眼镜措施的一个组成部分。

迄今为止，已有众多的眼药水可用于眼镜的保护。眼药水组合物通常由用于制造接触眼镜的聚合材料决定。由于大多数眼药水中存在化学成分，必须对曾在这类溶液中清洗和浸泡过的接触眼镜进行冲洗，然后才能将其安放于眼内，这样可避免眼睛受刺激。

美国专利第4，696，811号和4，689，215号公开了将稳定二氧化氯用于治疗和预防口腔疾病，（例如，降低口臭），用作抗菌斑剂、抗龈炎和抗牙周炎以及用作假牙浸泡液和接触眼镜浸泡液。也就是说，前述两篇对照专利公开了将0.005%至0.02%稳定二氧化氯作为接触眼镜浸泡液成分溶解在无菌水中。然而，上述文献未提及可将稳定二氧化氯加到眼药水生理盐水溶液中作为这类溶液的防腐剂。

因此，虽然先有技术组合物（包括美国专利第4，696，811号和4，689，215号中公开的组合物）具有一定可取之处，但这类先有技术组合物清洗或浸泡接触眼镜的效果通常是有限的，或这类组合物仅限于用来清洗或浸泡由特殊聚合成分制造的接触眼镜。

将先有技术地眼药水用于清洗和浸泡接触眼镜时所遇到的其他问题是：当暴露在大气下时，含这类溶液的容器的密封性遭到破坏，因而溶液常常受到污染或变质。微生物或其他杂质通常污染溶液，必须将这类被污染的溶液废弃。于是，需要一种具有持久使用寿命的眼药水，即：将具有防腐或消毒作用的成分掺和到上述眼药水中所得的眼药水。本发明正是针对这样一种溶液以及对眼药水生理盐水溶液进行防腐的方法。

广义地说，本发明涉及含有可对眼药水进行有效防腐的低剂量稳定二氧化氯的眼药水。

本发明的一个方面涉及如下眼药水，它包含作为载体的净化水，0.0002% 至 0.02%（重量/体积）稳定二氧化氯以及有效低剂量眼科上可接受的无机盐，这类盐可使眼药水基本上与眼内流体等渗。为使眼药水的 pH 稳定，还可在眼药水中掺入有效低剂量的缓冲剂。为使眼药水的 pH 基本上相当于眼流体的 pH，并省去在将接触眼镜放入眼睛前漂洗眼镜，必要时可通过加酸或加碱调整眼药水的 pH，这样就使眼药水具有理想的生理 pH（即 pH 在 6.8 至 8 之间）。

本发明的第二个方面涉及用于眼科器械的消毒剂组合物，该组合物包含至少 0.02%（重量/体积）稳定二氧化氯。

本发明的目的之一是提供眼药水防腐剂。

本发明的目的之二是：在实现前述目的的同时，提供一种眼药水，其中溶液的 pH 和渗透压基本上相当于人眼流体的 pH 和渗透压。

本发明的目的之三是：在实现前述目的的同时，提供眼药水生理盐水溶液，其中含有防腐剂，因此可维持该生理盐水溶液的完整性。

本发明的目的之四是：在实现前述目的的同时，提供可用作眼科器械消毒剂的改良组合物。

通过以下详细描述，并结合权利要求书，可清楚地理解本发明的其他目的、优点和特征。

已发现，加到眼药水组合物中的防腐有效量的稳定二氧化氯是一种有效的眼药水防腐剂。该稳定二氧化氯的用量（即防止该组合物中微生物生长的防腐有效量）可在较宽范围内变化，但通常为足以保持组合物完整性的量。

将防腐有效量的稳定二氧化氯加到眼药水中后，使镜片与溶液接触，而根本不会损伤镜片。可将清洗和浸泡过的镜片直接放入眼睛，无需另外冲洗除去镜片上的残余液。这样，在放入眼睛前，镜片上的污物基本上被除去了。

此外，可形成有效的消毒剂，借以有效地杀死存在于眼科器械上的微生物。该消毒剂包含至少 0.02%（重量/体积）作为消毒剂成分的稳定二氧化氯。

"稳定二氧化氯"是专业上公知的。美国专利第 2271242 号公开了一种稳定二氧化氯及其生产方法。这种稳定二氧化氯可用作眼药水的防腐剂，或用作眼科器械消毒剂。可用于本发明的市售稳定二氧化氯是 Bio – Cide International, Inc. of Norman，OKlahoma 独家出品的稳定二氧化氯。

本文中所用"眼药水水溶液"一词应理解为以灭菌水为载体，并含至少一种其他成分（例如眼科上可接受的无机盐）的溶液，这种溶液可用于或置于眼内，且不具毒性或不对眼组织产生有害影响。也就是说，在正常使用情况下，这类溶液不对眼睛造成刺痛或不适，充血或其他有害反应。

本文中所用"眼科上可接受的无机盐"应理解为具有下述性质的盐，即这种盐能够提供具有理想等渗值的眼药水，并且不会使眼睛发炎，或不会对眼组织造成损害。

如上所述，本发明的一个方面在于：将防腐有效量的稳定二氧化氯用于眼药水制剂，特别是用于生理盐水溶液；或将其作为活性成分用于眼药水配方，特别是用于生理盐水。已发现，在上述两种情况下，与含防腐有效量稳定二氧化氯的眼药水接触过的眼科器械无需在使用前冲洗除去残余液。同样，将这类溶液用于接触眼镜后，可在不冲洗的情况下将接触眼镜放入眼睛，而不致使眼组织发炎或对其产生有害影响，并且没有不适的感觉。

作为防腐剂加到眼药水组合物中的稳定二氧化氯的用量可在较宽范围内变化，只要该用量能有效抑止组合物中微生物生长即可。一般而言，当加到组合物中的稳定二氧化氯量大约占溶液的 0.0002 至 0.02%（重量/体积）、更理想的是大约 0.004% 至 0.01%（重量/体积）时，就能阻止微生物在眼药水组合物中的生长。

为确保该含有防腐有效量稳定二氧化氯的眼药水水溶液不刺激眼睛，较理想的做法是使眼药水的 pH 达 6.8 至 8，从而使眼药水的 pH 基本上相当于眼内流体的 pH，或使该眼药水能够被眼睛所耐受，而不致造成任何不适或刺激。

为使眼药水稳定在理想的 pH，可将有效低剂量的缓冲剂加到眼药水中。用于缓冲该溶液（使其 pH 达 6.8 至 8.0）的缓冲剂的有效低剂量可在较宽范围内变化，很大程度上取决于所用特定缓冲剂和眼药水的化学成分。然而，当加到眼药水溶液中的缓冲剂的量大约占溶液的 0.05% 至 1%（重量/体积）时，就能使溶液稳定在理想的生理 pH，从而得到令人满意的效果。

可采用任何适宜的缓冲剂，只要它能与眼药水的其他成分配伍，且不具损伤眼睛的有害或有毒性质即可。适宜缓冲剂的例子是：硼酸、硼酸钠、磷酸钠（包括单、二和三碱基磷酸盐，例如磷酸二氢钠单水合物、磷酸氢二钠七水合物以及它们的混合物）。应该注意的是，可采用其他任何适宜缓冲剂，使眼药水的 pH 稳定，从而使眼药水具有理想的生理上可接受的 pH，上述缓冲剂仅是这类缓冲剂的例子而已。此外，由于缓冲剂是专业上公知的，因此无需进一步列举可用于本发明眼药水的这类缓冲剂。

当确定经过缓冲的眼药水的 pH 不在约 6.8 至 8 时，可根据具体情况，通过加有效量的碱或酸，调整眼药水缓冲水溶液的 pH。可采用任何适宜的碱或酸调节缓冲眼药水水溶液的 pH。所用的碱或酸应不使眼药水带有损害眼科器械或眼睛的毒性或有害性质。可用来调节眼药水缓冲水溶液 pH 的碱的例子是 1N 氢氧化钠；可用来调节眼药水缓冲水溶液 pH 的酸的例子是 1N 盐酸。

如上所述，可通过加 0.0002% 至 0.02%（重量/体积）稳定二氧化氯来增强眼药水的完整性。这就是说，在眼药水中加入稳定二氧化氯可大大增强眼药水的效力或搁置寿命。

按本发明方法配制眼药水水溶液时，将稳定二氧化氯和眼科学上可接受的无机盐或其他适宜的等渗剂与无菌水混合，形成与眼流体等渗的眼药水。眼药水中用作载体的水的用量取决于组合物中稳定二氯化氯、眼科学上可接受的无机盐和/或其他适宜等渗剂的用量。

所述眼科学上可接受的无机盐的用量可在较宽范围内变化，只要该无机盐的用量足以形成其理想等渗值的眼药水即可。一般而言，当眼药水组合物中所用的眼科学上可接受的无机盐的量占 0.5% 至 0.9%（重量/体积）时，眼药水就具有理想的等渗值。

这类眼科学上可接受的无机盐的例子是碱金属氯化物和碱土金属氯化物，例如氯化钠、氯化钾、氯化钙和氯化镁。由于如下要求，即：接触镜经过浸泡和清洗之后，使用时无需除去其上的眼药水残余液，因此应使眼药水的 pH 基本上相当于眼内流体的 pH。当断定眼药水的 pH 不在可接受的生理 pH 范围（即 pH 达 6.8 至 8）时，可通过加碱或加酸（例如 1N 盐酸或 1N 氢氧化钠），调节眼药水的 pH，使溶液具有生理可接受的 pH。

如上所述，还可将稳定二氧化氯用作消毒剂组合物中的消毒剂成分。在配制这类消毒剂组合物时，可采用诸如无菌水之类的适宜载体，并且掺入至少 0.02%（重量/体积）稳定二氧化氯作为消毒剂。虽然，作为消毒剂成分的稳定二氧化氯的用量可在较宽范围内变化，但当该用量占消毒剂组合物的大约 0.02% 至 2%（重量/体积）、理想的是大约 0.04% 至 0.1%（重量/体积）、更理想的是大约 0.05% 至 0.08%（重量/体积）时，才可取得令人满意的效果。

当利用含稳定二氧化氯的眼药水水溶液清洗接触眼镜时，建议按下述方法进行。将接触眼镜置于含眼药水生理盐水的适宜容器中，使所述生理盐水基本上覆盖接触眼镜。接触眼镜与溶液保持接触至少十五分钟，以便该眼镜充分浸泡于溶液中。由于稳定二氧化氯的独特性质，接触镜可在溶液中维持较长时间，甚至数天，而不致使制成接触透镜的聚合材料降解。此外，当消毒剂组合物含上述量的稳定二氧化氯时，该稳定二氧化氯还可作为其他眼科器械的消毒剂，这些眼科器械包括透镜盒和容器、仪器（即用于手术操作的器械）、植入物等。

通过下述实施例来更全面地描述本发明。当然，这些实施例仅用以说明，而不是限定权利要求书所述的发明构思。

实施例 1

进行一系列实验，以确定用稳定二氧化氯防腐的硼酸盐缓冲生理盐水的抗微生物性质。所用稳定二氧化氯为 Bio – Cide International, Inc. of Norman, OKlahoma 独家生产的稳定二氧化氯。加到硼酸盐缓冲生理盐水中的稳定二氧化氯浓度是可变的。

该硼酸盐缓冲生理盐水溶液具有下列成分：

成分	百分比（重量/体积）
氯化钠 USP	0.85
硼酸 NF	0.10
净化水 USP	至 100ml

＊加至形成 100ml 的溶液

通过加盐酸 NF 或氢氧化钠 NF 调节缓冲液的 pH，使该生理盐水的 pH 在大约 7.7 至 7.9 的范围内。

按下列浓度将稳定二氧化氯加到硼酸盐缓冲生理盐水溶液中。

百分比（重量/体积）

0.005

0.004

0.003

0.002

具有以上各浓度的稳定二氧化氯均使硼酸盐缓冲生理盐水溶液显示出理想的防腐性质。此外，在上述四种浓度下，稳定二氧化氯均显示良好的抗微生物活性，其中三种最高浓度的稳定二氧化氯在 24 小时后可将全部细菌杀死。试验表明，采用含 0.002%（重量/体积）稳定二氧化氯的溶液，可在七天后将细菌全部杀死。

实施例 2

为比较稳定二氧化氯对硼酸盐缓冲眼药水的防腐效力，将防腐量的、原料寿命为 54 个月的稳定二氯化氯用于第一个试样；将相同防腐量的、原料寿命为 2 个月的稳定二氧化氯用于第二个试样。所用稳定二氧化氯试样均为 Bio – Cide International, Inc of Norman, OKlahoma 以商标 Purogene 独家销售的稳定二氧化氯。这两个试样用作硼酸盐缓冲生理盐水的防腐剂时，未检测到其老化作用。然而，寿命较长的稳定二氧化氯（寿命为 54 个月）抗 C. albicans 酵母菌的活性略优。

实施例 3

就硼酸盐缓冲生理盐水进行防腐效力试验。该试验溶液所含成分与实施例
1 的相同。将 0.005%（重量/体积）稳定二氧化氯加到硼酸盐缓冲液中，将所
得混合物于 45℃下保藏 90 天。保藏期结束时，检查试样，确定稳定二氧化氯是
硼酸盐缓冲生理盐水的有效防腐剂。

实施例 4

进行试验，以确定含 0.005%（重量/体积）稳定二氧化氯的硼酸盐缓冲生
理盐水溶液是否符合美国药典（USPXXI, 1985）规定的用于眼药水的效力标
准。所用的稳定二氧化氯是 Bio – Cide International, InC. of Norman, OKlahoma
独家销售的稳定二氧化氯。防腐剂标准要求：在该防腐剂与受试产物接触的 14
天内，应减少 99.9% 的微生物；且不生长酵母菌和真菌。

所述含 0.005%（重量/体积）稳定二氧化氯的硼酸盐缓冲生理盐水溶液符
合上述防腐剂标准，而不含稳定二氧化氯的硼酸盐缓冲盐水溶液对照液不符合
上述用于眼药水的美国药典效力标准。

实施例 5

采用硼酸盐缓冲生理盐水溶液〔含 0.005%（重量/体积）稳定二氧化氯〕，
对患亚急性眼中毒的兔子进行 21 天试验。所述含稳定二氧化氯的硼酸盐缓冲生
理盐水溶液含有以下成分：

成分	百分比（重量/体积）
稳定二氧化氯	0.005
氯化钠 USP	0.85
硼酸 NF	0.10
净化水 USP＊	至 100ml

＊加至形成 100ml 的溶液。

调节上述缓冲生理盐水溶液的 pH，使溶液的 pH 为 7.7 至 7.9。

在戴有 Permalens 软性接触镜的兔眼中评估含 0.005%（重量/体积）稳定
二氧化氯的缓冲生理盐水溶液的视觉效果。每天清洗，冲洗试验眼镜，并用含
有稳定二氧化氯的硼酸盐缓冲生理盐水浸泡过夜。采用防腐的标准生理盐水，
按相同步骤处理对照眼镜。将镜片直接放入眼睛，连续 21 天每天至少戴八
小时。

每天观察眼睛，即观察镜片放入眼睛时的不适性和取下眼镜后的总体视觉
反应。每周进行裂隙灯活组织显微镜检查。在试验结束时，进行厚度测量和四

碘四氯荧光素染色。就三只动物的眼睛进行病理组织学评估。未发现显著的视觉反应。

下面归纳了上述试验的结果：

A. 不适性：在整个试验期间，未发现在放入镜片的眼睛有不适现象。

B. 肉眼观察：于第17天，取下镜片时，在其中一个对照眼睛上观察到 +1 充血。

C. 裂隙灯检查（第7天，第14天和第21天）：在任何一只兔上均未发现视觉反应。

D. 角膜代谢（第7天，第14天和第21天）：在整个试验期间，未观察到与试验有关的角膜代谢的变化（通过角膜厚度测定）。

E. 细胞毒性（第21天）：对所有兔子两眼进行的四碘四氯荧光素染色均显示正常，表明角膜上皮细胞生命力未受试验溶液影响。

F. 病理组织学评估：在所检查的眼睛和眼外组织中，与试验方案特别相关的显微变化不明显。当将试验眼睛和眼外组织与对照眼睛和眼外组织比较时，未发现可预测的显微差异。

上述资料表明，经过连续21天试验，用于 Permalen 软性接触眼镜时，含 0.005%（重量/体积）稳定二氧化氯的硼酸盐缓冲生理盐水溶液没有对兔子眼睛造成不适、刺激、中毒或细胞中毒。

实施例 6

采用含 0.005%（重量/体积）稳定二氧化氯的硼酸盐缓冲生理盐水溶液，对兔子进行1天急性眼毒性和细胞毒性试验。所述含稳定二氧化氯的硼酸盐缓冲盐水溶液具有以下成分：

成分	百分比（重量/体积）
稳定二氧化氯	0.005
氯化钠 USP	0.85
硼酸 NF	0.10
净化水 USP＊	至 100ml

＊加至形成 100ml 的溶液。

调节上述缓冲生理盐水溶液的 pH，使溶液的 pH 达 7.7 至 7.9。

给兔子戴上 Permalens 软性接触眼镜并进行多倍位局部滴注，就此评估所述含 0.005%（重量/体积）稳定二氧化氯的缓冲生理盐水溶液的视觉效果。使试验镜片在含 0.005%（重量/体积）稳定二氧化氯的硼酸盐缓冲生理盐水中浸泡过夜，随后直接将其放在眼睛上，以每半小时一滴的速率局部滴注试验液。观察眼睛的不适性和/或放入透镜、每次滴注和取下透镜时的总体视觉反应观察眼睛。取下透镜后，进行裂隙灯活组织显微镜检查。采用防腐标准生理盐水，按相同的方法观察对照眼睛，未在任何兔子上观察到视觉反应。

上述试验结果归纳如下：

A. 不适性：在整个试验期间，未发现放入镜片或滴注后眼睛有不适现象。

B. 肉眼观察：在滴注期间或取下透镜后，未发现其他视觉反应。

C. 裂隙灯检查：未在任何兔子上发现视觉反应。

D. 细胞毒性：对所有兔子两眼进行的四碘四氯荧光素染色均显示正常，表明角膜上皮细胞生命力未受试验溶液影响。

上述资料表明，利用 Permalens 软性接触眼镜，按这种超常方法试验时，所述含 0.005%（重量/体积）稳定二氧化氯的硼酸盐缓冲生理盐水不对兔子眼睛造成不适、刺激、中毒或细胞中毒。

实施例 7

采用含 0.005%（重量/体积）稳定二氧化氯的硼酸盐缓冲生理盐水，对兔子进行 1 大急性眼毒性和细胞毒性试验。所述含稳定二氧化氯的硼酸盐缓冲生理盐水溶液具有以下成分：

成分	百分比（重量/体积）
稳定二氧化氯	0.005
氯化钠 USP	0.85
硼酸 NF	0.10
净化水 USP * 至 100ml	

* 加至形成 100ml 的溶液

调节上述缓冲生理盐水溶液的 pH，使溶液的 pH 达 7.7 至 7.9。

以每半小时 1 滴的速率进行多倍局部滴注 8 小时后，就兔子眼睛评估所述含 0.005%（重量/体积）稳定二氧化氯的缓冲生理盐水溶液的视觉效果。用含有 0.005%（重量/体积）稳定二氧化氯的硼酸盐缓冲生理盐水溶液处理试验眼睛，用防腐的标准生理盐水液处理对照眼睛。

每次滴注后，观察眼睛的不适性和/或总体视觉反应。完成滴注后，进行裂隙灯活组织显微镜检查。未在试验眼睛上发现视觉反应。

上述试验结果归纳如下：

A. 不适性：48 次滴注中有 3 次在三只兔子的其中两只的对照眼睛上发现持续多达 30 秒钟的 +1 不适。

B. 肉眼观察：在任何滴注期间，均未发现视觉反应。

C. 裂隙灯检查：未在任何兔上发现视觉反应。

D. 细胞毒性：对所有兔子两眼进行的四碘四氯荧光素染色均

显示正常，表明角膜上皮细胞生命力未受试验溶液影响。

上述资料表明，在按这种超常方法试验时，含0.005%（重量/体积）稳定三氧化氯的硼酸盐缓冲生理盐水液不对兔子眼睛造成不适、刺激、中毒或细胞中毒。

从以上的说明和实施例可清楚地看出，本发明适于实施，其发明目的和优点可以达到。虽然，为便于公开，说明了本发明的优选实施例，但对专业人员来说，可对此作出众多变换，而不脱离说明书和权利要求书的精神。

作品列表[*]

署名：张荣彦，共 28 篇

序号	期号	文章题目
1	1993.2	是挑战，也是机遇——中国与专利合作条约
2	1994.1	也谈"充分公开"及其他（本领域技术人员及其在专利审查中的作用）
3	1995.3	关于实用新型专利创造性的判断
4	1997.2	实用新型的立法及审批
5	1997.4	有关"新颖性"的两点看法
6	1998.2	权利要求书中否定式用语的使用问题
7	1999.1	权利要求书中"技术特征"的认定
8	1999.2	再谈"同样的发明"
9	2000.2	合同与技术公开
10	2001.4	关于"出版物公开"的几个问题
11	2003.1	"新颖性"问题的探讨
12	2003.2	权利要求书中"技术特征"的解释
13	2003.4	关于"二次授权"——由一起司法判决引起的思考
14	2004.3	对专利复审及无效宣告程序中两个法律问题的讨论
15	2005.2	探讨和建议：外观设计与其它权利冲突的合理解决
16	2005.3	专利案件中当事人的"自认"
17	2006.2	谈权利要求中的"必要技术特征"
18	2006.3	"车把手"专利侵权案剖析
19	2006.4	对完善我国实用新型制度的思考
20	2007.4	也谈现有技术抗辩的认定
21	2008.2	专利复审程序中的"举证原则"
22	2011.2	从一案例看专利申请文件的撰写、审批及其对相关程序的影响（李雪春、张荣彦）
23	2013.1	为"专利无效程序中的创造性判断"一文纠错

----

[*] 该列表中作品均发于《中国专利与商标》杂志。

续表

序号	期号	文章题目
24	2013.2	关于"功能性限定"
25	2014.1	"一案两请"有关问题的讨论
26	2014.2	关于"功能性限定"（续）——疑惑与建议
27	2015.3	"功能性限定"的使用与解释
28	2018.2	关于独立权利要求的引用问题

署名：艾文，共 3 篇

序号	期号	文章题目
29	1994.3	说明书对权利要求的解释作用
30	1996.1	也谈"多余限定"问题
31	1998.3	"区别特征"、"特定特征"及"相应特征"